“十三五”国家重点图书

海洋测绘丛书

海洋工程测量

杨 鲲 董 江 周才扬 吴 彬 黄承义 王崇明 张彦昌
陆 伟 隋海琛 安永宁 周兴华 潘贤亮 万 军 陶卫国
刘 亮 熊 伟 成 晔 董玉磊 王 昭 吕立蕾 王怀利
邵春丽 张永明 肖春桥 等 编著

Oceanic Surveying And Mapping

图书在版编目(CIP)数据

海洋工程测量/杨鲲等编著. —武汉:武汉大学出版社,2022.3
海洋测绘丛书
"十三五"国家重点图书　湖北省学术著作出版专项资金资助项目
ISBN 978-7-307-22892-4

Ⅰ.海…　Ⅱ.杨…　Ⅲ. 海洋测量　Ⅳ.P229

中国版本图书馆 CIP 数据核字(2022)第 017880 号

责任编辑:王　荣　　　责任校对:李孟潇　　　版式设计:马　佳

出版发行:**武汉大学出版社**　(430072　武昌　珞珈山)
(电子邮箱:cbs22@whu.edu.cn 网址:www.wdp.com.cn)
印刷:武汉科源印刷设计有限公司
开本:787×1092　1/16　印张:22.5　字数:534 千字　插页:1
版次:2022 年 3 月第 1 版　　2022 年 3 月第 1 次印刷
ISBN 978-7-307-22892-4　　定价:78.00 元

序

现代科技发展水平，已经具备了大规模开发利用海洋的基本条件；21 世纪，是人类开发和利用海洋的世纪。在《全国海洋经济发展规划》中，全国海洋经济增长目标是：到 2020 年，海洋产业增加值占国内生产总值的 20%以上，并逐步形成 6~8 个海洋主体功能区域板块；未来 10 年，我国将大力培育海洋新兴和高端产业。

我国实施海洋战略的进程持续深入。为进一步深化中国与东盟以及亚非各国的合作关系，优化外部环境，2013 年 10 月，习近平总书记提出建设“21 世纪海上丝绸之路”。李克强总理在 2014 年政府工作报告中指出，抓紧规划建设“丝绸之路经济带”和“21 世纪海上丝绸之路”；在 2015 年 3 月国务院常务会议上强调，要顺应“互联网+”的发展趋势，促进新一代信息技术与现代制造业、生产性服务业等的融合创新。海洋测绘地理信息技术，将培育海洋地理信息产业新的增长点，作为“互联网+”体系的重要组成部分，正在加速对接“一带一路”，为“一带一路”工程助力。

海洋测绘是提供海岸带、海底地形、海底底质、海面地形、海洋导航、海底地壳等海洋地理环境动态数据的主要手段；是研究、开发和利用海洋的基础性、过程性和保障性工作；是国家海洋经济发展的需要、海洋权益维护的需要、海洋环境保护的需要、海洋防灾减灾的需要、海洋科学研究的需要。

我国是海洋大国，海洋国土面积约 300 万平方千米，大陆海岸线约 1.8 万千米，岛屿 1 万多个；海洋测绘历史“欠账”很多，未来海洋基础测绘工作任务繁重，对海洋测绘技术有巨大的需求。我国大陆水域辽阔，1 平方千米以上的湖泊有 2700 多个，面积 9 万多平方千米；截至 2008 年年底，全国有 8.6 万个水库；流域面积大于 100 平方千米的河流有 5 万余条，内河航道通航里程达 12 万千米以上；随着我国地理国情监测工作的全面展开，对于海洋测绘科技的需求日趋显著。

与发达国家相比，我国海洋测绘技术存在一定的不足：(1)海洋测绘人才培养没有建制，科技研究机构稀少，各类研究人才匮乏；(2)海洋测绘基础设施比较薄弱，新型测绘技术广泛应用缓慢；(3)水下定位与导航精度不能满足深海资源开发的需要；(4)海洋专题制图技术落后；(5)海洋测绘软硬件装备依赖进口；(6)海洋测绘标准与检测体系不健全。

特别是海洋测绘科技著作严重缺乏，阻碍了我国海洋测绘科技水平的整体提升，加重了从事海洋测绘科学研究等的工程技术人员在掌握专门系统知识方面的困难，从而延缓了海洋开发进程。海洋测绘科技著作的严重缺乏，对海洋测绘科技水平发展和高层次人才培养进程的影响已形成了恶性循环，改变这种不利现状已到了刻不容缓的地步。

与发达国家相比，我国海洋测绘方面的工作起步较晚；相对于陆地测绘来说，我国海洋测绘技术比较落后，缺少专业、系统的教育丛书，相关书籍要么缺乏，要么已出版20年以上，远不能满足海洋测绘专门技术发展的需要。海洋测绘技术综合性强，它与陆地测绘学密切相关，还与水声学、物理海洋学、导航学、海洋制图学、水文学、地质学、地球物理学、计算机技术、通信技术、电子科技等多学科交叉，学科内涵深厚、外延广阔，必须系统研究、阐述和总结，才能一窥全貌。

基于海洋测绘著作的现状和社会需求，山东科技大学联合从事海洋测绘教育、科研和工程技术领域的专家学者，共同编著这套《海洋测绘丛书》。丛书定位为海洋测绘基础性和技术性专业著作，以期作为工程技术参考书、本科生和研究生教学参考书。丛书既有海洋测量基础理论与基础技术，又有海洋工程测量专门技术与方法；从实用性角度出发，丛书还涉及了海岸带测量、海岛礁测量等综合性技术。丛书的研究、编纂和出版，是国内外海洋测绘学科首创，深具学术价值和实用价值。丛书的出版，将提升我国海洋测绘发展水平，提高海洋测绘人才培养能力；为海洋资源利用、规划和监测提供强有力的基础性支撑，将有力促进国家海权掌控技术的发展；具有重大的社会效益和经济效益。

《海洋测绘丛书》学术委员会

2016年10月1日

前　言

海洋工程测量是海洋测量学的一个重要应用分支，是为海洋工程进行服务的测量工作。海洋工程是在海洋环境条件下，开发利用海洋资源过程中所进行的一切建设工程的总称。如果以水深和空间区位划分，主要包括近岸海洋工程、离岸海洋工程。海洋工程测量是一门应用科学，是人类开发和利用海洋必不可少的，也是一项基础而又极其重要的工作，被广泛应用于海洋工程的各个阶段。海洋工程测量涉及的学科种类多，技术难题复杂，包括海洋气象学、海洋水文学、海洋地质学、海洋化学、建筑工程、船舶工程、工程材料等，也包括水土结构相互作用等基础理论和技术。海洋工程的建设，其工程本身除了完成开发利用海洋资源的功能外，还必须在一定的寿命范围内及在不同的水深地质条件下，具有安全、可靠地抵御海水所特有的各种侵害的能力，实现经济性与安全性的平衡统一。海洋工程环境条件是不断变化的，有的还具有突发性，如地震、风暴潮、巨浪、重冰等。防灾减灾也是海洋工程领域的重大课题。另外，海洋开发是一个多部门协同的事业，也是一个产业集群，各产业互相制约、互相影响，海洋开发成本高，风险大，技术要求也高。

本书基于港口航道、海底管线等常见海洋工程建设，介绍海洋测量在工程实施中的作用和应用案例。

书中内容力求阐述海洋工程测量在近岸工程、离岸工程等领域的应用，尤其是在港口航道测量、海洋油气资源调查、海上构筑物建设、海上应急工程等领域内的典型应用。全书共分 7 章，分别从海洋工程的测量要求、测量特点、组织实施、数据处理、成果展示等方面提供较完整的海洋工程测量知识应用案例体系，充分反映我国海洋工程测量技术的发展状况和水平。全书由交通运输部天津水运工程科学研究院、交通运输部北海航海保障中心天津海事测绘中心、自然资源部北海局、自然资源部第一海洋研究所、中交上航局上海达华测绘科技有限公司、长江水利委员会长江口水文水资源勘测局等单位的杨鲲、董江、黄承义、潘贤亮、万军、周才扬等共同编著完成。其中，第 1 章由杨鲲撰写；第 2 章由董江、陆伟、周才扬、吴彬、刘亮、熊伟、成晔、王怀利、陶卫国、杨鲲撰写；第 3 章由周才扬、吴彬、陶卫国、王怀利等撰写；第 4 章由王崇明、安永宁、杨鲲等撰写；第 5 章由黄承义、安永宁、周兴华等撰写；第 6 章由张彦昌、安永宁、杨鲲等撰写，第 7 章由隋海琛、雷鹏等完成。全书统稿工作由杨鲲完成。在编著本书的过程中，编著者参考了国内外相关学者的大量文献。交通运输部天津水运工程科学研究院华南科研开发中心管宁和山东科技大学王敏、罗才智两位研究生在书稿的文字、图表以及整体编辑上付出了很多心血，西安科技大学杨晰慧同学参与编辑校对工作。在此一并表示诚挚感谢！

海洋工程测量属于多学科交叉应用，其理论和方法与作业手段密切相关，技术也随相关学科的发展而发展，本书案例的选择也与编著者的工作实践相关。由于作者写作水平和工作范围、性质相关，鉴于能力有限，书中疏漏和不足之处在所难免，敬请专家和读者批评指正。

编著者

2021年8月

目　　录

第1章 绪 论

1.1 海洋工程测量的概念

海洋工程测量就测量的对象而言，同陆地工程测量一样，是工程测量的一部分，是按照面向测量的活动范围而言的。陆地工程测量是为陆地工程的勘察设计、施工建造和运行管理而实施的测量活动。海洋工程测量是为海洋工程的勘察设计、施工建造和运行管理而实施的勘测与调查。其中，海洋工程是指以开发、利用、保护、恢复海洋资源为目的，并且工程主体位于海岸线向海一侧的新建、改建、扩建工程。一般认为海洋工程的主要内容可分为资源开发技术与装备设施技术两大部分，具体包括：围填海工程，海上堤坝工程，人工岛、海上和海底物资储藏设施，跨海桥梁，海底隧道工程，海底管道、海底电(光)缆工程，海洋矿产资源勘探开发及其附属工程，海上潮汐电站、波浪电站、温差电站等海洋能源开发利用工程，大型海水养殖场、人工鱼礁工程，盐田、海水淡化等海水综合利用工程，海上娱乐及运动、景观开发工程，以及其他海洋工程。与陆地工程测量不同的是，由于海洋工程的环境与海洋相关，因此，水体便成为重要的测量对象。按照离岸的远近，海洋工程可分为海岸工程、近海工程和深海工程3类。

海岸工程(Coastal Engineering)：主要包括海岸防护工程、围海工程、海港工程、河口治理工程、海上疏浚工程、沿海渔业设施工程、环境保护设施工程等。

近海工程(Offshore Engineering)：又称离岸工程，20世纪中叶以来发展很快，主要是在大陆架较浅水域的海上平台、人工岛等的建设工程，和在大陆架较深水域的建设工程，如浮船式平台、移动半潜平台(Mobile Semi-submersible Unit)、自升式平台(Self-elevating Unit)、石油和天然气勘探开采平台、浮式储油库、浮式炼油厂、浮式飞机场等建设工程。

深海工程(Deep-water Offshore Engineering)：包括无人深潜的潜水器和遥控的海底采矿设施等建设工程。由于海洋环境变化复杂，海洋工程除考虑海水的腐蚀、海洋生物的附着等作用外，还必须能承受地震、台风、海浪、潮汐、海流和冰凌等强烈自然因素的影响，在浅海区还要承受岸滩演变和泥沙运移等的影响。

海洋工程的测量活动，包括以上3类，由于不同类别的海洋工程具有不同的特点，因而海洋工程测量的侧重点也有所不同。

海洋工程测量是海洋工程建设勘察设计、施工建造和运行管理阶段的测量工作，是海洋测量的组成部分，为利用、开发和保护海洋提供基础支撑。

海洋工程测量按区域可分为海岸工程测量、近岸工程测量和深海工程测量；按类型可分为海港工程测量、海底构筑物测量、海底施工测量、海洋场址测量、海底路由测量、海底管线测量、水下目标探测等；按海洋工程建设实施过程分为规划设计阶段测量、施工阶段测量和运营管理阶段测量。

规划设计阶段测量：有控制测量、海岸地形测量、水深测量、障碍物探测、底质探测、水文观测等。这个阶段测量工作主要提供工程所需的平面、高程和深度的控制基准，工程区域的地形图和水深图、障碍物分布图、海底沉积物和底质分布图，以及潮汐、波浪等水文资料。以海底管线路由测量为例，规划设计阶段的测量应根据海底路由前期的桌面研究报告，确定路由测量的宽度和路径，分阶段开展的测量工作包括：用全站仪或三维激光扫描仪等测量登陆点地形，用单波束或多波束测深仪(即单波束或多波束回声测深仪)测量路由水深、地形，用侧扫声呐和磁力仪等对路由区域的障碍物进行探测，使用面层和重力取样器对海底底质进行取样分析，利用浅地层剖面仪对海底地层进行探测，并同时使用潮位仪和海流计等观测路由区域的潮汐、潮流。

施工阶段测量：水下地形主要采用单波束和多波束回声测深仪测量，定位测量多采用全球导航卫星系统(GNSS)定位仪。大部分海洋工程施工会用到移动的施工船体和专用施工平台，因而须采用高精度的导航定位测量。以海上石油平台为例，平台就位测量要求多点同步的高精度定位，必要时需要采用动力定位系统(Dynamic Positioning System)，以使平台位置达到设计的要求。而海底管道和电缆的敷设施工不但要求实时的、高精度的导航定位测量，还需要采用侧扫声呐、多波束声呐或者水下摄影等手段进行实时监测，检查管道和电缆敷设后的掩埋状况，确保施工的质量。而沉管安装过程也涉及高精度的导航定位，实时的水深测量，波浪和潮流等水文观测，以及海底浮泥厚度测量等内容，同样会利用水下摄影等设备实时监测，以确保沉管对接精度在厘米级范围内。

运营管理阶段测量：海洋工程施工期间及竣工之后，由于海底地质条件、工程构筑物荷载以及海流或波浪冲刷、台风和风暴潮等极端海况作用，会对工程安全造成不利的，甚至严重的影响，例如，岸坡、堤坝、码头、人工岛的沉降变形，海上平台桩基和海底构筑物的基底受海流冲刷淘空引起承载力下降，海底管道和电缆因冲刷或海底沙波流动引起承载力变化和拉拽作用等都会对工程安全造成严重的影响。因此，在海洋工程的运营管理期间需要对工程开展必要的周期性重复观测和自动化的持续监测。以海岸工程为例，港口工程建筑物形变观测基本采用陆地建筑物形变监测技术，即采用全站仪(或者经纬仪)、水准仪、GNSS观测港口码头等建筑物的水平位移和垂直沉降。海底冲刷和海底沙波移动等状况的监测主要采取周期性的重复测量，使用的仪器包括侧扫声呐、多波束声呐、浅地层剖面仪、三维水下激光和水下摄影设备等，进行海底地形测量、海底障碍物与地貌测量、海底底质调查等工作。对于跨海大桥形变监测，最常见的是采用GNSS连续观测桥面沉降，以及用多波束声呐、三维扫描声呐等对桥墩底部泥沙冲刷进行监测。对于海洋勘探平台，实时在线监测是主要的发展趋势，沉降观测主要采用GNSS定位传感器、光纤变形沉降传感器等设备。应及时整理和分析观测和监测成果，对工程设计和施工质量进行后评估，判断工程的安全状况，对可能的影响做出科学的预测预报，为工程管理部门提供处置依据，为采取必要的应对措施提供支持。

1.2 海洋工程测量的任务和内容

随着航海事业的发展和生产建设需要的增长，海岸工程得到了很大的发展，主要包括海岸防护工程、围海工程、海港工程、河口治理工程、海上疏浚工程、沿海渔业工程、环境保护工程等，因而海洋工程测量的工作领域非常广泛。根据海洋工程的建设目的，工程测量的主要任务包括科学性任务和实用性任务。科学性任务偏重研究地球的形状、海底的地质构造运动、海洋环境条件本身所具有的客观规律，如海洋重力测量、海洋磁力测量等。这些研究性任务，有助于人类客观掌握海洋的特性，有利于认识海洋，对基础理论研究具有十分重要的意义。但大部分海洋工程测量侧重实用性任务，主要包括测绘基准的建立、海上定位、水深测量、海底地形地貌测量、海底浅部地质结构测量、海图编制等方面。相对而言，这些任务比较微观，提供一定工程范围内的观测数据，并为海洋开发服务。

1.3 海洋工程测量与相关科学技术的关系

海洋工程测量不但利用了海洋测绘的理论方法和手段，而且由于服务的对象是海洋工程建设，它还是因工程建设需要而进行的特殊的工程测量，是专为海洋工程服务的，有别于一般的水下测绘和陆地测绘。海洋工程测量与相关科学技术的关系描述如下。

(1)与海洋测绘之间的关系：海洋测绘是以海洋水体和海底为对象所进行的测量和海图编制工作，统称为海洋测绘。它既是测绘科学的一个重要分支，又是一门涉及许多相关科学的综合性学科，是陆地测绘方法在海洋的应用与发展。海洋工程测量既关注海洋工程所处的地形地貌，也关注工程周围的水体，同时也关注海洋工程各个阶段包括研究、建设、管理、养护、运营等全寿命周期内的测量工作，是海洋测绘在工程领域的应用测量。由于不同海洋工程测量的侧重点和要求不同，测量的精度和测量的内容也有所不同。

(2)与海洋调查之间的关系：相对于海洋工程测量主要面向海洋工程而言，海洋调查的范围更大，调查的内容更为广泛。海洋调查是对某一特定海区的水文、气象、物理、化学、生物、底质分布情况和变化规律进行的调查。调查观测方式有大面积调查、断面调查，有连续观测和辅助观测。可采取航空观测、卫星观测、船舶观测、水下观测、定置浮标自动观测、漂浮站自动观测等。普查项目有水温、水色、透明度、水深、海流、波浪、海冰、盐度、溶解氧、pH 值、磷酸盐、硅酸盐、硝酸盐等，以及该海区的气象要素(如气温、气压、湿度、能见度、风、云、各种天气现象等)。另外，还测定水中悬浮物、游泳动物、浮游生物、底栖生物、海水发光、海水导电率、声速传播、稀有元素、海底底质等。海洋调查对掌握资源分布状况和渔业生产有重要意义。

(3)与海洋工程学科之间的关系：海洋工程测量针对海洋工程，但是相对于其他专业学科(如海洋技术、水声学等学科)和研究海洋环境中的运行系统(包括海岸工程、轮机工程、船舶工程、海军工程、近海工程、海事系统工程等)，应当说海洋工程测量的学科交叉明显，应用领域拓展广泛。海洋工程测量和海洋工程学科除了服务对象有所不同，两者在内容上有交叉重叠之处。除了测量知识之外，对数据的分析处理、安全评估外力荷载等也需要测量工作者了解基础流体力学、结构理论、结构动力学、水声学、物理学、计算机科学等内容，以便更好地认识海洋工程，做好海洋工程的测量数据获取、处理分析等工作。

1.4 本书的体系结构

本书的目的是通过工程实践案例，系统、全面地阐述海洋工程测量原理、装备、技术与方法在实际工程案例中的应用。特别是针对不同海洋工程的特点，详细介绍各种海洋工程测量中的技术要求、基本理论、工程组织实施方法。全书力求按照工程应用内容的不同进行系统、详细的阐述，但由于海洋工程测量按照内容来分，也是繁杂的，难以一一说明。因此，在有限的篇幅内，本书通过典型案例，具体展示海洋工程测量在工程中的应用，构建出海洋工程测量的理论和技术应用体系。在案例中，选择了近岸工程测量、离岸港口工程测量、海上应急扫测、海底构筑物测量等内容。考虑典型性，详细介绍了天津港、青岛港、曹妃甸港、黄骅港等近岸工程测量的实例，在离岸工程测量中选取了国际航运中心上海洋山港作为典型案例。这些港口案例，基本代表了我国近岸港口的几种类型：包括在淤泥质海岸、粉砂质海岸、砂质海岸、离岸水域建设港口，具有非常典型的代表性。在河口工程测量中，选择我国的黄金水道入海口——长江口整治工程作为案例，长江口是在潮汐和径流作用下的水运工程，具有内河和海洋共同作用的特点，整治难度也是前所未有的，其工程测量技术也是非常具有代表性的。在海洋能源工程中，按照施工的顺序，即建设前期、建设期、维护期等阶段进行测量案例分析。在跨海通道中，以港珠澳大桥、深中通道为代表的沉管隧道建设作为典型案例。在海上应急扫测中，以近年来技术最为复杂的国际打捞行动(韩国“世越号”沉船打捞)作为典型案例。

这些案例，基本代表了我国海洋工程测量领域的能力和水平。鉴于篇幅等原因，不能列出一些其他领域的典型案例，尤其是内河、湖泊、桥梁等领域的工程测量，请读者给予理解，后期我们再有机会补充完善。

第 2 章　港口航道测量

港口航道测量是国家海道测量的重要组成部分，其主要任务是测绘沿海港口、航道、锚地等水域的水深、潮流、底质、助航标志及沿岸海岸地形，搜集有关港口航行资料，为及时编绘、出版海图、电子海图及其有关航海图书资料提供依据；为港口通航水域提供现势性强的水深信息，供船舶航行、港口航政管理和科研生产部门使用。在经济建设方面，港口航道测量是发展航运、整治航道、建设海港、施工作业、开发海岸带和探测利用海洋资源等必不可少的基础性工作。

2.1　港口及其组成

在人类文明发展过程中所形成的世界大多数大中城市是沿海或沿江而建的，如上海、东京、纽约、伦敦等。这一事实表明人类的活动在很大程度上依赖于水路运输。世界上几乎所有的文明都起源于临水地区，临水地区为人类生存和社会发展提供了最为便利的条件。港口是临水地区人与货的出入口，是具有足够水深、受风浪影响较小、便于船舶进出和安全停靠的停泊地。现代港口作为交通运输大动脉中的枢纽，是货物集散、暂存、换装并转运的中心，是水上交通和陆上交通的连接点。现代港口是社会经济活动的重要组成部分，在发展国民经济、促进社会进步的进程中起着重要的作用。

港口由港界内的所有设施构成，港界即构成港口的水陆域与其外围区域的分界，是对港口进行有效管理所必须明确的管辖范围。一个港口可以包括一个或者多个港区。港口由港口水域、码头岸线和港口陆域组成。图 2-1 是天津港港区平面图，图 2-2 是天津港北疆港区平面图。

港口水域是指港界以内的水域，包括船舶进出港航道、港池、泊位、回旋水域和停泊的锚地水域等。①航道：航道是为船舶进出港提供特定的安全航行通道。在多数情况下，近海自然水深不能满足船舶吃水要求，航道一般是人工开挖而成的。船舶进出港必须按照航行标志航行，遵守航行规则，以避免发生海上交通事故。②港池：港池即码头前水域，是供船舶靠离码头和装卸货物用的毗邻码头的水域，突堤码头之间的水域即为港池。③泊位：泊位是供一艘船舶靠泊的码头长度。码头不仅包含停靠船舶的位置(泊位)，而且还应包括码头前沿的作业区域；一个码头可拥有不止一个泊位。④回旋水域：回旋水域是指船舶靠离码头、进出港口需要转头或改换航向时使用的水域，其大小与船舶尺度、转头方式、水流和风速风向有关。⑤锚地：锚地是专供船舶等待停靠泊码头、接受检疫、进行水上装卸作业以及避风的指定水域，一般可分为港外锚地和港内锚地。

码头是停靠船舶、上下旅客或装卸货物的场所。码头岸线又称码头前沿线，是港口水

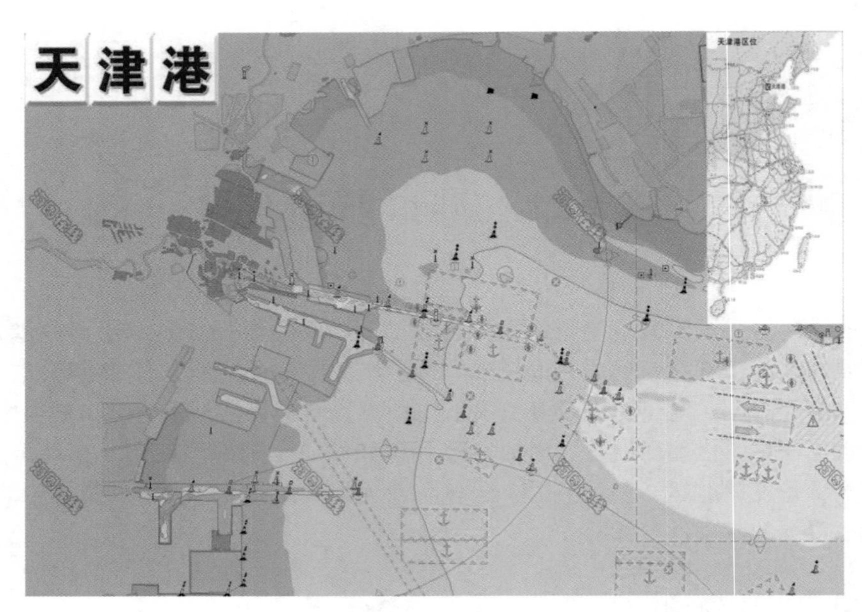

图 2-1　天津港港区平面图(来源：海图在线)

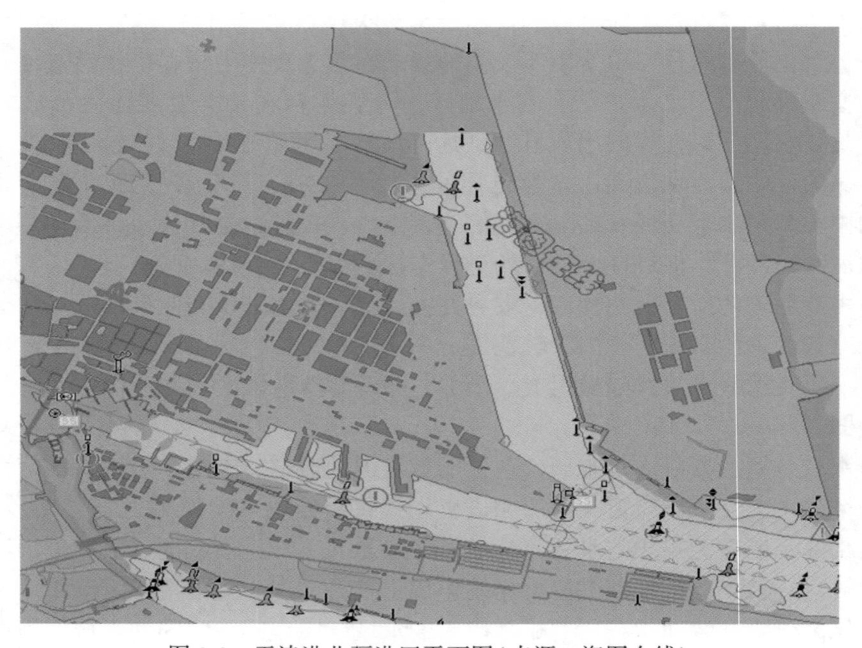

图 2-2　天津港北疆港区平面图(来源：海图在线)

域和陆域的交接线，也是港口生产活动的中心。

港口陆域包括装卸作业地带、辅助作业地带和预留发展用地，如堆场、仓库、铁路、站场、消防站、给排水设施等。按地理位置划分，港口分为海港、河口港、河港、湖港和运河港等；我国沿海约有 150 个港口，按其重要程度划分为主要港口、地区性重要港口、一般港口三个层次。

2.2 港口航道测量的定义及特点

港口航道测量是对港口附近水域，以及内海、领海中供船舶航行通道的水深、潮流、底质、助航标志及海岸地形等海图要素进行的测量。同其他测量相比，港口航道测量在理论、技术方法和测量仪器设备等方面有许多独特点。第一，测量工作的周期性。港口航道测量是为保障某一港口所在的海图图幅或海区范围内的航行要素的现势性，确保船舶航行安全，定期对港口航道进行全面、系统的测量或针对某一区域或某些要素的核查测量。第二，测量基准的严密性。港口航道测量的深度基准采用理论最低潮面，基准面的确定既要考虑船舶航行安全，又要顾及航道的利用率。基准面定得过高，船舶依据海图水深航行容易发生搁浅事故，定得过低，会降低航道的利用率，因而需要严密确定基准面。第三，测量内容的综合性。港口航道测量需要同时完成多种要素观测，需要多种仪器设备配合施测，与其他测量相比，具有综合性的特点。第四，测量成果的规范性。港口航道测量的主要成果是海图。由于海水覆盖，海洋环境不同于陆地，导致海洋信息与陆地信息有重大差异，这就造成海图和陆图在表示内容、方法、侧重点上的诸多显著不同。相对于陆图，海图有以下明显特点：

(1)海图多选用墨卡托投影(即等角正圆柱投影)编制，以便于船舶制定航行计划；

(2)没有固定的比例尺系列，港口航道附近的海图的比例尺一般分布在 1∶5000 至 1∶100000 之间；

(3)深度起算不是平均海面，而是选择有利于航行安全的当地理论最低潮面；

(4)海图分幅主要沿海岸或航线划分，邻幅间有供航行换图所必需的较大重叠部分(叠幅)，且为适应分幅的特点，海图有自己特有的编号规则；

(5)海图与陆地地图制图综合的具体原则，因内容差异甚大和用途不同而有所区别，另外海图有自己的符号系统(海图上有许多陆地地图上没有的地物，即使相同的地物，符号也不尽相同)；

(6)海图采用独特的更新方式(海图小改正)，能够更为及时、不间断地进行更新，保持其现势性，确保船舶航行安全。

2.3 港口航道测量的分类与内容

港口航道测量有多种分类方法，按不同的测量内容和性质将港口航道测量分为基本测量、检查测量、应急测量、通航尺度核定测量和疏浚施工测量等。基本测量是对某一港口所在的海图图幅或海区范围内的航行要素进行全面的系统性测量。基本测量的周期一般为 5~10 年，可根据港口实际情况适当缩短和延长，但最长不超过 12 年。检查测量是在基本测量的基础上，通常以港池、航道、航路水深测量为主要内容，对某一海图图幅或海区范围内特定的航行要素，特别是对有变化的航行要素进行的测量，检测周期按年度、季度和月度划分。应急测量是对海上突发事件引起的影响通航安全的相关水域所进行的紧急测量，对一定海区内进行全覆盖的探测，以查明该区域内航行障碍物的真实情况。通航尺度核定测量是对港口的泊位、港池、航道、锚地以及新开通的通航水域是否符合规定深度所进行的扫海测量。疏浚施工测量是对水下疏浚区域按照一定的比例尺进行断面测量或者全覆盖测量，发现、指导疏浚施工中存在的浅点(区)，计算疏浚产生的土方量，确保疏浚工程的施工效果和施工质量。

此外，按照测量的区域，港口航道测量可以分为泊位测量、港池测量、航道测量、锚地测量、航路测量等。按照测量要素，港口航道测量可分为水深测量、潮流测量、底质探测、航行障碍物探测、助航标志测量及海岸地形测量等。

港口航道测量的主要内容包括以下七项。

1. 海洋大地测量

海洋大地测量是在海洋区域进行平面和高程控制的测量，是陆地大地测量在海洋区域的扩展。海洋大地测量主要包括在海洋范围内进行大地控制网(点)布设、海上定位、平均海面确定、海洋地形和海洋大地水准面的测定等。

海洋大地测量控制网主要由海底控制点(如水下声标)，海面控制点(如固定浮标)，岸上、岛上及礁石上的大地控制点组成，是各种港口航道测量和海上定位工作的基础。海洋大地控制网(点)的布设及施测多采用卫星定位和声学定位技术。对于岸上、岛上及礁石上的控制点，可以直接应用精密的卫星相对定位法，确定其在统一参考坐标系下的坐标；而对于海底控制点的布设及测定则较为复杂，需在海底控制点处埋设固定标志并安置水下声标或应答器，以测定其与海上测量船之间的距离。海上定位包括海面定位和水下定位。对于海面定位，在近岸水域采用陆地大地测量方法和电磁波测距、地面无线电定位、水下声学(可简称“水声”)定位和卫星定位。

平均海面和大地水准面的测定则是为海洋和陆地测量高度(深度和高程)提供基准。为港口航道测量工作确立平面和高程控制系统是海洋大地测量的任务之一。港口航道测量的平面和高程控制是在国家大地网(点)和水准网(点)的基础上发展起来的。平面控制按精度可分为海控一、二级点和测图点。海控点(网)的分布，应以满足海岸地形测量和水深测量为原则。沿海港口、航道测量的平面控制及高程控制是在国家大地网(点)和水准网(点)的基础上发展起来的。不同比例尺的测图可以采用不同等级的控制点作为起算控制点。

2. 水深测量

水深测量是港口航道测量的中心工作，其目的是为海图编绘提供水深和航行障碍物等海部要素。目前主要使用水面船艇进行水深测量，测量船按一定测线间隔和一定方向布设的计划测线航行，连续定位并采集水深数据，经过吃水、声速、潮位等改正后获得海底各点的准确深度，从而客观、真实地显示海底地貌。水深测量经历了使用杆子(俗称“测深杆”)和系有重物的绳子(俗称“水砣”)、回声测深仪的方法。回声测深在单波束回声测深仪的基础上发展出多换能器测深系统和多波束测深系统，能一次给出与航线相垂直的平面内几个、几十个，甚至数百个水深点，或者一条航线可以覆盖一定宽度的水深条带，精确、快速地测出覆盖区域内的水深，水下目标的大小、高低等，已成为当前水深测量的一种主要方法。此外，还有机载激光测深和卫星遥感测深等方法。水深测量测得的水深数据，必须归算为深度基准面至海底的垂直距离，而不是瞬时海水面至海底的距离，所以需要进行一系列的改正，对瞬时水深归算主要包括测深系统吃水改正、声速改正和潮位改正等。

(1)吃水改正。测深系统吃水改正包括静吃水改正和动吃水改正。静吃水是指测量船静止状态时量取的水面至换能器的距离，动吃水则是测量船在行进时由于动力产生的船体下沉量。测量船在加油、加水或因燃料损耗等情况导致配载发生变化，测深系统的静吃水也会随之改变，需要在测量前测量静吃水值并应用到水深改正中。测量船在不同船速下船体会产生一定的下沉量，造成测深系统的换能器到水面的距离发生变化。为了确保测深准确，需要测定不同船速下的动吃水值并应用到水深改正的后处理中，一般需要在测量前分别测定低速、中速和高速三种情况下的动吃水值。

(2)声速改正。由于地球表面的海水温度随地理位置、季节、时间而变化，并且水体温度场的纵向分布也很复杂，这些要素不论在时间上还是空间上对确定海水中的声速都是至关重要的。深度测量对海水中的声速变化是非常敏感的，声速的变化主要与温度、盐度和压力等要素有关。声波穿过不同的水层而产生折射和反射现象，且服从折射定律。折射后的声线是向声速减小的方向弯曲。当声速为正梯度时，声线弯向海面；当声速为负梯度时，声线弯向海底。其声线轨迹如图 2-3 所示。

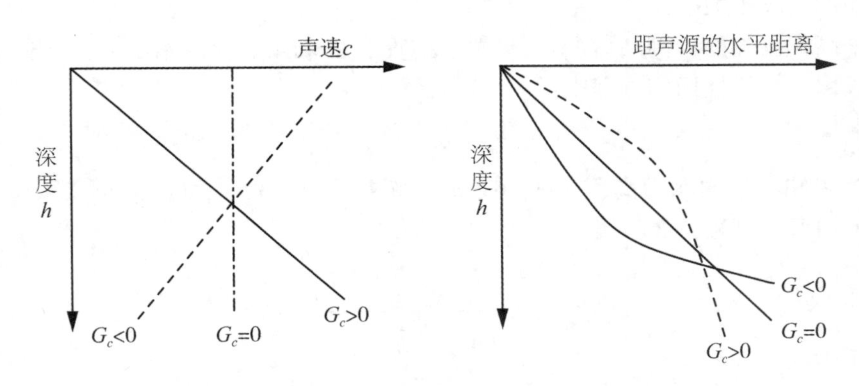

图 2-3　不同声速梯度下的声线弯曲

特别是当海水温度跃层存在时，由于折射而使得声线方向发生的变化尤为显著。会导致探测成果产生失真，严重影响测量成果的质量。为了消除声速误差，提高水深测量的精度，必须准确测定海水声速并进行声速改正，目前声速测定的设备主要是声速剖面仪。在水深测量中应根据声速剖面的变化在不同时间、不同位置采集声速剖面，采集的深度应涵盖整个测区的水深变化区间，在声速改正时可根据测区声速变化情况选择单点改正、就近时间改正、就近位置改正、多点声速改正等。

(3)潮位改正。为了观测潮汐，需要设立验潮站。根据验潮站作用不同，验潮站分为长期验潮站、短期验潮站、临时验潮站和海上定点验潮站。

长期验潮站：是测区水位控制的基础，主要用于计算平均海面，一般应有 2 年以上连续观测的水位资料。

短期验潮站：用于补充长期验潮站的不足，与长期验潮站共同推算确定测区的深度基准面，一般应有 30 天以上连续观测的水位资料。

临时验潮站：在水深测量时设置，至少应与长期站和短期站在大潮期间同步观测水位 3 天，主要用于水深测量时进行水位改正。

海上定点验潮站：至少应在大潮期间(良好日期)与相关长期站或短期站同步观测一次或三次 24h，或连续观测 15 天，获得的水位资料用于推算平均海面、深度基准面以及预报瞬时水位，进行水深测量时的水位改正。

港口航道测量中潮汐观测的主要目的：一方面是为了确定某一处海域的多年平均海面、深度基准面、各分潮的调和常数，进行潮汐分析和预报；另一方面是获得测深时刻基于深度基准面上的水位改正数并进行潮位改正。在瞬时海面测得的水深数据经过剔除虚假信号后，再经吃水、姿态、声速等改正，需计算至深度基准面起算的深度，这一归算称为潮位改正(或称水位改正)。验潮站的有效控制范围按下式计算：

$$d = \frac{\delta_z}{\Delta T_{\max}} R_{AB} \tag{2.1}$$

式中，δ_z 为测深精度指标，依照规范一般取 15cm；R_{AB} 为两验潮站间的距离；$\Delta T_{\max}$ 为两验潮站之间的最大潮高差。

① 一元回归分析法。

用一个高程已知的验潮站(简称已知站) 推算高程未知的验潮站(简称未知站)，其平均海面可以用一元线性回归方程表示：

$$\hat{h}_x = \hat{a} + \hat{b} h_A \tag{2.2}$$

式中，$\hat{h}_x$ 为未知站平均海面高程，m；$\hat{a}$、$\hat{b}$ 为待求系数，$\hat{a}$、$\hat{b}$ 可用最小二乘法求得；h_A 为已知站平均海面高程，m。

$$\hat{b} = \frac{[(h_A - \bar{h}_A)(h_x - \bar{h}_x)]}{[(h_A - \bar{h}_A)^2]} \tag{2.3}$$

式中，$\bar{h}_A$、$\bar{h}_x$ 为对应 h_A 和 h_x 的均值。

$$\hat{a} = \bar{h}_x - \hat{b}\bar{h}_A \tag{2.4}$$

$$\bar{h}_A = \frac{[h_A]}{h} \tag{2.5}$$

$$\bar{h}_x = \frac{[h_x]}{h} \tag{2.6}$$

其中，误差 σ 可由下式估算：

$$\sigma = \sqrt{\frac{[VV]}{h - 2}} \tag{2.7}$$

$$V_i = h_{xi} - \hat{h}_{xi} \tag{2.8}$$

式中，V_i 为平均海面高程差，即平均海面高程 h_{xi} 与该点估计值 $\hat{h}_{xi}$ 之差。

平均海面 h_A 和 h_x 的相关系数 ρ 可按下式计算：

$$\rho = \frac{[(h_A - \bar{h}_A)(h_x - \bar{h}_x)]}{\sqrt{[(h_A - \bar{h}_A)^2][(h_x - \bar{h}_x)^2]}} \tag{2.9}$$

② 二元回归分析法。

用两个已知站的平均海面高程推算未知站的平均海面高程，其线性回归方程为

$$\hat{h}_y = \hat{b}_0 + \hat{b}_1 h_{x1} + \hat{b}_2 h_{x2} \tag{2.10}$$

式中，$\hat{h}_y$ 为未知站平均海面高程，m；h_{x1}、h_{x2} 分别为两个已知站的平均海面高程，m；$\hat{b}_0$、$\hat{b}_1$、$\hat{b}_2$ 为回归方程系数。

用最小二乘法计算回归方程系数，并进行精确度分析和显著性检验。

当测量区域位于单个验潮站的有效控制范围时，可使用单站潮位数据进行潮位改正。当单站潮位不能控制时，在多个验潮站的有效控制范围，可根据情况选择直线分带(两站)、三角分带(三站)或(三站以上)的方法进行潮位改动。两(多)站改正是将瞬时海面的潮位通过诸验潮站的潮位观测值内插获得，即潮位内插，常用的内插方法有线性内插、回归内插、时差法内插、分带内插等。

3. 潮流测量

海洋中海水以相对稳定的速度沿一定的方向做大规模的非周期性运动，即为海流。其流动方向有水平方向，也有垂直方向。海流的强弱用流速表示，单位为 m/s 或 kn；流向指海流流去的方向，以角度表示。

海流发生的原因主要是海面风力、海水压强梯度力、地球偏向力和摩擦力的作用，同时还受到海底地形、海岸轮廓和水深的影响。按照与海岸的关系，海流可分为沿岸流、离岸流和向岸流。按照海流的运动特征，可分为潮汐和潮流。海水质点随潮汐垂直运动的同时，还在做水平运动，即潮流。在接近海岸时，潮流一般会变大，同时，它们在局部环流中起着十分重要的作用。潮流主要起因于月亮和太阳的引力，可以理解为同一个问题的两个方面，即引力作用海面使得海水升降的同时，也使海水进行堆积和扩散运动。因引力的周期性变化，所以潮流呈现周期性的往复运动，其流速和流向也随之发生变化。在我国多数海区，潮汐的升降与潮流进退两者的周期是相同的。但也有些海区，潮汐的升降与潮流进退两者的周期是不相同的。对于潮汐与潮流的异同，可以用各海区的潮波运动理论来解释。总之，不同地点的潮流性质是不同的，需要实际观测和计算才能深入认识和了解。潮流的典型形式有往复式潮流和回转式潮流两种。

往复式潮流又称直线式潮流，在海峡、水道、河口或狭窄港湾内，受地形限制，潮流一般为往复式交换。在外海某些海区，若处于右回旋式或左回旋式潮流的交界处，也会出现往复式潮流。

回转式潮流又称八卦流，若海区内同时有几个潮波时，便可产生互相干扰作用，因此可形成回转式潮流。在北半球，回转式潮流的流向是顺时针方向旋转；在南半球，其方向是逆时针方向。产生这种现象是由于地球自转效应的结果。例如我国长江口的潮流，属于回旋式潮流，流向也是顺时针方向变动，流速较大，对船舶航行有较大影响。潮流的回转

现象，不仅在广阔的海上能观测到，就是在某些较宽的海峡也能观测到。

但总体来说，潮流运动是复杂的。

4. 底质探测

底质探测是为了获得海图上所需的海底表层底质分布的资料，其目的主要有三个方面：一是满足军事与航海的需要。底质探测可以帮助舰船选择锚地、潜艇潜坐地点、登陆地段、停泊场以及布设水雷等，如泥、泥沙底适宜舰船锚泊和布设水雷，沙底适宜潜艇潜坐和登陆。二是为经济建设和科学研究提供资料，进行航道整治与港口工程设计等。三是为了更好了解与分析海底地貌。

海底底质的分类方法有很多，海底底质的类型应根据海底取得的样品按照相关规范的标准确定。在外业测量工作中，一般没有条件准确地按照颗粒的大小和百分比来确定底质，通常用肉眼和手摸等方式进行底质识别，主要有以下几种类型。

沙：粒状底质，颗粒直径小于2mm。沙可分为粗沙和细沙两种，直径小于0.5mm的称为细沙，大于0.5mm的称为粗沙。

泥：柔软的底质，肉眼看不到细沙，揉捻时几乎感觉不到有颗粒。

石：石是砾、圆砾和卵石的统称，直径介于2~256mm之间。

岩石：直径大于256mm的石头。

除上述单一底质外，还有一些混合底质，对于两种混合的底质，先标注成分多的，再标注成分少的。如泥沙和沙泥是两种不同的混合底质，泥沙即表示泥多于沙的底质，沙泥则表示沙多于泥的底质。

底质探测一般采用机械式采泥器具、超声波探测和水下摄像等方式。其中采用机械式采泥器具获取底质样品是最常用的方法，机械式采泥器具主要有水砣、锚式取样器和蚌式取样器等。底质探测的密度通常根据海区的重要程度和底质情况而定，水深在100m以内的海区均需探测海底底质，使用水砣探测底质只允许水深在10m以内。通常对于航道、锚地及底质变化复杂的区域，底质探测的密度要加大。底质测定时必须定位且停船，特殊区域和各种航行障碍物均应探测底质。

5. 助航标志测量

助航标志是指浮标、灯船、信标、雾号、灯标、定向信标、灯塔、灯桩、导标、无线电定位系统以及标绘在海图上或在其他出版物上颁布的有关航行安全的设备或标志。其作用是确定航道方向，反映航道宽度，标示航道上的水下航行障碍物，引导船舶安全航行。助航标志和岸上的高塔、孤峰、独立石等显著物标对海上航行安全都有非常重要的导航、助航作用。

助航标志一般可分为陆上标志和水上标志。陆上助航标志是设置在岛屿、礁石、海岸等陆地上的固定标志，主要有灯塔、灯桩、立标等。水上助航标志分为侧面标志、方位标志、独立危险物标志、安全水域标志、专用标志和新危险物标志共计六种。

灯塔是一种比较高大而且坚固的塔形建筑物。塔身外部涂有醒目的颜色，一般以白色居多；塔顶装有光力较强、射程较远的大型灯器，以便海上的船舶无论在白天、黑夜都能在海面上较远的距离发现灯塔。灯塔通常设立在显著的海岸、岬角、重要航道附近的岛屿上，以及港湾入口处，如大连大三山岛灯塔、香港横栏灯塔等。灯塔一般均有专人管理，位置精确，是可供船舶定位、导航的主要标志。

灯桩通常是较高的柱形或较低的桩形建筑物，也有的是框架结构的标志。桩身按规定涂有显著的颜色，顶部装有灯器，但射程远不及灯塔，一般无专人看管。灯桩一般设立在航道附近的岛岸边、孤立的礁石上以及港口防波堤上，如舟山鼻头礁灯桩、上海吴淞口防波堤灯桩。灯桩的位置准确，也是可供船舶定位、导航的航标。也有的灯桩设在岸上作为导标或叠标，引导船舶进出港，如秦皇岛主航道东线引导灯桩等。

立标是一种有竖立的杆形、柱形或衍架形标身，加装球形、三角形或菱形顶标的标志，涂有背景明显不同的颜色。有的立标设立在浅水区或礁石上，用以指示沙嘴尽头、浅滩或险礁的两端、水中礁石及航道中的障碍物，有的立标设立在岸上作为叠标或者导标，用以测定船舶运动性能和罗经差，或引导船舶进出港。

侧面标志是依照航道的方向配布的，用以指示航道两侧界限，也可以标示推荐航道或特定航道。航道的走向一般是指从海上驶近或进入港口、河口、港湾或其他水道的方向，在复杂的环境中航道的走向由航标主管部门规定，并在海图上用箭头标示。侧面标志包括航道左侧标、右侧标和推荐航道左侧标、右侧标，通常左侧标的标身颜色为红色，右侧标的标身颜色为绿色，俗称“左红右绿”。

方位标志设在以危险物或危险区为中心的北、东、南、西四个象限内，即真方位西北—东北、东北—东南、东南—西南、西南—西北，并对应所在的象限命名为北方位标、东方位标、南方位标、西方位标，分别表示在该标的同名一侧为可航行水域。方位标也可设在航道的拐弯、分支汇合处或浅滩的终端。

独立危险物标志设置或系泊在孤立危险物之上，或尽量靠近危险物的地方，标示独立危险物所在位置。如在危险沉船处设立危险沉船标，船舶应参照航海资料，避开此类标志航行。

安全水域标志设置在航道中央或航道的中线上，表示其周围均为可航行水域；也可代替方位标志或侧面标志指示接近陆地。

专用标志用于标示特定水域或水域特征的标志，按其用途主要分为锚地、禁航区、海上作业区、分道通航、水中构筑物、娱乐区、养殖区等。

新危险物是指新发现而未在航海资料中指明的障碍物，如浅滩、礁石、沉船等。当危险物严重危及船舶航行安全时，应尽快设置以标示它的标志，如海上发生事故后新沉没的沉船。这些标志可以是方位标志或侧面标志，灯光节奏均采用甚快闪或快闪。同时在这些标志中至少应有一个重复标志，其全部特征要和它配对的标志相同。

6. 海岸地形测量

港口航道测量需要提供现势性强的海域和陆域资料，海岸地带的地形常常又变化很快，如由于河口地区泥沙沉积使陆地向海延伸，海蚀地段陆地后退，港口工程建设出现了新的地物，围海造地出现了新的陆域等。为了将陆域部分的岸线地形与水深测量资料相拼接，为海图编绘提供陆部要素，需要测定海岸线、干出礁、明礁、岛屿、区域界限、码头、防波堤、水上建筑物、水下管线标志、道路、河流、居民地、土质及植被等地形要素。航海者通常也需要通过观察岬角及其他岸上地貌修正航向及角度，以确定船位。

海岸线是平均大潮高潮线，在港口航道测量中海岸线通常依据平均大潮高潮线留下的痕迹确定，测定时可根据海岸的植物边线、土壤和植被的颜色、湿度、硬度以及流木、水草、贝壳等冲积物来确定其位置。海岸线测绘应识别其性质，海岸线性质主要分为沙质岸、磊石岸、岩石岸、加固岸、陡岸等。

海岸地形测量必须进行野外实地测量，也可以基于航空摄影或卫星影像等数据协助绘制海岸地形，但仍需要在野外进行实地调查和校对。所有的地图及航空照片等在野外经过检验后，方可用于水深图及其附图等的制作。如果没有合适的地图资料，海岸地形测量必须依据规范要求的测量比例尺，采用规定的方法，如全站仪、RTK 等进行准确的测量，描绘出主要的地貌。对于港口附近，尤其是人工建造用于供船舶停靠的码头，更需要采用准确、可靠的方法进行测量，以确保测量的精度；对于沿海附近的山峰、烟囱、教堂、风车、天线及永久性建筑物等，航海者从海上很远的距离就能看到这些显著目标，需要利用这些显著目标来确定方位，在海岸地形测量时应测量其位置并说明其属性。此外，海岸地形测量还需确定港口设施的基本情况，如突堤码头的大小、高度、延伸方向、建筑类型、系泊及靠泊设施等信息。

7. 障碍物探测

在港口航道测量中，必须对危及船舶航行安全的障碍物进行测量，如礁石(明礁、干出礁、暗礁、群礁)、沉船、水下残留物体、坠落物、浅地(点)等，均应准确测定其位置，最浅深度(或干出高度或高程)，障碍物分布的范围和性质，对于测量信息发生变化的或新发现的航行障碍物，要及时上报并更新到海图上。探测暗礁、浅滩等水下航行障碍物时可采用多种方法，如利用单波束测深仪进行加密探测，利用多波束测深系统进行全覆盖水深测量，利用侧扫声呐系统进行全覆盖扫海测量等，对于海况复杂的区域可考虑使用 ROV 或 AUV 搭载上述设备进行探测。单波束加密探测是在测区内以 0.25～0.5cm 间隔布设加密测线进行探测，必要时也可进一步放大比例尺进行探测。加密测线的方向应视具体情况确定，一般采用纵、横加密测线方式(“井”字)布设，在已测资料或搜集资料的基础上，首先进行搜索探测，即以扫测目标的大致位置为中心布设 3～4 条相互交叉或平行的测深线，以大体弄清其延伸范围及周围水深的变化趋势，如果发现有更浅水深，应继续探测以探明最浅处的位置及深度。一般来说，障碍物的等级按其水深变化率可分为弱级、中级和强级三类，深度变化率在 10%～20%的为弱级，变化率为 20%～30%的为中级，变化率在 30%以上的为强级。对于障碍物探测的详尽程度，一般不应机械地按其等级强弱而应根据其所处的位置情况及其重要性来确定。如对航行有影响的地段或处于平坦地区的障碍物，即使是弱级也应进行详细探测；对于航行无甚影响或地貌复杂的海区，一般对中级、强级障碍物才予以详细探测。对已有可靠资料或经调查已知其概位的水下障碍物，可请熟悉情况的相关人员协助探测，或采用全覆盖扫海测量的方法探测其范围、位置及最浅水深。

2.4 港口航道测量的主要方法和技术要求

2.4.1 定位方法及要求

1. 定位方法

海上定位测量是港口航道测量的一个重要内容。在港口航道测量工程中无论测量某一几何量或物理量，如水深、重力、磁力等，都必须固定在某一种坐标系统相应的格网中。海上定位是港口航道测量工作的基础。海上定位主要有天文定位、光学定位、陆基无线电定位、空基无线电定位（即卫星定位）和水声定位等手段，并在实际海洋作业中发挥着非常重要的作用。

天文定位是一套独立的定位系统，借助于天文观测，确定海洋上船只的航向以及经纬度，从而实现导航和定位。这种方法主要局限于观测条件，阴天或云层覆盖比较严重时，该方法无法实施，同时，因观测手段的局限，该方法很难实现实时连续定位。目前，海上作业中很少采用这种定位方式。

光学定位只能用于沿岸和港口测量，一般使用光学经纬仪进行前方交会，求出船位，也可使用六分仪在船上进行后方交会测量。由于六分仪受环境的影响和人为因素的影响较大。观测精度较低，现已很少使用。随着电子经纬仪和高精度红外激光测距仪的发展，全站仪按方位-距离极坐标法可为近岸动态目标实现快速跟踪定位。由于全站仪的自动化程度高，精度高，使用方便、灵活，在当前沿岸、港口、施工打桩等测量中应用较多。

无线电定位分为陆基无线电定位和空基无线电定位。陆基无线电定位即传统意义上的无线电定位。无线电定位通过在岸上控制点处安置无线电收发机（岸台），在载体上设置无线电收发、测距、控制、显示单元，测量无线电波在船台和岸台间的传播时间或相位差，利用电波的传播速度，求得船台至岸台的距离或船台至两岸台的距离差，进而计算船位，无线电定位多采用圆-圆定位（两距离法）或双曲线定位（距离差法）方式。无线电定位系统按作用距离可分为远程定位系统，其作用距离大于1000km，一般为低频系统，精度较低，适合于导航，如罗兰C；中程定位系统，作用距离300~1000km，一般为中频系统，如Argo定位系统；近程定位系统，作用距离小于300km，一般为微波系统或超高频系统，精度较高，如三应答器（Trisponder）、猎鹰Ⅳ等。这些定位系统因定位精度低以及空基无线电定位系统的出现而逐渐被淘汰，我国目前已基本关闭了沿海陆基无线电定位系统台链。

空基无线电定位即全球卫星定位系统，为目前海上定位的主要手段，它具有全天候、全覆盖、连续实时、高精度定位等特点。全球任何地点，包括近地空间的用户都能利用全球定位系统获得高精度的三维位置、速度和时间信息。其已经被广泛应用于各个行业，包括港口航道测量。

水下的定位技术目前主要采用声学定位技术。根据基线的长短分为超短基线、短基线、长基线等定位方式。

2. 定位要求

基于目前定位技术发展及港口航道测量实际应用情况，主要有以下要求。

一般规定：水深测量中，定位点的点位中误差，大于1∶5000比例尺测图时应不大于图上1.5mm，小于（含）1∶5000大于（含）1∶100000比例尺测图时应不大于图上1.0mm，小于1∶100000比例尺测图时应不大于实地100m。定位中心与测深中心应尽量保持一致，对大于（含）1∶10000比例尺测图，二者水平距离最大不得超过2m；对小于1∶10000比例尺测图，二者水平距离不得超过5m。否则应将定位中心归算到测深中心。测深与定位时间应保持同步。在测量过程中，定位点的间隔要求如表2-1所示。

表 2-1　　定位点的间隔要求

序号	测量情况	图上间隔(cm)	
		平坦海区	复杂海区
1	机动船、测深仪器测深	4.0	3.0
2	机动船、测深杆、水砣测深	1.2	1.0
3	非机动船、测深杆、水砣测深	0.6	0.5

凡遇有下列情况之一，均应及时定位：改变航速；改变航向 5°以上；调换测线；发现特殊水深以及避碰等。

极坐标定位：又称“一方位(或一角)一距离”定位。通常应用于沿岸大比例尺测图。测角仪器与测距仪器必须同心架设，当三者不能做同心架设时，测角仪器应架设于设站点的标石中心，测距仪器做偏心架设。在计算被测点位置时，测距仪器架设点应做归心改正(归算到设站点的标石中心)。

极坐标定位中误差计算公式：

$$E_0 = \pm\left[m_d^2 + (0.3m_a D)^2\right]^{\frac{1}{2}} \tag{2.11}$$

式中，E_0 为定位中误差；m_d 为测距仪的测距中误差；m_a 为测角仪器的测角中误差；D 为测站至测量船的距离。

卫星定位：在海上应用卫星进行动态定位，一般应使用多通道(含)以上的测量型接收机。

出测前要求在两个已知点上各进行不少于 8h 的比对实验，采样间隔不大于 3min。卫星仰角限值根据需要选择，应≥10°。

在航道测量中，广泛采用差分定位技术，如 RBN-DGNSS(Radio Beacon Navigation-DGNSS)即无线电指向标/差分全球定位系统，是一种利用航海无线电指向标播发台播发差分修正信息而向用户提供高精度服务的助航系统。属单站伪距差分，主要由基准台、播发台、完善性监控台和监控中心组成，以信标为主载波，MSK 调制的差分修正信息为副载波组成的信标/差分兼容发射系统，这样既保留原信标功能，又能向覆盖区域内播发差分校正信息，以实现高精度导航和定位。在我国沿海地区共建设 20 座 RBN-DGNSS 台站，按规定强度信号覆盖(或多重覆盖)整个沿海水域和部分陆域。完善性监控台与基准台和播发台同步建设，且同台址。一期台站包括大三山、秦皇岛、北塘、王家麦、大戢山和抱虎角，共 6 座，在 1996 年改造建成。二期台站包括燕尾港、石塘、镇海角、鹿屿、三灶、硇洲岛和三亚，共 7 座，于 1998 年下半年陆续安装完成。三期台站包括老铁山、成山角、蒿枝港、定海、天达山、防城港和洋浦，共 7 座，在 1999 年下半年陆续建设。基准台站以国家 9 个 A 级网跟踪站数据，联测秦皇岛、北塘、大三山、王家麦、燕尾港、大戢山、天达山、镇海角、三灶、硇洲岛和抱虎角共 11 个台站测定地心坐标位置，提供差分成果、区域性地心转换参数及改正值表，精度保持在米级以内。基准台站采取主、副站点测设，即每个基准台站设立主站一个，埋设强制对中的观测墩；副站一个，埋设标石，作为主站的方位标。各台站的基准台和播发台的相关信息见表 2-2。

表 2-2 中国信标台站相关信息表

地点	频率(kHz)	MSK	北纬	东经	台站号	海区
三亚	295	200	18°17′	109°22′	654 655 627	海南
洋浦	313	200	19°44′	109°12′	656 657 628	海南
抱虎角	310.5	200	20°00′	110°56′	652 653 626	海南
三灶	307	200	20°00′	113°24′	642 643 624	广东
硇洲岛	301	200	20°54′	110°36′	644 645 622	广东
防城港	287.5	200	21°35′	108°19′	646 647 623	广西
鹿屿	317	200	23°20′	116°45′	640 641 620	广东
天达山	313	200	25°28′	119°42′	630 631 615	福建
镇海角	320	200	24°16′	118°08′	632 633 616	福建
石塘	295	200	28°16′	121°37′	628 629 614	浙江
定海	310	200	30°01′	122°04′	626 627 613	浙江
大戢山	307.5	200	30°49′	122°10′	624 625 612	浙江
蒿枝港	287	200	32°01′	121°43′	622 623 611	江苏
燕尾港	317	200	34°29′	119°47′	620 621 610	江苏
王家麦	313.5	200	36°04′	120°26′	614 615 607	山东
成山角	291.5	200	37°24′	122°42′	612 613 606	山东
北塘	310.5	200	39°06′	117°43′	608 609 604	天津
秦皇岛	287.5	200	39°55′	119°37′	606 607 603	河北
老铁山	295	200	38°44′	121°08′	604 605 602	辽宁
大三山	301.5	200	38°52′	121°50′	602 603 601	辽宁

2.4.2 测深方法及要求

1. 常用测深方法

在水深测量中，常用的测深器有三种：测深锤，测深杆和测深仪。在回声测深仪尚未问世之前，水下地形探测只能靠测深铅锤进行，这种原始测深方法精度很低，费工费时。在回声测深仪出现后，利用回声测深仪进行水下地形测量，也称常规水下测量，属于“点”状测量。20 世纪 70 年代，出现了多波束测深系统和条带式测深系统，能一次给出与航线相垂直的平面内几十个，甚至上百个测深点的水深值，或者一条一定宽度的全覆盖的水深条带。所以它能精确、快速地测出沿航线一定宽度内水下目标的大小、形状和高低变化，属于“面”测量。还有一种具有广阔发展前途的测量手段，即激光测深系统。激光光束比一般水下光源能发射至更远的距离，其发射的方向性也大大优于声呐装置所发射的声束。激光光束的高分辨率能获得海底传真图像，从而可以详细调查海底地貌与海底底质。

以往侧扫声呐系统因难以给出深度而只能用于水下地貌调查，近年来，随着水下定位等相关技术的发展以及高分辨率测深侧扫声呐的面世，侧扫声呐也可用于水下地形测量；同时，随着无人化系统的出现，无人船、AUV/ROV 所承载的扫测设备也逐步成为高精度水下地形测量的一个非常有效的手段。

2. 测深技术要求

1）一般规定

对于深度测量极限误差（置信度 95%）的要求见表 2-3。

表 2-3 **深度测量极限误差（置信度 95%）**

测深范围 Z(m)	极限误差 2δ(m)
$0<Z\leqslant 20$	±0.3
$20<Z\leqslant 30$	±0.4
$30<Z\leqslant 50$	±0.5
$50<Z\leqslant 100$	±1.0
$Z>100$	$\pm Z\times 2\%$

两定位点间内插深度点的要求：①机动船在航速、航向不变的情况下，用测深仪测深，允许按一定时间间隔进行内插；用测深杆和水砣测深，允许内插一个点。②使用非机动船测深时，定位点间不许插点。对有海草及其他植被覆盖海底的海区，必须用水砣或测深杆测深。当水深超过（含）200m 时，一般可不进行水位改正。

补测要求：①对一般海区测深仪回波信号或数字记录仪漏测在定位图上超过 3mm 时，均应补测。对地貌复杂海区，不得发生漏测现象。②记录式测深仪的零信号或回波信号不正常，不能正确量取水深时。③不能正确勾绘等深线和海底地貌探测不完善时。④验潮工作时间不符合要求时。⑤测深线间隔超过规定间隔的二分之一时。

重测要求：①主、检比对超过规定要求时；②定位中误差超限时；③所使用的定位仪及测深仪不符合规范要求时。

主、检不符值限差要求：①水深 0～20m 时为 0.5m；②水深 20～30m 时为 0.6m；③水深 30～50m 时为 0.7m；④水深 50～100m 时为 1.5m；⑤水深大于 100m 时为水深的 3%；⑥超限点数不得超过参加比对总点数的 15%。

2）测线布设要求

测线是测量仪器及其载体的探测路线，分为计划测线和实际测线。在一般情况下，海上测量是在定位仪器的引导下，测量仪器及其载体按照计划测线实施测量。有别于陆地测量，海底地形测量测线一般布设为直线。海上测线又称测深线。测深线分为主测深线（主测线）和检查测深线（检查线）两大类。主测深线是计划实施测量的主要测量路线，检查线主要是对主测深线的测量成果质量进行检测而布设的测线。

测线布设的主要考虑因素是测线间隔和测线方向。

测深密度是指同一测深线上水深点之间所取的间隔，它对反映海底地形有极其密切的关系，一般而言，密度越大，海底地形显示得越完善、越准确。

测深线的间隔是主要根据对所测海区的需求，海区的水深、底质、地貌起伏的状况，以及测深仪器的覆盖范围而定的。总之，以满足需要又经济为原则。国内外具体处理方法一般有两种：一种是规定图上主测深线的间隔为10mm的情况下，根据上述原则确定海区的测图比例尺；另一种是根据上述原则先确定实地上主测深线的间隔，再取其图上相应的间隔，如6mm、8mm、10mm，最后确定测图比例尺。我国采用前者，规定如下：港池以及一些面积较小但较重要的岛屿周围，以1：5000比例尺施测；港湾、锚地、狭窄水道、岛屿附近及其他有较大军事价值的海区，以1：10000比例尺施测；开阔的港湾、地貌较复杂的沿岸海区及多岛屿海区，以1：25000比例尺施测等。

我国的《海道测量规范》(GB 12327—1998)对不同海区情况下的测线间隔给出详细的要求。在一般情况下，主测深线间隔为图上10mm。对于需要详细勘测的重要海区和海底地貌比较复杂的海区，主测深线间隔适当缩小或放大比例尺施测。螺旋形主测深线间隔一般为图上2.5mm，辐射形主测深线间隔最大为图上10mm，最小为图上2.5mm。在一些复杂海区和使用者特殊的要求下，有时还要布设密于测深线间隔的测深线，即加密测深线。加密为主测深线间隔的1/2或1/4。布设加密测深线的目的在于详细探测狭窄航道、码头附近和复杂海区的地形地貌以及障碍物。新版国际标准《海道测量标准》(S-44)》(第6版)给出了测线间距的最新推荐准则，即图载的水深位置之间的水平距离不应大于平均水深的3倍或25m，以两者中较大者为准。

检查测深线间隔：为了评定水深测量成果质量，检查测深与定位是否存在系统误差而布设的测深线。要求检查线尽量布设于海底平坦处，尽量与主测深线垂直，分布均匀，总长度应不少于主测深线总长度的5%。

3)测深线方向

测深线方向是测深线布设所要考虑的另一个重要因素，测线方向选取的优劣会直接影响测量仪器的探测质量。选择测深线布设方向的基本原则如下。

(1)有利于完善地显示海底地貌。近岸海区海底地貌的基本形态是陆地地貌的延伸，加上受波浪、河流、沉积物等的影响，一般垂直海岸方向的坡度大、地貌变化复杂；而平行海岸方向的坡度小、地貌变化简单。因此，应选择坡度大的方向布设测深线。在平直开阔的海岸，测深线方向应垂直等深线或海岸的总方向。

(2)有利于发现航行障碍物。平直开阔的海岸，测深线垂直海岸总方向，减小波束角效应，有利于发现水下沙洲、浅滩等航行障碍物；在小岛、山嘴、礁石附近，等深线往往平行于小岛、山嘴的轮廓线，该区布设辐射状的测深线为宜；锯齿形海岸，一般取与海岸总方向约成45°方向布设测深线。

(3)有利于工作。在海底平坦的海区，可根据工作上的方便选择测深线的方向，以利于船艇锚泊与比对，减少航渡时间。此外，在可能的条件下测深线不要过短，也不要经常变换测深线的方向。

以上测线布设方向的基本原则大多是针对单波束测深而言的，对于多波束测深、侧扫声呐、机载激光测深这些扫海系统还要考虑测量载体的机动性、安全性、最小的测量时间等问题，同时参照上述原则，选择最佳测线方向。

4)单波束回声测深技术要求

单波束回声测深仪是深度测量的主要工具。在选择测深仪时，主要应考虑深度测量范围、测深精度、分辨率、覆盖面积、覆盖重叠带、检测可靠性等因素。在地貌复杂海区，应选择垂直指向角小的回声测深仪；港湾、航道和沿岸测量应选用浅水回声测深仪，近海测量一般选用量程适中的深水回声测深仪，远海测量则选用深水回声测深仪。

(1)测深仪主要技术指标。

①工作频率：10~220kHz。

②换能器垂直指向角：3°~30°。

③连续工作时间：大于 24h。

④适航性：在船速不大于 15kn，当船横摇 10°和纵摇 5°的情况下仪器能正常工作。

⑤记录方式：模拟记录和数字记录两种。

(2)测深仪的检验和校正。

出测前应对回声测深仪进行下列试验。

停泊稳定性试验。试验场必须选择在水深大于 5m 的海底平坦处，连续开机时间不得少于 8h；试验中，每隔 15min 比对一次水深，水深比对限差应在 0. 4m 以内，并测定一次电压、转速和记录放大旋钮(增益旋钮)位置。模拟记录应连续、清晰、可靠。对于非固定安装的测深仪，可在仪器房内利用水深模拟器进行 8h 的稳定性试验。

航行试验。当测深仪换能器安装后或变换位置时都应进行航行试验。试验时，选择水深变化较大的海区，检验测深仪在不同深度和不同航速下工作是否正常。试验不合格的仪器，不能用于测深。

(3)仪器的总改正数。

使用回声测深仪时应测定仪器的总改正数。这种改正主要是由回声测深仪在设计、生产制造和使用过程中产生的误差造成的。

回声测深仪总改正数的求取方法主要有水文资料法和校对法。前者适用于水深大于 20m 的水深测量，后者适用于小于 20m 的水深测量。

水文资料法改正包括吃水改正 ΔH_b、转速改正 ΔH_n 及声速改正 ΔH_c。

吃水改正 ΔH_b。测深仪换能器有两种安装方式，一种是固定式安装，即将体积较大的换能器固定安装在船底；另一种是便携式安装，即将体积较小的换能器进行舷挂式安装。无论哪种换能器，都安装在水面下一定的距离，由水面至换能器底面的垂直距离称为换能器吃水改正数 ΔH_b。若 H 为水面至水底的深度；H_s 换能器底面至水底的深度，则 ΔH_b 为

$$\Delta H_b = H - H_s \tag{2.12}$$

转速改正 ΔH_n 是由于测深仪的实际转速 n_s 不等于设计转速 n_0 所造成的。记录器记录的水深是由记录针移动的速度与回波时间所决定的。当转速变化时，则记录的水深也将变化，从而产生转速误差。转速改正数 ΔH_n 为

$$\Delta H_m = H_s\left(\frac{n_0}{n_s} - 1\right) \tag{2.13}$$

声速改正 ΔH_c 是因为输入测深仪的声速 c_m 不等于实际声速 c_0 造成的测深误差。则 ΔH_c 为

$$\Delta H_c = H_s\left(\frac{c_0}{c_m} - 1\right) \tag{2.14}$$

综上所述，测深仪总改正数 ΔH 为

$$\Delta H = \Delta H_b + \Delta H_n + \Delta H_c \tag{2.15}$$

在上述改正中，声速改正数 ΔH_c 对总改正数 ΔH 影响最大。以上改正方法为水文资料法，一般用于水深大于20m以上的海区，浅海区适宜用校对法求测深仪总改正数。校对法是用检查板、水听器等，置于换能器下方一定深度 H_s 处，与测深仪在当时当地的实测深度 H_s 作比较，其差值 ΔH 即为测深仪总改正数。

若要将海底点的瞬时水深转换为相对某一垂直基准的绝对高程或水深，则还需要进行水位(潮汐)改正。水位改正将在后续介绍。

5)多波束回声测深技术要求

(1)出测前应对多波束测深仪进行下列试验。

①停泊稳定性试验。选择水深大于20m的海底平坦区，连续开机8h以上；比对中央波束的水深限差应小于±0.3m。

②航行试验。当测深仪换能器安装后或变换位置时都应进行航行试验。试验时，选择水深变化较大的海区，检验测深仪在不同深度和不同航速下工作是否正常。试验不合格的仪器，不能用于测深。

(2)多波束测深仪重叠带宽度的确定。

① 扫海趟与测区边界重叠带宽度 S_0 的计算公式：

$$S_0 = (1 \sim 2)\sqrt{E_0^2 + m^2} + E_1 \tag{2.16}$$

② 两扫海趟边缘重叠带宽度 S_1 的计算公式：

$$S_1 = (2 \sim 3)\sqrt{E_0^2 + m^2} + E_1 \tag{2.17}$$

式中，E_0 为测量船定位中误差，m；m 为定位点记入中误差(圆弧格网为图上1mm)，m；E_1 为测量船偏航系统性误差(即定位点之间，航向偏离3°以上时，所引起的实际位移)，m。

6)机载激光测深技术要求

下面介绍用于海洋深度测量的LiDAR系统的工作原理、系统组成和应用，如图2-4所示。

激光是一种具有高度单色性，良好的相干性和强度的彩色光源。机载激光测深原理与回声测深的原理类似。如图2-4所示，从飞机上向海面发射两种波段的激光，其中一种为波长1064nm的红外光，另一种为波长532nm的绿光，红外光被海面反射，绿光则透射到海水中，到达海底后被反射回来。这样，两束反射光被接收的时间差等于激光从海面到海底的传播时间的两倍。考虑海水折射率后，激光测深的公式为

$$z = \frac{G\Delta T}{2n} \tag{2.18}$$

式中，G 为光速；n 为海水折射率；ΔT 为所接收红外光与绿光的时间差。

不同的机载激光测深系统所发射的红外激光和绿光的波长稍不相同，如澳大利亚的

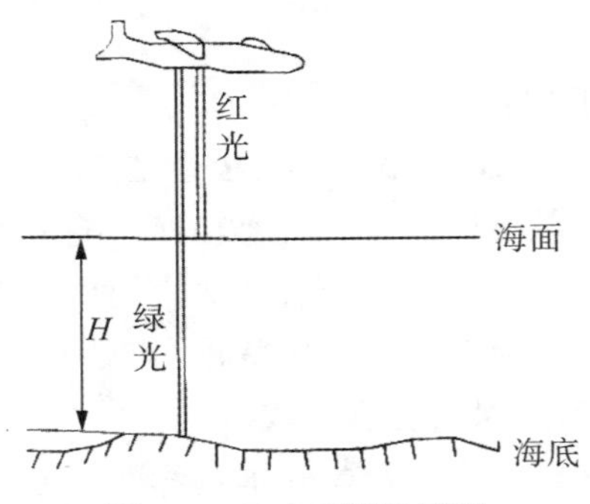

图 2-4　LiADR 测量原理

LADS Ⅱ系统的红外激光波长为 1064nm，绿光为 532nm。美国的 HALS 系统则相应为 1060nm 和 530nm。在 520~535nm 间的绿光波段，海水对这一波段的光吸收最弱，因此，这一波段称为“海洋光学窗口”。机载激光测深系统的最大探测深度，理论上可以表达为

$$L_{\max} = \frac{\ln(P'/P_B)}{2\Gamma} \tag{2.19}$$

式中，P' 是一个系统参量，定义为 $P' = P_l \rho AE/\pi H^2$。其中 P_L 为激光峰值功率；ρ 为大气-海水界面的反射率；A 为光探测器接收面积；H 为深度；E 为接收机的效率。P_B 为背景噪声功率(W)；Γ 为海水有效衰减系数。P_B 和 Γ 取决于海区自然条件与海水特性，背景噪声 P_B 与阳光有关。

目前机载激光测深系统的测深能力一般都在 50m 左右，其测深精度在 0.3m 左右。

激光测深系统的组成一般有六大部分。

(1)测深系统(DSSS)。测深系统使用两组激光光束，发射以每秒脉冲数为 168 次 Nd 和 YAG 激光脉冲。红外光束向海面垂直发射，取离海面的高度；绿光脉冲以垂直于飞行航向，通过扫描镜获取航线下 268m 宽的海面扫描线，从而获得一定间隔的海水深度。

(2)导航系统(GNSS)。多采用 GNSS 定位系统。

(3)数据处理分析系统(DPSS)。用来处理、记录位置和水深数据，也处理、记录系统操作所需的其他数据。

(4)控制-监视系统(CNSS)。用于系统操作员在控制台对系统进行实时控制和监视。

(5)地面处理系统(GNSSS)。由于激光测深获取的数据量十分庞大，在计算机上不可能进行实时计算。因而必须有地面处理系统对机上的实时记录进行处理。其处理内容包括：

①对所记录的红绿光束进行波形识别，进行滤波和内插处理；

②计算该海区的浑浊度和最大测深能力；

③计算各个点的深度并进行各项改正；

④获得每个点的位置(X、Y)和深度 Z，并进行可靠性评估。

(6)飞机与维修设备。装载激光的飞机及维修设备也是这个系统中不可缺少的部分。飞机可以是直升机，也可以是固定机翼飞机。

机载激光测深具有速度快、覆盖率高、灵活性强等优点，因此在某些领域大有可为。机载激光测深具有快速实施大面积测量的优点，被海洋大国广泛应用于沿岸大陆架海底地形测量之中。如澳大利亚用来测量其 $2.10\times10^6 km^2$ 的大陆架，使用情况表明测量成果良好、可靠。加拿大用其 ARSEN-500 测量北极海域，克服了天气恶劣、海况复杂等困难，效益明显。其他各国的海试表明，机载激光测深是测深技术的一次革命，虽然它不能替代回声测深，但其潜力不可低估。除了常规的海底地形测量之外，机载激光测深的覆盖率高，决定了它还能提高探测航行障碍物的探测率。同时，机载激光测深还能提高发现水下运动目标(如潜艇)的概率。对无深度信息的登陆场，机载激光测深可迅速、安全地获取信息，从而提高快速反应部队的作战能力。机载激光还可用来测量海区的浑浊度，测定温度、盐度。在海洋工程中，机载激光测深可以测定港口的淤积等。

2.4.3 其他探测方法及要求

1. 浅地层剖面仪

浅地层剖面仪为用于探测水下沉积层厚度而研制的新型声学遥测设备。它利用回声测距原理，实时地提供水下地质剖面、海底软硬程度以及水深等信息，具有快速、连续、直观、可靠、经济等优点。适用于各种水下工程建设(如港口建设、航道疏浚、桥梁建造、水库坝基选址、石油平台选址和海底管道敷设等)、水下地理研究和大陆架资源调查等。

浅地层剖面仪发射的声波脉冲的频谱范围与单波束测深仪不同，通常浅地层剖面仪穿透能力越强，其低频成分越大，低端大约在几十赫兹到几百赫兹，而为了提高地层分辨率，高频端大约在 20kHz 以下。当发射的声波脉冲到达海底时，高频成分首先反射，低频成分由于衰减小而透射进入海底沉积层中，当遇到不同底质沉积物的分界面时，又会发生反射与透射，直至完全衰减掉。不同界面的回波在记录声图上留下了不同分界面的回波线，代表了海底不同底质沉积物。根据回波线及其回波线之间的间距可以定量确定海底不同底质沉积物的空间分层结构。

一般来说，浅地层剖面仪采用的技术主要有以下几种。

(1)声参量阵式：该仪器利用差频原理进行水深测量和浅地层剖面勘探。具有换能器体积小、重量轻、波束角小、指向性好、分辨率很高等特点，适合于浮泥、淤泥、沉积层等浅部地层的详细分层及目标探测；缺点是穿透能力较差。

(2)压电陶瓷式：主要分为固定频率和线性调频声脉冲(Chirp)两种。优点是分辨率高、仪器的穿透力较好和适用范围大；缺点是价格较高和换能器较重(几十千克到数百千克)。

(3)电磁式：通常多为各种不同名称的 Boomer 或 Bubble，穿透深度及分辨率适中，价格居中，大多数发射仪器能够兼容电火花系统；缺点是仪器较笨重、能耗较大和故障率高。

(4)电火花式(高压放电原理)：主要利用高电压在海水中的放电产生声音的原理。优点是仪器穿透深度较大；缺点是分辨率较差、仪器笨重、能耗大和故障率高。

目前广为应用的工作频率有 3.5kHz 和 12kHz 两种，前者可探底层深度约 100m，后者约为 20m。若想测量海底上千米的岩层地质形态，则需要选择更低的工作频率。由于海底剖面仪所测的只是地层界面反射信号的到达时间，在地层声速不确定的情况下，无法正确判定各地层的实际厚度。为了解决这一问题，目前，人们一般是根据现场测量所积累的资料，归纳出经验公式以供使用。

由于受仪器自噪声、海况因素、声呐参数设置和声速剖面等因素的影响，导致剖面仪的测量资料不可避免地存在假信号，因此，对这些设备采集的资料进行精细处理是必不可少的一环，也是进行深层次开发和应用的基础。表 2-4 是目前我们比较常用的几种浅地层剖面仪的频率。

在实际使用中，我们可以发现，频率较高的仪器能够提供较好的分辨率，但在浅地层的测量过程中穿透能力较弱；同样，频率越低，其穿透能力就越好，但分辨率也相应下降。

浅地层剖面仪一般由发射机、接收机、记录器，以及两个收、发合一的换能器基阵组成。工作时，浅地层剖面仪安装在测量船上，换能器基阵固定在船的舷侧，换能器基阵一般入水 1~2m。在较深水域探测时，一般使用一个收、发合置的换能器；浅水域探测时，为获得最佳声图记录，可采用两个换能器基阵，一个用来发射，一个用来接收。使用两个换能器基阵安装时，可以分置左、右两舷；也可以置于同一舷侧，即使前后紧挨着安装，也可以获得良好的记录。

表 2-4　**常用的浅地层剖面仪的频率参数**

Water gun	20~1500Hz
Air Gun	100~1500Hz
Sparker	50~4000Hz
Boomer	300~3000Hz
Chirp systems	500Hz~12kHz 2~7kHz 4~24kHz 3. 5kHz，200kHz

发射换能器基阵是由 4 个改进型的电磁脉冲换能器基元组成平面阵，基阵声轴垂直指向海底，形成方向性声源。接收换能器基阵由三根增压管组成平面阵，与四基元组成的发射阵采用镶嵌法合置于同一导流罩中，接收平面阵具有同样良好的指向特性，因此，对海面反射、直达声波、螺旋桨和本船噪声都有良好的抑制作用。

仪器通电后，由记录器周期性地发出同步发射指令脉冲，使整个系统同步工作。发射机受同步发射指令脉冲触发，产生一个强功率电脉冲反馈给发射换能器基阵，使发射换能器在水中激发出一个短促的声脉冲。窄脉冲宽度、宽频带的声波脉冲在向下传播途中遇到海底和各地层界面时，由于界面两边声阻抗率的不同而陆续有一部分能量被反射回来，声波信号频带中的高频部分在穿透沉积层的过程中首先被不断吸收而衰减，频带中的低频部分在向更深层穿透时，遇到底层界面陆续有能量反射回来，直至声波能量衰减殆尽。海底和各地层界面陆续反射回来的回波信号被接收换能器基阵所接收，并在接收换能器基阵中被转换成电信号后，馈入接收机。接收机对接收到的原始信号进行放大、动态范围压缩、频带滤波(或时变滤波)等信号技术处理后，用线性或对数方式输出。此输出信号馈入记录器后，或再经过放大至足够电平后再馈给做直线机械移动扫描的记录笔针上；或再经模/数(A/D)变换、多次迭加、图像展开等处理后，用数/模(D/A)变换成模拟信号并用D类放大器放大至足够电平再馈送给做直线移动的记录笔针。于是，在记录纸上记下了一系列的黑点，这些黑点至发射记录线之间的距离和换能器基阵面至各待测地层面的距离成正比。当测量船按预定测线航进时，记录纸也等速地向前移动，上述探测过程周期地重复着，于是水下地层各界面反射回来而被记录的一系列黑点，都各自延长成为曲线，这就获得了测量船航线正下方的地层剖面图。一条条曲线代表水下沉积层中不同的层面，曲线色调的浓淡反映不同的沉积层物质，而曲线至发射记录线之间的距离代表该层面的标高。

在海底沉积层的测量过程中，数据的处理占很重要的部分。在使用浅地层剖面仪时，无论是模拟记录方式(通过记录纸)还是数字记录方式，最后的数据都会以声图的形式展现在我们面前，实际上浅地层剖面仪的很大一部分数据处理就是对测量声图的判读。

浅地层声图判读是一项复杂而又细致的工作，稍有不慎就会造成错划底层分界线和错定底层名称的现象，给工程带来不应有的损失。为了避免差错，在浅地层探测时，仪器操作人员应随时在声图上注记下列内容：换能器基阵入水深度；收、发换能器基阵间距离；测前、测后水深对比资料；量程范围与水深位移；手动或自动工作方式；接收滤波器固定频带范围或时变滤波器扫描速度；工作环境情况，如海况、风浪、船的摇摆、倾斜；测量船附近的干扰，如驶近陡壁、大船经过附近、行驶在前船的尾流上等；定位时的线号、点号及时间等。这些供声图判读时参考。判读声图时，首先应根据各种干扰特征在声图上剔除虚假地层和干扰，然后根据不同沉积地层的标准图谱和经验，综合观察测线地层剖面声图全图，寻找清晰而连续的地层分界线，并大致判断出记录中基岩埋藏深度和起伏状况。

2. 高分辨率测深侧扫声呐

20世纪90年代，测深侧扫声呐的发展遇到了两个难题：一是正下方附近的测深误差较大；二是在复杂水域，如水声信道引起的复杂多途或者水底地形复杂，则存在两个或者两个以上不同方向同时到达的回波，系统区分不开。到20世纪90年代后期，这两个问题得到了解决。首先，认为产生声回波的是一海底薄层，不只是一个面，则声呐阵时空相关函数相位 $\eta = kd\sin(\theta - \theta_m) + \zeta$。式中第一项 $\phi = kd\sin(\theta - \theta_m)$ 是一般文献中常用的，即认为声呐阵时空相关函数的相位是 ϕ，其中 k 是波数，d 是声呐阵基元的间距，θ 是掠射角，θ_m 是声呐阵的法向与水平面的夹角，常称为安装角。一般的测深侧扫声呐中 d 取得比较大，以使 θ 变化时，ϕ 变化大，则 ϕ 的测量精度高。但是实际上声呐阵时空相关函数的相位是 η，其中包括 ζ，它是由于声波对海底有一穿透深度引起的。ζ 是 θ 和 d 的函数，只有当 $d < \lambda$ 时(λ 是与声呐工作中心频率对应的声波波长)，ζ 的贡献才可以忽略，否则 ζ 对 η 有贡献，特别是在声呐正下方附近的贡献更大，甚至大于 ϕ，致使测深侧扫声呐正下

方附近的测深误差很大。选用多条平行等距线阵，间距 d 为 $\lambda/2$，使测深侧扫声呐正下方附近的测深精度达到数字测深仪的精度。其次，高分辨率波达方向估计(DOA)信号处理方法可以区分不同方向同时到达声呐阵的声回波，因此，它能克服水声信道和复杂水域海底引起的多途效应，提取出所要的回波。这需要把 DOA 成功地与测深侧扫原理结合起来，形成整套的信号处理方法，获得精度高的海底等深线图。

基于上述原理设计的测深侧扫声呐被统称为高分辨率测深侧扫声呐，简称为 HRBSSS 声呐(High Resolution Bathymetric Sidescan Sonar System)。HRBSSS 声呐分辨率高、体积小、重量轻、功耗低以及声呐阵沿载体的长轴安装，特别适用于 AUV、HUV、ROV、拖体和船上，在离海底比较近的高度上航行，获得高分辨率的地形地貌图。声呐阵包括左舷和右舷两个声呐阵，在每个声呐阵后部的空腔中安装有声呐接口板。声呐舱包括耐压舱和声呐电子分机。声呐电子分机主要由 12 种电路板组成，它们是 PC104 计算机板、FPGA 控制器板、硬盘接口板、PCI 接口板、双通道发射机板、声呐阵接口板、正交接收机板、数据获取(DAS)板、电源控制板、5.0V 电源板、3.3V 电源板和母板。

HRBSSS 声呐系统软件包括水上数字信号处理软件、水上服务器软件、声呐驱动软件和水下主控软件，以及用于调试、测试的终端调试、测试软件和声呐仿真软件。

水上数字信号处理软件的主要功能是完成对声呐 A/D 采样数据的处理，得到最终的深度数据和地貌数据。

声呐驱动软件的主要功能是提供与水上服务器软件、水上终端调试和测试软件的接口，使两个软件可控制声呐的工作，提供与水下主控程序的接口，发送控制命令并接收水下控制计算机上传的数据，提供与水上数字信号处理程序的接口，控制数字信号处理软件的工作。

水上服务器软件的主要功能是提供声呐驱动软件与图形用户接口软件的接口，将用户请求操作转换为声呐工作命令与工作参数，并向声呐驱动软件发送，接收数字信号处理的结果数据并向图形用户接口软件发送。

水上终端调试与测试软件的主要功能是完成对声呐的调试与测试。

声呐仿真软件的主要功能是在不连接声呐硬件设备的条件下，完成声呐对外接口的仿真，供开发和调试水上服务器软件和图形用户接口软件时使用。

用户图形接口软件的主要功能是对数字信号处理结果数据进行实时修正并成图；提供与水上服务器的接口，发送声呐操作指令，接收水上数字信号处理软件处理的结果数据，提供与输入输出设备、传感器设备、存储设备连接的接口。

后处理软件的主要功能是对一次调查的数据进行精细的后处理，进行拼图，得到最终的等深线图和地貌图。

水下主控软件的主要功能是控制水下电子分机的工作。通过因特网提供与水上声呐驱动软件的接口，接收控制命令与工作参数，发送 A/D 采样数据、硬件工作状态与测试信息，提供 FPGA 板的驱动，控制 FPGA 板的工作。FPGA 代码最终转换为 FPGA 上的硬件电路，完成系统接收和发射的控制。

HRBSSS 声呐主要技术指标：工作频率、发射波形为线性调频(Chirp)、波束宽、垂直角宽、水平角宽 1°、安装角 20°~30°、覆盖宽度、测深深度、侧扫宽度、垂直于航迹的分辨率、最小可检测的高度等。

通过用 HRBSSS 测量数据计算波束在海底投射点地理坐标的过程与多波束的数据处理过程近似。通过该处理，可以获得密集的海底点的三维坐标。利用这些点的坐标，可以绘制海底等深线图或构造海底 DEM。

3. 基于无人载体的水下地形测量

利用无人载体主要包括无人船舶(Unmaned Surface Vehicle，USV)、水下无人航行器(Unmaned Underwater Vehicle，UUV)、水下机器人(Autonomous Underwater Vehicle，AUV)或遥控水下机器人(Remotely Operated Vehicle，ROV)等载体，搭载集成多波束系统、侧扫声呐系统等船载测深设备，结合卫星定位系统、水下惯性导航定位、水下声学定位技术等对载体进行高精度定位，获取水下测量设备的数据并经数据处理，实现水下地形测量。由于无人系统具有特殊的优势，包括水下机器人因可以接近目标，利其荷载的测量设备，可以获得高质量的水下图形和图像数据。另外在进行小范围水域，如狭窄水道、礁区、浅滩区以及滨岸海域的水下地形测量时，可采用无人船等载体进行在一般情况下难以到达的区域水下地形测量。

2.4.4 水位改正

由于海洋潮汐现象的存在，海面周而复始地做周期性的升降运动，因而深度测量往往探测到的是某点某一时刻的瞬时海面到海底的深度。为了正确地利用探测到的水深信息绝对地反映海底地貌并为相关部门服务，就要确定一个固定的深度参考基准，以消除水面的动态影响。除了对一些复杂的影响因素(如波浪、声速改正等)需要利用特殊的仪器和监测程序加以消除以外，水深探测所要估计的最大影响因素就是海洋潮汐的影响。在一般情况下，消除原始测深数据中的潮汐因素的方法就是在一定基准控制下对测深数据逐时逐点进行水位改正。

水位改正是将测得的瞬时深度转化为一定基准上的较为稳定数据的过程，是港口航道测深数据处理的一项重要工作。我国目前法定的深度基准面是理论深度基准面。

水位改正的目的是尽可能消除测深数据中的海洋潮汐影响，将测深数据转化为以当地深度基准面为基准的水深数据。在实际测量过程中不可能观测测区内每一点的潮汐变化，因此，水位观测过程中采用以“点”带“面”的水位改正方法，在验潮站的有效范围内，符合潮汐变化规律。水位改正方法主要有单站水位改正法、线性内插法、水位分带法、时差法和参数法等。当然，每种方法都有其假设条件。所以，在具体实施海道测量时应根据实际情况选择合适的改正方法。

1. 单站水位改正法

当测区处于一个验潮站的有效范围内，可用该站的水位资料进行水位改正，如图2-5、图 2-6 所示。为求得不同时刻的水位改正数，一般采用图解法和解析法。图解法就是绘制水位曲线图，横坐标表示时间，纵坐标表示水位改正数，如图 2-5、图 2-6 所示，可求得任意时刻的水位改正数。

解析法就是利用计算机以观测数据为采样点进行多项式内插来求得测量时间段内任意时刻的水位改正数的方法。常用的内插方法有抛物线插值、二次样条插值等。插值的数学

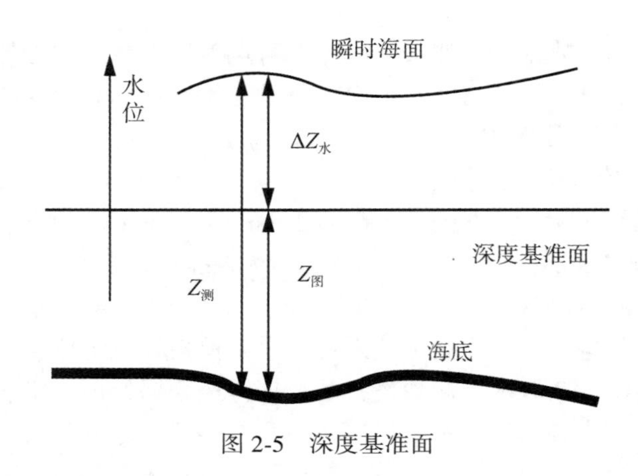

图 2-5　深度基准面

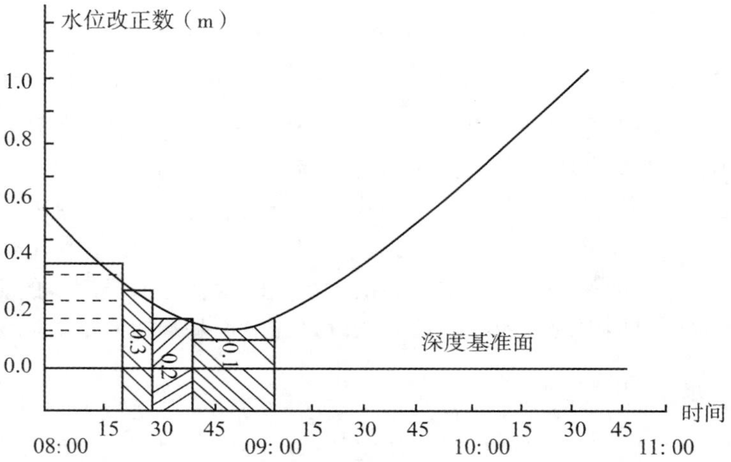

图 2-6　潮位与深度基准面

模型在计算数学中多有介绍，这里不再重复。大量实践表明，最小二乘拟合插值计算结果的方差较小且稳定。

2. 线性内插法

如图 2-7 所示，当测区位于 A、B 两验潮站之间，且超出两站的有效控制范围时，对测区内各点的任意时刻水位改正方法一般有两种：一是在海区设计时增加验潮站的数量；二是在一定条件下，根据 A、B 两站的观测资料对控制不到的区域进行线性内插。线性内插法的假设前提是两站之间的瞬时海面为直线形态。此法也同样适应三站的情况，其基本数学模型为

$$Z_x = Z_A + \frac{Z_B - Z_A}{S} D$$

$$\begin{vmatrix} x-x_A & y-y_A & Z_x(t)-Z_A(t) \\ x_B-x_A & y_B-y_A & Z_B(t)-Z_A(t) \\ x_C-x_A & y_C-y_A & Z_C(t)-Z_A(t) \end{vmatrix}=0 \tag{2.20}$$

式中，Z_x、Z_A、Z_B、Z_C 为对应 x、A、B、C 点某时刻的水位值；$Z_x(t)$、$Z_A(t)$、$Z_B(t)$、$Z_C(t)$ 为 x、A、B、C 站在 t 时刻的水位值；$(x_A, y_A)(x_B, y_B)(x_C, y_C)(x, y)$ 为对应点 A、B、C、x 的平面坐标；D 为测点到 A 点的距离。

3. 分带法

水位分带改正法分为两站水位分带改正(图 2-8)、三站水位分带改正(又称三角分带)。两站水位分带改正法。如图 2-8 所示，水位分带的实质就是利用内插法求得 C、D 区的水位改正数，与线性内插法不同，分带所依据的假设条件是两站之间潮波传播均匀，潮高和潮时的变化与其距离成比例。确切地讲，就是要求两站间的同相潮时和同潮潮高的变化与距离成比例(图 2-9)。

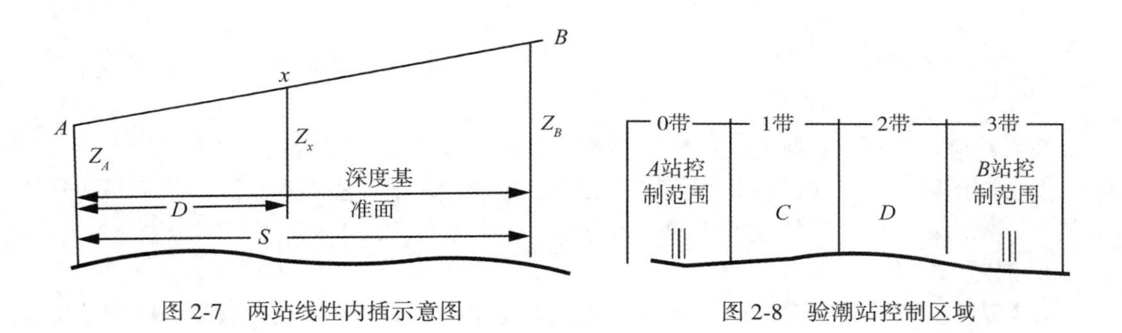

图 2-7　两站线性内插示意图　　　　图 2-8　验潮站控制区域

分带条件：①当测区有潮波图时，可以判断主要分潮的潮波传播是否均匀，来确定分带与否。②若测区无潮波图时，可根据海区自然地理(海底地貌、海岸形状等)条件，以及潮流等因素加以分析。一般而言，潮波经过岛屿、海角等地区，变形较大，分带应特别注意。若没有把握，则应设立验潮站。当然，实际潮波在沿岸区域很难达到真正传播均匀，只是相对而言。当两站距离较近，当地的地理条件对潮波自由传播影响不大时，可以认为潮波传播均匀；否则，设站检验。

分带的基本原则：分带的界线方向与潮波传播方向垂直。

分带原理：具体分为几带是由具体情况决定的。两验潮站之间的水位分带数由下式确定：

$$K=\frac{\Delta\zeta}{\delta_z} \tag{2.21}$$

式中，K 为分带数；δ_z 为测深精度；$\Delta\zeta$ 为两验潮站深度基准面重叠时，同一时刻两验潮站间最大水位差。分带时，相邻带的水位改正数最大差值不超过测深精度。则根据某时刻 A 站或 B 站的水位数就可以推算出 C 带、D 带内某时刻的水位改正数。

三站水位带改正法(又称三角分带法)的分带原则、条件、假设与两站水位分带改正法基本相同，其主要是为了加强潮波传播垂直方向的控制，需采用三站水位分带改正法。

三站水位分带改正法的基本原理：先进行两两站之间的水位分带，在计算分带时应注意使其闭合。这样在每一带的两端都有一条水位曲线控制(求法与前述相同)。如图 2-10 所示，在第Ⅱ带，一端为 C 站的水位曲线，另一端为 AB 边的第 2 带的水位曲线。若两端水位曲线同一时刻的 $\Delta\zeta$ 值大于测深精度 δ_z，则该带还需分区。

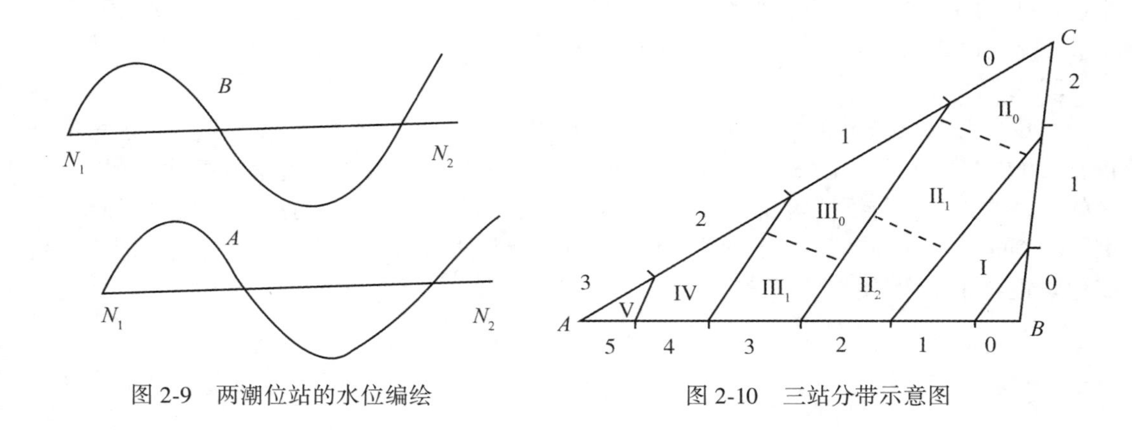

图 2-9　两潮位站的水位编绘　　　图 2-10　三站分带示意图

在实际应用中可以根据基本原理进行编程计算，关于这方面的内容不再叙述。另外，对于大范围测区，验潮站的数量可能多于 3 个，其水位改正方法则变成以两站、三站分带为基本水位改正单位，联结成改正网，再分带、分区进行任意时刻的水位改正。

4. 时差法

时差法水位改正是水位分带改正法的合理改进和补充。其所依赖的假设条件与水位分带改正法的假设条件相同，即两验潮站之间的潮波传播均匀，潮高和潮时的变化与其距离成比例。时差法是在上述假设的前提下，运用数字信号处理技术中互相关函数的变化特性，将两个验潮站 A、B 的水位视为信号，这样研究 A、B 站的水位曲线问题就转化为研究两信号的波形问题，通过对两信号波形的研究求得两信号之间的时差，进而求得两个验潮站的潮时差，以及待求点相对于验潮站的时差，并通过时间归化，最后求出待求点的水位改正值。

5. 参数法

参数法直接从潮汐水位曲线的整体变化入手，采用最小二乘拟合逼近技术，不仅求出两验潮站的潮时差，还求出两验潮站的潮差比和基准面偏差，并将分带法的所有假设，都体现在一组完整的数学模型公式之中。这组数学模型更逼真地体现了分带法，并且在理论假设概念上和计算技术方法上都作了改进，是一组完善的水位改正数学模型。

基本原理：令所取 A、B 两站的水位观测值为整点观测值 $h_A(t)$、$h_B(t)$，则同步观测 N 天，便有 $24\times N$ 个观测值。两组观测值可画成两条水位曲线(图 2-11)，将两曲线移动，并适当放大或缩小，使两个水位曲线吻合。则建立如下数学模型，以计算两验潮站的潮时差、潮差比和基准面偏差。

$$h_B = xh_A(t + y) + z \tag{2.22}$$

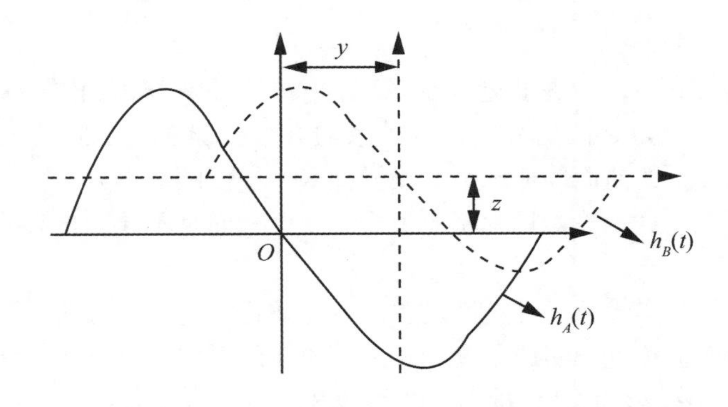

图 2-11　两曲线比较示意图

2.5　港口航道测量成果表达

港口航道测量的主要技术成果是成果图(包括海图等)，通常成果表达是依据统一编制原则、编制方法和图式、图例编制的，海图是海洋空间信息图形表达的一种形式，是海洋空间信息的载体。地图领域中，海图一直是按内容标志被划分为专题地图的一个种类或是专题地图中的工程技术图类。同其他地图一样，海图以其特有的模拟功能、传输功能及其认识功能在国民经济建设、国防建设和科研教育等各方面发挥着积极的作用。

2.5.1　制图数学基础

1. 制图坐标系

我国海图前期一般采用 1954 年北京坐标系。中华人民共和国刚成立时，我国就与苏联 1942 年的晋尔科沃大地坐标系联测，采用局部平差，在北京建立天文原点，作为全国大地控制网的起算点，建立起 1954 年北京坐标系。20 世纪下半叶，空间技术发展迅速，采用以 WGS-84 椭球的参考椭球坐标。目前我国海图统一使用 2000 年大地坐标系，又称 CGCS 2000(Chinese Geodetic Coordinate 2000)，为地心三维坐标系统，2008 年 7 月 1 日正式启用。

2. 制图基准面

海图的高程基准面和深度基准面，总称为海图基准面。海图上各要素的高度一般从高程基准面向上起算，而深度则是从深度基准面向下起算。深度基准面又叫作海图基准面，是海图上水深的起算面。从深度基准面至水底之间的垂直距离称为“图载水深”。水深测量是在随时升降的水面(亦称瞬时水面或即时水面)上进行的，因此，在同一点上不同时刻测得的水深值不同。为此，必须确定一个起算面，把不同时刻测得的某点水深归算到这个面上，这个面就是深度基准面。深度基准面通常在当地平均海面下某一深度值处。求算深度基础面的原则是既考虑舰船航行的安全，又要考虑航道的利用率，一般保证率为

90%～95%。

3. 海图投影及变换

地图投影(Map Projection)是指建立地球表面(或其他星球表面或天球面)上的点与投影平面(即地图平面)上点之间的一一对应关系的方法，即建立之间的数学转换公式。它是将作为一个不可展平的曲面即地球表面投影到一个平面的基本方法，保证了空间信息在区域上的联系与完整。这个投影过程将产生投影变形，而且不同的投影方法具有不同性质和大小的投影变形。

满足航海要求的基本投影条件是满足舰船海上航行需要，航海图投影必须具备两个基本条件：等角，即图上角度与实地角度相等；等角航线在图上是直线。常用的投影有墨卡托投影、高斯-克吕格投影和 UTM 投影，高纬地区采用日晷投影。

墨卡托投影(Mercator Projection)：一种等角圆柱投影。设想用一个圆柱面切于(或割于)地球椭球体，使圆柱轴与地球椭球体短轴重合，按等角条件将椭球体面上的点、线投影到圆柱面上，然后将圆柱面沿母线切开展平，即得该投影的平面图形。

墨卡托投影的特点是：经线为一组竖直的等距离平行直线，两经线间隔与相应的经差值成正比；纬线为垂直于经线的另一组平行直线，各相邻纬线间距不等，由赤道至两极点逐渐伸长，极地处为无穷大，称渐长图法；圆柱面与地球椭球面相切(或相割)处的纬线称“基准纬线”，基准纬线上变形为零；无角度变形，投影上某点处的长度比在任何方向上保持相等；不同纬度上的点产生的长度比不同，其长度和面积的变形与纬度有关，与经度无关，远离基准纬线的变形绝对值增大；等角航线表现为直线。参见图 2-12。

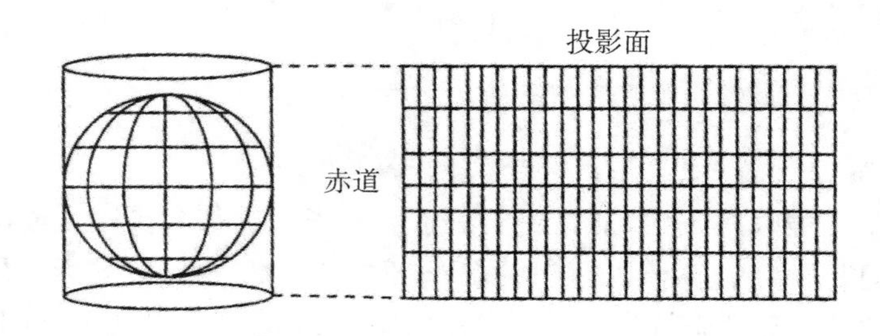

图 2-12　圆柱投影的经纬线形状

《中国航海图编绘规范》规定：同比例尺成套航行图以制图区域中纬为基准纬线；其余图以本图中纬为基准纬线。基准纬线取至整分或整度。

高斯-克吕格投影：也叫作等角横切椭圆柱投影，它是设想一个椭圆柱横切于地球椭球某一经线(即中央经线)，根据等角条件，用数学分析方法得到经纬线映像的一种等角投影。该投影最初由德国著名数学家高斯于 1822 年拟定，后经德国大地测量学家克吕格在 1912 年对其进行了补充、完善，从而使其具有很好的适用价值，故名高斯-克吕格投影。高斯-克吕格投影是我国编制基本比例尺地形图的投影和部分比例尺大于 1：2 万的海图投影。其投影条件：中央经线和赤道投影为平面直角坐标系的坐标轴，且投影经纬线以两轴为对称；投影后无角度变形；中央经线投影后保持长度不变。参见图 2-13。

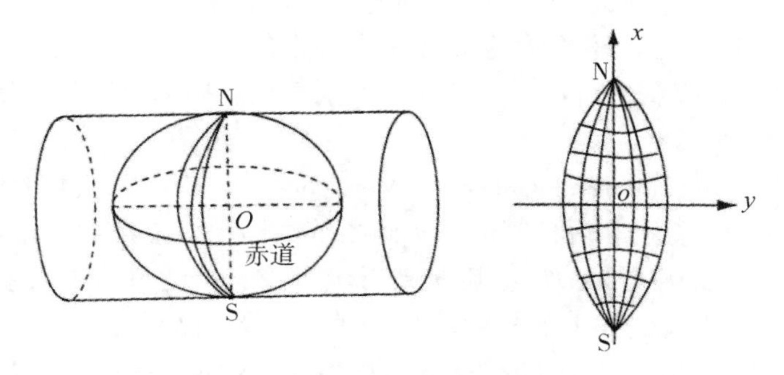

图 2-13 高斯-克吕格投影

为了保证海图和地形图制图精度，必须将长度变形限制在一定范围内。即采用分带投影的方法，将投影区域东西加以限制，使其变形在制图的要求之内。带外部分，按同样的投影方法分别投影，这样许多带结合起来，就完成了全球区域的投影。

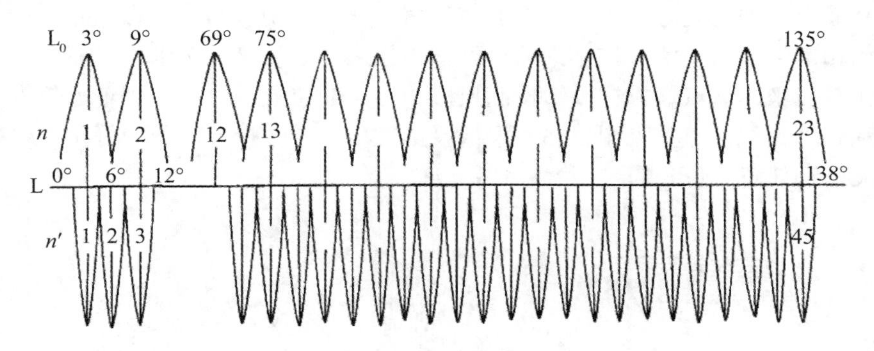

图 2-14 高斯投影的分带

我国地形图在比例尺 1∶2.5 万~1∶50 万之间时采用 6°的分带方法。自零子午线起，自西向东每隔经差 6°为一投影带，全球共分为 60 个投影带。每带的带号用自然数 1，2，3，4，…，60 编号。即：自东经 0°—6°为第一带，中央经度为 3°；6°—12°为第二带，中央经度为 9°，依次类推，如图 2-14。

比例尺大于或等于 1∶1 万的地形图一般采用 3°分带。并规定 6°带的中央经线仍作为 3°带的中央经线，因此，3°分带不是从零子午线开始，而是从 1°30′的经线开始。东经 1°30′—4°30′为第 1 带，中央经线为 3°；东经 4°30′—7°30′为第 2 带，中央经线为 6°，依次类推。

同时，高斯-克吕格投影在坐标表示方面还作了以下规定。

坐标纵轴西移 500km(计算值+500km)。高斯-克吕格投影以中央经线投影为 x 轴，赤道投影为 y 轴，其交点为坐标原点而建立起的平面直角坐标系。因此，X 坐标在赤道以北为正，以南为负；Y 坐标在中央经线以东为正，以西为负。由于我国位于北半球，故 X 恒为正值。但 Y 有正有负，为使用方便，避免 y 值出现负号，规定将各带的坐标纵轴西移

500km。即假定原点坐标为(0, 500000)。因此，移轴后的 y 轴为 $Y=y+500000$m。

Y 坐标前冠以带号。由于沿经线分别投影，各带的投影完全相同。这样对于一组(X, Y)值，能找到 60 个对应点(每带一个)。为了区别某点所属的投影带，规定在已加 500km 的 Y 值前再加上投影带号。

通用横墨卡托投影(Universal Transverse Mercator Projection)：简称 UTM 投影。UTM 投影是指横轴等角割圆柱投影，圆柱割地球于两条等高圈上，投影后两条割线上没有变形，中央经线上长度比为 0.9996。UTM 投影与高斯-克吕格投影之间没有实质性的差别，中央经线投影为直线，且中央经线上的长度比小于 1，改善了高斯-克吕格投影的低纬度地区的变形。在赤道上离中央经线±180km(经差+1°40′)位置的两条割线上没有任何变形，在两条割线之间长度变形为负值，在两条割线以外长度变形为正值。对于中纬度地区和低纬度地区，UTM 投影优于高斯-克吕格投影。原先 UTM 投影是为世界范围所设计的，但由于统一分带等原因未被世界各国普遍采用。

日晷投影：亦称球心投影、中心投影，透视方位投影之一。方位投影通常将地球表面当作半径为 R 的球体表面，假想用一个平面切(割)地球，然后按一定的数学方法将地球面投影到平面上，即得到方位投影。平面与球面相切时，切点叫作投影中心；相割时，平面与地球面相割为一小圆圈，该小圆的极点称为投影中心。该投影中心描写在平面上，一般把它当作平面坐标原点。方位投影按照投影中心点的位置，可分为正轴方位投影、横轴方位投影和斜轴方位投影，见图 2-15。根据投影性质，方位投影可分为等角方位投影、等面积方位投影和任意方位投影。

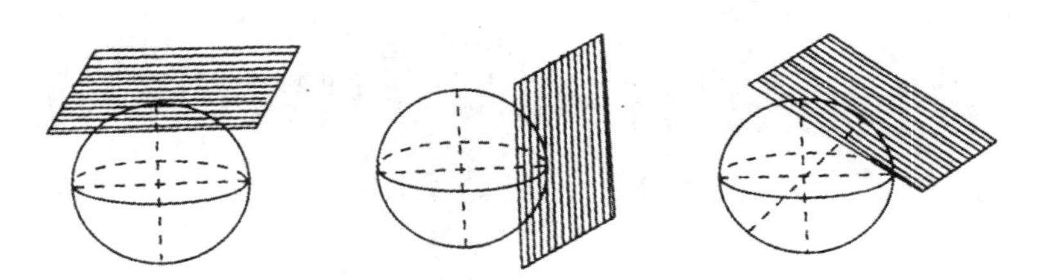

图 2-15　正轴方位投影、横轴方位投影和斜轴方位投影

日晷投影视点位于地球的球心，投影平面与通过视点的直径相垂直。除具有方位投影的一般特征外，还有透视关系，即地面点和相应投影点之间有一定的透视关系。球心投影的独有特性就是地球表面上的任意大圆线投影后成直线。

由于大圆航线是两点间的最近距离，在此投影面上为直线，该直线与诸经纬线之交点线即为大圆航线应通之点。把这些点转绘到其他投影的地图上，连以光滑的曲线，就是大圆航线在这种地图上的投影，因此，航海领航上常将此投影的大圆航线转绘到墨卡托投影图上，与等角航线结合起来应用。

4. 海图比例尺

比例尺是指海图上某一线段的长度与地面上相应线段水平距离之比。它决定着由实地到图形的长度的缩小程度。

主比例尺：计算地图投影时，首先将地球椭球面按一定比率缩小，然后再将其描写在平面上。这种小于 1 的常数比率称为地图主比例尺或普通比例尺，在地图或海图上一般都有标注，如 1 : 50000。

局部比例尺：由于投影中存在某些变形，投影面上各线段的长度比有等于 1、大于 1 或小于 1 的情况，因而地图上各个线段的实际缩小率并不等于主比例尺，也有大于或小于主比例尺的情况。实际上，地图上每一线段都经过了两次缩放过程，一个是主比例尺的缩小，二是投影时产生的变形。故地图上的每一线段的实际比例尺(也叫局部比例尺)应为两者的乘积。设投影长度比为 μ，主比例尺为 $\mu_0 = \frac{1}{c_0}$，局部比例尺为 $\mu_1 = \frac{1}{c_1}$，则 $\mu_1 = \mu \cdot \mu_1$，即 $\frac{1}{c_1} = \mu \frac{1}{c_0}$，整理，得

$$c_1 = \frac{c_0}{\mu} \tag{2.23}$$

海图上的比例尺主要有三种：数字比例尺、文字比例尺和图解比例尺。

数字比例尺：用阿拉伯数字表示，有 1∶c，$1/c$ 或 $\frac{1}{c}$ 等形式，c 称为比例尺分母。一般在海图中标题下面或图廓外面加以标注，如 1 : 5000，1/5000 。

文字比例尺：用文字注解的方式表示，如图上 1cm 相当于实地 10km；百万分之一或百万分一等，目前这种标注形式已很少出现。

图解比例尺：用图形加注记的形式表示，常用的包括直线比例尺、公里尺和图解比例尺三种。

直线比例尺：置于东西外图廓，长度基本与纵图廓线等长。比例尺 1 : 80000 及更大比例尺航海图、海图附图、诸分图等多用直线比例尺。由于是大比例尺海图，图幅覆盖的面积较小，长度变形很小，可以忽略不计，故直线比例尺内的分划值的图上长度都是等长的，见图 2-16。

m 100　0　200　400 m

图 2-16　直线比例尺

公里尺：以公里表示的直线比例尺叫作公里尺。军用航海图及某些特殊用图的海图多在东、西图廓外放置公里尺，其长度与东、西图廓线相等，公里尺内按不同比例尺区间，进行不同的细分。由于墨卡托海图投影中纬线渐长的影响，一幅海图内同一条公里尺上其细分值自下向上随纬度的增高而渐长。所以，墨卡托投影航海图上的公里尺是一种特殊的直线比例尺。见图 2-17。

复式比例尺：常出现在小比例尺海图上。在小比例尺海图上，由于变形复杂，往往在不同的经纬度有不同的变形，需要按照不同的经纬度绘制一种复式比例尺，这是不同纬度比例尺的集合。复比式例尺可放在海图上的任何位置，过去也叫作梯形比例尺。见图 2-18。

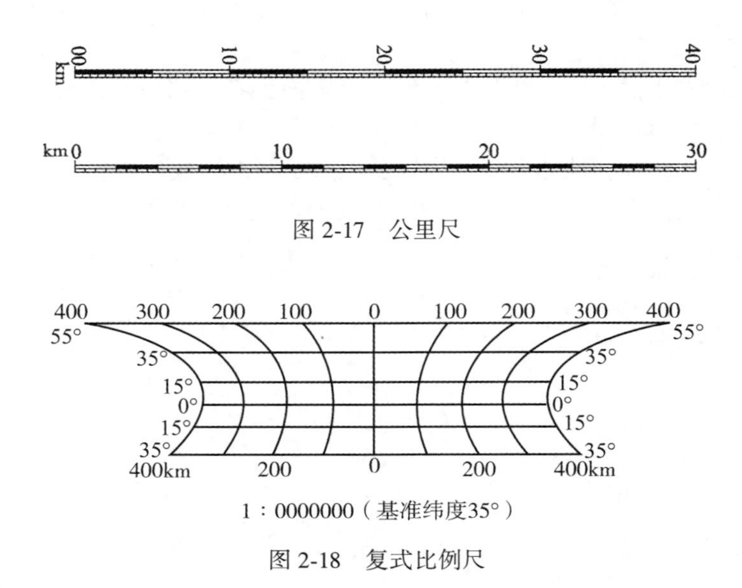

图 2-17　公里尺

图 2-18　复式比例尺

5. 海图分幅与编号

海图分幅是根据一定的条件，确定海图制图区域的过程。要考虑海图用途、海岸走向、比例尺、海区地理特点等，每幅海图既能独立使用，又能连续使用，便于航行中换读。分幅的基本原则是在保证航行安全和方便使用的前提下，尽可能减少图幅的数量。航行图采用自由分幅法，根据需要确定图幅的具体范围。分幅的具体要求如下。

(1)按照航海用途，保持地理区域完整性。总图要保持制图区域的相对完整；航行图要保持航线的相对完整，图幅内要有比较充分的航行区域和足够的航行目标，并尽量避免在复杂航行区域拼接邻图；港湾图应相对完整地表示出港口、海湾、港区或锚地区域，出口要有较充分的水域。

(2)水陆面积保持适宜。海岸线应尽可能保持连续，图内海陆面积比例要适当，一般情况下，陆地面积不宜大于图幅总面积的 1/3。

(3)同比例尺成套航行图保持一定叠幅。相邻图幅之间的叠幅宽度一般保持在 100～150mm 为宜，但在广阔平坦的外海区域可窄于 100mm，甚至边接边。

(4)内图廓线尽可能位于图廓细分线上。图幅尽可能设计为横幅，必要时也可设计直幅图。图幅形式以整幅图为主，根据具体情况可制作主附图、拼接图及诸分图。对航海具有特别重要意义的助航标志和显著物标等，无法表示在内廓线内时，可破图廓表示或绘在图廓外方；如在图廓外方仍无法表示时，可根据需要标绘图外目标方位引示线。

便于查询和保管，每幅海图都赋予一个编号，用 1～5 位阿拉伯数字表示，放在图廓外角处，叫作海图编号，即海图图号。海图编号不仅仅是一幅海图区别于其他海图的一个代号，科学的海图编号中的每个数字或字母都代表一定的意义，使之有利于管理和使用。

目前中国海事局港口航道图采用五位数编号：首位代表沿海各省(自治区或直辖市)，数字“1”表示辽宁省；“2”表示河北省及天津市；“3”表示山东省；“4”表示江苏省及上海市;"5"表示浙江省;"6"表示福建省;"7"表示台湾省;"8"表示广东省;"9"表示广西壮族自治区;"0"表示海南省。第二位为省内地级市编号,如图幅跨越两个地级市,则以图幅覆盖面积较大的地级市作为编号依据。第三、四、五位数字表示该港图幅编号。

2.5.2 海图符号、图式与要素表示

1. 海图符号

符号是用图形或近似图形的方式来表达意念、传输信息的工具。广义的符号可以包括语言、文字、数学符号、化学符号、乐谱和交通标志等。海图也是通过符号描述海图要素的空间和属性信息,可以视作一种特殊的语言系统。事实上也正有很多制图学家把海图符号称为海图的图解语言。

海图符号是海图作为信息传递工具所不可缺少的媒介,它的主要功能表现在三个方面。首先,对客观事物进行抽象、概括和简化。其次,提高海图的表现力,使海图既能表示具体的事物,又能表示抽象的事物;既能表示现实上存在的事物,又能表示历史上有过的事物及未来将出现的事物;既能表示事物的外形,又能表示事物的内部性质,如海水的盐度等。第三,提高海图的应用效果,使我们能在平面上建立或再现客观现象的空间模型,并为无法表示形状的现象设计想象的模型。

2. 海图图式

航海图是海图生产中数量最多的海图,也是使用范围最广泛的海图。近代航海图的生产在世界上已有约200年的历史。200多年来,航海图的内容不断完善,制图符号逐步系统化和标准化。世界各国航海图的生产都由政府或海军的专门机构承担,对海图符号都有统一的规定,这就是《海图图式》。《海图图式》包含了绘制航海图的全部符号和缩写,它同时也是绘制其他海图的基本符号。

为了使我国的海图符号进一步规范化、国际化,海军司令部海司航保部在20世纪80年代末进一步修订《海图图式》,制订的新版《海图图式》经国家技术监督局批准于1990年12月起实施,并由中国标准化出版社出版。《海图图式》(GB 12317—1990)是以1987年国际海道测量局公布的《国际海图图式》为基础制订的,其符号分类、编排次序及符号式样等均基本相同,仅根据我国的具体情况对其中某些符号作了少量增删,并增加了中文注记的字体、字级等。

《中国海图图式》(GB 12319—1998)规定了海图符号的规格和海图各要素在图上的表示方法,适用于测制、出版各种比例尺航海图,也可供编制出版各种专题海图时参考,是识别、使用海图的基本依据。内容包括海图上所用符号的样式、尺寸、颜色,缩写的含义,注记的字体、字级,图廓整饰的形式,以及在海图上表示的有关规定。一般由国家专门机构颁布实施,成册出版。

3. 海图要素的表示

1)海底地貌

海底地貌:是海图最主要的内容要素,主要是指海底表面起伏的变化情况和形态特征,它与研究海底形态发生规律的"海底地貌学"中的"海底地貌"既有联系,又有区别。海图上表示的海底地貌,在有些文献中也称"海底地形""水下地形"。

由于航海图、海底地形图及各种海洋专题图的用途不同，对海底地貌的表示有不同的要求，常常采用不同的表示方法。

航海图上常用的海底地貌表示法有数字注记法、等深线法、分层设色法等。

数字注记法是用数字表示海图要素的方法之一，是航海图对海底地貌的最基本表示方法。每个数字代表该数字位置上的海底深度。表示海底深度的数字也称“水深注记”或“水深数字”，也简称为“水深”。水深数字及其位置都是海上实际测深和定位的成果。因此，数字的大小和主点位置反映了海底地形的起伏变化。

从航海图的用途来说，用水深注记显示海底地貌有其优越性，主要有三点：首先，水深注记正确反映了测点的深度，根据深度变化情况可以概略地判别海底起伏情况，航海人员根据海图上的水深可以选择航道、锚地等；其次，海图比较清晰，便于航海人员在图上作业；再次，绘制简便。

为合理、清晰地地显示海底地貌，水深注记密度是数字注记法的一个重要要素。不同海域或不同深度带的海底地貌复杂程度不同，其水深注记的密度也不相同。海底地貌越复杂，水深注记密度应越大；反之，亦然。我国现行国标《中国航海图编绘规范》(GB 12320—1998)对不同水深层的密度间隔作如下规定：浅于 20m 的海区为 10～15mm；20～50m 的海区为 12～20mm；深于 50m 的海区为 18～30mm。

对沿岸陡深处水深注记可以适当加密，平坦海区可以适当减稀。对于水道、航门、复杂的岛礁区、习惯航道转折处、锚泊地、突出的岬角处以及海底地形复杂的海区，水深注记的间距可缩小至 8～10mm。如图 2-19 是按海图编绘规范要求的水深数字注记。

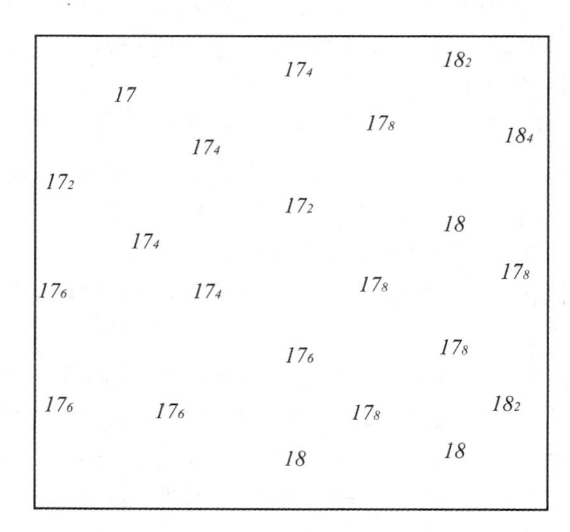

图 2-19　按海图编绘规范取舍后的水深数字

根据国际海图图式，海图上水深注记又分为如下 5 类。

(1)斜体水深：是实测精度较高的水深，这是海图上最普通的水深。

(2)直体水深：是深度不准确或采自小比例尺海图的水深。

(3)未测到底水深：是测量时测至一定深度而尚未着底时的深度。这种水深在过去用铅锤手工测量时较常出现，在目前使用测深仪的情况下，少见到这种未测到底的水深。

(4)未精测水深：是表示深度可疑或未经潮汐等改正的水深。

(5)危险水深：是对舰船航行有危险的特殊水深，实际上是危险暗礁的深度。图上用水深外套紫(或黑)色点圈的方法表示。

用水深表示海底地貌的缺点是缺乏直观性，不能完整、明显地表示出海底地貌形态，当水深注记密度较小时，表示的海底地貌更为概略。为了克服这些缺点，近几十年来航海图上用深度注记为主表示海底地貌的同时，还采用等深线作为辅助方法，同时还在浅水层设色。

等深线是把深度相同的各点联结所成的平滑曲线(图 2-20)。等深线是以一定的深度数据为基础描绘的，而测深数据往往是有限的，并且由于水深测量不能像陆地地形测量那样可以根据需要测量地形特征点，故根据水深勾绘等深线带有较多的主观成分。近年来测深技术不断发展，测深的密度、精度不断提高，据此描绘的等深线所反映的海底形态特征逐渐趋于真实，但它们仍然不能代替航海图上的深度注记。在航海图上，等深线仍然是海底地貌的辅助表示方法，它仅是划出与航行有关的一些深度带，并不能完整反映海底地貌。

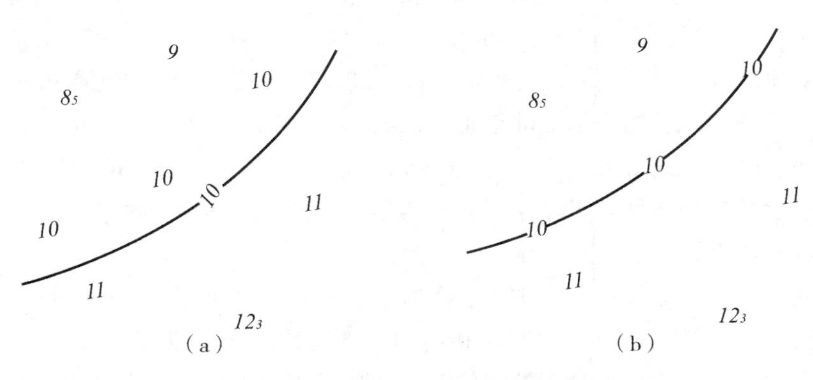

图 2-20　航海图上的等深线表示

在航海图上，等深线主要用来判断对航行有无危险，因而为安全起见，航海图上的等深线与水深注记等值时，一般扩大等深线的范围，如图 2-20(b)所示。

分层设色法亦称色层法，是在不同的地形层级(不同的高度层和深度层)用不同的颜色(或不同的色调)进行普染，以显示地表的起伏形态。航海图上海底地貌的分层设色属于局部套印色层的类型。通常是在干出线(0m 等深线)以下的浅水海域进行分层设色。采用蓝色相和黄色相两个色调分层。如果是从海岸线算起，则包括干出滩(海岸线至 0m 等深线)的分层，采用蓝色相和黄色相的叠加色调。

航海图采用局部分层设色的目的有两个：一是使浅海水域在图上醒目清晰，易于航海人员辨别，有利于保证航行安全；二是保持海图上的大部分海域面积不设色，有利于航海人员在海图上标绘航迹。为更好地达到这两个目的，色层深度要随海图比例尺的不同而变化。根据浅海水域海底地形特点和长期的海图制图经验的总结，不同比例尺航海图的色层深度已经基本固定，如表 2-5 所示。

表 2-5　**航海图的分层设色规定**

比例尺	浅蓝实地	浅蓝斜线
大于 1 : 10 万	0~2m 等深线	2~5m 等深线
1 : 10 万~1 : 49 万	0~5m 等深线	5~10m 等深线
1 : 50 万~1 : 99 万	0~10m 等深线	10~20m 等深线
1 : 100 万及更小	0~10m 等深线	10~30m(或 50m)等深线

如果海域干出滩是采用颜色表示，则包括干出滩在内的海域局部分层设色范围，又增加了海岸线至 0m 等深线的蓝黄叠加色层。这种海图通常是陆地普染黄色。因此，印色范围为：0m 等深线以上套印黄色，海岸线以下套印蓝色，从而形成了干出滩的叠加色。如果干出滩以符号表示，则海图的层次与表 2-5 所示的色层相同。

陆地地貌：海图上对陆地地貌的表示主要沿用陆地地形图和小比例尺地理图对陆地地貌的表示方法。其资料来源也主要是陆地地形图。这是因为海洋测量并不对陆地进行重新测量，只是对海岸地形(包括海岸线及干出滩)和一定的陆地纵深作必要的补测和修测。从而使海图上对陆地地貌的表示受陆地地形图的影响和制约。其中主要的表示方法在海图上早已被采用。除以等高线表示为主外，也辅以分层设色、晕渲和明暗等高线。而海图对陆地地貌的表示的独到之处在于使用了被称为山形线的一种表示方法。其次，晕渲法在早期的海图上也应用得比较多。

等高线是海图上对陆地地貌的主要表示方法。基本原则是保持清晰易读，山头突出显著，以便于航海人员对陆地目标的选择和使用。然而，过于详细复杂或“照搬”陆地地形图的地貌等高线势必给航海人员导航定位时选择目标带来不便。特别是对海区不熟悉的航海人员会更加困难。图 2-21(a)是我国 20 世纪 60 年代出版的某些航海图照搬陆地地形图地貌等高线的典型例图。为使海图陆地地貌清晰易读，海图上的陆地等高线采用与陆地地形图不同的等高距(加大等高距)，从而减少图上等高线的间隔密度。图 2-21(b)是现行航海图上的等高线的表示，与图 2-21(a)比较，具有很好的读图效果。

我国《航海图编绘规范》对各种比例尺航海图的基本等高距规定如表 2-6 所示。表中的特殊地区，系指按一般地区的等高距，图上大多数相邻等高线间距小于 1.0mm 的地区。航海图所规定的这一等高距比我国出版的陆地地形图的等高距大 1~2 倍。这是经过多年制图实践和航海人员用途需要总结的成果。当基本等高距不能完善显示沿岸具有航行方位意义的山头、高地时，则适当加绘半距等高线。对非航海图的陆地地貌的表示，则和陆地地形图或其他小比例尺地理图的表示方法相接近或类同。

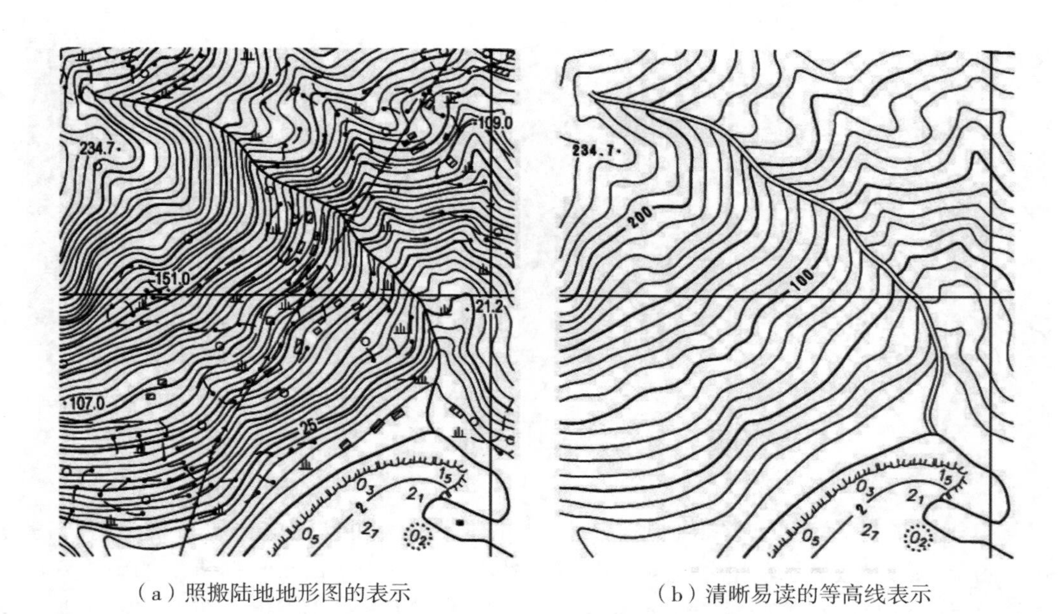

（a）照搬陆地地形图的表示　　（b）清晰易读的等高线表示

图 2-21　海图上陆地等高线的表示

表 2-6　**我国航海图的基本等高距规定**

比例尺	一般地区(m)	特殊地区(m)
大于 1：1 万	5	10
1：1 万~1：2.4 万	5	10、20
1：2.5 万~1：4.9 万	10	20、40
1：5 万~1：9.9 万	20	40、80
1：10 万~1：19 万	40	80
1：20 万~1：49 万	100	—
1：50 万~1：99 万	200	—

山形线是航海图上用以表示陆地地貌的独特方法之一，通常是根据海图的特殊要求，对地貌降低精度表示，或者等高线资料不全时而采取的一种表示方法。每条山形线不代表陆地的实际高度，因此它也没有等高距的概念。我国出版的外轮用航海图或国内民用航海图多采用此法表示。山形线绘制的形式、风格不同，对陆地地貌表示的完整程度也不一，无论哪种形式均保证山头位置的准确和主要山脊的正确。图 2-22 是几种有代表性的山形线的形式。其中图 2-22(a)是我国出版的航海图上的山形线，图 2-22(b)和(c)是外版海图上的山形线，对比起来看，风格都不相同。

用山形线表示陆地地貌的最大优点是形式灵活，曲线可不封闭和连续，背海的山坡或谷地也可不表示。这就突出了山头和主要山脊的位置和形状，从而达到清晰易读的目的。因此，利用山形线表示陆地地貌对航海图有较好的效果。

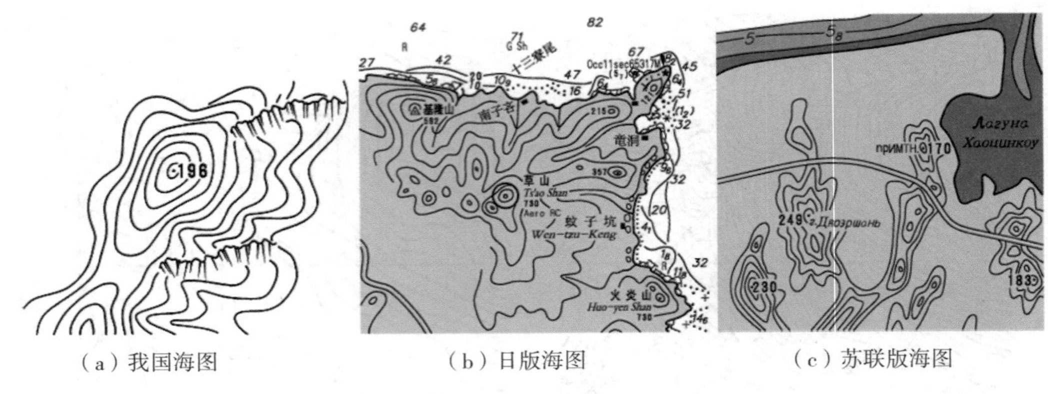

（a）我国海图　　（b）日版海图　　（c）苏联版海图

图 2-22　海图上的山形线

晕渲和晕渲表示海图上的陆地地貌在国外比较常用，而且历史也比较长。图 2-23 是英版海图上用晕滃法表示的陆地地貌。其鲜明的特点是突出了航海导航需要的山头和山脊走向的表示，直观性很强。尽管航海图的表示方法不断更新，但时至今天，英国出版的航海图仍保持着陆地以晕滃法表示地貌的版本。国外很多海图都在采用全部以晕渲表示陆地地貌。图 2-24 是新西兰版海图上用晕渲法表示陆地地貌。我国海图以晕渲表示陆地地貌还属于一种辅助性方法，主要用于海区形势图或其他小比例尺专题海图。

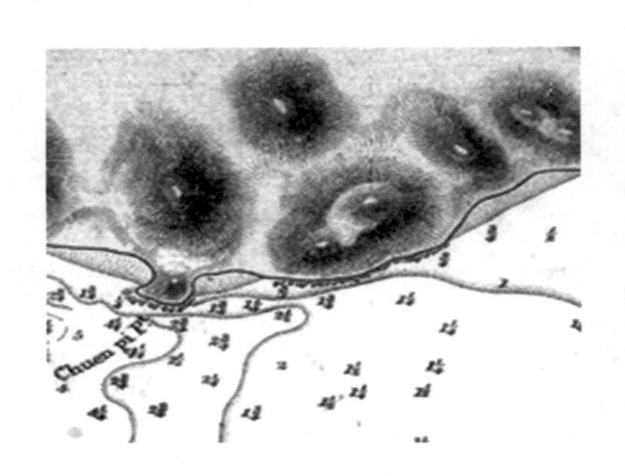

图 2-23　晕滃法表示陆地地貌图

图 2-24　晕渲法表示陆地地貌

2）岸线

岸线：海岸，广义上指海岸带，它位于大陆和海洋的交接地带，是海洋与陆地相互接触、相互作用的场所，呈宽窄不一的条带状延伸在海陆交界处。由于潮汐、波浪和河流等因素的影响，海岸处在不断变动的状态之中。

通常，将海岸带分为三部分，即海岸（狭义的海岸，海岸阶坡）、干出滩（潮间带、潮浸地带）和水下岸坡（图 2-25）。

海图上表示的海岸，即海岸阶坡，由海岸线和海岸性质两个要素构成。海岸线即水涯线，系指海水面与陆地接触的分界线。无潮海是以平均海平面的水涯线作为岸线，有潮海

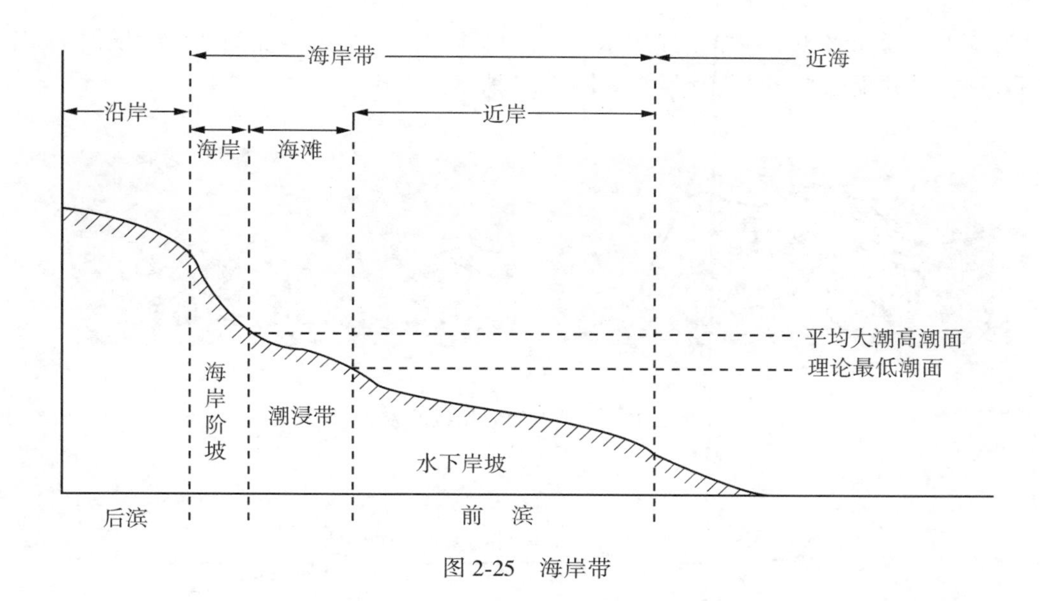

图 2-25　海岸带

是按多年的平均大潮高潮面所形成的实际痕迹线测绘的。海岸性质，指海岸阶坡的组成物质(包括海滨生物)及其高度、坡度和宽度。海岸线和海岸性质组成了一条完整的海岸。

海岸的形态随其形成条件不同而呈现出各种各样的类型。海岸性质则随着海岸阶坡的组成物质及其高度、坡度和宽度的不同而变化。因此，为了区别海岸的这种多样性，并确定相应的图上表示方法，就必须对海岸加以适当地分类。

海岸的分类比较复杂，所依据的原则也各不相同。依据岸线的性质，可如图 2-26 进行分类。

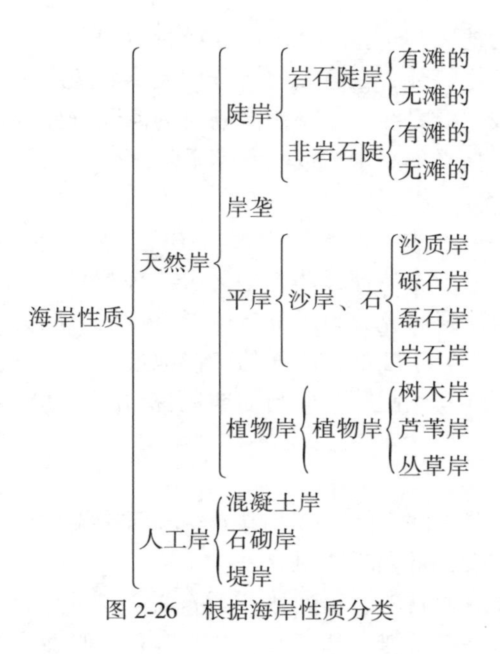

图 2-26　根据海岸性质分类

海图上，实测岸线用一条实线表示，草绘岸线用虚线表示，如图 2-27 所示。海岸性质用各种符号并配以文字注记表示，如图 2-28 所示。

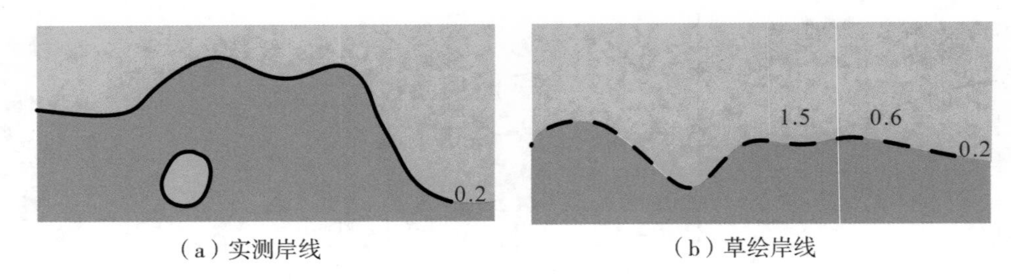

（a）实测岸线　　（b）草绘岸线

图 2-27　实测与草绘岸线的表示

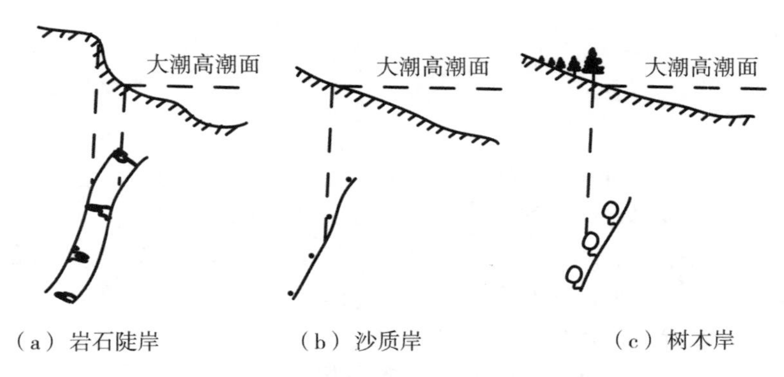

（a）岩石陡岸　　（b）沙质岸　　（c）树木岸

图 2-28　不同性质海岸的表示

有些地势非常低平的地区(如苏北沿海)，虽然在最高潮时被淹没，但大部分时间都为陆地。为了表示这种海岸特征，在海图上要分别表示两条海岸线，即：高岸线——大潮高潮所形成的海陆分界线；低岸线——小潮高潮时的海陆分界线。对于经过水深测量的江河和湖泊，其岸线通常是指平均高水位或高水期平均水位的水陆分界线，其表示与海岸线相同。

海图上表示海岸的一般要求：在大比例尺海图上，要求能准确地表示出海岸线的位置，详细地描绘出海岸线的形态特征，明确地区分出海岸的性质。在中小比例尺海图上，则要求能准确地表示出海岸线，充分显示其自然形态特征、蜿蜒曲折的程度和不同成因的类型特征。同时，由于海岸处于陆地与海洋的交接地带，其形态、发育和演变与处于交接地带有着密切的关系，因此其制图综合应与陆地地貌和海底地貌诸要素的综合相协调，使其起到承上启下的作用。

3）干出滩

干出滩：又称海滩，是指海岸线与干出线(零米等深线)之间的潮浸地带。它也是海岸带的一部分，高潮时淹没，低潮时露出。

海图上的干出滩种类有岩石滩、珊瑚滩、磊石滩、砾滩、沙滩、泥滩、沙砾混合滩、沙泥混合滩、贝类养殖滩、芦苇滩、丛草滩、红树滩和不明性质滩。习惯上，前两种滩称为硬性滩，最后三种滩为植物滩，中间的几种滩则称为软性滩，而贝类养殖滩则是由软性滩上的硬性物质构成的，磊石滩介于“软、硬”之间。岩石滩是陆地岩层在海中的延伸部分，多是由海水侵蚀而成的；珊瑚滩是由珊瑚虫遗体及其分泌出的石灰质堆积而成的，大多分布在热带、亚热带及一些受暖流影响的温带海区，其质地坚硬；泥滩是由直径小于0.01mm的颗粒组成的；沙滩是由直径0.01～1.0mm的沙粒构成的；砾滩的砾石直径为1～10mm；磊石滩为直径一般大于10mm、大小不等的石块或卵石所构成；各种植物滩则是在干出滩上生长着相应的植物。干出滩的组成物质有时并不是单一的，如沙、泥混合，沙、砾混合分别构成沙泥滩和沙砾滩。

根据所处的位置，又可将干出滩分为沿岸干出滩和孤立干出滩两种。

干出滩与海岸有着密切的关系。通常某种性质的海岸，岸下往往有着同一性质的干出滩。一般在岩石岸下面，分布着岩石滩；在沙质岸、砾质岸等海岸下面，分布着沙滩、砾石滩和磊石滩等；在断层海岸下，没有或很少有干出滩，而在低平的海岸下，则往往分布着大片的干出滩，如台湾岛东海岸和西海岸就分别属于这样两种情况。

干出滩在海图上有两种表示方法，即符号法和文字注记法。岩石滩和珊瑚滩用符号表示，其他性质的干出滩则用范围线加相应注记的方法表示(也可以用符号法表示，但不如注记简便)，如图2-29所示。

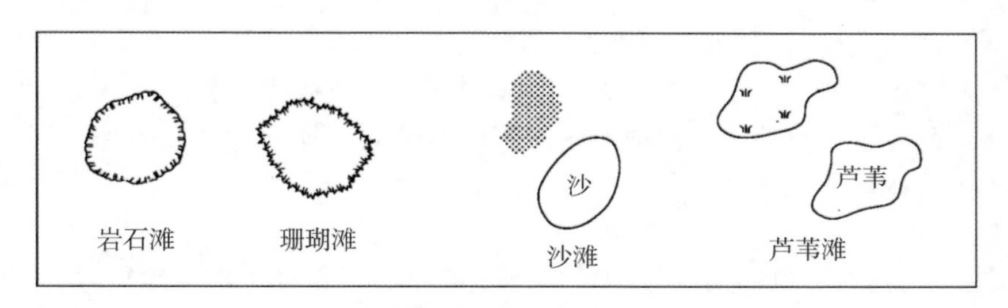

图2-29　干出滩的表示

海图上表示干出滩的一般要求：干出滩在海图上是十分重要的，必须正确地表示出各种干出滩的性质，清晰地反映各种干出滩的分布特点、轮廓形状和范围，以及与海岸、海底地貌的密切关系。

4)航行障碍物

航行障碍物：通常简称碍航物，又称航行危险物，主要有礁石、沉船、渔栅、变色海水、水下桩柱等。海图上航行障碍物的表示方法多种多样，分别适用于不同的障碍物，并且各种方法也是相互联系、配合使用的。概括起来主要分为如下几种。

(1)符号表示法。用依比例图形和非比例符号表示，如明礁、沉船、浪花等，如图2-30(a)所示。

(2)区域表示法。对一些区域性分布的障碍物，如雷区、群礁区、渔网区等，用折实线或点虚线将其范围标出来，有时还可加注记，以示醒目和明确范围界限，如图2-30(b)所示。

(3)文字注记法：用文字或数字注记的方法来说明航行障碍物的种类、性质、范围、

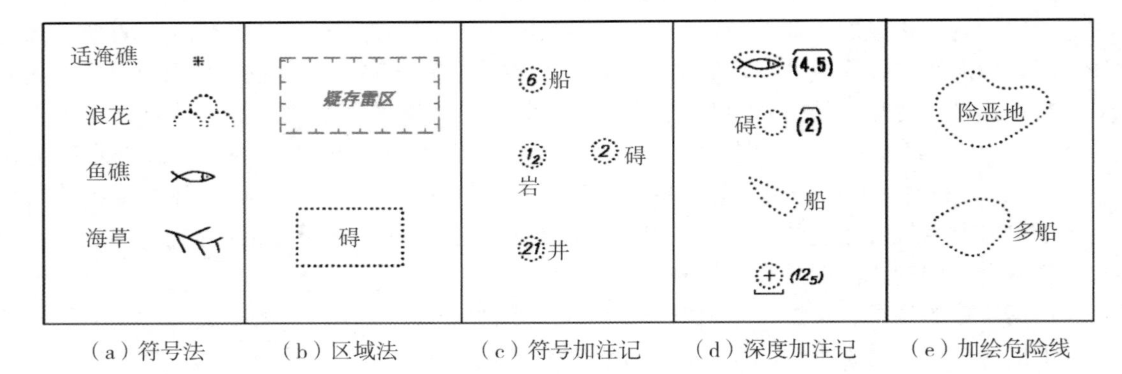

（a）符号法　（b）区域法　（c）符号加注记　（d）深度加注记　（e）加绘危险线

图 2-30　航行障碍物的表示

深度等内容。它又包括以下三种：

①符号加注记，就是用符号配合文字或数字注记来表示其性质、高度或深度以及其他内容，如明礁加注高度，如图 2-30(c)所示。

②深度加文字注记，某些暗礁、沉船以及水下柱桩等障碍物，已经测得深度，则用深度数字表示，数字外套危险性，再加文字说明，如图 2-30(d)所示。

③只用文字说明法，如“此处多鱼栅”等。

加绘危险线的方法：当障碍物孤立存在或深度较小而危险性较大时，为了明显起见，常在障碍物符号外加绘危险线。目前对已知深度的障碍物加绘危险线的深度界线是 20m，如图 2-30(e)所示。

5)航标

助航设备：也称助航标志，通常简称为航标。它是供舰船在海上航行时确定船位、识别航道、引导航向、避让航行障碍物或测定各种航行要素所用的专门的人工助航标志。许多沿海的山头、独立石、树木、岛屿、明礁、角、头、嘴等是天然的助航标志，又称天然助航物。沿岸的一些高大的、突出的、显著的人工建筑物，如教堂、宝塔、烟囱、纪念碑等，也是舰船航行时的良好方位物，又称借用助航标志，也称人工方位物。

海图上，通常将航标分为普通航标、专用航标和无线电航标三类。

普通航标是指供舰船识别航道、引导航向、确定船位、避开航行障碍物等用途的助航标志。按其设置的方式又分为固定航标和浮动航标两种，如图 2-31 所示。

专用航标是为了满足舰船的某种专门需要而设置的助航标志。根据其设置的用途不同，又可分为测速标、罗经校正标、导标(导灯)，以及并非专为助航目的而设立的各种专用标志等。无线电航标是指用无线电技术设置的各种标和台站。专用航标和无线电航标的表示具体参见《中国海图图式》(GB 12319—1998)。

6)港航要素

港航要素：是海图，特别是港口航道图表示的重要要素，包括航道、锚地、海底管线(油管、电缆等)、水中界线(港界、锚地界，禁区及其他区界)、境界线等。在航道图上突出表示与航行有关的要素，非航行要素则比较概略。

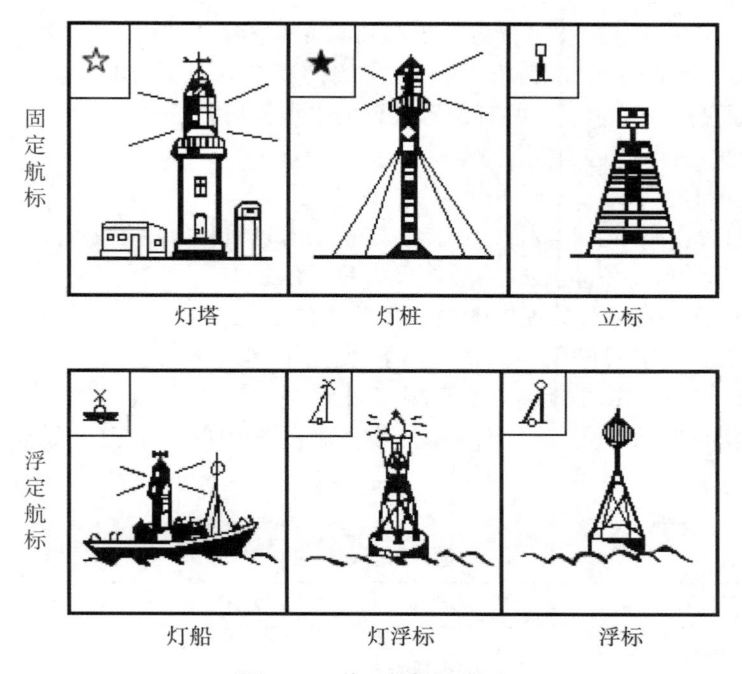

图 2-31　普通航标的表示

为了加强对港口水域的管理，维持港内航行停泊的正常秩序，港口港务监督部门在港口水域范围划分规定了一些专用区域和界线。这些专用区域和界线在航道图上都要用相应的符号表示出来。

航道：泛指可供船舶航行的通道，特指为船舶安全航行划定的水道，具有一定的宽度和深度。按成因可分为人工航道和天然航道；按用途分为强制航道、推荐航道、战时军用航道等。它们均经过详细的水深测量，甚至经过扫海或疏浚测量。在港口、海峡和复杂海区的航道，常设有各种助航标志，在航海图上进行专门标注，以保证船舶安全航行。设立固定物标标示界线(或无标定界线)的复杂航道，浅水区深吃水船的最佳航道，限定吃水的规定航道，统称推荐航道。设立固定物标的推荐航道线用黑实线表示，数字注记表示向标方位；未设立固定物标的推荐航道线用黑色虚线表示，并依次加注进、出港方位。

锚泊区按其性质划分为检疫锚地、候潮锚地和转驳锚地等；按其锚泊船只规模又可分为大轮锚地或机动船锚地、小船锚地或非机动船锚地。锚泊区范围由港务监督部门规定。在实地上用助航标志或其他标志标在航道图上，锚泊区要用虚线划出范围，并注以“锚泊区”；面积较小或范围不明确的，也可以用符号表示。

港界是港口水域范围的界线，港界范围内的区域，即港区。港界的位置由港章具体规定。港界在航道图上用虚线表示，并注明“港界”。

7) 水底电缆

水底电缆有海底电缆和过江电缆之分。海底电缆主要是通信电缆，过江电缆除了通信电缆外，还有高压的电力电缆。为了保护电缆，水底电缆区，禁止船舶抛锚，以免发生事故。因此，在过江电缆上下游的两岸树立警告牌，书明“电缆过江、禁止抛锚”等字。水底电缆应以符号详细表示在图上，过江电缆可以根据实测资料记入，海底电缆无法实测时，则可根据敷设单位的敷设资料记入。在小比例尺航道图上，电缆全部表示有困难时，对于数条电缆通过同一个水道，并且位置很近的电缆，可以合并为一条电缆表示；也可将通过狭窄水道的水底电缆适当进行取舍。

8)海图信息图表

海图信息图表：海图上对潮汐、海流、陆地的航行目标等内容要素的辅助表示采用信息图表。主要有潮信表、海流表、对景图及方位引示线。

潮信表主要是向航海人员提供图内各港湾潮汐变化的基本情况和基准面的高度。在中大比例尺海图上均配置潮信表。由于潮汐类型不同，潮信表的形式也不同。主要有以下几种：半日潮型、全日潮型、不正规半日潮型。表 2-7、表 2-8 和表 2-9 是几种不同潮型的潮信表的表示形式。在海图设计中，制图编辑应确定图上需要表示潮信的港口和海湾。

表 2-7　**全日潮型潮信表**

地点	位置	平均高潮间隙	大潮升	小潮升	平均海面
大管岛	36°13′44″N 120°46′00″E	04h 15min	3. 7m	3. 0m	2. 2m

表 2-8　**半日潮型潮信表**

地点	位置	平均高潮间隙	平均低潮间隙	大潮升	小潮升	平均海面
营城子湾	38°58′12″N 121°19′12″E	00h 06min	06h 19min	1. 9m	1. 6m	1. 2m

表 2-9　**不正规半日潮型潮信表**

<table>
<tr><th rowspan="3">地点</th><th rowspan="3">位置</th><th rowspan="3">潮面</th><th colspan="2">月赤纬 0°时</th><th rowspan="3">潮面</th><th colspan="3">月赤纬最大时(月上中天)</th><th rowspan="3">平均海面</th></tr>
<tr><th rowspan="2">平均潮汐间隙</th><th rowspan="2">平均潮高</th><th colspan="2">平均潮汐间隙</th><th rowspan="2">平均潮高</th></tr>
<tr><th>北赤纬</th><th>南赤纬</th></tr>
<tr><td>雷州港</td><td>20°50′N
110°11′E</td><td>高潮
低潮</td><td>11h 32min
05h 18min</td><td>3. 5m
1. 2m</td><td>高高潮
低高潮
低低潮
高低潮</td><td>23h 29min
12h 00min
05h 55min
16h 46min</td><td>11h 04min
24h 25min
18h 20min
04h 21min</td><td>4. 1m
2. 6m
0. 9m
1. 2m</td><td>2. 4m</td></tr>
</table>

潮流表是以图表表示海区回转潮流。潮流表通常是因回转潮流位置处周围要素较多，且重要而不便遮盖所采取的一种方法。表 2-10 是我国航海图上的潮流表形式。其中 A、B 为回转潮流的位置代号，并在图内相应的位置上注出。在一般情况下，潮流表上的主港应

选择在有潮汐资料的距离回转潮流最近的港口。当回转潮流的主港未列入潮信表时，应在潮流表中说明主港的高潮间隙。

对景图是舰船在海上一定位置附近，视海岸、岛屿、山头、港口和水道的入口的目标景观的素描图或照片。图 2-32 是我国航海图上的对景图形式。该对景图是自东南方海面视老铁山的景观。通常在海图上还要表示出视点位置，也称为观景点。更详细的对景图还应注出观景点视某目标的距离和方位。

表 2-10　**我国海图上的潮流表**

主港	时间(h)	*A* 21°23′00″ N 108°56′30″ E			*B* 21°23′30″ N 108°45′12″ E		
		流向	流速(kn)		流向	流速(kn)	
			大潮	小潮		大潮	小潮
青海港	高潮前 6	213°	0.5	1.9	221°	1.9	5.1
	5	225°	0.5	1.2	215°	1.3	3.8
	4	230°	0.3	0.7	150°	1.0	1.5
	3	232°	0.2	0.4	040°	0.7	0.4
	2	228°	0.4	1.6	038°	1.2	2.7
	1	060°	0.5	1.7	038°	1.3	4.7
	高潮 0	050°	0.5	1.9	040°	1.4	5.3
	高潮后 Ⅰ	042°	0.4	1.9	042°	1.3	4.1
	Ⅱ	044°	0.3	1.8	130°	1.0	1.9
	Ⅲ	100°	0.1	0.4	214°	0.5	0.4
	Ⅳ	222°	0.3	0.5	220°	0.1	1.9
	Ⅴ	221°	1.6	1.3	221°	0.5	4.4
	Ⅵ	218°	1.9	1.6	224°	0.1	5.1

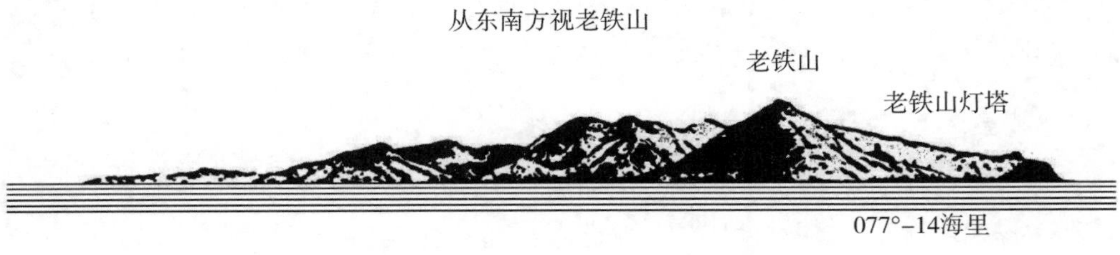

从东南方视老铁山

老铁山

老铁山灯塔

077°–14海里

图 2-32　我国海图上的对景图

除此之外，海图上的海洋水文要素、陆部其他要素等都有较为简单、明了的表示方式，具体可参见《中国海图图式》(GB 12319—1998)。

2.5.3　海图生产常用软件

海图生产流根据生产方式和成品的不同，可以划分为以模拟方式和数字方式两种类型。我国早期出版海图多采用模拟方式，包括图版编稿-清绘法、连编带绘法和蒙膜编稿-清刻法等多种方式。纸质海图生产的数字方式是指在现代海图制图生产条件下，通过制作数字海图数据出版的一种形式。目前主流的生产软件包括 CARIS GIS、CARIS HPD 和基于 Arc/Info 软件等。一般是从海图数据库中提供格式数据，对数字海图数据进行数据转换、修编、符号化处理和制图处理后，制作数字印刷版海图，然后进行制版印刷。

2.6　青岛港口航道测量典型案例

青岛港位于黄海西海岸、山东半岛西南岸的胶州湾口附近，面临黄海、背依崂山。港内水域宽阔，水深浪静，港口设备完善，系泊条件良好。作为世界第七大港、我国沿海主要港口和重要国际贸易港，青岛港目前与世界上 130 多个国家和地区的 450 多个港口有贸易往来，进出口货物主要有煤炭、铁矿石等。

青岛港目前主要有 5 个港区，分别为老港区、黄岛港区、前湾港区、海西湾港区和董家口港区。老港区包括大港、中港、小港和青岛轮渡区。大港是青岛港老港区的主要码头区，港区内多为大型固定码头。中港位于大港的南侧，港池内多为浮码头。小港位于中港的南侧，与黄岛轮渡区配对使用，是连接青岛和黄岛经济技术开发区的捷径。随着邮轮母港的投入使用，百年老港区正开启邮轮经济新时代。黄岛港区主要从事临港工业装卸、中转、储存业务，建有 5 座码头，拥有公路、铁路、水路、管道的多元化物流通道。前湾港区是以各类专业化泊位为主体的大型现代化综合性港区，以国际集装箱干线及铁矿石、煤炭等大宗干散货中转运输功能为主，是青岛港目前现代化程度最高、规模最大的生产性港区。海西湾港区定位于发展修造船以及海洋工程产业，建有 4 座 10 万吨级以上船坞和 4 座 30 万吨级舾装码头，最大船坞等级为 50 万吨。董家口港区规划面积 70km^2，泊位数 112 个，拥有世界上最大的 40 万吨级矿石码头，港区仓储能力、保税能力均居我国港口首位。

2017 年 5 月 11 日，全球领先、亚洲唯一的具有完全自主知识产权的全自动集装箱码头在青岛港投入运营，节省人员 70%，提高效率 30%，开创了港口生产的新纪元。

2.6.1　测量概况

测量范围为青岛港及附近，具体范围如图 2-33 所示。

测量内容：图幅内水深、底质、助航标志、海岸地形、航行障碍物等。

测量方法：图幅内港池、航道水深采用多波束扫测，锚地水深采用侧扫声呐加单波束测深系统按 1∶10000 比例尺扫测，其余水域水深测量按照 1∶10000 比例尺采用单波束测深系统测量至 0m 等深线；底质按照规范要求的密度进行表层取样；水中助航标志采用卫星差分定位、岸上助航标志采用 CORS-RTK 定位；海岸地形采用 CORS-RTK 定位，图上障碍物采用多波束测深系统进行全覆盖测量。

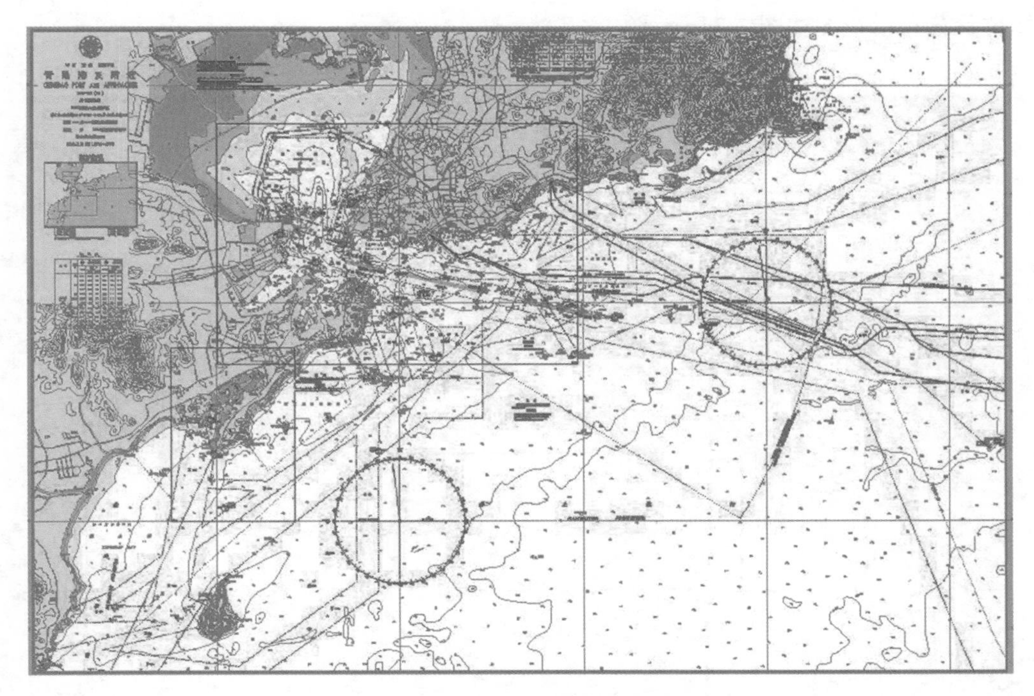

图 2-33 青岛港测量范围示意图

2.6.2 测量设备

定位设备采用 RBN-DGNSS 差分定位方法实施测量定位，选用天宝 SPS461 型 DGNSS 接收机，其标称定位精度≤±1.0m。测深设备：单波束测深系统采用 Hydrotrac Odom 型单频测深仪(其测深标称精度为±1cm)。多波束测深系统采用 SeaBat 8125 型多波束测深仪。侧扫声呐系统采用美国 Kline 公司生产的 Kline 3000 型双频侧扫声呐。罗经及姿态传感器设备：采用 iXSEA Octans 光纤罗经。声速测量设备选用 ODOM Digibar 型声速仪。水准测量仪器选用 NA724 光学水准仪及相应的水准尺。验潮设备岸上验潮站采用 Druck PTX 1840 压力式传感器，地形测量设备选用中海达公司生产的 GNSS iRTK 系统 1 套。底质取样设备使用锚式底质取样器，实施海底表层底质取样。

2.6.3 平面与高程控制

平面控制采用 CGCS 2000 大地坐标系，高斯-克吕格 3°带投影，中央经线 120°。以青岛港区附近地区测设的 GNSS C、D 级网 CGCS 2000 大地坐标系成果作为首级平面控制。高程控制采用 1985 国家高程基准，以青岛港区附近地区测设的四等水准点作为首级高程控制。深度基准采用当地理论最低潮面。

2.6.4 验潮站布设

本次测量共设立验潮站 9 处，包括岸上站 4 处和海上定点站 5 处。本次所设立验潮站具体位置分布示意图如图 2-34 所示。

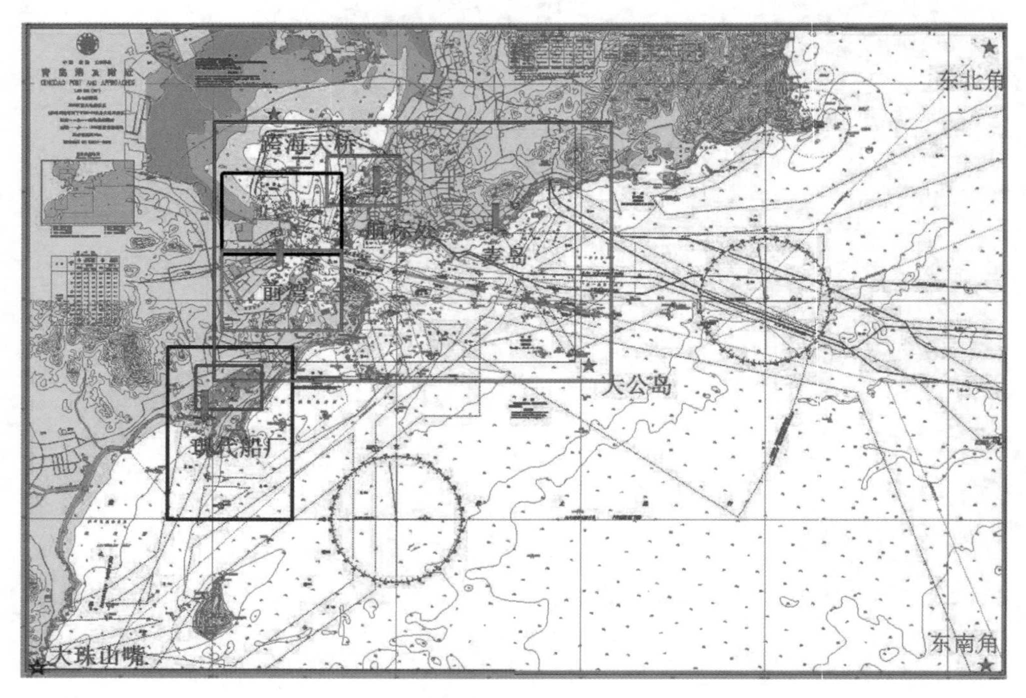

图 2-34　验潮站点分布示意图

水位改正采用多站分区进行水位改正，分区改正示意图如图 2-35 所示，使用软件进行自动分区改正，水位改正原理为最小二乘法，是基于潮差比、潮时差线性传播的最小二乘比较法水位改正模型。

2.6.5　水深测量

使用 RBN-DGNSS 差分定位方式进行测量定位，测量作业时接收青岛王家麦岛指向标站发送的差分信号。测线布设：多波束扫测时主测深线平行于航道中心线方向布设，测线间距为水深的 2.5 倍。单波束基本垂直于等深线方向，测线间距为图上 1cm。检查线总长度大于主测深线总长的 5%。数据后处理和成图：多波束测量结束后使用 Caris Hips And Sips 6.1 版本软件进行水深后处理。后处理顺序：定位点数据检查—姿态数据检查—声速改正—线模式编辑—潮位改正—合并数据—面模式编辑数据处理等。处理后数据利用 CARIS GIS 4.4a 按图上 5mm 进行水深压缩。单波束测量水深数据按照图上 5mm 筛选，进行测量船静吃水、声速、潮汐改正，得到理论最低潮面下水深。

主测线、检查线比对情况：经过对青岛港港口航道图的实际测量，主测深线与检查线符合情况良好，主测深线总共比对 5739 点，超限点为 0，检查线共比对 2013 点，超限点为 0，主测线、检查线比对结果符合测量规范要求。

岸线测量：对图幅内变化的码头、岸线进行实测，本次测量选用中海达 GNSS iRTK

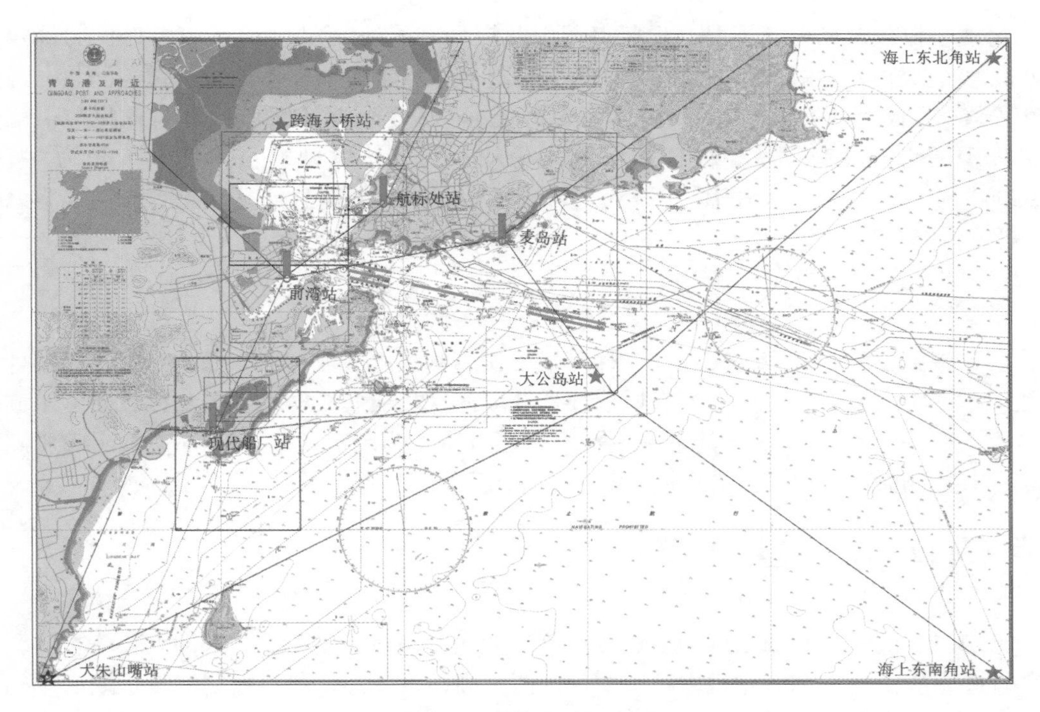

图 2-35　水位改正示意图

系统对所有码头轮廓线和人工岸线、自然岸线均采用 CORS-RTK 碎部点采集方法施测。助航标志测量：使用 RBN-DGNSS 在涨潮期间和落潮期间各测量一次，具有多余观测，计算出两次测量的平均位置，并计算出测量位置与航标表中设计位置之间的差值，共计测量海上浮标 145 座。采用 CORS-RTK 测量每个灯桩测量中心点坐标，测量 3 次取平均值，每次不少于 20 个历元，共计测量陆上灯桩 38 座。

航行障碍物测量：本次测量在测区内新发现 5 艘沉船，如图 2-36 所示。其中 3 艘船通过成功下潜探明了性质(另两艘性质明确，所以并未安排水下施工作业)。

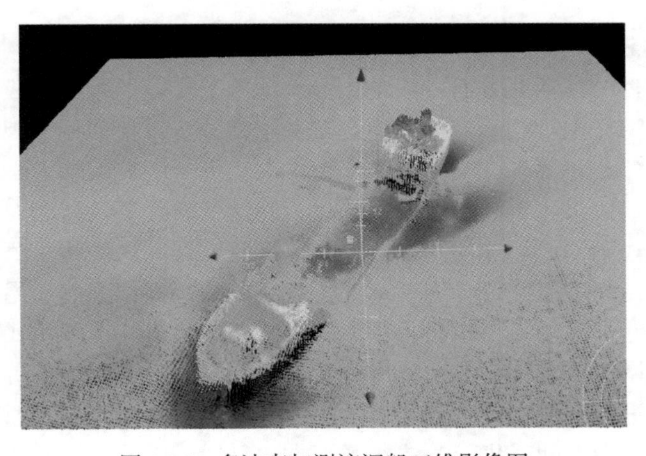

图 2-36　多波束扫测该沉船三维影像图

海图上概位沉船更新情况：现版海图中此海域有 1 处“概位(1955)”沉船，为确定该概位沉船是否存在，对大港航道与第 1 警戒区连接段区域进行了多波束全覆盖测量。经多波束全覆盖测量“概位(1955)”周围未发现可疑沉船信号，考虑到本次测量此概位沉船附近新发现了两条沉船，经探摸证实沉没年份较长，船体腐蚀严重，其中 1 艘为“概位(1955)”的可能性较大，在海图上发布新发现 5 艘沉船沉船信息的基础上，撤销现版海图中“概位(1955)”沉船符号。

2.6.6　底质探测

底质探测方法为海底表层取样，探测设备使用锚式底质取样器。探测时测量船按计划测线航行，定点停船并使用表层底质取样器获取海底表层底质样本，探测区域航道水域探测点密度为图上 3cm×3cm，其余一般水域探测点密度为图上 10cm×10cm。本次底质测量区域内共探测海底表层底质 51 处，以泥质、沙质为主，有少量泥沙质、石质。

2.7　航道淤积测量

航道淤积测量具有周期性测量特点，测量频次与当地气象条件、水动力环境有关，对时效性要求较高，在测量过程中除了要保证测量高精度，还要严格控制测量工期。主要测量内容包括沿岸陆域边界、水位观测、水深测量、浮泥密度测量、波浪潮流观测、悬沙及底质采样分析等。

2.7.1　沿岸陆域边界测量

航道淤积研究沿岸陆域边界测量主要包括码头、防波堤、护岸、潮间带等，为航道淤积研究的水动力与泥沙数学或物理模型研究提供精细的边界条件。近些年，随着测量技术的快速发展，当前码头、防波堤、护岸、潮间带等沿岸陆域地形测量主要采用 RTK-GNSS、三维激光扫描、无人机低空摄影等先进技术手段，可以快速获取地形数据。

2.7.2　航道水下地形地貌及浮泥测量

1. 水位观测方法

水位观测主要目的包括两方面：一是作为水深测量作业的重要组成部分，满足水深测量使用；二是作为海洋水位观测数据，满足航道淤积分析直接使用。因此水位站的布设既要满足水深测量水位改正要求，又要考虑水位在工程海域的典型代表性。因航道淤积测量的特殊性，涉及多期成果比对分析，所以水位观测站的布设要保持相对稳定，减少因每期测量水位站布设方式不同而引起的测量误差，提高研究期间内的相对测量精度。

水位观测因客观环境不同可分为岸基潮位观测和离岸潮位观测。岸基潮位观测一般沿岸或依托码头布设，可采用人工水尺、压力式传感器、超声波、浮子式验潮仪等多种方式进行潮位观测；离岸潮位观测一般远离岸线及水上构筑物，可利用的资源有限，一般采用自容式压力传感器进行潮位观测。近年来，随着集成技术、北斗卫星通信、水下声学通信的快速发展，水位观测也朝着集成一体化观测方向发展。因前文对主流水位观测方式已作了详细介绍，本小节将针对航道淤积研究测量水位控制要求，重点就遥测遥报水位观测进行介绍，其他水位观测方法不再赘述。

2. 遥测遥报水位观测

根据使用环境不同，观测站分为岸基遥测遥报水位观测站(简称“岸基站”)和离岸遥测遥报水位观测站(简称“离岸站”)。岸基站一般沿岸建设，通常具备建设观测井的客观条件，可选择采用多种传感器进行水位观测，利用移动互联网络或北斗卫星通信技术，通过集成实现岸基水位观测的遥测遥报。岸基站使用的一体化采集系统相对比较成熟，市场上有一些成熟的集成产品，可根据需求选择使用。离岸站一般远离岸边，通常不具备建设观测井的客观条件，可通过水上水下观测平台、水下声学通信、北斗卫星通信等多种技术集成，实现离岸水位的遥测遥报，离岸站因使用环境的复杂性，一般需根据现场实际情况进行定制。除了现场水位站建设外，还需管理平台对水位观测站及遥测数据进行管理，可根据实际使用需求开发相应的数据管理平台。

无论是岸基站还是离岸站，一般都包括安装平台、集成控制系统、传感器、供电系统、通信系统等模块。管理平台一般依托数据中心进行建设，包含观测站管理、遥测遥报数据接收、数据解析、数据管理、数据动态处理及动态成果展示等内容。本小节以黄骅港港池航道遥测遥报水位观测系统建设为例，介绍遥测遥报水位观测系统的实现方法。

1)岸基站建设

通过利用移动互联网络或北斗卫星通信技术，通过集成实现岸基水位观测的遥测遥报；使用压力式潮位遥报仪，通过配备 CDMA 移动数据通信、太阳能供电系统等，实现潮位数据的实时观测与遥报。基于压力与移动通信的遥报潮位技术在行业内已经相当成熟，且有大量成功案例，可实现水位数据的 24h 不间断连续采集与实时遥报。

观测平台建设：岸基站建设位置可选择具有代表性的码头后方水域，这样既能满足观测站代表性要求，又能不影响码头作业，同时也能确保观测站的安全。码头一般 24h 有人值班管理，因此选择码头建站不易遭到人为破坏或意外碰撞。

为提升潮位观测精度，保护仪器安全，通常在现场建设管式观测井，观测井内置消浪装置，用以减弱波浪对潮位观测的影响。管式观测井在制作前，应对现场进行详细的踏勘与测量，包括码头面标高、自然水深、淤泥厚度、潮汐特征等数据或信息。观测井选用的材质尺寸等应与现场海洋气象条件相适应，一般采用 316L 不锈钢。观测井的尺寸应根据选用传感器的型号、风浪条件、海生物繁殖情况、现场安装条件等多种因素进行具体设计安装，保证其在设计使用寿命内能正常工作。观测井一般采用竖直安装，下部可插入泥中固定，上部采用角钢与码头结构固定。观测井码头面以上部分粘贴反光警示牌，既可提升消浪井的整体美观度，也为警示非专业人士勿近、勿破坏。

传感器选型与安装：岸基站可选用的传感器类型较为丰富，可选用压力式、超声波式、浮子式等多种类型水位传感器。其中浮子式水位传感器观测精度最高，但对安装要求极高，一般应用于高精度海洋观测系统；超声波式水位传感器精度较高，但对使用环境要求较高，一般多在内河湖泊等风浪较小水域使用；压力式水位传感器安装最为灵活，虽然精度略低，但基本满足海洋工程测量精度要求，在海洋工程测量中使用最为频繁。岸基站可直接选用集成度相对完善的传感器产品，用于水位观测，减少集成与维护费用。一般成熟产品已集成了传感器、控制系统、通信系统、供电系统等，可观测水位、观测外部环境数据、监控传感器内部环境状态、实现数据远程传输等。

一体化水位观测设备基本技术参数与性能应包含以下几方面。

(1)水位观测分辨率应优于 1cm，时钟误差小于 1min。

(2)传感器及遥测终端超低功耗，配置太阳能充电系统，在采集间隔 10min、发送间隔 10min 的情况下，可持续工作 6 个月以上。

(3)具有历史数据召测功能，当网络信号不好而有数据丢失的情况下，仪器可自动将未发送成功的数据重新发送。同时，可指定历史时间段召测远程设备的历史数据。

(4)遥测终端集成高精度大气压传感器，可精确测量大气压及气温，传感器也配备独立温度传感器，以保证压力的温度补偿效果及大气压力的实时修正。

(5)遥测终端内置 GNSS 定位功能，并具有每天 GNSS 自动校时功能。

(6)IPX67 防水等级，雨雾天气能正常作业。

水尺板安装及水尺零点高程联测：为实现岸基站所测深度值向水位值的归算与改正，需在岸基站附近布设水位观测水尺，定期对所测水位进行检查验证。水尺观测板可采用 316L 不锈钢材质定制加工，板长 1m、板厚 1mm、板宽 80mm，采用红、蓝油漆相间喷涂大写字母“E”作为水位刻度。对于黄骅港项目而言，水尺用 4 块拼接制成，共长 4m。为方便读数，水尺板直接焊接在消浪管侧面。

岸基潮位站附近布设水尺工作点，用于定期对水尺零点高程进行验证。水尺工作点采用专用不锈钢控制点桩，在码头面进行浇灌式埋石。水尺工作点采用四等水准与已知高等级控制点进行联测，获取工作点的准确高程。

2)离岸站建设

离岸站一般依托海面浮标、海上平台等水面载体进行建设，离岸浮标观测站相对更为灵活，且基本技术路线可移植到海上平台、船舶等其他平台，本小节主要以基于浮标平台的离岸站建设为例，进行论述。通过在水下观测平台安装声通发射机与水位传感器，将观测数据传递给水面平台(浮标)的声学通信接收机，控制系统对数据进行整合编码，通过通信系统将所有数据以北斗卫星通信的方式传送至岸上数据接收中心。

观测平台建设：离岸站观测平台建设包括水面观测平台和水下观测平台两部分，水面观测平台主要以海上浮标为主，一般可选择航道现有灯标进行改造使用，实现一标多用，有效降低建设成本与运营期维护成本；水下观测平台需针对现场海底底质、水动力环境进行单独设计制造，以满足现场安装条件。

水面观测平台建设：普通灯浮标很容易满足各类测量设备的搭载要求，但无法在冬季冰期正常使用；冬季冰标无法在标体外进行任何设备的安装，而标体内部安装则会屏蔽所有无线通信信号，冰标无法满足改造需求。因此需要选择新型浮标体，以实现导助航与测量的双重功能。本小节以新型长效浮标为例，对水面平台建设进行论述。将浮标改造成可搭载多种传感器的水面平台，需对浮标进行结构改造、设备仓加工、数据线布设、防水设计等。

数据采集器、北斗发射天线等设备因工作需要，需安装在水面以上部分。因此需对浮标体进行相应改造，设计制作上部设备仓，以满足数据采集器、北斗发射天线等的安装与工作需要。上部仪器仓位于浮标体的最上方一节标体内。在浮标体内部材料填充之前，从外部开一检修门，内部掏空，并预制同种材料的仪器仓，经加热粘合处理后，再进行浮标体的内部填充。仓内预留北斗发射天线及集成数据采集器安装底座。下部仪器仓主要用于安装电池、声学通信机接收单元等。下部仪器仓设计位于浮标体的配重体内部，通过预留相应仪器或电池井，并设计加工固定安装支架，将电池与声学通信机等设备安装固定于配重体内。为不影响原配重效果，原配重体长度可适当加长以充分保证配重重量。

浮标上部的集成数据采集器与浮标底部声学通信接收机、电池包的数据传输、供电等采用电缆连接。为防止电缆被海生物繁殖等外部因素损坏，电缆外部采用保护套管加以保护。各线缆连接处、上部设备仓、电池仓等关键位置应做好防水措施，确保安全。

水下观测平台：主要为水下供电系统、声学通信发射机、水下数据采集器和水位传感器等设备安装提供水下平台。水下平台一般采用坐底式进行安装，加以配重等措施确保水下平台的稳定。水下平台总体可采用框架结构，宜采用316L不锈钢管/板材焊接而成，采用聚甲醛制作设备安装抱箍。

水下平台顶部应安装有角度平衡结构，用于搭载水下声通信发射机。角度平衡机构用于海底观测架安装在海底地形倾斜区域时，可保持水下声学通信发射机的换能器始终竖直向上，且此设备便于框架安装布放在海底。

水下观测平台应具备耐腐蚀、可重复使用等特点。框架外表面宜涂覆特种防污涂料，有效减少海洋生物附着繁殖，框架内部空间可安装电池包及其他传感器设备，扩展性强，框架上面可配制多个起吊接头，通过安装吊环螺钉进行起吊作业。框架底端采用牺牲阳极的办法进行腐蚀防护。安装平台支脚预留有安装孔，根据需要还可额外增加配重块。

3)控制系统

数据采集控制系统是按照设定的工作时序，自动采集、处理、存储观测数据，并将处理后的数据通过北斗通信方式实时发送至浮标接收站。控制系统主要根据各类传感器、通信系统、供电系统、存储系统等输入、输出接口以及数据格式进行硬件集成。岸基站数据采集控制系统由水下采集器、水上采集器两部分组成，用以完成水下部分与水上部分的数据采集、处理、存储、传输和过程控制。

(1)水下数据采集器：目的是顺利实现水下潮位数据的同步自容观测、在线观测、数据过滤、压力电信号到数字信号的转换等功能，在对原始数据进行存储并做必要处理后，形成特征数据传输至水面，压缩声传输数据量以保障数据传输的可靠。水下数据采集器应选用低功耗的元器件，并根据系统的工作流程必要时为系统中的用电设备开通电源，其他时间则减少供电，减少仪器的待机损耗。配备独立的时钟系统，所有操作都应在规定的时刻进行，而绝大多数时间设备休眠，独立的时钟芯片能够在规定时刻提供中断信号，把数字信号处理芯片从低功耗休眠状态唤醒到复位。

(2)水上数据采集器：目的是顺利实现水下观测数据的接收、数据过滤、各类信号到数字信号的统一转换，在对数据进行自容储存与必要处理后，控制北斗通信发射机将数据发送至指定岸上数据中心(数据中心配备有北斗通信接收机)。

与水下数据采集器一样，水上数据采集器同样选用低功耗的元器件，并根据系统的工作流程必要时为系统中的用电设备开通电源，其他时间则减少供电，减少仪器的待机损耗。配备独立的时钟系统，所有操作都在规定的时刻进行，而绝大多数时间设备休眠，独立的时钟芯片能够在规定时刻提供中断信号，把数字信号处理芯片从低功耗休眠状态唤醒到复位。通过数据采集器，一方面实现原始观测数据在采集器内存中的自容式存储，满足多年数据存储的要求；另一方面实现在线式的数据格式转换、数据编码、数据传输。

传感器选型：离岸站因使用环境限制，只能选取压力式传感器或者声学传感器，但声学传感器精度不稳定，因此离岸站建设水位传感器以压力式为主。压力传感器安装于海底水下平台，通过水下数据采集器控制，实时感应压力大小，推算对应水深值，通过水下声学通信传输，实时将数据传输至水面平台的控制系统。目前业内常用的压力式水位传感器主要有加拿大 RBR 品牌产品、瑞士 Keller 品牌的 dcx 系列产品、美国 In-Situ 品牌的 Level TROLL 系列产品等。

通信系统：离岸站通信系统包括水面观测平台与数据接收中心之间的通信、水下观测平台与水面观测平台之间的水下声学通信两部分。

(1)水上通信：水面观测平台与数据接收中心之间数据传输主要采用北斗卫星通信，少数有移动网络信号的海域也可使用移动互联通信。北斗卫星通信由北斗卫星发射机、接收机、通信运营服务三部分组成。发射机安装于水面观测平台(浮标)，接收机安装于数据接收中心，通信运营服务只需按年度交纳通信服务费用即可。每个接收机在数据的通信过程中均有自身的识别码信息，因此接收机与发射机支持“一对多”同步工作，在数据接收中心仅安装 1 个接收机即可实现多站的数据传输。

(2)水下声学通信：主要用于实现水下观测平台与水面观测平台之间的数据传输。水下通信设备包括水下声学通信发射机、水面声学通信接收机两部分。水下声学通信发射机与传感器固定安装于水下观测平台，并通过水密电缆连接，发射面换能器通过万向轮自动调节始终朝向正上方水面，声学通信接收机安装于水面观测平台(浮标)底部，接收来自发射机所传数据。

传输距离、数据传输率、位错误率、波束角是水下声学通信机的几个重要技术指标。

传输距离：对于不同品牌、不同型号指标不一致，通常由 100m 至几千米不等，但因水面、海底、过往船舶等水中物体的影响，声学信号在传输过程中多路径效应明显，并且越是在浅水区域、近岸区域，影响越大；而对同一区域而言，长距离设备相比短距离设备，影响相对较小。

数据传输率：与位错误率一样直接关系数据传输的效率与可靠性，目前业内先进设备数据传输率与传输距离有关，而位错误率可实现小于 10^{-9}。

波束角：直接影响发射机与接收机的对向角度。对于小波束角设备安装时，接收机与发射机需要对向安装，且不能有大的角度变化；而对于大波束角设备，接收机与发射机的对向更为灵活。

供电系统：主要包括水下观测平台供电和水面平台供电。

水下观测平台安装的压力式传感器、声学通信发射机可采用水下电池包进行供电。水下电池包宜采用高能锂电池，电池仓外壳宜采用耐压耐腐蚀材质进行加工制造。电池仓供电输出接口应采用水密结构，内部各电池组间均加配保险丝，防止短路导致电池漏液，进而腐蚀设备。

水面观测平台除采用电池包进行供电，辅以太阳能充电系统对电池进行能量补充，以延长工作时间，水上耗电设备主要包括声学通信接收机、北斗通信发射机等。其中北斗通信发射机耗电量最大，在未进行数据传输时，系统也自动进入休眠状态。

数据中心建设：包括硬件和软件两部分建设。硬件环境建设可依托单位机房建设，数据中心可选用稳定的网络服务器，配备 UPS 电源等配套设备，进行系统建设，具备防雷、防潮、防断电(短时间)等功能。北斗通信接收站接收的远程遥报数据以有线电缆方式直接接入数据中心服务器，岸基潮位站的移动网络信息通过互联网接入、端口映射方式接入中心服务器。

软件系统：管理平台设计可采用 B/S 架构设计，数据管理与存储可采用 MySQL 数据库系统。观测站数据通过移动网络或北斗卫星通信实时传输至数据中心服务器，服务器需对数据进行相应的解密、解析、格式转换、筛选过滤等在线式处理，并将处理后的结果转存入数据库。除了进行数据入库，也可对水位站进行管理，主要是实现站点的实时地图显示、站点参数设置、站点数据及环境数据的图形显示、表格显示等，方便管理用户实时掌握观测站信息。

3. 水位数据处理

1)水位数据深度基准面归算

岸基站水位数据深度基准面归算：岸基站水位直接采用水准测量方法实现陆上高程至工作基点、水尺零点的高程联测，用以建立陆上高程基准至海上深度基准的关系，如图 2-37 所示。

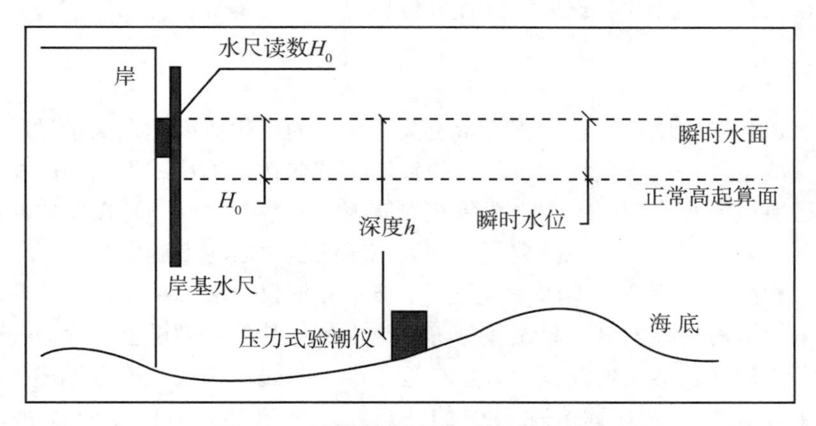

图 2-37 岸基站垂直基面传递示意图

离岸站水位数据深度基准面归算：离岸观测站无法直接采用水准联测方法建立深度基准与高程基准的关系，航道内也没有精确的似大地水准面模型为 GNSS 卫星测高提供高程改正参数。因此只能通过近岸水位站与离岸水位站同步观测进行基准面的传递(图 2-38)。

2)水位数据动态处理

现场观测数据采集由传感器完成，难免存在噪声、缺失等现象，这些现象主要是由于船只经过、数据传输干扰及传感器自身稳定性等因素产生的。这些错误(或无效)的数据

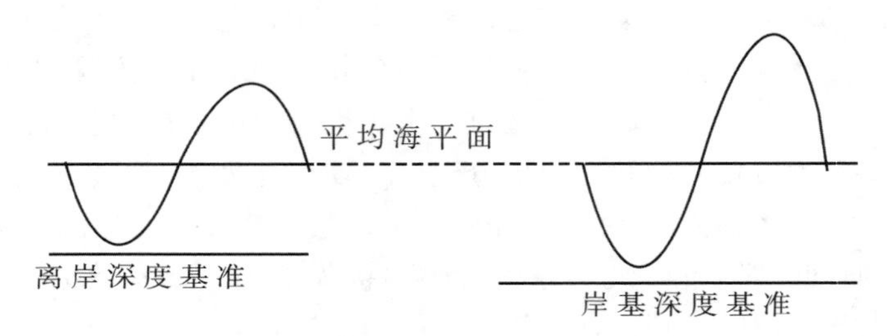

图 2-38　离岸垂直基面传递示意图

不能正确反映现场实际海洋水文状况，因此需要对数据进行预处理，方可进行后续的统计分析。数据动态预处理可实现数据粗差剔除、数据平滑以及数据补遗等。为了满足大量数据预处理的即时性要求，可采用并行算法，提高观测数据动态处理效率。

(1)粗差剔除及数据平滑处理：对原始数据中存在较大的粗差数据进行毛刺处理，这些毛刺主要是数据传输过程中受到干扰而产生的。若将这些数据用于水位改正或统计分析，得到的结果必然是不准确的，因此需要对这样的数据进行处理，削弱粗差在统计过程中的影响。

(2)数据插值补遗：在长期观测中，虽然建立了很多保障数据采集的控制机制，但出现数据丢失现象也是难免的，缺失的数据同样会影响最终的分析结果，例如潮位特征值的统计、调和分析等。因此，对缺失的数据进行插值补遗是必要的。数据动态处理可以有效地对实测数据进行处理，为数据后续统计分析奠定较好的基础，得到良好的处理结果。

2.7.3　水深测量

与一般航道测量相比，航道淤积测量更关注水深的变化，因此在测量过程中，应采取相应措施确保测量周期内测量技术手段的一致性，减弱各期测量成果之间的相对误差。为了更好地进行航道淤积机理研究，一般除获取航道水深数据之外，还需获取回淤浮泥密度梯度分布情况，辅以海洋水文观测数据，开展相应的航道淤积专题研究。

在航道淤积测量实施中，测深一般采用单波束测深仪、多波束测深仪等声呐设备；导航定位一般采用沿海信标差分、星站差分等定位设备；其他辅助设备包含声速剖面仪、姿态仪、罗经等。这些仪器设备及使用方法在近岸港池与航道测量中均有详述，本小节重点介绍各测量手段在航道淤积研究测量中的特点及注意事项，简单介绍音叉式密度计和 SILAS 走航式适航水深测量系统应用于浮泥密度及厚度测量的方法。

1. 仪器设备选型、安装与校准

因为测量的特殊性，因此在设备选型与安装中，尽量做到测量周期内的设备相对稳定，即选取相同的船舶、相同的设备型号、相同的设备安装方式、相同的测量人员，采用相同的作业流程开展测量作业，确保测量周期内各次测量精度的一致性。

对于测深设备，一般采用单波束测深仪即可，但对于航道边坡、坡脚、航道口门及维护疏浚航道段等重点水域宜采用多波束测深系统。定位、姿态、罗经及声速剖面仪等设备可根据具体使用需求进行合理选型，与测深设备搭配使用。

一般选用结构稳定的船只作为水上测量船。测深换能器多采取船舷固定安装方式，针对不同船型设计合适的安装架，对长期租用测量船可选择安装于船底或固定焊接的方式，以保证换能器稳定；姿态传感器宜安装在船舶重心位置，所选位置要安全、稳定，测量过程中确保位置和姿态不会发生改变；定位设备天线宜安装在距测深换能器近的地方或安放在换能器正上方，四周没有遮挡，连接杆稳定。主要设备连接见图 2-39。

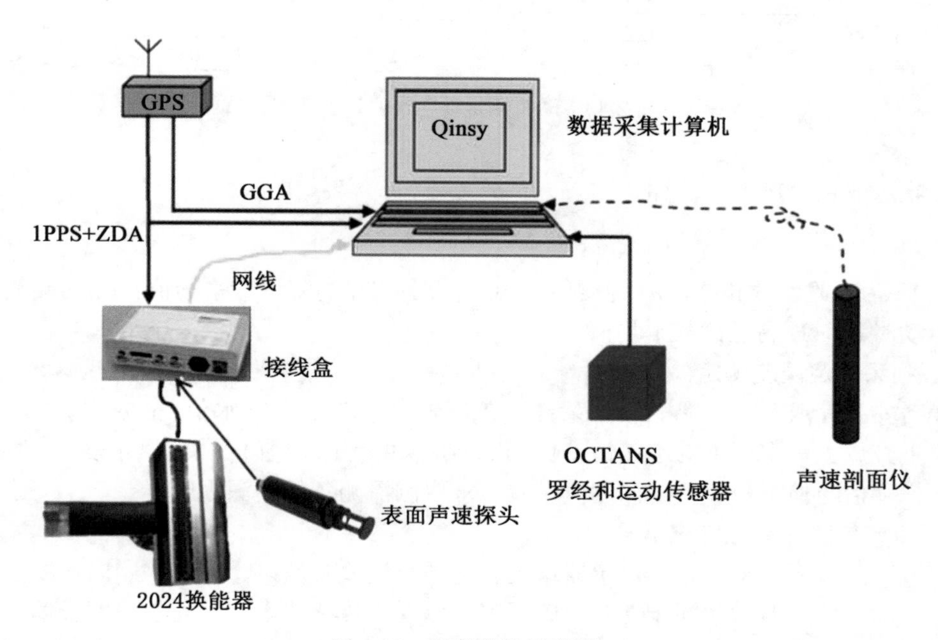

图 2-39 设备连接示意图

2. 船体坐标系建立

设备安装完成后，需定义测量船坐标系，利用各传感器坐标来描述各传感器的相对空间关系。船体坐标系参考原点一般设置为测量船的几何中心，测量船右舷方向为 X 轴正方向，测量船船头方向为 Y 轴正方向，垂直向上的方向为 Z 轴正方向(少数专业软件中定义 Z 轴向下为正方向)。各传感器位置通过钢尺量距计算可得。

3. 设备校准

船舶动吃水测定：换能器吃水测量的准确性直接关系到测深数据的准确性。准确测量换能器吃水，减少吃水误差是提升测深精度的重要技术内容。换能器吃水包括静吃水与动吃水两种。静吃水在测量之前可通过钢尺准确丈量；动吃水是由于船舶运动造成船体整体下沉而引起的，与船舶运行速度、船舶尺寸、水深值等多个因素有关。大量实践表明，当航速达到 8kn 时，普通测量船的动吃水值超过 0.1m。对于航道的通航安全、疏浚工程量的计算，动吃水值不容忽视，准确测定动吃水并对测深数据进行修正能有效提升测深精度。

选择风浪较小的平潮时段，把流动站 GNSS 天线固定于换能器正上方，在测船自由漂浮状态下记录 RTK 定位数据 1min，定位更新率 1Hz，测船加速至正常测量时的速度，再记录 RTK 定位数据 1min，测量期间同时观测水位，计算时消除水位变化的影响。如图 2-40所示。

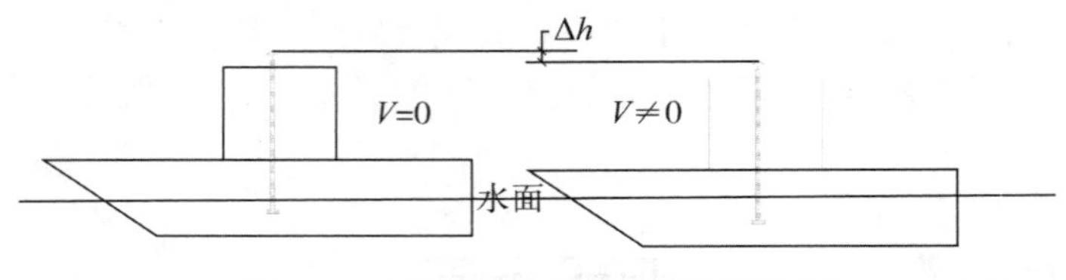

图 2-40　RTK 测量动吃水原理示意图

动吃水改正数按下式计算：

$$\Delta h = \bar{h}_1 - \bar{h}_2 \tag{2.24}$$

式中，Δh 为动吃水改正数；$\bar{h}_1$ 为测船自由漂流时 RTK 高程读数平均值；$\bar{h}_2$ 为测船以测深速度运动时，RTK 高程读数平均值。

4. 测深固定误差测定

设备安装完成后，在船舶静态条件下，设置好声速值与吃水值(静吃水)，通过在换能器正下方放置一定深度的水深检查板(检查板深度为已知值)，模拟“水底”，通过采集的测深深度值与检查板放置的深度值做差，求取测深测备的测深固定误差。

5. 多波束测深系统传感器校准

多波束测深系统是一套多传感器系统，它同时接收多波束、定位、艏向、姿态等传感器信息，而各传感器时间同步性、传感器安装位置、传感器本身的安装角度及偏差均会对测量精度产生影响，因此在正式扫海测量前需要对这些偏差进行校准。各传感器相对位置关系在已知船体坐标系中进行标定，下面主要校准各传感器的相对安装角度和时间同步性。

时延标定(Latency Offset)：时延标定的目的就是对定位设备与多波束传感器(声呐头)的时间同步性进行检测，标定结果输入数据处理软件，对测量数据进行校正。标定方法：同一条计划线，垂直于斜坡或从特征物正上方通过，同一方向走两次，两次航速相差一倍。采用 pps 时间同步器时，可不再做时延标定。

横摇标定(Roll Offset)：是对多波束传感器的安装横向偏差进行检测。标定方法：选择平摊区域，正常船速，同一条计划线走两次，方向相反。

纵摇标定(Pitch Offset)：是对多波束传感器的安装纵向偏差进行检测。标定方法：同一条计划线，垂直于斜坡或从特征物正上方通过，正常船速，同一计划线走两次，两次方向相反。

艏摇标定(Yaw Offset)：是对多波束传感器的安装艏向偏差进行检测。标定方法：正常测量船速，两条平行计划线，同一方向，垂直于斜坡或从距特征物两倍水深处通过。

注意：校准参数计算的先后顺序很重要，首先进行时延标定，然后依次是横摇标定、纵摇标定和艏摇标定。

6. 计划测线布设

一般水深测量计划测线布设方向的原则：有利于完整地反映海底地形、地貌，有利于水深测量作业实施，宜垂直于等深线总方向、航道中心线等，对于多次测量的区域还可以按较小幅度逐次平移计划测线，使得多次测量成果叠加后增加覆盖密度。

对于航道淤积研究水深测量而言，反应水深变化规律更为重要，计划测线在布设时要更多地顾及多次测量成果的比对分析。为了更好地提高数据比对统计精度，计划测线一经布设完成，将会多次使用，不会更改，这样能保证每期测量数据在平面上的位置基本相同，避免了因平面位置不同而引起的水深比对统计差异。

航道淤积研究水深测量多采用断面法测量。当采用单波束开展水深测量时，计划测线一般垂直于航道中心线布设，以平行线为主，遇到极端天气需快速成图时也可平行于航道中心线布设；对于航道口门等重点研究水域，可加密测量断面或按“井”字形布设计划测线。当采用多波束开展水深测量时，计划测线布设一般平行于航道中心，与一般航道测量布设方法与要求基本一致。

布设检查测深线时，除了按规范要求在测区内布设相应比例的检查测深线外，还应在测区附近选择淤积影响较小的、海底地形平坦的水域再布设少数检查测深线，用以检测比对不同日期、不同测量期的测量结果。对于航道淤积严重的航道，航道深槽内的水深每天都不一样，布设计划测线时尤其要注意布设适当数量的检验测线。

7. 数据采集

各项安装完毕后，测定各仪器的工作状态，如接收卫星和差分信号的状况、换能器发射和接收信号强度的状况、数据采集软件的数据采集状况和舵手导航屏幕接收的信息状况等，并逐一进行调试。开机运行各设备及软件，观察设备运行情况，数据质量，软件采集状态等。经过测试，各设备运行正常，测深数据稳定，软件运行正常，方可进行数据采集作业。

外业数据采集时启动数据采集软件，按计划测线进行水深测量，采集水深、定位、声速等数据，当采用多波束系统作业时还必须采集姿态和罗经数据。测量时，在计算机屏幕上调入已设计的计划测线和网格，并使系统的各仪器进入运行状态，当测船进入测区并沿着计划测线航行时，开始测深系统各种仪器测量数据的实时采集，形成相应格式的数据文件并记录在计算机内。数据采集过程中应紧密关注数据质量，对漏测的区域及时进行补测。项目组在项目实施过程中及实施后，应分别对仪器进行数据校准，结果需满足规范要求。

海水声速测量的精度直接影响测深精度。依据相关规范要求，单个声速剖面的控制范围不宜大于 5km，声速剖面测量时间间隔应小于 6h，声速变化大于 2m/s 时重新测定声速剖面。当采用多波束测深系统开展作业时，可增加表层声速测量仪，持续测量水面声速，提高测量精度。

8. 数据处理

为了适应航道淤积研究测量的特点，确保数据处理的及时性，航道淤积研究测量一般采用遥测遥报水位数据进行水位改正，水位获取及水位改正方式在上述章节已有详细介绍。单波束测深、多波束测深等方式的测深数据处理及成图流程在上述章节已有了详细论述，本小节针对航道淤积研究测量的要求，对数据比对分析环节进行简要介绍。上述也提到过航道淤积研究测量重在获取多期水深数据之间的差异关系，即如何变化，变化了多少。为了将这种变化特征进行量化，一般采用平均水深变化量来描述，又可细分为断面平均水深变化量、区域平均水深变化量等。断面平均水深变化量一般采用相对固定的断面的多期测量数据进行比对分析(图 2-41)，分析每个固定断面多期测量数据之间的差异值，其表征精细程度受断面间距及断面上水深点密度影响，密度越高，表达得越精细；数据分析工作量较大，适合从微观角度来分析航道淤积情况。区域平均水深变化量一般采用分区方式对多期测量数据进行比对分析，分析每个区域多期测量数据之间的差异值，其表征精细程度受区域内水深数据密度影响，密度越高，表达得越精细，适合从宏观角度分析航道淤积情况(图 2-42)。

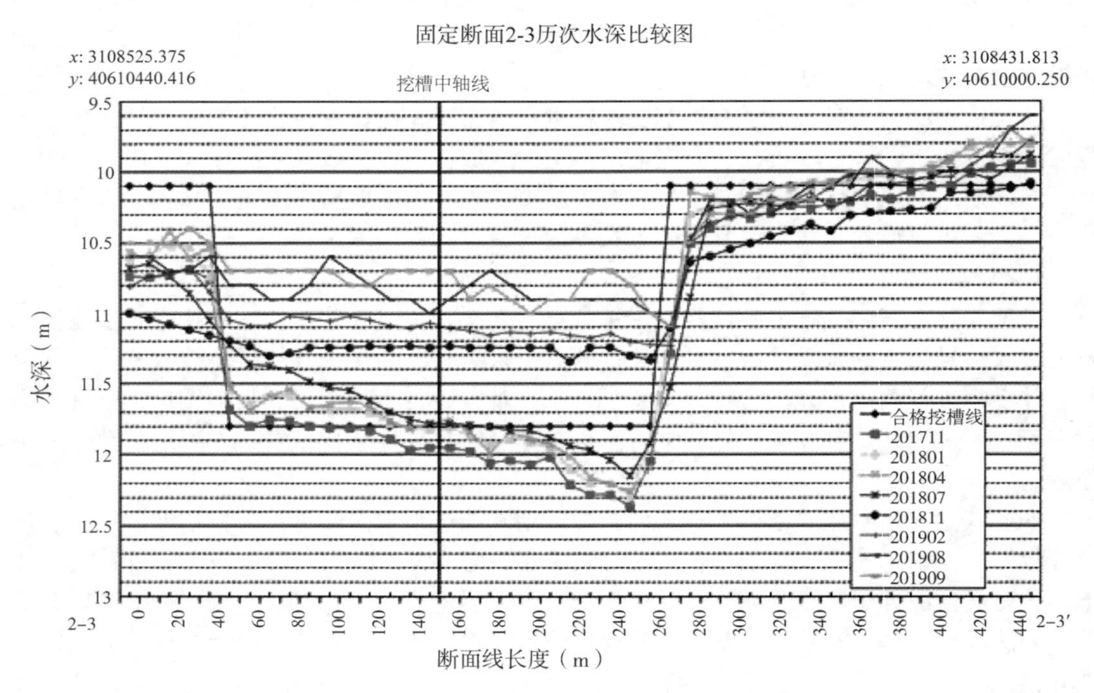

图 2-41　某航道某断面多期水深变化示意图

2.7.4　浮泥密度及浮泥厚度测量

1. 浮泥密度测量

除了利用水深测量成果进行比对分析外，还可进行浮泥密度及厚度测量，为航道淤积机理研究提供基础观测数据。浮泥密度测量可采用方法包括：采样器采取原状样的采样分析、采用密度仪直接测量浮泥密度等。海上采样器取样工作量较大，取样困难，本节重点介绍采用密度仪测量浮泥密度的方法。

密度仪测量是一种利用密度仪测定浮泥密度的技术。主要是以水面舰船为载体，采用

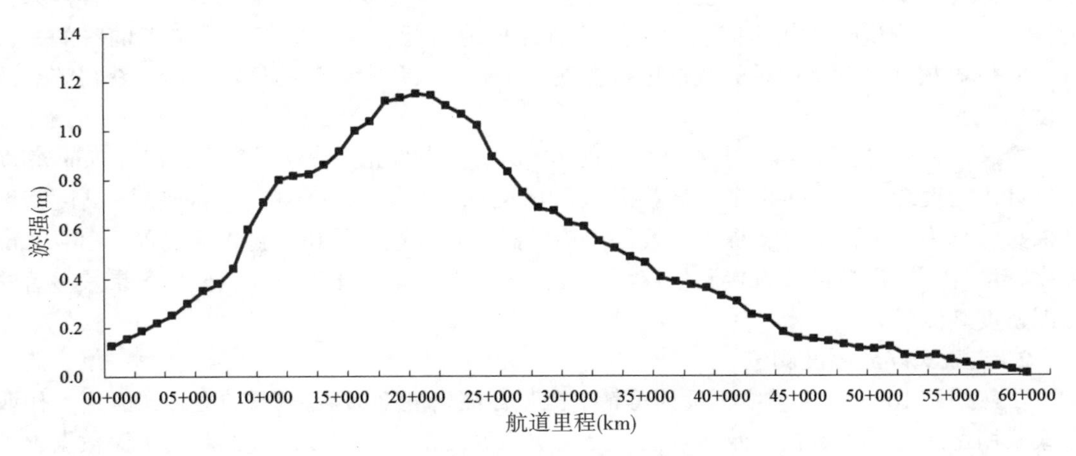

图 2-42 某航道某次大风前后航道各断面处淤积水深变化示意图

高精度定位仪、密度仪测量水底浮泥垂向密度剖面。

根据密度仪制作原理，其主要分为核放射密度仪和声学密度仪(图 2-43)。其中核放射密度仪以 γ 射线密度仪为代表，利用当 γ 射线穿过物质时，其透射的 γ 射线强度随介质密度增大而呈指数递减的规律；声学密度仪以音叉式密度仪为代表，利用在电子电源的控制下音叉的一边以一定频率振动，另外一边则会产生谐振，谐振可被测量记录，得到两个测量值(谐振频率、电压值)，因为谐振频率和电压值与所插入的介质的流变特性和密度有关，所以对谐振频率和电压值进行分析计算就可以得出介质的流变特性和密度值。

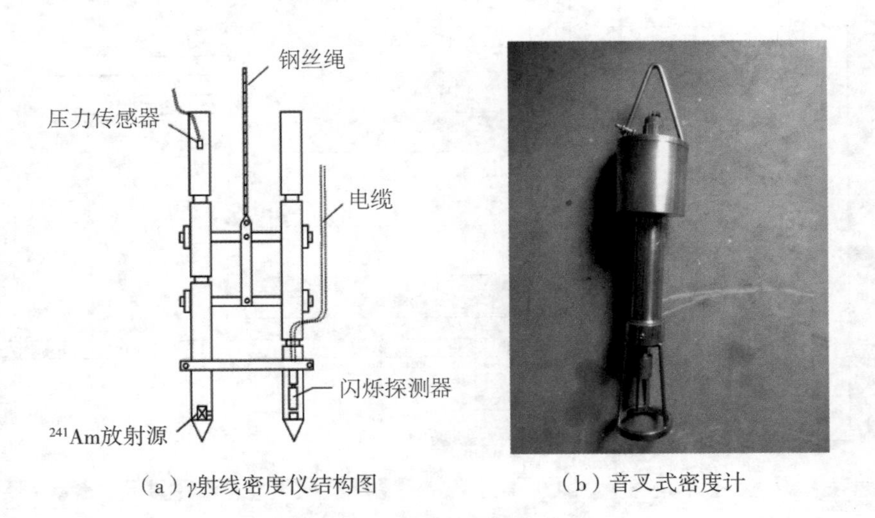

(a) γ射线密度仪结构图　(b) 音叉式密度计

图 2-43 主流密度仪示意图

浮泥密度测量宜选取高、低潮憩流期间进行，采用高精度定位设备定位至采样点，利用电绞车通过钢丝绳牵引密度仪投放水中，待其沉至海底停止下沉后，测其密度值，每个采样点采样结束后都要及时清洗密度仪传感器部分，避免残留淤泥影响下一个采样点采样的误差。海上测量时，载体应按设计点位有计划地航行，同步采集记录测点的时间、位置、潮位等数据，对所记录的数据进行各项改正处理以及密度计的标定，最终获得测点的密度值。

音叉式密度计(图 2-43)主要以荷兰的 RheoTune 黏度密度计仪器为主，RheoTune 黏度密度计由密度探头、连接电缆、转换开关和密度采集处理软件组成。RheoTune 黏度密度计探头底部为音叉振动器，探头内置压力传感器，并有感温器和倾斜测量装置。RheoTune 黏度密度计可无需校准，直接测量浮泥密度剖面数据，是海洋工程领域使用效果最显著的浮泥密度观测设备。

2. 走航式浮泥厚度测量

虽然采用 RheoTune 黏度密度计可精确测量浮泥密度剖面数据(图 2-44)，但这种作业方式采用逐测点采集数据，效率较低，无法像测深设备一样获取连续的断面水深数据，直到荷兰 SILAS 测量系统的出现改变了这种局面。SILAS 测量系统主要采用双频测深仪向水底发射高、低频声波信号，声波到达浮泥面后，高频信号被反射，低频信号穿透浮泥面至浮泥底面反射，回波信号的强度取决于泥层的密度梯度变化，利用低频回波信号强度判定适航淤泥重度界面深度。SILAS 测量系统可用来连续测量断面的浮泥厚度，将密度观测数据从平面上的单点扩展至线，甚至面，极大地丰富了浮泥密度观测数据。

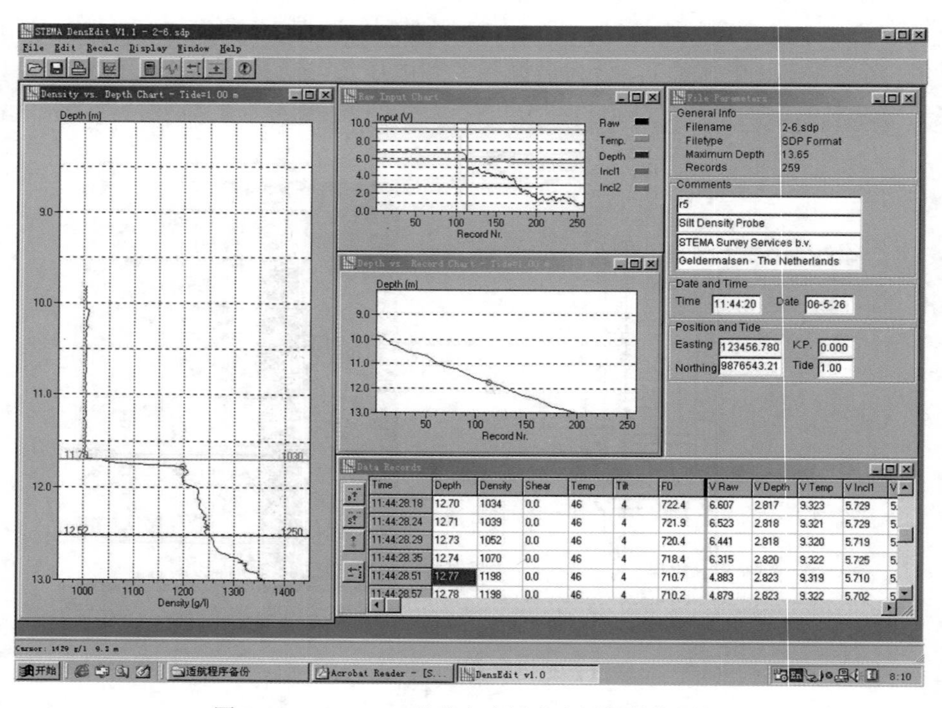

图 2-44　RheoTune 黏度密度计密度测量数据展示

SILAS 测量系统原理：系统利用普通双频回声测深仪向泥层发射高、低频声波信号，根据低频声波可穿透泥层和被反射的特性来确定密度和深度。声波到达泥层后，部分声波被反射，回波信号的强度取决于泥层的密度变化，这种密度变化被定义为“密度梯度”。反射信号的强度大小是由反射层的密度梯度确定的，密度梯度越大，反射信号越强(图2-45)。由于声波的反射和密度梯度之间的关系是已知的，即每一次反射都是因为密度的梯度变化引起的，因而可以对密度梯度进行量化处理。根据量化处理的结果和实际测得的声波反射强度，就可以计算该垂线上各反射界面的密度梯度。同时，根据声波传播的时间，又可以确定声波到达的深度，从而实现了密度梯度和深度的同步测量。在求得密度梯度值时，应消除声源信号的增益(放大倍数)及时变增益(TVG)。通过单点垂线密度测量，建立起反射强度和绝对密度之间的对应关系，从而可以确定整条剖面上不同深度处的密度值(图2-46)。

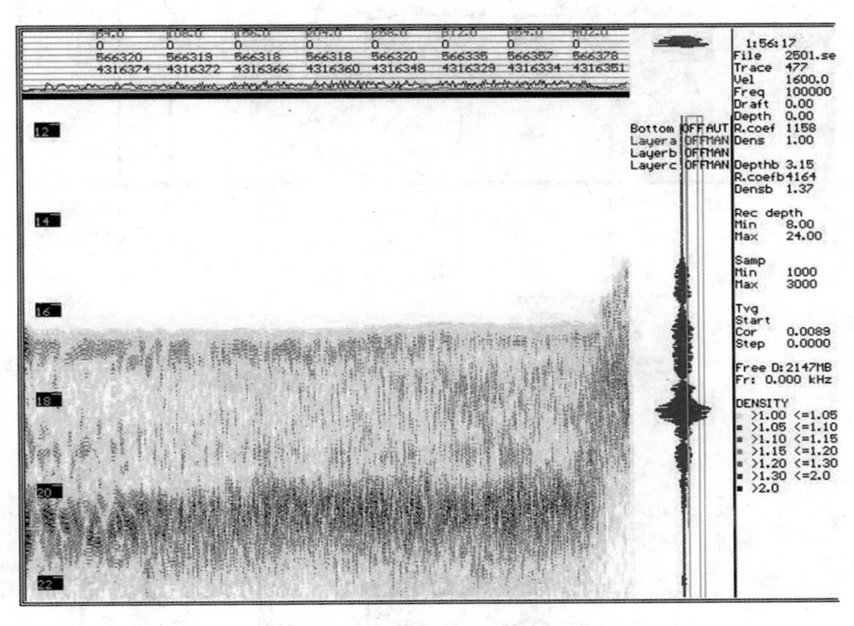

图2-45　SILAS数据采集

SILAS测量系统主要组成部分：

(1)双频测深仪(如美国Odom Echotrac MKIII双频测深仪)；

(2)带A/D转换卡的电脑；

(3)STEMA公司SILAS数字化声学数据采集及处理软件；

(4)单点密度标定设备(如荷兰RheoTune音叉黏度密度计)；

(5)辅助设备包括定位设备、声速采集设备等。

图2-47为SILAS测量系统设备连接示意图。

2.7.5　成果交付形式

航道淤积测量成果主要包括水深图、水深断面图、浮泥密度剖面图、浮泥厚度分布图

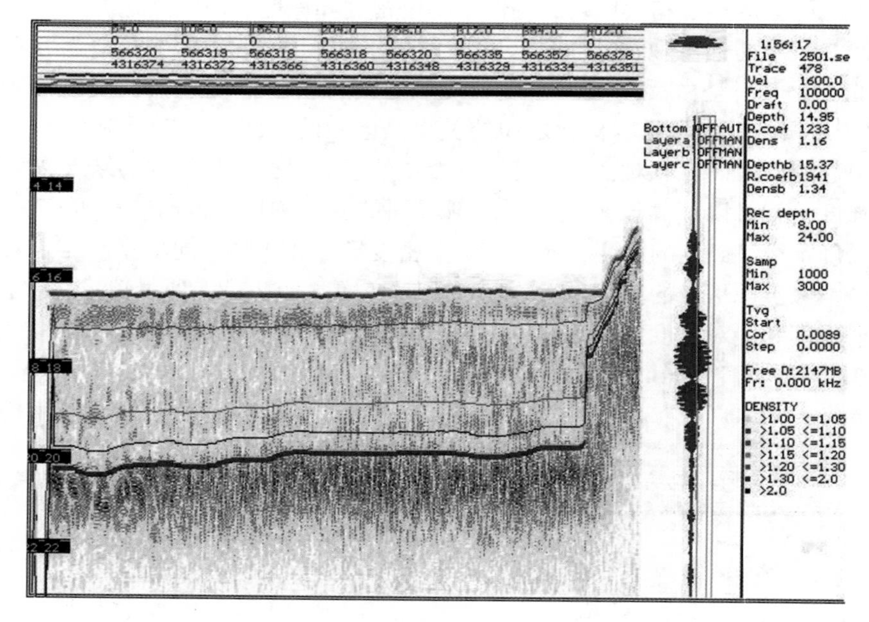

图 2-46　SILAS 数据分析

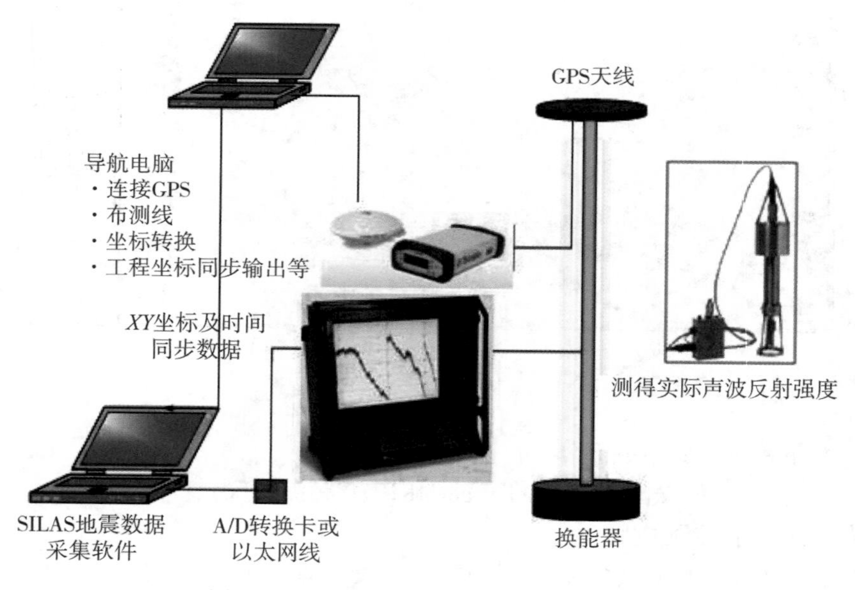

图 2-47　SILAS 测量系统设备连接示意图

等。水深图主要以线划图表达，一般采用自由分幅方式成图，为适应狭长航道特征，多采用斜格网自由分幅，主要为淤积研究提供基础地形数据；水深断面图一般以航道中心线与断面线交点为零点，进行断面图绘制，便于比对分析多期断面数据；浮泥密度剖面图多以密度随深度变化的二维图形表达，为航道浮泥淤积机理及密实过程研究提供直接观测数据；浮泥厚度分布图一般用线划图表达，也可按航道里程以表格形式分段统计平均浮泥厚度，为航道淤积机理研究提供数据。

2.8 水文动力及泥沙环境测量

影响航道泥沙淤积的主要泥沙来源是当地泥沙的侵蚀—搬运—沉积作用。黄骅港海域波浪动力较强，强风向主要来自 NE、ENE 和 E 向，由于海域滩面平坦，波浪破碎带较宽，破碎波对滩面的强烈扰动，使破波带成为泥沙最为活跃的区域。航道两侧滩面上的“波浪掀沙，水流输沙”是泥沙运动的主要形式。由于黄骅港滩面泥沙活动性大，易起动、易沉降、密实快，在大风浪的作用下，底部形成高浓度含沙水体，随潮流运动沉入航道。因此，底部泥沙运动是形成航道骤淤的主要原因。

为了解决黄骅港航道淤积的问题，了解黄骅港附近海域水文泥沙规律和特点，需要进行大范围、长周期的海洋水文观测，以获取连续的实测数据。海洋水文观测要素一般包括波浪、潮汐、潮流、流量、表流迹线、悬移质含沙量、水温、盐度、风况、海况、悬沙取样分析、海底表层沉积物取样分析等。

2.8.1 测量目的

1. 波浪

波浪资料需长周期实测成果。通过观测资料可知，该海域全年的风浪、涌浪概况以及是否具有明显的季节性变化。波浪要素统计包括常浪向、次常浪向、强浪向，各方向最大波高、平均波高、波周期等。对于有明显季节性变化的海域，分季节说明该海域波浪基本情况以及与季节性风向的相关关系。

2. 潮位

选取研究海域的有代表性的位置进行潮位连续观测，且覆盖典型潮观测期。根据实测资料，对该海域各测站的潮位特征进行统计分析，以了解该海域的潮波与潮汐特征。

3. 流速、流向

选取典型大、中、小潮时间，对研究海域进行有代表性的多站位同步连续观测，根据实测资料，对该海区的潮流历时、平均流速流向、最大流速、余流等特征值进行统计分析，以了解该海域的水流特征。

4. 含沙量

在典型潮观测期，与流速、流向测验同步进行悬移质含沙量观测，根据实测资料，对该海域平均含沙量、最大含沙量、含沙量平面分布和垂向分布等主要特征进行统计分析、说明，以了解该海域的实测悬移质含沙量特征。

5. 盐度

在典型潮观测期，与悬移质含沙量同步进行水温观测，对该海域平均盐度、最大盐度、盐度平面分布和垂向分布等主要特征进行统计分析、说明，以了解该海域的实测盐度特征。

6. 水温

在典型潮观测期，与悬移质含沙量同步进行盐度观测，对该海域平均水温、最大水温、水温平面分布和垂向分布等主要特征进行统计分析、说明，以了解该海域的实测水温特征。

7. 底质

在典型潮观测期间，择日采集海底表层沉积物样品，所取样品全部进行了颗粒分析，样品分析采用河流大学研制的 NSY-3 型宽域粒度分析仪和中国科学院南京地理与湖泊研究所研制的 SFY-D 振动式全自动筛分粒度仪，分析过程中严格执行相关规范的要求。根据样品分析结果，说明中值粒径、分选程度、沉积物类型等特征，以了解研究海域的底质特征。

2.8.2　测量方法

针对黄骅港“大风骤淤”的特点，对黄骅港航道附近海域的原型观测，要特别关注在恶劣天气和海况条件下的水文要素变化情况。常规的有人值守式的海洋水文要素在恶劣条件下难以进行，而海洋水文观测实时动态共享技术体系，尤其可以在风浪较大的恶劣情况下进行连续无人观测，相比常规的有人值守式的测量方式更加安全，测量数据的连续性也更有保证。

1. 测量内容

波浪：在黄骅港航道附近通过有经验的工人制作、放置仪器的水泥基座。在充分考虑现场的实际情况及对仪器数据影响的基础上，制作基座。在波浪观测点区域，适合选取自重较重的水泥基座作为仪器的支架，可以保证仪器不被船只拖走。考虑到仪器周边钢筋分布不均匀影响仪器磁场，从而造成数据的误差。在支架制作过程中，在底部布置少量钢筋以增加牢固程度，在中上部仅采用混凝土，以保证采集数据的准确性。观测内容：波高、波向、波周期。设置参数：每小时采集一组数据，每次从整点开始，频率为 1Hz，采集 1200 个数据。数据处理：通过 Storm 处理软件处理后，获得每小时一组的数据，包括最大波高(H_{max})、十分之一波高($H_{1/10}$)、有效波高($H_{1/3}$)、平均波高(H_{mean})、最大波高对应周期(T_{max})、十分之一波高对应周期($T_{1/10}$)、有效波高对应周期($T_{1/3}$)、平均周期(T_z)、平均波向(M_{dir})。

波浪观测使用底座式，约一个月提取一次数据，每次提取数据时，一般采用两台仪器轮换测量，潜水员到达测站，找到海底观测仪器后，即收回观测仪器，将提前设置好的备用设备放入仪器架，可以节省提取数据时间、方便潜水员作业及保证数据的连续性。

潮位：在现场附近通过有经验的工人制作，放置仪器的水泥基座及潮位仪配重。在不断总结以往经验的基础上制作基座，充分考虑现场的实际情况及对仪器数据的影响。

安置潮位仪，进行潮位观测。观测内容：订正到 1985 国家高程基准面。设置参数：每 5min 观测一次，每次采样 30s，采样频率为 1Hz。潮位观测采用坐底式安装，沉于底质较硬的海底进行观测。每次取数据、重新设置后，由潜水员安装至水泥基座上，保证仪器不会移动，仪器离海底约 0.5m。在附近码头处放置仪器进行同步气压观测，用以对实测潮位数据进行气压改正。

潮位开始观测前，选择岸边具有代表性的地点设立校核水尺，以便对自记验潮仪进行基面改正及检校。自记验潮仪放置在海底观测的期间内需每 7 天对校核水尺进行 1 次读数，每次选取平潮前后的时段并连续观测 1h，观测时间间隔为 5min。

在潮位仪器连续观测过程中，不定期在高潮或低潮时进行人工水尺观测，保证在仪器连续观测期间有 3~5 次读数，每次持续 1h，观测时间间隔为 5min。

提取潮位数据时，提取数据前 30min 至取完数后仪器正常工作后 30min 的这段时间内，每隔 5min 观测水尺读数，以保证潮位数据的连续性。

流速、流向：测船导航定位采用 GARMIN GNSS，各测船在测量开始前按设计坐标导航就位，采用单点系泊停船，记录每个潮次测量时的实际站位坐标，做好水文观测前准备工作。观测期间，加强点位检查，防止测船走锚、移位、导航偏差现象。

测流采用声学多普勒流速剖面仪，选取有代表性的海洋水文观测站每小时整点同步观测分层流速、流向。每个潮次各测站连续观测不能少于 27h，各测站必须在转流后 1h 统一收测(以转流为准，在转流前开测，转流后结束，满足潮流闭合要求)。

在观测前，技术人员根据设计站位水深值和潮差，对声学多普勒流速剖面仪进行软件设置。每次设置时，技术人员都要检查设备的内存是否够用，电量是否能支持整个观测过程，保证仪器能够在最佳配置下正常观测流速、流向。观测后，数据按规范的分层要求整编，形成流速、流向观测报表。报表中垂线平均流速、流向均采用矢量合成法计算。具体的计算方法如下。

(1) 先将各层实测流速、流向分解为北分量 V_N 和东分量 V_E，即：

$$\begin{aligned} V_N &= V \cdot \cos\theta \\ V_E &= V \cdot \sin\theta \end{aligned} \tag{2.25}$$

式中，V 表示各层实测流速，m/s；θ 表示各层实测流向，单位度(°)。

(2) 采用加权平均法计算垂线平均北分量 V_{Nm} 和东分量 V_{Em}。

六点法：

$$\begin{aligned} V_{Nm} &= \frac{1}{10}(V_{0.0N} + 2V_{0.2N} + 2V_{0.4N} + 2V_{0.6N} + 2V_{0.8N} + V_{1.0N}) \\ V_{Em} &= \frac{1}{10}(V_{0.0E} + 2V_{0.2E} + 2V_{0.4E} + 2V_{0.6E} + 2V_{0.8E} + V_{1.0E}) \end{aligned} \tag{2.26}$$

三点法：

$$\begin{aligned} V_{Nm} &= \frac{1}{3}(V_{0.2N} + V_{0.6N} + V_{0.8N}) \\ V_{Em} &= \frac{1}{3}(V_{0.2N} + V_{0.6E} + V_{0.8N}) \end{aligned} \tag{2.27}$$

式中，$V_{0.0N}$ 表示表层实测流速北分量；$V_{0.0E}$ 表层实测流速东分量；其他层次依次类推。单位为 m/s。

含沙量：含沙量观测采用自容式深度浊度测量仪 COMPACT-CTD(简称 CTD)以深度测量模式与测流同步进行测量，每 0.2m 采集一组数据，每小时整点采集垂线剖面数据一次，测量结束后再按规范要求计算水深，摘取分层的浊度数据。

在测量过程中使用竖式采水器同步采取现场水样，以备室内做 COMPACT-CTD 浊度的率定分析使用。经过率定分析得到水体的悬移质含沙量与 CTD 浊度读数的函数关系式，并依据公式及实测浊度值计算得到各点水体的悬移质含沙量。水体的悬移质含沙量观测资料以报表形式提供。

经过率定分析处理建立浊度和含沙量之间的函数关系式，结果如下：经过对观测所采用的每一台 COMPACT-CTD 做浊度率定含沙量的分析实验，建立浊度和含沙量之间的函数关系式。以某测站为例：

$$y = 0.0008x \tag{2.28}$$

式中，x 为 CTD 读数($\times 10^{-6}$)，y 为含沙量(kg/m³)。仪器的浊度读数与含沙量的吻合程度很好，相关性均在 99%以上，具体见图 2-48。

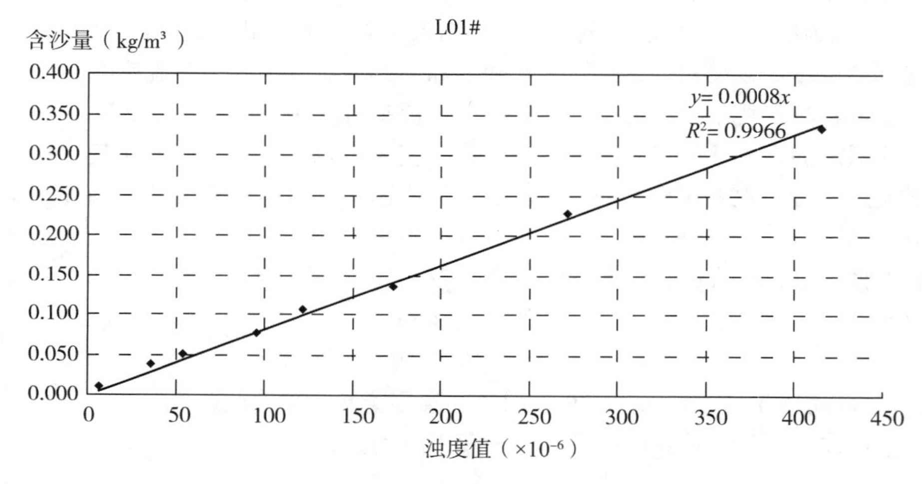

图 2-48　某测站 CTD 浊度值率定含沙量曲线图

盐度：采用 CTD 进行盐度观测。CTD 温盐深浊度仪设置为每 0.2m 自动记录数据一次，观测时打开 CTD 温盐深浊度仪的电源开关，将仪器缓慢下放到海底并回收后关闭电源开关。测量结束后再按规范要求计算水深，摘取分层的盐度数据。

水温：采用 CTD 进行水温观测。CTD 温盐深浊度仪设置为每 0.2m 自动记录数据一次，观测时打开 CTD 温盐深浊度仪的电源开关，将仪器缓慢下放到海底并回收后关闭电源开关。测量结束后再按规范要求计算水深，摘取分层的水温数据。

悬沙颗粒分析：在水文观测期间，各测站分别按涨急、落急、涨憩、落憩四个时段，于表层(−0.5m)、0.6H、底层(底上 0.5m)分三层进行取样，用于悬沙粒径分析。若单层所取水样悬沙含量较少，无法满足颗粒分析所需的最低用量，可将同一时段所取的三层水样进行合并处理。如工作现场海水十分清澈，每个时段的合并水样仍然不能满足颗粒分析的最低用量要求，还可将每个潮次各时段的样品按测站混合后进行悬沙颗粒分析。

海面风况、海况观测：在海洋水文观测期间，选择有代表性的站位进行海面风况、海况观测，海面风采用手持式风速风向仪进行观测，海况采用人工目测，做好记录，观测时间与测流同步进行，观测间隔 1h。

如需要获取研究海域长周期连续的风况资料，可采用架设自动气象观测系统的方式进行风况观测，该系统可进行 10m 高的风速、风向观测，风观测的时间可与波浪观测同步进行，每小时记录一组数据，包括 10min 平均风速、风向，10min 平均最大风速、分向，3s 瞬时的最大风速、风向。同时，可以利用遥测遥报实时在线观测风要素，实现自动气象观测系统的观测数据全天候、无人值守、连续地采集、实时稳定在线传输的高度一体化技术体系，通过数据终端软件开发，实现自动气象观测系统的数据库存储以及原始观测数据的预处理和统计、分析，实现观测数据的人为事后处理到计算机实时智能处理的转变，提高观测数据的处理效率和数据分析程度。

表流迹线观测：在典型潮观测大、中、小潮期间涨、落潮各进行一次表流迹线观测。观测时间为一涨一落两个时间段。在起点处投放流路浮标，采用单船定位追测，测量船位于浮标侧后方 10m 左右的距离，采用 GNSS 实时定位并记录测点坐标和对应的时间，直至转流时刻。

表流迹线观测以海上漂浮球的遥测遥报实时传输方式完成。该漂浮球配备水帆，可随海流运动自行漂流，在漂流过程中，不间断地记录位置和对应时刻，实时传输。测船位于漂浮球后侧缓慢行驶(不影响其正常漂流)，确保漂浮球正常开展工作。海洋漂浮球采用网络信号和北斗信号双通道模式，确保数据传输路径不中断，能够实时发送位置和对应时刻至数据终端。所有客户端均可以查询漂浮球的路径及实时位置。

利用定位点坐标和定位时间求得相邻点的距离和时间差，利用相邻点的距离和时间差求得流速，并绘制表流迹线观测图。

流量观测：断面流量走航测量是在指定河道断面观测断面流量，与水文全潮测验同步进行，每小时测量一次。采用声学多普勒流速流向剖面仪，将仪器固定于船舷，仪器吃水设置为 0.5m，分层为 0.5m。

底质：在典型潮观测期间，择日采集海底表层沉积物样品，所取样品全部进行了颗粒分析，样品分析采用河海大学研制的 NSY-3 型宽域粒度分析仪和中国科学院南京地理与湖泊研究所研制的 SFY-D 振动式全自动筛分粒度仪，分析过程中严格执行相关规范的要求。

2. 成果资料汇编

观测成果报表：提交的观测报告中应包括但不限于以下成果报表：波浪观测报表、潮位观测成果报表、波浪及潮流观测成果报表、悬移质含沙量、盐度、水温观测成果汇编、悬沙粒径成果汇编、风况、海况观测成果汇编、流量观测成果汇编、表流迹线观测成果汇编等。

观测成果图件：提交的观测报告中应包括但不限于以下成果图件：周年观测期间波高玫瑰图、观测期间潮位过程曲线图、观测期间潮位及流速流向过程图、观测期间含沙量过程图、观测期间盐度过程图、观测期间海流矢量图等。

波浪资料统计分析：根据波浪数据进行计算分析，统计波浪特征值、最大波高、$H_{1/10}$波高分向分级频率统计、$H_{1/10}$波高周期分级频率统计、平均波周期分向分级频率统计、月波浪统计等波浪资料。

潮位资料统计分析：潮位资料，得出工程海域各站潮位统计特征值，以及大、中、小潮观测期间各站的平均潮位、最高潮位、最低潮位的统计。

潮汐调和分析：为了分析工程海区天文潮规律，对各个站实测潮位进行了潮汐调和分析，求得各潮位站主要分潮调和常数，并根据主要分潮振幅比确定工程海域潮汐性质。

实测海流分析：求得各测站海流涨落潮历时、潮段平均流速流向、垂线平均最大流速、测点最大流速、潮段平均流速垂向分布、余流等特征值，并进行分析。

潮流准调和分析：近岸带实测的海流包括由天体引力所产生的潮流以及主要由水文、气象条件所造成的非潮流(也称余流)两部分。潮流是海水受日、月等天体引潮力作用后产生的周期性水平流动。对于几天的短期潮流观测资料，许多分潮区分不开，因此，这些区分不开的分潮只能当成一个“分潮”来处理，即采用准调和分析的方法对潮流观测资料进行分析。潮流准调和分析的目的是根据海流周日观测资料，分离潮流和非潮流，同时计算得到潮流调和常数，进而计算其潮流特征值，并判断海区的潮流性质。

含沙量数据分析：通过对各个测站的垂线平均含沙量进行统计，按涨潮段、落潮段分别求得涨、落潮段各测站潮段平均含沙量、垂线平均最大含沙量、测点最大含沙量、平均流速垂向分布等特征值，并进行分析说明。

盐度数据分析：对全部测站进行分层海水盐度测定，各潮次海水盐度特征值分别列入表中，并对结果进行分析说明。

水温数据分析：对全部测站进行分层海水水温测定，各潮次海水水温特征值分别列入表中，并对结果进行分析说明。

2.9　离岸港口航道测量——以洋山港为例

离岸港口是一种转运型的枢纽港，是以从事集装箱货物中转运输为主要功能，以海向离散的港口节点为主要腹地，位居海岛或远离连续性陆向腹地的枢纽港。离岸港口建设远离岸线资源，进行码头、泊位、航道等工程内容建设，任务艰巨，建成后对经济发展意义重大。

作为长江三角洲的深水港，洋山深水港区是世界上唯一建在外海岛屿上的离岸式集装箱码头，是最大的离岸港口枢纽。从深海里“造”出一块相当于 200 个标准足球场大小、海拔 7m 的新大陆，是史无前例的工程；洋山港区的建设解决了上海港长远发展中水深条件不足和集装箱吞吐能力缺口两大矛盾，实现了港口功能地位质的跨越和可持续发展，发挥了上海国际航运中心核心港区的作用。

2.9.1　工程概况

上海洋山深水港是世界最大的海岛型人工深水港，也是上海国际航运中心建设的战略和枢纽型工程。洋山深水港位于舟山群岛西北部的崎岖列岛，长江口和杭州湾的汇合处，行政区划隶属于浙江省舟山市嵊泗县洋山镇，地理概略位置为东经 122°00′—122°05′，北纬 30°36′—30°39′，西北距上海市浦东新区芦潮港镇约 32km，北距长江口灯船约 72km，东北距嵊泗县菜园镇约 40km，南至宁波北仑港约 90km，向东经黄泽洋直通外海，与国际远洋航线相距约104km。

洋山深水港区主要依托于大洋山、小洋山这南、北两组岛屿链及其间所围水域，平均水深15m，是距上海最近的天然深水港址，是国家大型重点工程，也是国家进一步改革开放的重大战略决策。

洋山深水港工程自20世纪90年代初就开始进行预可行性研究，对洋山港的性质功能、集装箱吞吐量发展预测、规划船型、自然条件、总体布局、配套设施等诸多方面进行了系统论证，认为建设上海国际航运中心是中国经济发展的需要，洋山港作为上海港的一个组成部分，可以利用其天然深水条件建成核心深水港。

洋山深水港区总体规划是依托大、小洋山岛链形成南、北两大港区，采用单通道形式，分四期建设。2002年正式启动洋山深水港一期工程，主要由洋山深水港区、东海大桥和芦潮港辅助作业园区三部分组成，2005年12月建成投产；二期工程于2005年开工建设，共建设4个7万~10万吨级集装箱泊位，形成岸线长度1400m，2006年底建成投产；三期工程于2006年开工，共建设7个7万~15万吨级集装箱泊位，岸线长度2600m，2007年12月和2008年12月分期建成投产，标志着洋山深水港区三期工程全部建成，洋山深水港区北港区主体工程完工，形成5.6km长岸线，吹填砂石$1\times10^8m^3$，总面积达到$8km^2$，16个集装箱深水泊位的深水港主力港区，年吞吐能力为930万标准箱。四期工程2014年开工建设，2017年12月10日开港；洋山四期成为全球最大的单体全自动化集装箱码头，标志着中国港口行业的运营模式和技术应用迎来里程碑式的跨越升级与重大变革，为上海港加速跻身世界航运中心前列注入全新动力。

洋山深水港从勘察论证到开工建设，从一期到四期，经历了20多个春秋，才得以建成。洋山深水港的建成有效缓解了上海港深水泊位紧缺和集装箱吞吐能力不足的问题，拓展了长三角大型深水集装箱码头的发展空间，进一步完善我国沿海港口的规划布局，对于提升上海国际航运中心的综合服务能力，提升我国水运的国际综合竞争能力，特别是取得东北亚地区的航运优势有重要的战略意义。

2.9.2 主要测量内容

离岸港口航道工程测量是指离岸港口工程设计、施工和管理阶段的测量工程。勘测设计阶段：控制测量、地形图测量和海洋要素测量。施工阶段：控制网的建立、细部放样、施工质量检测、竣工测量和施工阶段的变形观测。运行维护阶段：变形监测、航道及桥墩的冲淤监测。

离岸港口航道工程特点：远离岸端资源，工程主要以海上作为工作现场；使用工程船舶，如打桩船、钻探船、铺排船、疏浚挖泥船、测量船等；预制装配化混凝土结构物预制、现场装配；有潜水作业，会受波浪、潮汐、潮流影响。

根据服务对象的不同，施工测量的内容也不尽相同，施工测量的对象主要是码头、围堤、吹填、航道疏浚等。

(1)码头施工测量：水上码头桩位定位是高桩码头施工测量的主要工作。其又可分为直桩定位测量和斜柱定位测量，以及方形断面桩定位测量和圆形断面柱定位测量。系统主要包括：GNSS实时定位、倾斜仪姿态监控、测距仪器改正、声控传感器桩锤与贯入监控无线传输设备、打桩定位系统软件。

对于重力式码头工程施工测量，主要内容有以下两方面。

基槽开挖测量工作：开挖基槽一般由挖泥船进行，测量工作的主要任务为设置挖泥导标以控制开挖的宽度和方向，进行挖泥前后的横断面测量以检查开挖是否合乎设计要求。

基床抛填测量工作：根据设计要求，基床施工的顺序是先铺砂后抛石，然后对基床表面进行粗平、细平和极细平。测量放样的任务必须为基床抛填设置方向标，同时为基床平整进行放样工作。

(2)围堤施工测量：根据设计图纸要求，实施围堤轴线放样、抛石标高检测、水下断面测量、围区内水位监测、龙口合龙流速流向观测；围区天然泥面的沉降位移观测；围堤变形监测等。

(3)铺排施工测量：软体排铺设前对铺设范围内基底进行清障测量，探明铺设范围内的地形及障碍物情况；铺设时，需严格控制铺设位置偏差，定位时必须考虑水流的强度和方向，过程中进行水流和水位监测；铺设排体边线的定位测量(倒放浮标法、超短基线法等)，保证排体间搭接质量符合设计和规范要求；铺排后的排体搭接质量检测和标高检测。对于深水排体的检测，采用侧扫声呐、多波束或实时扫描声呐等先进的声学探测手段，及时掌握和判断排体的铺设状态和搭接质量情况。

(4)疏浚测量：根据航道和港池范围，布设平面和高程控制网，建立潮位观测控制网；工前水下地形测量和障碍物扫测；施工中水深检测和疏浚方量计算；竣工后水下断面测量或多波束全覆盖测量；图纸编绘等。

(5)适航水深测量：离岸港口建设，保证进出港航道的畅通至关重要，进港外航道内外动力沉积环境复杂，泥沙运动规律难以分析，尤其在台风期等恶劣天气条件下，航道冲淤变化明显，浮泥层较厚，根据航道设计要求，需要对适航水深及适航浮泥密度进行测量。主要包括：航道及其附近浅滩底质、浮泥样品的粒度分析；分层浮泥样品的容重、盐度、颗分分析；航道沉积物流变特性试验；水力特性试验(包括静水条件下浮泥沉降、泥沙起动、固结试验、流变特性等)；研究提出航道的适航容重；适航水深测量及适航水深图编制。

(6)砂源探测：离岸港口建设，是基于大量圈围吹填工程，建设码头、港区等；由于项目远离大陆，吹填工程量大、任务紧，对砂源质量及储量提出严格要求。因此，砂源的确定与项目的进展关系重大，依据经济合理、质量达标、运输可行、可供开采的原则进行砂源的探测。主要探测方法和内容包括：搜集施工现场附近区域的地质资料，实地踏勘，锁定大概砂源探测范围；利用多波束全覆盖测量，根据船舶满载吃水和最大挖深，锁定精确的探砂范围；利用浅地层剖面测量方法，探测可能砂源区的地貌特征和沉积层的厚度；通过钻孔取样或振动取样快速验证砂源属性；取砂船试挖，总结可满足质量要求的砂源区域。

(7)变形监测：为了确保围堤、码头、桥梁等水工建筑物的安全，施工工艺的合理性及运营过程中的稳定性，在施工过程中及运营维护阶段都需要进行长期的变形监测，以及时监控建筑物的变形状态及危害，指导施工或运营维护。主要的监测内容包括以下两项。

原位检测：主要监测对象是围堤、码头；内容有深层土体水平位移监测、分层沉降监测、地表沉降监测、孔隙水压力监测、地下水位监测、土压力监测等。

跨海大桥变形监测：跨海大桥一般与陆地相距较远，利用传统的安全监测手段常常因远离基准点而无法对其实施有效监控，针对长大跨海大桥，自动化监测技术方法能满足桥墩、主桥梁、路面、应力等多种数据的监测。主要监测内容包括桥台、桥墩、桥跨中点、桥塔等水平和垂直变形以及桥梁钢结构的变形和应力监测；采用的传感器主要是GNSS传感器、索力传感器、加速度计传感器、应力传感器等。

(8)砂桩施工测量：挤密砂桩属于挤土、压实类地基处理方法，与传统海底地基处理方法相比，加固效果明显，可快速提高地基承载力，对环境影响小，快速推进施工进程，缩短工程，为在软弱地基上建造重力式结构创造了条件。

砂桩布设排列密集，其定位准确非常重要，主要采用RTK-GNSS定位，全天候施工，受环境因素影响小，无论刮风、下雨、大雾等不利天气均可测量；结合数字化施工系统，能够将实时桩位与目标位置进行偏差计算，操作人员可根据偏差情况，及时移泊至目标位置，保证砂桩位置的准确性。

(9)桥墩冲刷监测：对离岸港口来说，桥梁是港区与陆地连接的唯一通道，桥梁的安全运行对港口意义重大。冲刷是引起桥梁墩台失稳破坏的主要影响因素，常用的桥墩冲刷监测方法为多波束测量，通过合理布设测线，对桥墩周围地形进行定期监测，通过不同期的数据对比分析，判断桥墩受冲蚀的情况。

(10)水文测验：水文测验主要包括水文信息的采集及数据的处理分析。水文信息采集的主要工作内容包括水文测站的设立和水文站网的布设，水位、流量、泥沙、水质、流速、流向等各种水文信息要素的观测；水文测验方法试验与实施；水文测验设备的研制与改进。数据处理主要包括流速、流向的统计计算，断面面积的测量和计算，断面流量和流速的计算；流量资料的整理、悬移质含沙量和输沙率的计算等。

2.9.3 关键问题

1. 远离大陆跨海控制测量

洋山深水港区离上海岸线芦潮港约30多千米，跨海距离长，常规控制测量方法无法满足应用，需要根据港区建设规划，布设满足工程需求的高等级GNSS三维控制网，进行严密的数据处理及模型运算，求取WGS-84坐标到国家坐标系的转换参数，并进行工程全域范围内准确验证。

在宽阔的海面上建立高程基准，进行长距离跨海高程的传递，需要建立精密的似大地水准面模型，利用地面及海洋重力数据、DTM数据、地球重力场模型和GNSS水准的实测数据等资料，应用确定似大地水准面的严密理论和计算方法，确定测区范围内的似大地水准面精密模型，利用以GNSS大地高和由模型计算的高程异常数据求取工程全域内的正常高程，实现工程全域内高程系统的统一。

2. 台风期进港外航道骤淤适航水深的利用是保证洋山港正常运行的关键问题

洋山港进港外航道受长江口每年丰富的水量和沙量下泄入海扩散，并与杭州湾湾口外海域进行频繁的水沙交换，水沙运动极为复杂。开展对洋山港进港外航道内外动力沉积环境及海床冲淤研究，建设围绕工程的监测系统并依据所得数据分析工程对自然冲淤环境的影响，对洋山深水港航道工程建设前后水流、泥沙运动进行分析判断，将为洋山港后续工程建设提供科学的依据。而由于引起航道淤积的因素很多，在遭遇台风时，可能使航道回淤量大增，其中部分回淤泥沙由于密度较小，对航行的影响不大则可以充分利用。因此针对台风引起航道骤淤进行适航水深研究，减小航道维护的工程量、节省经费开支、改善水深条件，减少洋山港深水航道台风期所造成的损失，具有重要的实践意义与经济效益，为此洋山港进港外航道台风期适航水深研究与调查非常必要。

3. 大规模砂源勘测是深水港港区陆域形成的前提

洋山港是在海岛建设的港区，原有陆域有限，需要通过填筑工程来实现陆域的扩展，但是港区附近没有可供开采的山体，砂石料紧缺，从远方运来砂石则既不经济，又不能满足进度需要，如何解决填料来源成为制约工程的瓶颈问题。为了保证工程持续进行，满足工期要求，节约造价，须想方设法在工程区域附近寻找到水下砂源，替代石方作为陆域形成的吹填料。在这样的背景下，开展大规模砂源勘测工作，寻找吹填成陆材料，探明砂质特性，计算储量，满足洋山深水港区陆域形成工程需要就显得尤为重要。

4. 深水条件下筑堤铺排检测

洋山港外海水深 10m 以上，最深处 23m 左右，流速急湍，最快达 2.2m/s，排体长度长达 200m，这需要对专用大型铺排船的锚机设备和泥浆泵冲灌系统进行改进，同时为了防止排体在铺设过程中发生扭转、漂浮，需要选择平潮水流较缓时进行施工。

复杂水体环境下，深水超长排体铺设质量控制技术难度大，而排体的质量检测是指导排体施工与改进的基础。在深水条件下，传统人工潜摸、倒放浮标法等检测手段，存在作业效率低、风险高的问题。声学检测具有非接触、实时走航、成像好、精度高、速度快等优点，将其应用于排体铺设过程及其事后检测中，需要创新实践。

5. 海域地基处理中砂桩施工难度高

洋山深水港区小洋山中港区水工码头总长 2600m，其中小洋山中港区前期工程码头长 1350m，宽 66m，由码头和接岸结构两大部分组成(图 2-49、图 2-50)。根据码头及接岸结构所处区域的地质情况，在接岸结构区域采用砂桩工艺进行地基加固处理，按 25%置换率设计砂桩 5 万根。

由于砂桩施工实施的区域较大，砂桩的根数以万数计，如何计算如此庞大的数据量且准确无误，是一件非常艰巨的工作。为了彻底解决这一难题，确保砂桩定位准确，提高智能化施工水平，需要根据砂桩施工工艺特点，通过可视化编程语言制作一套砂桩位计算软件以解决计算效率和准确率、精确定位的问题。

6. 东海大桥桥墩冲刷精细监测

东海大桥建桥后一直处于冲刷状态，近年来南汇边滩围垦工程和洋山港陆连堵汊工程的建设，导致桥墩周边冲刷加剧。断面法冲刷监测需穿越桥孔测量，定位点不准确，测深点选取代表性差，断面间距的存在不能实现桥墩周围细部地形的全覆盖监测。如何实现桥墩细部结构和周边冲刷地形的精细监测？利用惯性导航定位技术与多波束测深系统结合，平行桥墩或穿越桥孔，经过不同角度、多测次的重复测量，可获取桥墩冲刷坑的高分辨率三维数据；利用三维扫测声呐，通过云台调节声呐角度，在获取冲刷坑地形的同时，还可获取桥墩桩基的垂直结构状态，可对桩基的安全状态进行直观性判断和评估。

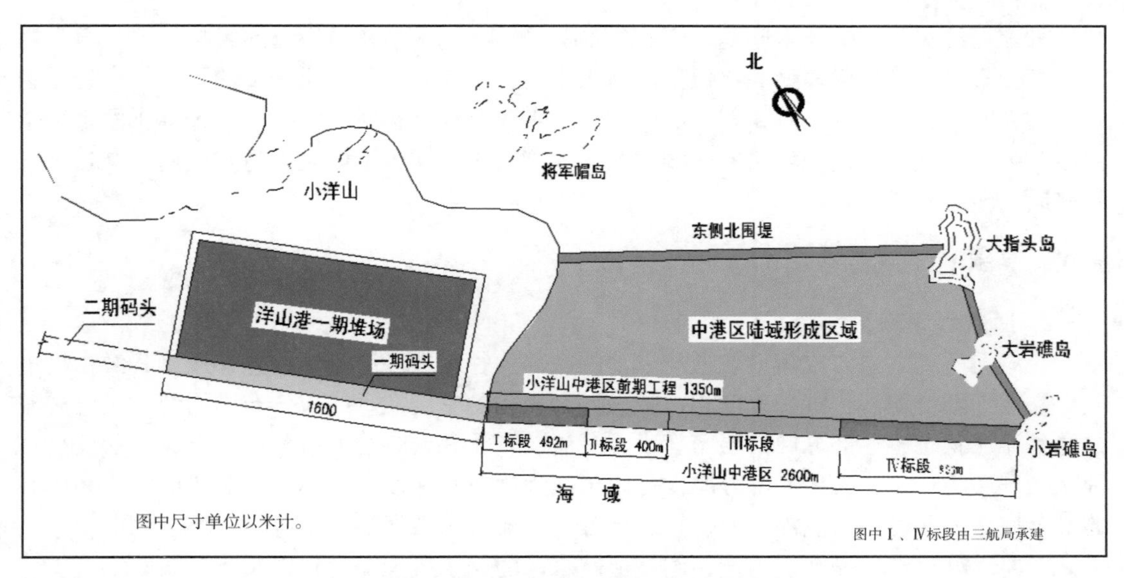

图 2-49 小洋山中港区前期工程码头地理位置示意图

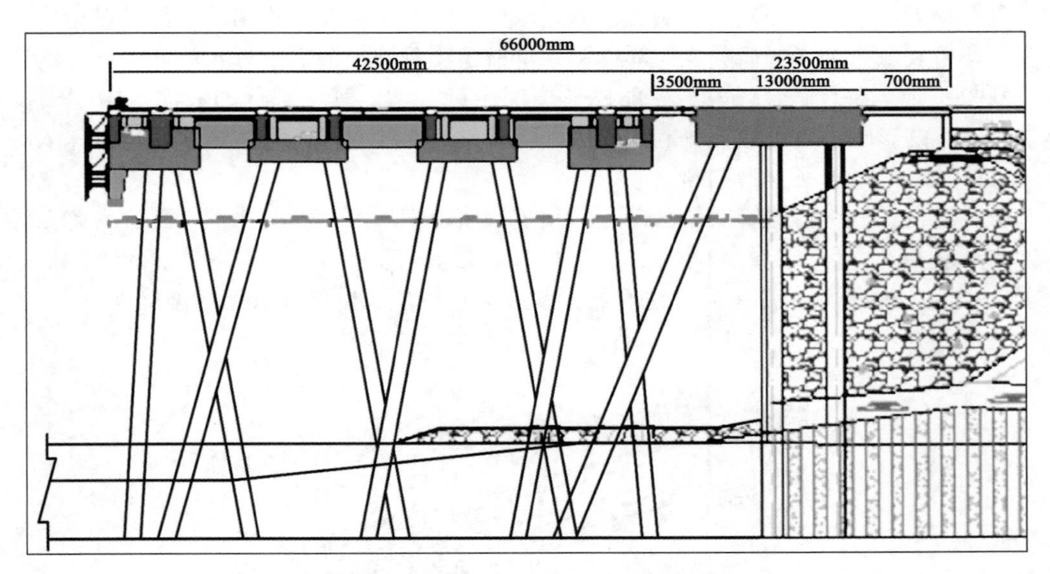

图 2-50 小洋山中港区前期工程码头标准断面结构示意图

7. 洋山深水港区悬浮泥沙观测

洋山深水港区海域的潮流属不规则潮流性质，受两侧岛链的约束，流速强，流态复杂，在宽阔的西口门和窄深的东口门同步开展悬移质输沙率监测十分困难。

利用声学多普勒流速剖面仪 ADCP 可同步监测断面流场的优势，利用 ADCP 输出数据中的声学信息，通过少量现场采集水样的率定，计算出整个断面的实时输沙率，从而计算出一个潮周期通过洋山港区各控制断面的输沙量，评估洋山港区的冲淤环境，解决传统水文作业模式无法解决的难题。

悬浮泥沙观测关键技术问题在于，“ADCP 测沙”受悬浮颗粒组成的影响较大，声学测沙的基础来自瑞利散射模型。该模型严格限于周长与波长的比率小于 1 的颗粒，当悬浮物粒径过大时，含沙量的计算误差开始变大；而颗粒粒径过小时，并不适宜计算含沙量声学方法。因此必须做一定现场量的比测试验，才能得出在洋山港区是否适宜应用 ADCP 进行悬移质输沙率测验。

2.9.4　测量实例

1. 适航水深测量

在淤泥质离岸港口或河口航道与港池的底部往往存在一层流动的悬移质，其淤积物组成为黏性细颗粒泥沙，沉积速度相对较慢。淤积物的密度在垂线上分布不均匀，表层淤泥往往呈浮泥状态，这部分回淤层密度小，易流动，尤其在疏浚的航槽内，浮泥流动更是一种比较普通的现象，其中一部分厚度一般可作为通航水深使用，不会影响船舶航行和作业的安全性，因此可计入航深，通常将这部分适合航行的淤泥层厚度统称“适航水深”。

以离岸港口洋山深水港为例，阐述适航水深的确定机理、过程以及测量获取步骤。

洋山港进港外航道受长江口每年丰富的水量和沙量下泄入海扩散，并与杭州湾湾口外海域进行频繁的水、沙交换的影响，水沙运动极为复杂，需要对洋山港进港外航道内外动力沉积环境及海床冲淤的研究；对洋山深水港航道工程建设前后内外水流、泥沙运动进行分析判断，尤其在遭遇台风时，可能使航道回淤量大增，其中部分回淤泥沙由于密度较小，对航行的影响不大可以充分利用，因此，非常有必要对洋山港航道水环境做深入的分析，对适航水深做出科学的判断。

表层沉积物分析：确定适航水深，必须了解航道表层沉积物的物理特性。为此在洋山港进港外航道布置了 20 个取样点，其中航槽内 8 个，边滩 12 个，各点间距约 4km（图 2-51）。样品分析分别采用密度计法和激光粒度分析仪法，以保证数据的准确性。

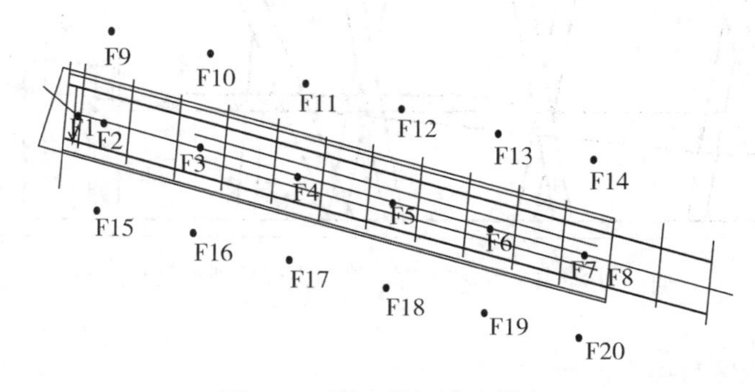

图 2-51　洋山港航道取样点

《淤泥质海港适航水深应用技术规范》（JTJ/T 325—2006）规定，港口使用适航水深，其前提是淤泥质海港。对洋山港回淤物质样品的分析可知，其中值粒径变化范围为 0.013～0.023mm，粉性泥沙占 76.9%，因此就港口回淤物质而言，洋山港区可定性为淤泥质港口，从而论证了适航水深应用的可行性。

沉降特性试验：海水中细颗粒泥沙絮凝沉降的沉速是标志泥沙运动特征的一个重要物理量，其运动规律和特征与含沙浓度、海水含盐度以及水温有着密切关系。随着黏性泥沙在水体中含沙量的不同，按其沉降性态和机理的不同，大致可以区分为絮凝沉降段、制约沉降段、群体沉降段、密实段4个性质不同的区段。

采用比重法，对取自航道的海水进行含盐度测量，密封的海水在试验室内存放130d，使水中的泥沙及其他悬浮物与水体分离，然后在比重瓶中分别装入海水与蒸馏水进行称量，计算得出海水的平均含盐度为1.68%。

沉降试验中，使用T. McLaughlin的“重复深度吸管法”，通过测定不同时间的含沙浓度的分布，即可求出不同位置的泥沙平均沉速。选取航道中的F3泥样作为此次沉降的研究对象，共进行了9组不同初始含沙浓度（$S_0=0.42\sim3.37\text{kg/m}^3$）的试验，试验水温在7~9℃间变化。试验结果表明，随着含沙量增大，中值沉速会随之增大，但当含沙量大于1.82kg/m^3时，中值沉速变化不大，多在0.024~0.030 cm/s。

流变特性试验：流变特性试验采用上海衡平仪器仪表厂生产的NDJ-5S数显黏度计。其工作原理为：由电机经变速带动转子做恒速旋转，当转子在液体中旋转时，液体会产生作用在转子上的黏度力矩，液体的黏度越大，该黏性力矩也越大；反之，液体的黏度越小，该黏性力矩也越小。作用在转子上的黏性力矩由传感器检测出来，经计算机处理后得出被测液体的黏度。

试验对象为航道内的8个取样点（F1~F8），泥样的中值粒径$d50$在15.49~18.91μm，其中F2样本点最小，F7样本点最大。试验时，选取淤泥样品，采用天然海水，调制成$1.08\sim1.35\text{t/m}^3$不同的密度，每个样本进行约15个不同密度的试验，并记录样本温度，根据试验结果点绘黏度与密度的关系曲线图（F2测点曲线图见图2-52）。

试验表明，当密度较小时，黏度随密度的变化较慢；当密度较大时，黏度随密度的变化较快。对于同一样品的淤泥，在同一密度下，不同转速的淤泥动力黏度有较大差别，转速越慢，其动力黏度越大。

适航密度确定：由于船舶在淤泥底面上航行，淤泥的剪切率（以及泥-水界面可能出现的内波阻力）将直接影响航速和船舶的操作行为。对通航水道而言，应选择简易的物理量作为确定适航水深的依据。如上所述，一般以淤泥的适航密度作为度量标准，适航密度需通过淤泥的流变特性试验加以确定，研究表明淤泥在低剪切率向高剪切率转变时的起始刚度和动力黏度系数随密度变化均有一个明显的转折段，通常以该段转折最突出处所对应的淤泥密度值作为适航密度；根据黏度-密度关系曲线的斜率变化，即可确定转折点。

为确定黏度-密度关系曲线的斜率，首先要确定黏度-密度关系的曲线方程。经试配，三次多项式的曲线方程与试验点非常吻合，以F2泥样的曲线方程为例：

$$\eta = 0.472\rho^3 - 15.6\rho^2 + 172.48\rho - 637.13 \tag{2.29}$$

式中，η为淤泥的动力黏度；ρ为淤泥的密度。

可以解得：$\rho=6=1.166\text{t/m}^3$。

航道中8个样本点黏度曲线中斜率为1时的密度在$1.160\sim1.198\text{t/m}^3$变化，平均为$1.174\text{t/m}^3$。根据对洋山港区航道淤泥颗粒特征、沉降特征、密实特征的分析，以本次航

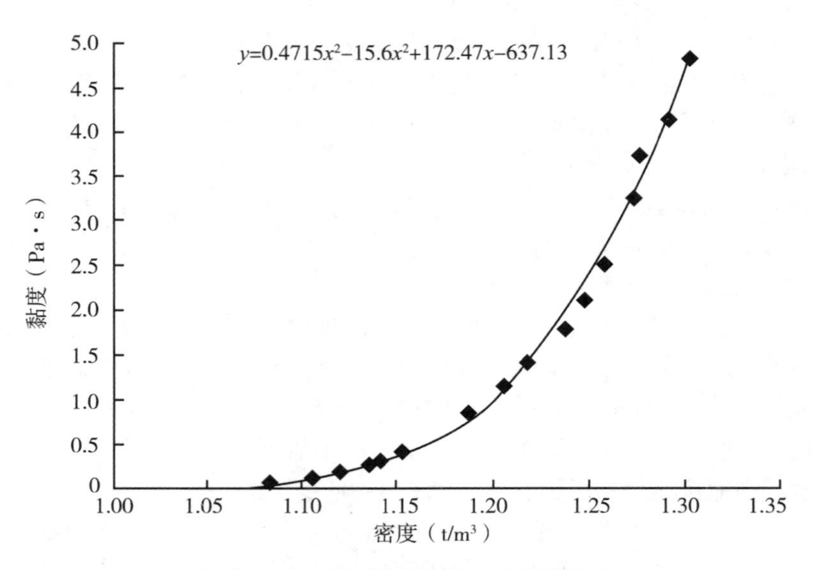

图 2-52 F2 测点淤泥密度与黏度的关系

道黏度特征的试验为基础，结合已有研究成果，考虑到浮泥粒径较淤泥细些，因此以航道中较细的淤泥样本 F2 作为适航水深初选值，即 1. 166t/m^{3}作为适航密度。

适航水深测量：采用世界先进的走航式适航测量系统 SILAS。

浮泥测量数据采集：浮泥测量与水深测量同步进行，浮泥测量是从双频测深仪 MKIII 中获取高低频信号(图 2-53)，使用 SILAS 软件中的 Acquisition 软件采集 ＊. sei 位图数据，同时从 Hypack 测量软件获取定位数据。

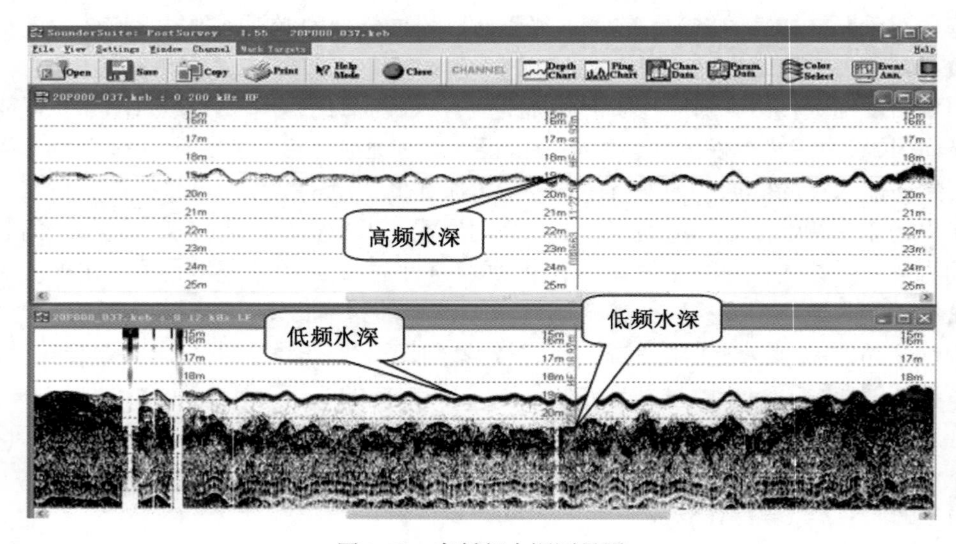

图 2-53 高低频水深测量图

浮泥密度测量的步骤如下。

(1)密度测量。

密度计使用前在测区内进行了温度、压力、倾斜传感器的校准，在校准完成后，采用密度计结合专有测量软件进行数据采集，在航道内选取重度测量剖面点，测量点的布设均匀合理，能够基本代表测区概况，每个测点进行 3 次的剖面测量(图 2-54)。

以 2007 年 10 月洋山港航道 16+800~22+200 发现浮泥存在为例，适航水深测量现场采集资料，在每个区域选取 2~3 个代表点位进行密度垂线测量。

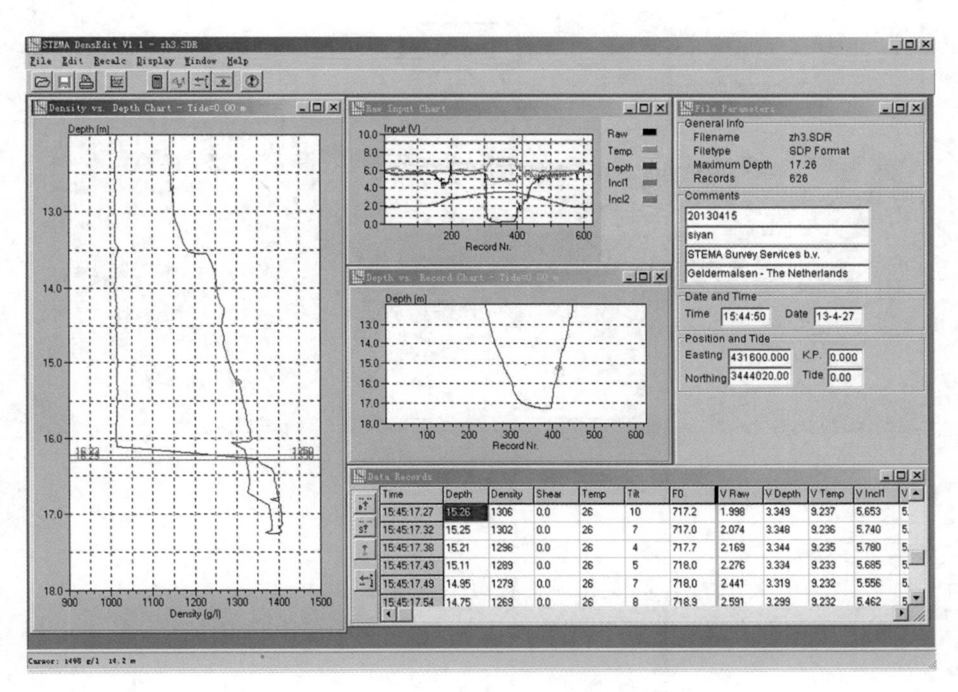

图 2-54 密度剖面示意图

(2)浮泥的取样。

采用泥桶等小型取样器，分别在航道区域测点上进行浮泥底质取样，每次取样量不少于 10kg，并在测区抽取了适量的海水水样用于浮泥密度的标定。

(3)密度的标定。

使用 SILAS 系统的密度采集、标定、处理软件结合精密天平对现场取样点进行密度的标定。从泥样的初始密度开始测量，中间泥样被稀释不少于 10 次，每次均测量密度，并且保证每次稀释有一定的梯度，直至泥样稀释到接近水。

数据处理成图：首先通过标定及专用的密度处理软件，输出该区域重度剖面上不同密度的密度分布文件，用于全区域不同测线面的浮泥的分层；然后利用 SILAS2. 01 软件及密度分层文件进行综合的数据处理，获取不同深度、不同区域、不同密度层的浮泥的厚度；利用软件的数据输出功能输出测量区域不同密度层各点的坐标位置、水深及浮泥层的厚度；最后按规范要求输出满足适航水深要求的水深图，标注水深及重要的浮泥厚度。

综上分析，在 2007 年 10 月这次适航水深中，洋山港深水航道 16+800～22+200 段回淤现象比较明显(图 2-55)，其厚度在 1m 左右，浮泥沉积一段时间后，其厚度可能会降低，但下层密度会加大，这也证明了适航的可利用价值。

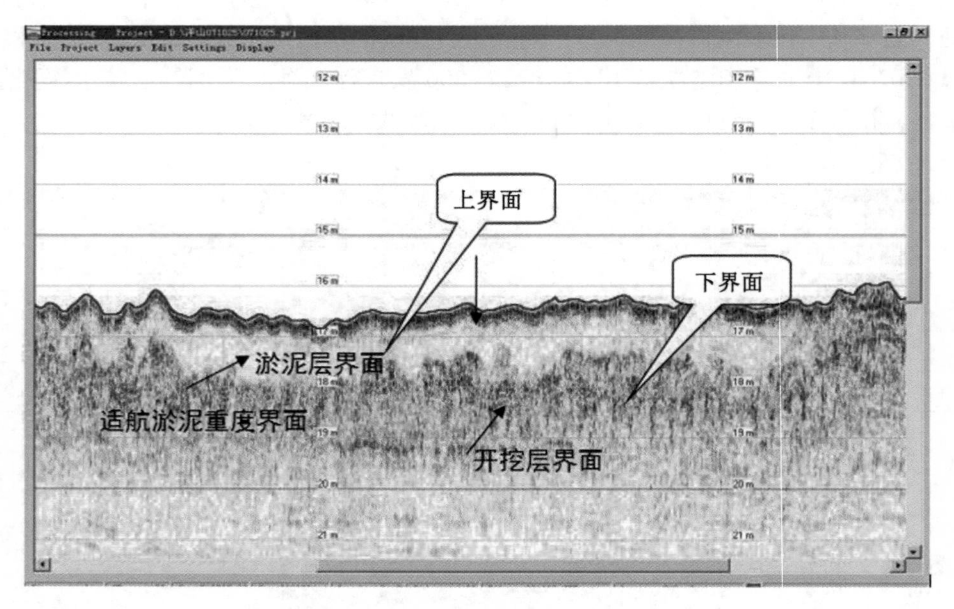

图 2-55　SILAS 处理图像(航道里程：22+200)

2. 砂源地探测

海砂资源勘测中采用的主要技术方法有以下三大类。

(1)常规地质调查方法：包括物化探综合测量、浅海地质地貌填图、航空摄影及钻探验证等。

(2)海洋地球物理调查法：主要依靠声波探测手段，包括单波束测深、多波束测深、侧扫声呐、浅地层剖面探测和单道地震测量等，具有走航式高效测量、面积扫描的特点，能获得对沉积单元的立体认识。

(3)海底取样和浅钻。其中，海底高分辨率声波探测技术是主要技术手段。通过海上钻孔取芯的方式，分析研究海底地层的分布特征、土的类型及其岩土物理力学性质。在可能存在砂源区域，合理布设钻孔点位，应用工程地质钻探、原位测试、岩土试验等综合地质勘察手段，查明勘察场区内各土层的埋藏及分布特征、物理力学性质和影响地基稳定的不良地质条件，针对工程建设对砂源的要求做出分析评价。

砂源声学探测技术：主要包括多波束地形测量、侧扫声呐地貌测量、浅地层剖面测量(浅剖)等设备。在地层划分时，需要多种资料印证。剖面图像是进行土质分层的依据，寻找图像上明显清晰的反射界面，对地层进行推断。依据地层剖面反射界面划分的原则进行地层划分，即同一层组波反射连续清晰且可区域追踪，层组内反射结构、形态、能量、频率等基本相似，并且与相邻层组有显著差异，主测深线与检查线剖面相同层组的反射界面应能闭合。地层层序划分时，要识别和追踪反射界面。浅剖和单道地震的随机软件均有自动识别和追踪层界的功能，也提供人机交互拾取层界功能。对于地层的解释，需要收集测区的海底沉积历史资料，了解测区海底的沉积结构、沉积组成和钻孔等资料。实际探测砂源过程中，在缺少钻孔资料时，往往通过表层底质取样的方式，对砂源存在的可能性进行简单、直接有效的判断；这种方式能够初步查明砂源存在的可能性；后续还需更多的图像与取样资料以进一步或综合确认。

钻孔与浅剖结合探测：一般说来，对于地层结构和岩性具有直接揭示意义的是钻孔资料，尤其是钻孔柱状图，对地层结构和地质特性都有清晰明确的解释；但钻孔取样成本高，以点带面，具有不完全代表性；浅剖测量灵活、快速，以线带面，走航式探测，具有无限加密的可能和广泛的全面探测性，能快速划分地层；由浅地层剖面识别出的反射特征相似、相对整一连续，具成因联系的反射波组既是浅剖层序，亦是反应沉积特征的沉积层序，与钻孔资料结合，这些层序被赋予地层意义而成为地层单元。

浅剖层序界面与钻孔地层界面不完全对应，为了更好地结合钻孔资料对浅剖层序进行解释，在充分考虑岩性的同时，还需进行深度精化、层位优化等处理。

浅剖图像海底线的提取：海底是浅剖数据与钻孔数据对齐的一个关键量，也是海底增益的起始深度。正常情况下，浅剖对海底的跟踪是连续不断的一个过程，并且会把每 ping 的水深以海底反射的采样点号的形式记录到原始文件中，但由于各种因素，也会出现海底记录缺失的情况。这需要对海底跟踪进行处理和重建。

海底线水深推算：将提取出来的海底线进行坐标转换和偏差改正，主要包括浅剖换能器位置推算、坐标异常改正、坐标延迟改正、吃水深度改正、潮位改正。得到一条条浅剖海底线坐标文件，可用来构建海底 DEM，形成海底地形图。这也是后续依据钻孔进行地层解释的最基础的数据。

基准对齐、层位修正：统一平面位置基准，浅剖和钻孔数据均转化为同一坐标系统框架下。

深度基准取浅剖数据所得海床为基准，钻孔首个层位上界面与该基准对齐。

根据海床深度(基准)及该界面下最近深度的层位位置，参考钻孔首个底质厚度或下界面，若发现浅剖层位与钻孔层位偏差较小，则基于钻孔层位修正该浅剖层位；若没有发现与之对应的浅剖层位，则根据钻孔第一个底质的厚度，从海床表面起算(基准)，在浅剖形成的层位图中添加该层位。

底质类别划分：修正浅剖底质层位后，可将钻孔垂向底质分布直接赋予浅剖修正后层位间(图 2-56)，这样沿浅剖测线可得到整个测线的底质类别分布，从而获得清晰的浅地层地质类别信息。对于砂质地层的厚度和分布趋势均有较为清晰的判断。

数据处理成图：砂层厚度等值图，对每个钻孔勘测点计算砂层厚度，并将其作为 z 值，结合每个钻孔平面位置，形成钻孔厚度的数据文件，用 CASS 软件建立三角网和 DTM 模型，适当处理后，生成砂层厚度等值图。浅剖图像数据在经过数字化以后，可按一定的间隔沿测线进行点采样，生成砂层厚度数据文件，方法同上。

浅地层探测、钻孔勘察形成的资料均是二维形式，不能很好地展示土质分层的空间分布情况，施工人员难以准确分析和判断水下土质的工程特性。为了直观、准确地理解和分

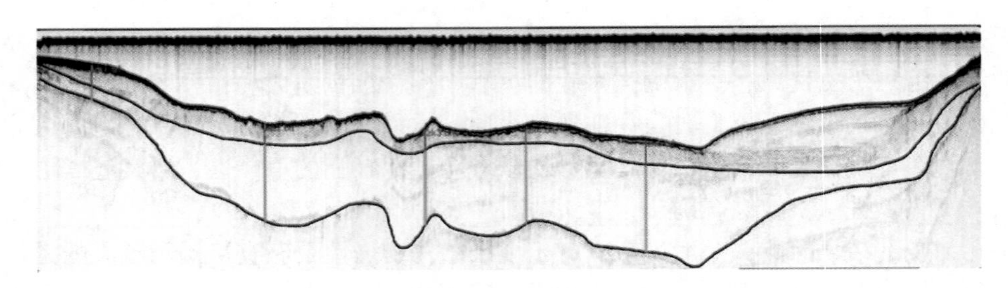

图 2-56　联合钻孔资料修正后的浅地层层位

析工程水下土质空间分布情况，通过建立土质三维模型、三维任意剖切，可实现土质信息查询等。

目前进行砂源储量计算的方法主要有平均厚度法、平行断面法和三角形法。这 3 种方法简单实用、客观有效，可供促淤圈围、填海筑堤和陆域形成等离岸港口建设工程借鉴。

以上方法主要适用于地形相对平坦、有用层厚度分布相对稳定的砂源场，而对地形起伏、有用层分布不稳定、有剥离层、多无用透镜体分布的砂源，上述计算方法精度均较低，往往会给工程设计与施工带来诸多麻烦。

通过建立砂源三维地质模型，只需要根据设计开采的边界条件，对三维地质模型进行剪切，通过查看实体属性即可得到砂源储量，方便快捷、计算精度较高。

自 2001 年 1 月开始至 2004 年 1 月历时三年，克服不利工况条件，安排十多次外业勘察，足迹遍布崎岖列岛、嵊泗列岛、川湖列岛、火山列岛几乎整个杭州湾海域，完成浅地层剖面探测线 614km，浅层钻孔数 279 只，柱状取样上千个，调查到储藏砂源数处，储量数千万方，完成调查报告，找到足够的能满足该项工程所需的砂源，为工程陆域吹填顺利完工奠定了基础。

3. 深水排体检测技术

软体排在航道整治、驳岸、围堤等海岸工程中应用较为广泛，其具有隔砂、反滤的作用，能够有效保护覆盖范围内基床不受冲刷，具有良好的整体性，适应海床变形能力强，并且价格较为低廉，施工方便。

受铺排深度大、水流流速强、潮汐水位变动幅度大、区域泥沙含量高、水体浊度高以及波浪等诸多因素影响，加之受制于水下成像技术的发展水平，因此，复杂施工条件下的软体排护底结构监测的难度较大。如何精确检测深水区软体排的搭接质量，一直是港口及航道整治工程的重点和难点。

检测实施根据软体排的施工过程分三个阶段。第一阶段是铺排前准备阶段，通过工前水深、水位、流速流向观测，准确掌握施工水域水文环境的变化规律，提供下排的时间和铺设时间窗口，确定铺排船锚位布置；调试校核铺排定位系统，确保位置关系准确。第二阶段是施工过程中排体位置的实时监控，通过精准控制移船轨迹，保证铺设实际测量位置与设计排位的偏差符合要求；也可利用超短基线水下实时定位系统，实时测量排体边线位置，及时调整船位，确保搭接宽度。第三阶段铺设事后检测，通过多波束系统全覆盖检测，准确测量水下排体边线坐标、排体标高、相邻排体搭接量等；也可通过侧扫声呐成像检测，根据图像分析排体表面有无褶皱、联锁块脱落现象，定性分析搭接情况。

浮标倒摸法：在排体铺设过程中，在排体两侧自排头沿排身至排尾，按设计和规范要求布设测点浮标(一般间距为20~30m)，浮标采用直径10mm丙纶绳与排体相系，绳长依据实际滩面高程和潮位控制，一般情况为水深+高潮时潮高+2m左右，排头、排尾及堤身砂肋排等特殊位置需加密设置浮标。待排体铺设完成后，由测量人员采用RTK-GNSS乘平潮时测量定位浮标坐标，根据实际测定的坐标确定该排体实际铺设位置，确认相邻排体搭接宽度是否满足设计及规范要求(图2-57)。

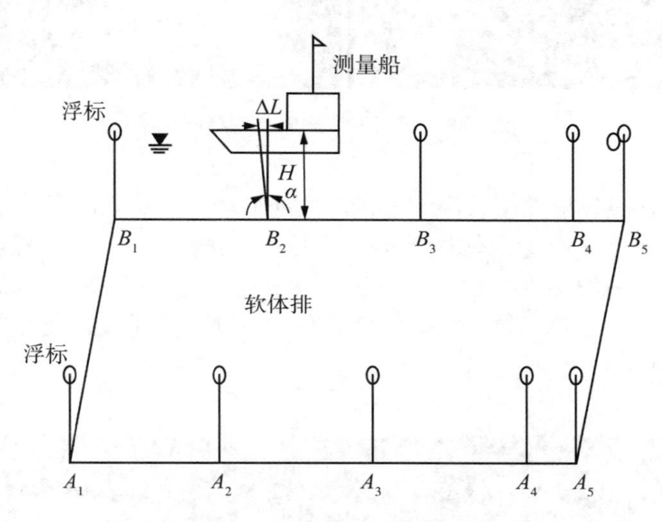

图2-57 浮标倒垂法现场检测示意图

该方法操作简便，易于实施；但通过测量船获取浮标位置较为困难，水深超10m时，浮标绳拉直程度对测量坐标的准确性有较大影响；无法判断水下排体铺设平整及破损情况；须候平潮作业，涨落潮流急，不易定位。

水下探摸法：潜摸船到达施工区域后，测量员用RTK-GNSS定位，确定待检测软体排边线位置。专业潜水员入水探摸，入水后通过对讲机与船上技术人员沟通，根据相关要求对指定区域进行探摸。探摸点主要选取软体排两端、相邻排体搭接区域，探摸检测混凝土联锁片软体排是否平整无堆叠、砂肋条是否饱满无漏沙现象，相邻排体搭接宽度是否满足设计要求。

该方法原理简单，直接接触排体，直观判别排体在水下的质量情况，准确测出相邻排体搭接宽度及排体淤沙情况。但水下探摸工作量大、耗时长、检测效率低；须候潮作业，涨落潮时，潜水员水下工作难度大；潜水员水下实际工作情况难以判别，而且检测数据易受潜水员主观判断影响；水下作业不确定性因素较多，存在一定的危险。

侧扫声呐：是一种非接触式可视化检测手段，具有成像清晰、精度高、效率高等优点(图2-58)。侧扫的主要成果是声像图，其判读依据是图像的形状、色调、大小、阴影和相关体等。形状是指各类图形的外貌轮廓；色调是指衬度和图像深浅的灰度；大小是指各类图像在声图上的集合形状大小；阴影是指声波被遮挡的区域；相关体是指伴随某种图像同时出现的不定形状的图像。

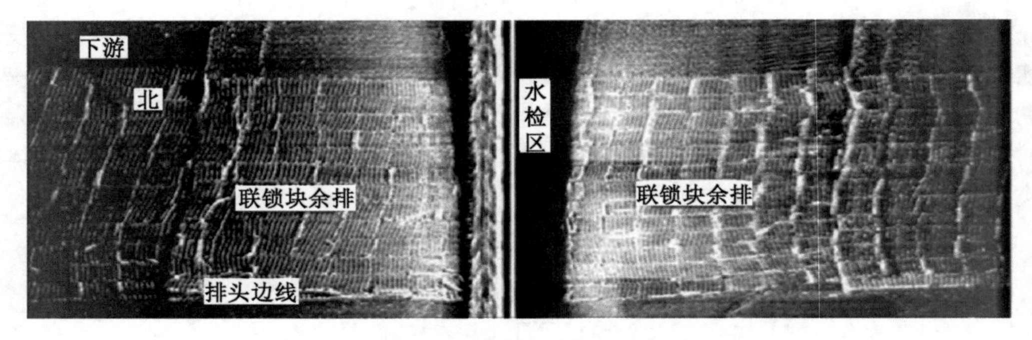

图 2-58　侧扫声呐软体排检测图像

多波束扫测：通过发射并接收声波进行海底地形测绘，获取海底的高密度点云，通过对点云的分析和量测，从而达到软体排铺设质量检测的要求。多波束测深系统具有全覆盖、高密度、高分辨率的特点，且平面位置和深度信息准确度高；在深水铺排作业环境下，适合事后质量检测，效率高，数据信息丰富，通过对特征点云进行分析，判断水下排体搭接情况(图 2-59)。

图 2-59　多波束检测水下软体排点云图像

实时扫描声呐：可以实现水下非可视高精度成像的重要技术手段，高性能的声呐识别精度可以达到毫米级。如挪威 Kongshberg 公司生产的 MS1000 型侧视扫描声呐(图 2-60)，换能器以 0. 9°×30°波束角度发射声脉冲，回波信号被声呐接收后，根据信号时延和强度形成图像，然后声呐探头以一定角度步进旋转，再次重复发射和接收过程，最后旋转 360°形成一幅完整的海底图像，相对于侧扫声呐其成像精度更高(图 2-61、图 2-62)。

通过以上分析，采用声呐系统检测水下软体排铺设，与常规检测的方式相比，具有较大的优势。特别是在水域水质可见度低、水下地形复杂、水深较深的水域，能快速判断所铺设软体排的搭接情况，准确地计算出排体的位置、搭接宽度。该检测方法安全高效、准确度高，可以全天候作业，有效提高工作效率。

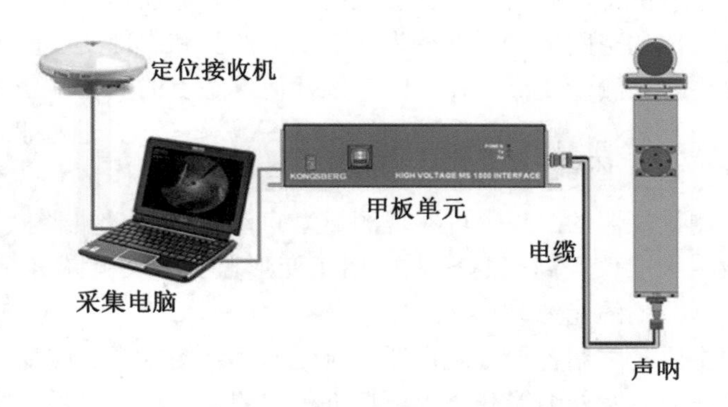

图 2-60 MS1000 声呐扫描系统组成示意图

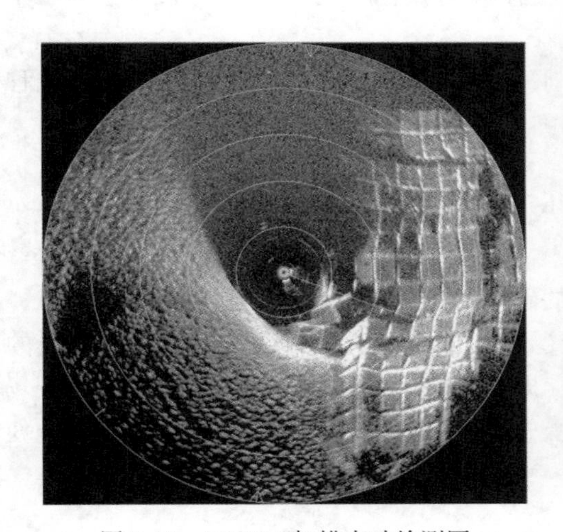

图 2-61 MS1000 扫描声呐检测图

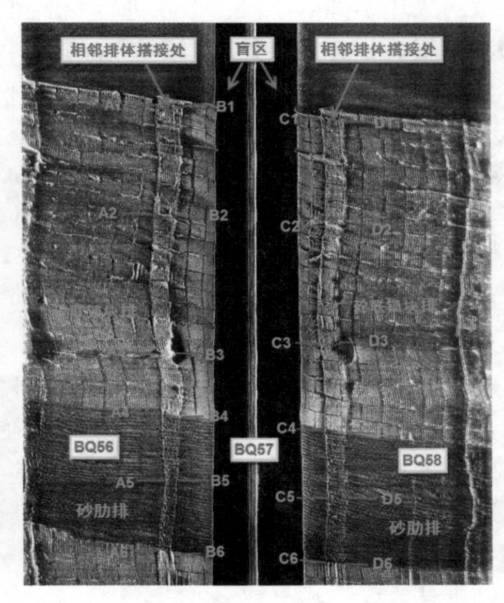

图 2-62 软体排侧扫声呐扫测图

4. 施工期变形监测

施工期变形监测一般有两个阶段：一是建设期施工过程中的监测，用以验证工程设计的合理性及施工质量的可靠性，同时也为设计的修正和施工的进展提供科学依据；二是港口运行期间的监测，及时准确地获取码头、围堰等结构物的变形监测资料，为评估结构物的稳定性和工作状态提供科学依据，进而通过控制运用工程措施，来确保工程运行的安全。多项重大工程实践证明，只要监测及时、监测数据可靠、分析判断准确，可避免重大工程灾害事故的发生，或减少灾害所造成的损失，综上可知，离岸港口工程变形监测是对港口运营实施科学管理的重要手段。

变形监测是利用专用的仪器和方法对变形体的变形现象进行持续观测、对变形体变形形态进行分析和对变形体变形的发展态势进行预测等各项工作。变形监测包括建立变形检测网，进行水平位移、沉降、倾斜、裂缝、挠度、摆动和振动等监测。

按监测对象变形体的空间位置可划分为外部变形监测和内部变形监测。

外部变形监测主要是测量变形体在空间三维几何形态上的变化，普遍使用的是常规测量仪器(如水准仪、经纬仪、测距仪、全站仪和GNSS设备等)，这些测量手段技术成熟、通用性好、精度高，能提供变形体整体的变形信息，但野外工作量大，不容易实现连续监测。目前随着新的测量仪器的出现，可实现测量全自动化的测量机器人以及全天候GNSS自动监测系统、数字水准仪等越来越多地应用于变形监测，大大减轻了观测人员的工作量，提高了外部变形监测的能力。

内部变形监测主要是采用各种专用仪器，对变形体结构内部的应变、应力、温度、渗压、扬压力、孔隙压力以及伸缩缝开合等项目进行观测，这种测量手段容易实现连续、自动的监测，长距离遥控遥测，精度也高，但只能提供局部的变形信息。虽然变形监测的数据获取可采用不同的手段，但在进行变形监测数据处理时，特别是在进行变形的物理解释和预测预报时，必须将外部、内部观测资料结合起来分析。

围堰海堤变形监测内容主要包括：水平位移观测、表层沉降观测；深层土体水平位移、土体分层沉降、孔隙水压力等。

码头变形监测内容一般包括：码头整体水平位移和垂直位移监测；深层土体位移监测；面板、基桩应变监测等。

1)水平位移监测

表层水平位移监测常用的方法有视准线法、支距法、引张线法、前方交会法、极坐标法、小角法、GNSS测量等。

视准线法：在码头的变形影响范围以外的码头两侧，设置两个强制对中观测基点，构成一条视准线。码头水平位移监测点布设在视准线上，定期观测这些点偏离方向线的距离，算出各点在不同时期测得的偏离值之差，即得其水平位移值。视准线法具有对现场场地要求不高，作业方便、灵活的优点，但其受外界气象条件影响大，大气折光的影响使其观测条件受很大限制，观测精度降低。

精度计算：

$$m_d = \pm\sqrt{m_0^2 + m_0'^2 + m_s^2 + m_f^2 + m_z^2} \tag{2.30}$$

式中，m_0为仪器对中误差；m_0'为目标偏心的影响；m_s为瞄准误差；m_f为望远镜重新对光误差；m_z为大气折光影响。此方法适合对码头的长期变形进行监测。

支距法、引张线法：在码头的后方设一条基线，基线的端点设置基点，视情况可将基线的两端延伸，并在距码头一定距离的地方另设两点，作为以后检查基点。由位移观测点向基线引垂线，在垂足设观测点，定期测量位移测点与对应观测点之间的距离——支距，采用钢尺测定码头位移值。当采用测距仪测定位移值时，观测点均宜采用强制对中，其误差分别来自观测仪器对中误差m_e和测距仪本身的精度m_c。

观测精度：

$$m_d = \pm\sqrt{m_e^2 + m_c^2} \tag{2.31}$$

此方法具有对现场场地要求不高，作业方便、灵活的优点。观测精度主要取决于测距精度，需配备高精度的测距仪，仪器与监测点需要强制对中。

引张线法实质是支距法的一种形式，即后方基点连接成一条线，即为引张线(细钢丝)。量取位移观测点与基线之间的距离，即为支距。在码头后方两侧各设一个拉力墩，在拉力墩上对引张线施加水平拉力，使引张线处于自由悬挂状态，以使其在水平面上的投影为一条直线，以此直线作为准直测量的基准线。点偏离理论直线的值小于弦线长度的10^{-7}，即500m弦线上观测点最大中误差小于±0.3mm。

引张线法设备简单、投资少、观测程序简单、有效观测时间长、精度高，复测周期短以便于适时监测，但其对场地条件要求较高，在条件允许的情况下不失为一种简单、有效的观测方法。支距法、引张线法是针对码头相对岸线位移采用的有效办法，对于需了解码头全方位位移，经常采取以下观测方法(当然也适用对码头相对岸线位移观测)。

前方交会法：对于仅有较高测角精度仪器测绘单位，采用传统的前方交会进行位移观测是常用方法。该方法具有对现场场地要求不高，作业方便、灵活的优点。但对于位移观测点，与基点构成较好的图形十分重要，观测精度主要取决于测角精度，需配备高精度经纬仪，仪器与监测点需要强制对中。前方交会不适合实时作业，外界对其观测条件影响较大。

小角法：通过测定基准线方向与观测点的视线方向之间的微小角度，从而计算观测点相对于基准线的偏离值。由于水平距离经过观测后作为固定值，因此，水平位移观测精度可认为仅与测角精度有关，监测点偏移量中误差可按下列公式计算：

$$m_d = m_\alpha \frac{D}{\rho} \tag{2.32}$$

式中，m_d为偏移量中误差；m_α为水平角观测误差；D为测站点至位移点的距离，ρ为206265″。

极坐标法：测站点即工作基点，在每次观测中均要通过后方控制点来测定其点位，忽略已知点和已知方向误差，监测点的点位测定误差为

$$m_p^{\ 2} = \pm\sqrt{m_s^{\ 2} + S^2\left(\frac{m_\beta}{\rho}\right)^2} \tag{2.33}$$

式中，m_p为点位中误差；m_s为测距中误差；S为控制点至工作基点之间的距离；m_β为测角中误差；ρ为206265″。此方法是较为常用的观测方法，具有对场地要求不高，作业方便、灵活的优点；观测精度主要取决于测角、测距精度，需配备高精度的仪器；仪器与监测点需要强制对中。

GNSS位移及沉降监测：随着GNSS、北斗等导航系统的发展和完善，GNSS越来越多地用于施工测量及变形监测。常规表面变形监测方法，容易受外界气候条件影响，手工或半手工操作，工作量大，作业周期长，有时观测精度还不符合要求。与常规方法相比，GNSS监测主要由4方面优点。

①不受气候等外界条件的影响，可实现全天候监测。常规方法所使用的仪器设备是基于几何光学原理工作的，所以不能在黑夜、雨、雾、雪、大风等气象条件下正常进行观测。

②所有变形观测点的观测时间同步，能够客观反映某一时刻各监测点的变形情况。用

常规检测方法，须逐点进行观测，观测时间不在同一时刻，监测结果反映不出同一时刻变形体变形情况。

③监测点三维位移均能同时测出。可同步测出各监测点水平位移和垂直位移。

④可实现自动化监测。随着计算机和网络通信技术的发展，GNSS 监测可实现从数据采集、传输、计算、显示、打印全自动化。

(1)数据采集。GNSS 数据采集分基准点和监测点两部分，为提高监测的精度与可靠性，监测基准点宜选 2~3 个，点位稳定且满足 GNSS 观测条件，尽量使基准点距监测点保持 300m 以上且分布在码头、围堰海堤上。监测点要能反映码头、围堰等的形变，并能满足 GNSS 观测条件。

(2)数据处理与分析。利用 GNSS 进行监测，卫星数量不宜少于 4 颗，按监测等级要求对观测数据进行基线解算、平差处理、精度评定，符合各限差要求后，求得各监测点三维坐标，通过对比相邻次变化量和累计变化量，分析变形体的变形趋势。

2)垂直位移监测

表层垂直位移监测一般用几何水准法测量，也可用连通管静力水准法测量；对于施工期的过程监测，可采用 GNSS 测量法、全站仪极坐标法等。

几何水准测量法：根据监测技术要求及监测对象的特点，埋设高程控制点(包括水准基点、工作基点、监测点)，形成以工作基点为起闭点的环形水准路线；同时将所有工作基点组成闭合环、节点网或附合水准路线，按水准测量等级要求完成高程控制网的观测，获得各基准点、工作基点的准确高程。

几何水准测量一般分为三个步骤。

(1)设备检验与校正。水准仪的检验工作分两种情况：一种是新购置来的仪器，须按规范规定进行全面检查和检验；另一种情况是作业前后或作业期间所进行的必要项目的检验。后一种情况最为常见，通常有以下检验和校正的内容：水准仪及脚架各部件的检视、圆水准器的检验与校正、水准管轴平行于视准轴(i 角)的检验与校正。

(2)工作基点的校测。在进行施测前，首先应该校核工作基点是否有变动，然后将工作基点与起测基准点组成水准环线(或水准网)进行联测。观测精度要求参见《国家一、二等水准测量规范》(GB/T 12897—2006)、《国家三、四等水准测量规范》(GB/T 12898—2009)。

(3)监测点观测。监测点观测从工作基点开始，按闭合或附合水准路线要求，依次观测并记录每个建筑物监测点的数据；内业数据整理后，按对应等级水准观测要求，进行观测数据检核、水准网评差计算、精度评定，最后获得各监测点准确高程。

静力水准测量法：静力水准具有测量精度高、自动化程度高、稳定性好等特点，广泛用于码头、桥梁等结构物变形监测。静力水准法也称为连通管法，利用了连通管液压相等的原理。每个静力水准仪内部有精密液位测量元件组成，使用连通管将各个独立的静力水准仪连接成统一系统。当监测点高程变化导致仪器内部液位同步变化时，由仪器内部传感器测出其液位变化量，进而能得到各静力水准仪之间的相对高程变化，适合作为自动化监测手段。

静力水准系统由若干个静力水准仪组成，分别安装在各个监测点点位上，为保证各设备之间的连通，需要将存液罐用连通管连接成整体，然后向罐内注入液体(通常是含有防冻液的蒸馏水)。当液面静止后，各监测点的静力水准仪液位应在同一大地水准面上，静止一定时间后，进行静力水准的初始观测；此后，按监测频率要求，可人工测量，也可自动遥测。为保证观测数值的可靠性和精度，各监测点观测依次在尽量短的时间内完成。

全站仪监测：全站仪可以进行码头、围堰等建筑物表面变形的三维位移监测，在测量水平位移的同时可进行垂直位移观测，主要原理是三维极坐标测量。

全站仪能够自动整平、自动调焦、自动正反镜观测、自动进行误差改正、自动记录观测数据，带马达伺服器的全站仪还可进行自动目标搜寻与识别，自动瞄准，大大提高野外作业效率。使用极坐标法进行建筑物变形监测时，影响因素较多，主要由仪器的测量精度、观测点的斜距及垂直角。后面两项涉及大气的气象改正、水平折光、垂直折光等许多复杂的因素，所以很难精确求出，从而降低了点位的测量精度。然而根据变形监测的特点，需要测量的只是相对变化量，如果采用建立基准站进行差分的方法，极坐标法测量点位的位移精度可以达到亚毫米精度，甚至更高。

极坐标实时差分主要是差分技术，它实际上是在一个测站上对两个观测目标进行观测，并将观测值求差；或在两个测站上对同一目标进行观测，并将观测值求差；或在一个测站上对一个目标进行两次观测求差。求观测值之差的目的在于消除已知或未知的公共误差，以提高测量结果的精度。

3)内部变形监测

码头或围堤工程内部变形监测主要包括深层水平位移、分层沉降、深层应变监测等。

深层水平位移：洋山深水港建设中围堤造垦、海堤修筑、防波堤、码头建设工程，其地基全都是厚度极大的软性黏土，在建设过程中，如果施工过程无法得到合理的控制，导致土体水平位移过大，会发生建筑物侧滑倒塌的险情。

目前，测斜仪是监测深层土体水平位移的主要方法。

(1)测斜仪工作原理：使用倾角传感器作为设备的敏感元件(图 2-63)，它相当于一个力平衡伺服的工作系统，当埋设的测斜管产生形变的时候，传感器探头的轴线与地球引力方向之间产生倾角 θ 时，在重力的作用之下，传感器里的敏感元件就相当于和铅锤方向产生了一个角度，使用高灵敏微电子转换器将产生的摆角转换成电子信号，转换计算处理，就可以直接显示出被观测点的水平位移量。使用这种方法的重要优势在于：精度高、稳定性好、重复性高、漂移小、热稳定性高等。计算某一深度的位移量如图 2-64 所示。

测斜仪计算某一深度的位移量的计算公式为

$$S_i = \sum_{i=1}^{n} L\sin A_i \tag{2.34}$$

式中，S_i 为土层任一点的水平位移(mm)；L 为监测点的单元位移程度(一般是探头的位移程度：500mm)(mm)；A_i 为监测管形变后轴线与铅垂线之间的夹角(°)。

(2)测量数据：在选定的监测点位置钻孔并埋设柔性测斜管，埋设测斜管时，导槽方向要对准预测斜方向；待测斜孔稳定 7 天以上时间，可开始该测点的初始观测。观测时，将测斜探头导轮卡置在埋测导管的导槽内，轻轻地放入测斜管中，将探头导轮对准导槽拉至最近深度标志为测读起点，在每个深度标志处，记下此时深度和对应的数据(正测)。

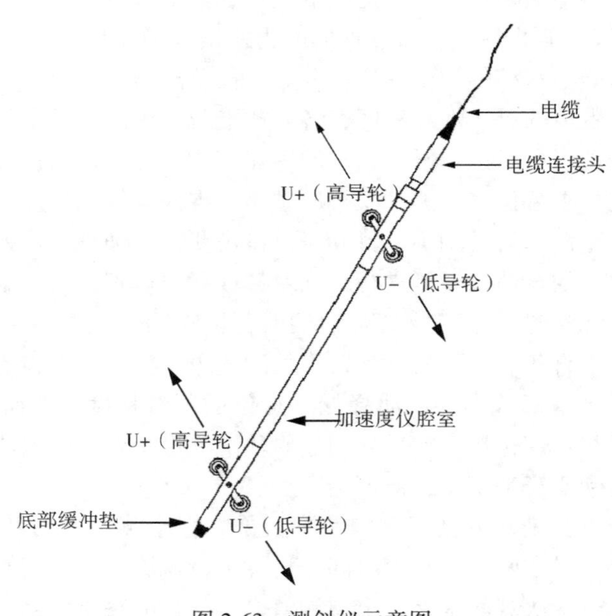

图 2-63　测斜仪示意图

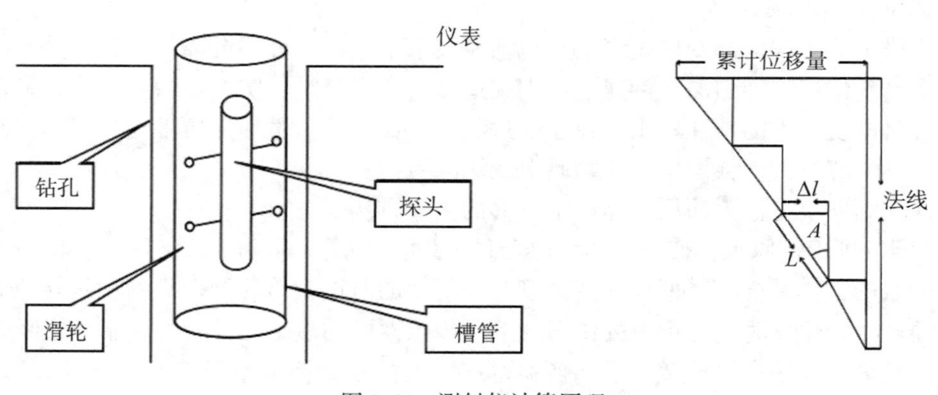

图 2-64　测斜仪计算原理

利用电缆标志测读至测斜导管底端为止(不能让探头接触到底部)；然后，调转 180°，重新放入此孔中，重复上述步骤，在相同的深度标示对应的数据(反测)。通常采用正反测量的目的是提高精度，抵消敏感元件因零偏(即零位)造成的误差。(注：同一个孔每次测量时，正反测的高导轮朝向必须与前一次的一致。)

(3)数据分析：数据处理采用专用计算程序进行计算，在计算前需要修改仪器鉴定系数，按照最新鉴定参数进行。每一个工作表对应一个测量孔号，按照提示进行操作，并生成测斜报表，同时生成深层土体水平位移变形曲线以及水平位移变形速率图等。

分层沉降：分层沉降监测的主要任务是监测不同深度、不同土层在工程建设中产生的沉降量。能够及时了解土层的固结程度及其压缩量的变化，对施工过程有指导作用的意义。

（1）分层沉降计算原理：分层沉降监测方法，使用最广泛的是电磁式沉降仪法。其重要的组成元件为测头，它的内部安装了磁感应的探测器设备，只要遇上安装在土中的沉降环（磁性物质），电流就会发生变化，从而引发蜂鸣器工作（发出响声）。除了测头以外，电磁式沉降仪还会配置刻度尺，和电缆一样捆绑在测头的低部，观测的时候一起放进沉降管里，用来确定土层深度信息。刻度尺一般使用钢卷尺，其总长为 50～100m，在相同温度下，较复合型材料的形变值小很多，所以观测数据精度相对较高，也比较可靠。通过探头的移动，遇到埋设在沉降管外面的沉降环时，沉降仪里面的蜂鸣器就会因为电流发生变化而发出声响，此时读取钢卷尺的刻度，如图 2-65 所示。

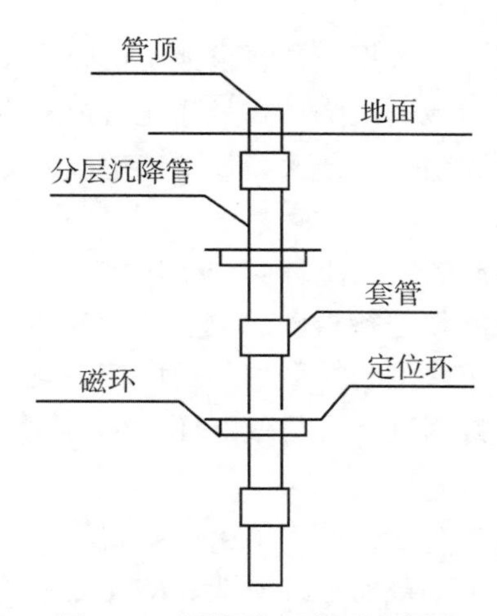

图 2-65　沉降管、磁环示意图

具体计算公式如下：

$$W_i = L_i + R \tag{2.35}$$

式中，W_i 为代表所测磁环所在的位置的具体深度（mm）；L_i 为代表钢卷尺的读数（mm）；R 为是一个常数，即出厂间距（mm）；i 为代表探头从沉降管口到管低的声响次数。

土体分层沉降累计量计算公式：

$$S_i = (H_t - W_i) - H_{i0} \tag{2.36}$$

式中，S_i 代表第 i 个沉降环的时间累计位移量（mm）；H_{i0} 代表第 i 个沉降环的初始高程（mm）；H_t 代表 t 时间管口的高程（mm）。

通过这样计算，我们就能够精确地获得不同土层、不同时间的沉降压缩量，从而对地基土体的压缩固结程度进行动态掌握。

（2）分层沉降数据观测注意事项。

①准确定位测点的位置。孔位是根据工程建设规模结合其所处地质勘察资料，经过科学计算分析而设定的，具有极强的代表性，客观地反映监测段土体的动态变化，才能使监测出来的数据分析结果符合整个地基土体的沉降情况。所以测点的位置关乎整体数据是否科学地衡量指标，在实际工作中，绝不能马虎大意。

②成孔垂直，孔径不宜过大(直径108mm)。由于沉降环属于一种带有三个叉簧片磁性圆环，嵌套在沉降管的外壁，固定在土体当中，随着土体的沉降而沉降。钻孔时不宜搅动过大、孔径过大，否则会导致沉降管周边的软土更稀软。在地基土体含水量高时，搅动之后很难达固结，而沉降环本身的密度要高于土体密度，受到引力的影响，会增大自身的沉降量，因而应静待稳定一段时间后开始观测，特别对于初始观测。

③密封沉降管连接处。由于沉降管是由几段管逐节在孔口连接而成的，埋设进深层土体内，所以沉降管连接处必须用强力胶布密封严实。这样不但能够防止泥水渗进沉降管，同时确保管道的外壁光滑，以便沉降管能够不受阻碍而轻松地到达预定深度，也确保沉降管不会发生较大的扭转现象；有利于沉降环自由地随土体运动，也使后期的观测能够顺利进行。

④沉降环埋设位置的准确性。根据设计要求或土层厚度设定埋设沉降环的个数。埋设沉降环的时候，由三片叉簧片组成的沉降环直径要比管道外直径略大，要下到埋设深度时才能使叉簧片的弹性发挥到最大值，以便叉簧片牢牢地嵌入土体，能够被动地跟随土体运动，发挥它应有的作用。

⑤回填粗砂。刚埋设的沉降管、沉降环会处于比较松动的状态，对于监测数据的影响比较大，在这种情况之下，就必须进行粗砂回填。

⑥初始高程的监测。分层沉降的初始数据的求取较一般工程求取要困难很多。主要是管口高程的监测，获取方式一般为准水测量或RTK静态测量。

4)孔隙水压力监测

围堤的堆筑和围滩的吹填将在地基的土体会产生超静孔隙水，如果地基土体的透水能力以及排水状况良好，那么施工加载的过程所造成的孔隙水压力可以得到及时的消散，并且能转换为有效应力，即有效强度。相反地，如果地基土体透水能力和排水状况较差时，那么孔隙水压力得不到及时的消散，依据太沙基的有效强度理论分析可得：该孔隙水压力将致使海堤地基土体出现失稳破坏。因此孔隙水压力监测对于离岸港口建设非常重要。

孔隙水压力计也常称为渗压计，是用于测量饱和黏土内孔隙水压力或渗透压力的专用仪器。所测得的孔隙水压力用以分析地基固结速率，来控制施工加载的速率，保证施工期水工结构物的稳定性。

(1)孔隙水压力监测原理。把渗压计埋设进规定土层中，渗透水压通过进水口的透水装置作用于弹性膜片，促使弹性膜片的变形，从而导致振弦压力的改变，进而能够让振弦振动频率发生变化。电磁圈激振振弦并获取它的振动频率，再通过信号转换器，把信号传至读数装置并进行储存，再通过数据线传输到计算机进行计算分析，就可以知道该土层深度的孔隙水压力，与此同时，渗压计装备中的热敏电阻也会发生作用，进而求出测点位置的温度值。其主要计算公式如下：

$$P_m = k(F - F_0) + b(T - T_0) \tag{2.37}$$

式中，P_m 为监测位置渗透孔隙水压力(MPa)；k、b 为该孔压计的灵敏系数(MPa/Hz^2)；F 为孔压计初始频率；F_0 为孔压计实时监测频率；T 为基准温度(℃)；T_0 为实时监测的温度(℃)。

(2)孔隙水压力计埋设。

①监测点的布置。应根据工程设计和施工要求，结合现场地质环境和作业条件综合考虑确定。一般在水压力变化影响范围内按土层布置，竖向间距4~5m，多层承压水位时适当加密。

②渗压计安装、埋设。渗压计安装埋设方法一般视施工方法而定，可分为压入法和钻孔法。压入法适用于土层较软、传感器埋设不深且单孔埋设单个传感器的情形。在港口工程建设中应用较多的为钻孔法，钻孔法适用于单孔埋设多个传感器且传感器埋深较大的情形。

③封孔技术。孔隙水压力监测方法一般都是在同一垂直线不同高程埋设渗压计，安装人员直接钻孔到设计深度，接着依次把渗压计下放到其设计深度，然后把护管拔出，主要靠塌孔的方式进行封孔。这种封孔方式的缺点主要是：造成前后孔的压力计产生连通，除了有个别压力计的塌孔较好以外，其余前后压力计极容易产生一致的监测频率，无法有效地反映出土体孔隙水压力变化情况。另外一种做法，钻好孔之后，把渗压计放到第一个渗压计的设计高程，接着采用泥球进行封孔到第二个渗压计的设计标高，依次进行埋设封孔，直至完成设计埋设渗压计的个数。此方法的缺点是：会导致在同一平面上不同深度的压力计的相距距离偏差过大，理论上属同一地质面上的压力计监测得到的数据却不是该地质面的孔隙水压力，那么监测出来的数据就没有相比性；压力计很难下放到设计标高，还会发生泥球包裹住压力计的现象，导致监测数据不准确。

(3)孔隙水压力监测方法。使用厂家提供的专用读数仪进行数据采集。条件具备的情况下，可采用自动化监测方式。

以洋山港区小洋山中港区工程水工3标段2#、12#承台施工监测为例。中港区陆域设计标高+7.3m，陆域形成设计标高为+6.6m，港区内天然泥面标高一般在-9.0m ~ -16.0m；中间隔堤结构采用斜坡堤结构，陆域形成地基加固采用砂桩方案，接岸结构采用斜顶桩板桩承台结构，为改善接岸结构的受力性能，在板桩墙前后设抛石棱体，因此，施工过程中需要对承台抛填施工进行全过程监测，以指导抛填施工的速度和进度。

5)监测点布设及要求

测点选取近2#、12#承台的岸端，每个承台处，分别布设表层沉降观测点、分层沉降观测点、孔隙水压力观测点，要求见表2-11。12#承台各测点(孔)立面布置详见图2-66。

表层沉降观测：通过对表层沉降的观测，及时掌握和了解抛石棱体形成过程中表面土体的沉降速率，用沉降速率来控制抛石棱体的填筑速率，并计算地基土的固结度，判定地基稳定情况。表层沉降观测成果为实测数据资料和变化曲线，即 P-S-t 曲线(图2-67)。

经多期的资料和数据分析：施工区域内下卧软土层较厚，土的含水量较大、土体压缩性较高，因此，在抛石棱体形成施工初期沉降速率较大(2006年8月22日至2006年12月1日)；随后，由于施工速度和顺序的调整，土体中孔隙水逐渐排出，土体强度不断提高，沉降速率逐渐趋缓(2006年12月1日至2007年5月1日)；陆域吹填工程结束后，承台观测点位的地基土趋于基本稳定状态(2008年7月29日至2008年8月29日)。

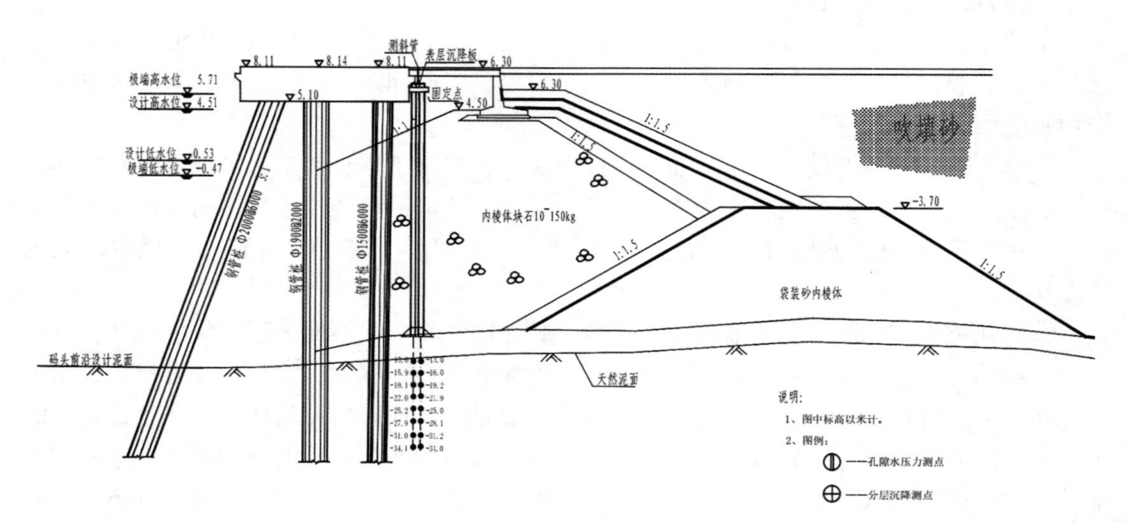

图 2-66　12#承台测点断面示意图

表 2-11　**监测项目、数量及有关技术要求汇总表**

序号	监测项目	单位	数量	测点埋设标高(m)	备注
1	表层沉降	个	2	表层(砂面)	2#承台和 12#承台各 1 个
2	分层沉降	点	7	−16. 0、−19. 1、−22. 1、−25. 2、−28. 1、−31. 0、−33. 9	2#承台
			8	−13. 0、−15. 9、−19. 1、−22. 0、−25. 2、−27. 9、−31. 0、−34. 1	12#承台
3	孔隙水压力	点	7	−16. 2、−19. 0、−21. 9、−25. 1、−28. 0、−31. 2、−34. 1	2#承台
			8	−13. 0、−16. 0、−19. 2、−21. 9、−25. 0、−28. 1、−31. 2、−34. 0	12#承台
4	深层土体水平位移	个	1	+8. 0 ~ −42. 0	2#承台
			1	+8. 0 ~ −34. 0	12#承台

分层沉降观测：采用分层沉降仪对各个土层内部各监测点进行观测，形成沉降、荷载与时间过程曲线，见图 2-68。

孔隙水压力监测：采用人工读数方式定期采集记录，将 2#承台、12#承台观测断面位置的各测点数据处理后，每个测点形成孔隙水压力与时间、荷载过程关系变化曲线，见图 2-69。

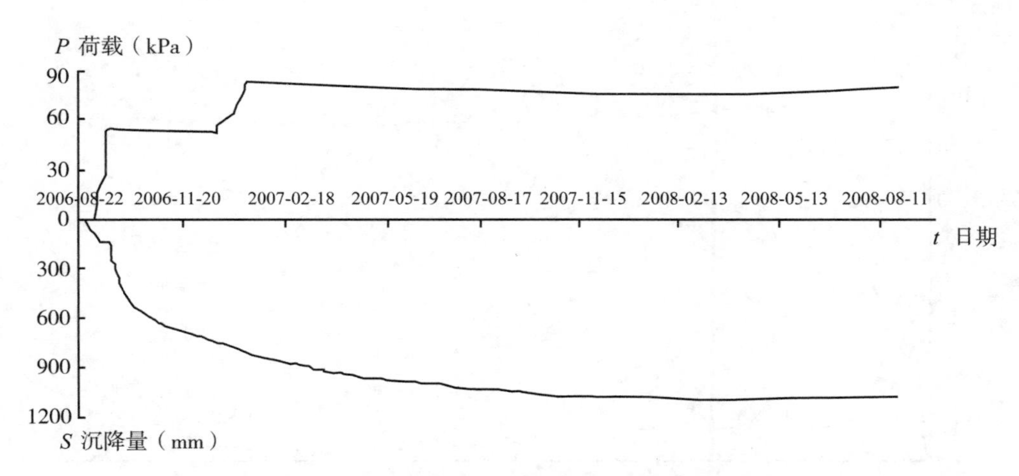

图 2-67 2#承台观测点时间、荷载关系曲线($P-S-t$ 曲线)

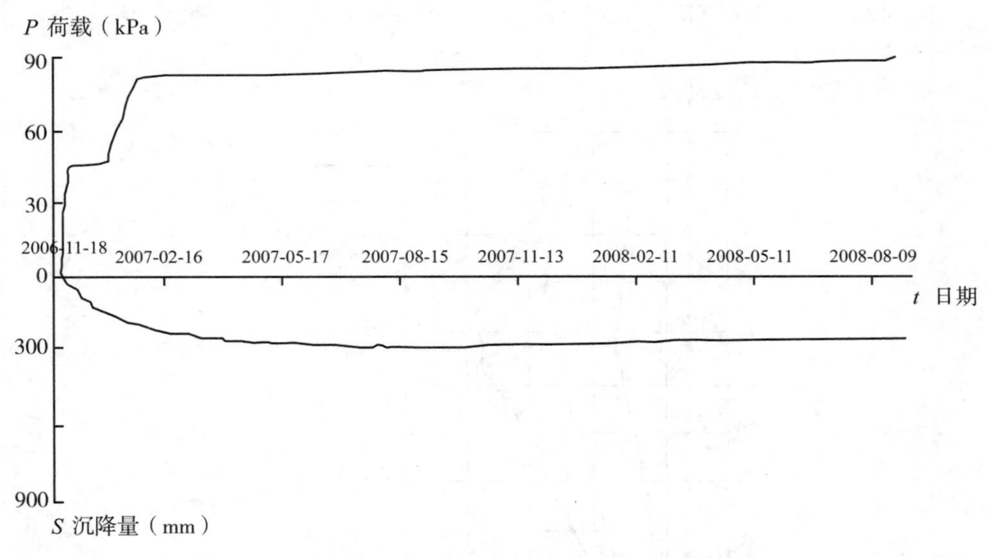

图 2-68 12#承台观测点分层沉降(标高-19.1m)与时间、荷载关系曲线

深层土体水平位移：通过测斜仪对 2#承台和 12#承台观测断面进行深层土体水平位移观测，形成水平位移特征曲线，见图 2-70。

5. 东海大桥桥墩冲刷监测

东海大桥是中国第一座外海跨海大桥，曾是世界上最长的连续跨海大桥。大桥全长 32.5km，按双向六车道加紧急停车带的高速公路标准设计，设计车速 80km/h。全桥设主通航孔一处，设辅通航孔三处。作为洋山深水港的重要组成部分，东海大桥主要为洋山深水港区集装箱陆路集疏运和供水、供电、通信等需求服务，基本上能满足了洋山港区集装箱陆路集疏运的设计需求，其设计基准期为 100 年。

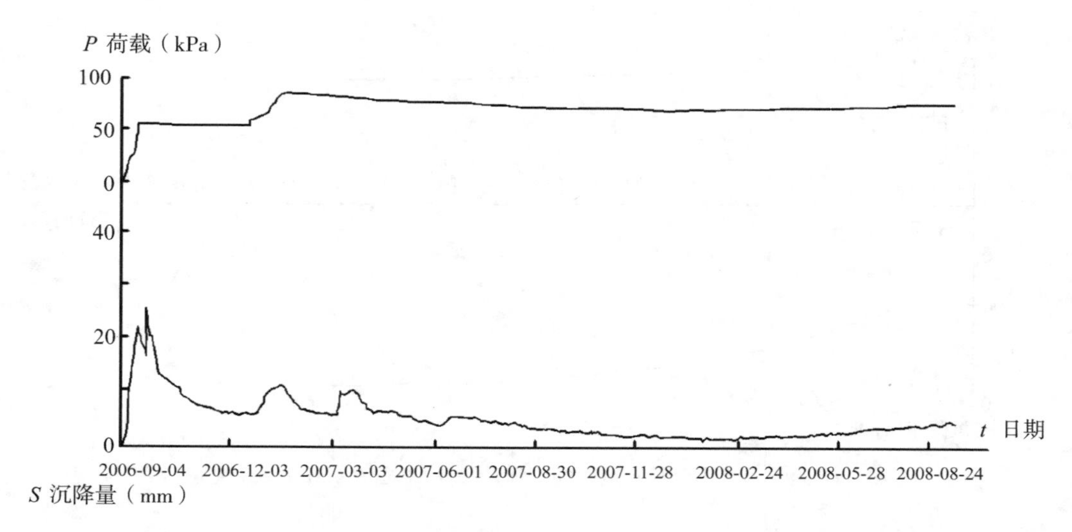

图 2-69　2#承台观测点(标高-16.2m)超孔隙水压力与时间、荷载关系曲线

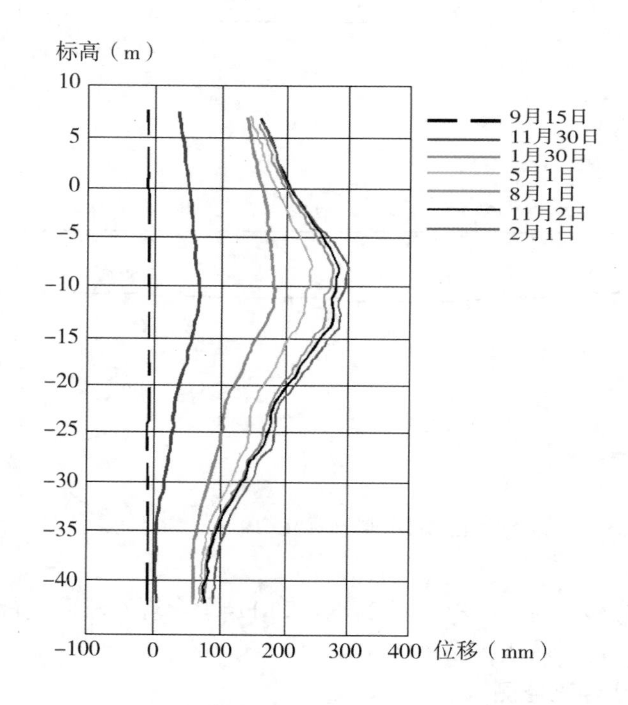

图 2-70　2#承台深层土体水平位移特征曲线

桥墩冲刷监测目的和意义：桥墩冲刷是导致桥梁失稳的主要原因，东海大桥建桥后一直处于冲刷状态，多年来，潮汐、风浪和泥沙等共同作用下，大桥周围海床形态变化极其复杂。大桥的建设改变了其周围的水动力环境，对桥墩的冲刷可分为自然冲刷、一般冲刷

和局部冲刷。

自然冲刷：是由于宏观环境发生变化而导致的冲刷，与大桥建设无关。引起自然冲刷的原因主要是来水量突然增加而引起的冲刷（如风暴潮和地震等），泥沙供应减少导致的冲淤失衡等。由于东海大桥两侧有两大河流入海口（长江口和钱塘江口），其也受到部分径流来水来沙的影响，长江上游三峡大坝、溪洛渡水电站工程、南水北调工程及上游一些水土保持工程导致长江入海口来沙量持续减少，对东海大桥周围海床冲刷有一定的影响。另外，长江口风暴潮较为频繁，风暴潮的急速移动也会导致海床冲刷。2015 年，杭州湾海域发生较大范围冲刷，且分布均匀，根据长江口水沙监测可知上游来沙量持续减少，所以上游减沙是产生冲刷的主要原因之一。

一般冲刷：桥墩的建设减小了水流的过水断面，增加了桥墩附近水位，在桥墩周围产生壅水现象，当水流继续前进脱离桥墩后，流速增加，水流挟沙能力增强，引起桥墩周围泥沙向大桥两侧输移，产生冲刷。根据资料显示，东海大桥在 2002—2015 年间一般冲刷影响范围约为大桥轴线两侧 3km。最大冲刷深度在大桥附近 2～3m，而两侧冲刷深度 1.5～2m。

东海大桥一般冲刷范围广且海床一直在冲刷加深，大桥建设极大地影响了海床地貌演变。由于东海大桥位于杭州湾，受到涨落潮的影响较大，该区域水流流速快且有往复性特征，导致泥沙运动在此环境下也呈现往复性，所以其冲刷演化速度相对较慢，还未达到冲淤平衡状态。

东海大桥接近芦潮港的北段和接近洋山港的南段冲刷比较严重，尤其是洋山港附近，冲刷较深且影响范围广。2002 年之前，大、小洋山附近岛屿零落分布，周围汊道众多，潮流比较流畅，2002 年洋山港实施汊道封堵陆连工程，先后封堵了大乌龟—颗珠山、小洋山—镬盖塘、将军帽—大指头岛北岛链三个主要汊道，最后实施北港区抛填成陆工程。港区的封堵工程导致港区内流速减缓，但也导致了港区外壅水现象，流速加剧，对东海大桥南段海床产生剧烈冲刷；附近岛屿零落也将导致旋转流等而冲刷附近海床。另外，由于涨落潮流被封堵陆连工程阻挡，涨潮波和落潮波相互叠加形成驻波，驻波又进一步加重了桥周围的壅水现象，进而导致海床冲刷。

东海大桥北段也产生一个范围逐渐扩大的冲刷海床地貌。近年来由于南汇边滩持续围垦，原来从南汇嘴往复的水流被阻断；从钱塘江过来的潮流在杭州湾沿岸冲刷，由于南汇边滩围垦工程的阻挡，在此产生回流。因此东海大桥北段就成为一个流速较大的水域，产生较大的冲刷。

由于东海大桥跨度较长，桥墩相对均匀分布，基本无主墩和辅墩的区别，所以海床差异性冲刷的影响相对较小，桥墩尺度和形状等对局部冲刷的影响较大。

局部冲刷：当水流遇到桥墩时候，由于桥墩阻挡，水流会向三个方向继续移动，即向桥墩两侧和沿着桥墩向下移动，向下移动的水流与桥墩底部来水相遇形成涡流，叫作马蹄形涡，另外两侧的水流在桥墩后相遇形成尾涡，马蹄形涡和尾涡是导致桥墩局部冲刷的主要原因。东海大桥局部冲刷范围在桥墩两侧 50～80m，冲刷深度可达 8m。

监测方法：水下探测的方法较多，包括潜水员跟踪摄影探测、彩色浮标探测、声呐探测、放射源探测、雷达探测等在内的多种冲刷探测与观察方法。其中潜水员跟踪摄影探测、声呐探测是在实际应用中广泛使用的方法。

1) 水下探摸法

使用水下拍照、录像系统、探伤工具等进行检查和监测。主要采取水上水下联合作业，潜水员持防水相机或摄像机进行水下跟踪。潜水作业的工作平台在船上，为潜水员水下作业提供通信、供氧等后勤保障。除摄影拍照外，潜水员还可对桩基周围局部的海床情况进行探摸测量，主要包括桩基四周的冲刷深度、范围、冲刷方位、杂物淤积及海床底质情况。

该方法耗费较大的人力、物力，还容易受到海上环境的影响，且对水下能见度较低的区域，即使有经验的潜水员，也很难保证检测结果的准确性。

2) 声呐探测法

常规方法采用单波束断面测量、多波束全覆盖扫测、三维成像声呐监测。

单波束断面测量法采用 GNSS 定位结合单波束进行水深测量，通常垂直于桥轴线布设监测断面，根据冲刷影响确定上下游监测范围、断面间距；选择大比例尺进行测量，一般 1∶1000 或 1∶2000。

多波束全覆盖扫测采用多波束系统进行扫测。

三维成像声呐监测具备“面状”数据拼接模式、真三维数据采集方式、实时性现场观测等特点，可高效、准确地探测水下目标体的工程现状特征。大多通过 3D Echoscope 成像声呐，可以实时获取桥墩或施工目标的高密度三维点云，清晰反映水下目标的形态特征，可探明桥墩基础周围及海床被冲蚀的程度。应用结果表明，三维实时声呐系统能够有效探测桥墩冲刷情况，对桥墩安全稳定性分析提供重要的支撑。

扫测线布设：由于监测船不具备穿越非通航桥孔条件，每次扫测桥墩时平行于桥墩轴线布设测线，两侧方向分别布设 1 条测线，测线距离桥墩 10m；为了获取桥墩两侧地貌信息，按一定间距平行布设测线。

监测方式：沿着测线进行桥墩扫测时，调整云台，使得换能器以不同的角度方向对桥墩进行扫描，避免出现漏测；周边地貌扫测时，云台角度可设置统一值。

系统校准：惯导系统，每次测前绕“8”字航行进行自动校正。按照系统安装校准要求，在海床平坦区域设计两条平行测线，进行往返扫测，保证两 ping 之间有 70%重叠；在水下棱角分明的结构体两侧分别设计两条平行测线，进行往返监测。然后进行了横摇(Roll)、艏向(Yaw)、纵摇(Pitch)和 X、Y 校准计算。根据每次校准曲线图(图 2-71)的对比和精度统计分布情况，来判断校准值的准确性和可靠性。

数据处理成图：选择要求扫测的区域进行图像拼接，拼接完成之后首先要进行噪声一级处理和二级处理。三维声呐数据处理时噪声的删除主要是通过点云的强度、深度和监测时的量程隐藏有用的点云，删除显示的无用噪点，确保图像数据干净、可靠。图 2-72 为桥墩进行噪点删除后的图像示意图。

6. 洋山深水港工程水文泥沙观测

洋山港建设周期长，随着建设工程的推进，流场不断发生变化，需要实时跟踪流场及含沙量等海洋环境要素的实际情况。测量频次、测量内容丰富。研究成果也比较丰富。限于篇幅，本书不作详细介绍，仅简单介绍观测的主要内容和形成的主要成果。

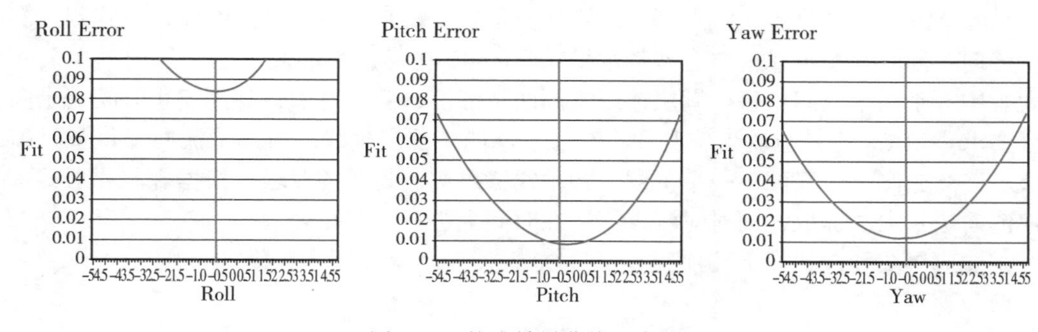

图 2-71　校准效果曲线示意图

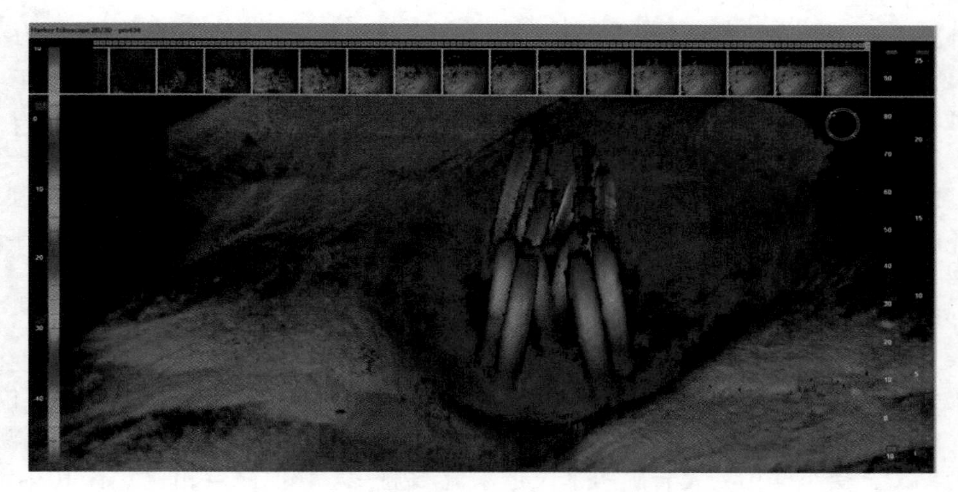

图 2-72　东海大桥 PM434 桥墩处理后图像

水文测量的主要内容：潮位、潮流、含沙量、风速风向、悬沙粒径、盐度、水温、风况及底质等。流速、流向、含沙量垂线测点采用六点法，即表层、0.2H、0.4H、0.6H、0.8H 和底层(H 为测流时水深)。测流每整点往返顺序施测一次，取两次观测数值的算术平均值为测定值，涨、落急及憩流加密至半小时，测速历时 60s。含沙量取样与测流同步，为单程取样，水样处理采用过滤、烘干、称重法。考虑本海域流速较大，于流速仪下部悬挂 40kg 铅鱼，以减小仪器的倾斜，倾角大于 15°进行深度修正。

水文泥沙测站和底沙取样点是按计划站位使用卫星定位布设，测验结束前复测站位。

潮位站设小洋山和小衢山两处潮位站，其中小洋山使用长期验潮站资料，小衢山设立临时验潮站，与水文泥沙测验同步观测。

水文泥沙测站：在工程码头港池水域、码头前沿和港池设计垂线测站。

潮流通道水域：在大、小洋山港区通道内水文断面，包括西口门、东口门及小洋山以南港区通道中部；在小洋山岛链自大乌龟至大岩礁四个潮流汊道内，布设多条垂线测站。

外航道及港区南、北水域：布设外航道和港区北港区南的多条垂线测站。

水文泥沙测验施测，一般进行大、中、小潮各 25h 以上周日同步观测。

另有 ADCP 走航测验、定点测量、断面测量等。每小时沿桥轴线断面走航施测一次流速、流向，同时在指定线位取含沙量水样；每隔 4h 在指定断面测风速、风向一次。共施测大、中、小三个全潮，每个潮次连续施测两个涨潮、两个落潮，观测起止时间满足潮流闭合要求。ADCP 定点测验，施测 *A*、*B*、*C*、*D* 四条固定垂线的流速、流向，每小时施测一次，连续施测一个涨潮、一个落潮，各垂线满足潮流封闭的要求。根据规范要求，垂线流速流向按六点法提取，同时对测点流速在时间上进行整时化处理。

主要成果统计包括如下几项。

1）流速流向

统计潮段平均流向与垂线最大流速的流向等。

（1）外航道及港区南、北水域。

外航道涨潮流向为 275°～295°，平均为 280°，落潮流向为 85°～125°，平均为 105°，与航道轴线（280°～100°）基本一致。

港区北侧：涨潮流向 260°～285°，平均为 270°，落潮流向为 95°～130°，平均为 110°，与小洋山岛链外廓线方位（290°～110°）相比，涨潮流向偏转港内约 20°，落潮基本平行。

港区南侧：涨潮流向 280°～305°，平均为 295°，落潮流向为 85°～120°，平均为 105°，与大洋山岛链外廓线方位（280°～100°）相比，涨潮流向偏转港内约 15°，落潮流向基本平行。

一期工程港池水域：涨潮流向平均为 290°～305°，落潮流向平均为 115°～125°，与码头岸线方位（310°～130°）基本一致。

码头前沿水域：涨潮流向平均为 320°，落潮流向平均为 120°，与码头岸线方位基本一致；位于镬盖塘东、西两侧的 M4 和 M5 测点，涨潮流向平均为 275°～280°，落潮流向平均为 115°，受小洋山—大岩礁两个汊道水流影响，与其他测点相比，有 10°～20°的偏转。

（2）小洋山岛链汊道水域。

本次测验在大乌龟—大岩礁四个汊道内布设测站。依岛形前三个汊道基本平行，其走向大致为 260°～80°，镬盖塘—大岩礁为 240°～60°。

大乌龟—颗珠山—小洋山：涨潮流向一般为 260°～270°，落潮流向为 90°～110°，涨潮与通道走向一致，落潮流向偏东约 20°。

小洋山—镬盖塘：位于汊道西侧的 T3 测点，涨潮流向为 250°～ 270°，落潮流向为 90°～100°，和前两个汊道流向基本一致，与码头岸线斜交约 40°；位于汊道东侧的 T4 测点，涨潮流向一般在 200°～260°，落潮一般在 40°～50°，涨落潮流向与码头岸线成正交。镬盖塘—大岩礁汊道：汊道西侧和东侧涨潮平均流向分别为 255°和 230°，落潮分别为 70°和 65°，基本上顺岛流动。

2）流速

潮段平均流速系指憩流间涨潮或落潮流速过程线与时间轴线所包围的面积除以历时。

外航道：大、中、小潮涨潮平均流速分别为 0.97m/s、0.81m/s 和 0.70m/s，平均为 0.82m/s。落潮流速分别为 1.02m/s、0.84m/s 和 0.74m/s，平均为 0.86m/s。涨、落潮流速相对最大；落潮流速略大于涨潮流速，两者之比值平均为 1.05。

港池：大、中、小潮涨潮平均流速为 0.77m/s、0.70m/s 和 0.59m/s，平均为0.69m/s；落潮流速分别为 0.96m/s、0.78m/s 和 0.72m/s，平均为 0.82m/s。涨、落潮流速相对次之，落潮流速大于涨潮流速，两者之比值平均为 1.19。

码头前沿：大、中、小潮涨潮平均流速分别为 0.66m/s、0.59m/s 和 0.52m/s，平均为 0.59m/s，落潮流速分别为 0.93m/s、0.79m/s 和 0.67m/s，平均为 0.80m/s。涨、落潮流相对最小，落潮流速明显大于涨潮流速，两者之比值平均为 1.36。

对比小洋山岛链四个汊道的潮流速特征如下。

总体来看，四个汊道的涨潮流速相差不大，自大乌龟至大岩礁各汊道大、中、小潮平均流速依次为 0.52m/s、0.61m/s、0.54m/s 和 0.56m/s；落潮流速则有明显差别，各汊道平均流速依次为 0.81m/s、0.68m/s、0.49m/s 和 0.76m/s。

大乌龟—颗珠山：大、中、小潮涨潮平均流速分别为 0.40m/s、0.53m/s 和 0.64m/s，落潮分别为 1.08m/s、0.78m/s 和 0.58m/s；涨潮流速与潮差成反比，落潮流速与潮差成正比；大潮和中潮落潮流速明显大于涨潮，小潮落潮流速略小于涨潮。

颗珠山—小洋山：大、中、小潮涨潮平均流速分别为 0.68m/s、0.61m/s 和 0.54m/s，落潮分别为 0.83m/s、0.71m/s 和 0.49m/s；大潮和中潮落潮流速大于涨潮流速，小潮落潮流略小于涨潮流速，这一点与大乌龟—颗珠山汊道性质相同，但大潮在落潮流速与涨潮流速之比值上有较大程度的不同，前者为 2.7，而后者仅为 1.2。

小洋山—镬盖塘：位于汊道西侧浅水水域的 T3 垂线，大、中、小潮涨潮平均流速分别为 0.87m/s、0.62m/s 和 0.70m/s，落潮流速分别为 0.56m/s、0.39m/s 和 0.25m/s；以涨潮流为主，落潮流速与涨潮流速之比值平均为 0.55。位于汊道东侧深槽内的 T4 垂线，大、中、小潮涨潮平均流速分别为 0.44m/s、0.29m/s 和 0.36m/s，落潮流速分别为 0.75m/s、0.60m/s 和 0.40m/s；以落潮流为主，落潮流速与涨潮流速之比值平均为 1.61。

镬盖塘—大岩礁：位于汊道西侧浅水水域的 T5 垂线，大、中、小潮涨潮平均流速分别为 0.79m/s、0.75m/s 和 0.86m/s，落潮分别为 1.05m/s、0.83m/s 和 0.57m/s；总体来看，以落潮流为主。位于汊道东侧深槽内的 T6 垂线，大、中、小潮涨潮流速分别为 0.35m/s、0.26m/s 和 0.36m/s，落潮流速分别为 0.85m/s、0.60m/s 和 0.62m/s；落潮流速明显大于涨潮流速，落潮占主导优势。

3)断面潮量和输沙量

根据本期水文泥沙测验实测资料，计算出港区通道和岛链汊道断面潮量和输沙量。从测验结果来看，小洋山岛链四个汊道皆为向外输沙。其中：大乌龟—颗珠山—小洋山两个汊道净潮量和净输沙量很小，对港区水、沙交换影响不大；小洋山—镬盖塘汊道涨潮潮量大于落潮潮量，但沙量仍为向外输沙，其量亦不大；镬盖塘—大岩礁汊道净出水量较大，造成每个潮周期约有 22 万吨泥沙输出，成为四个汊道中的主要输沙道。由于边界条件复杂，水流、含沙量多变性以及测点测验次数过少，本次测验代表性还有待今后积累更多的资料确定。

第3章　长江口航道整治工程测量

3.1　概述

长江是我国的黄金水道，长江口三级分汊，四口入海。长江口水沙条件复杂，河口拦门沙河段滩顶自然水深仅5.5~6.0m，航道治理前依靠人工维护仅7m水深的通海航道，难以满足上海港和长江航运发展的需要，已成为严重制约上海市、长江三角洲和长江流域经济发展的瓶颈。治理长江口、打通拦门沙、建设长江口深水航道已成为必然，见图3-1。

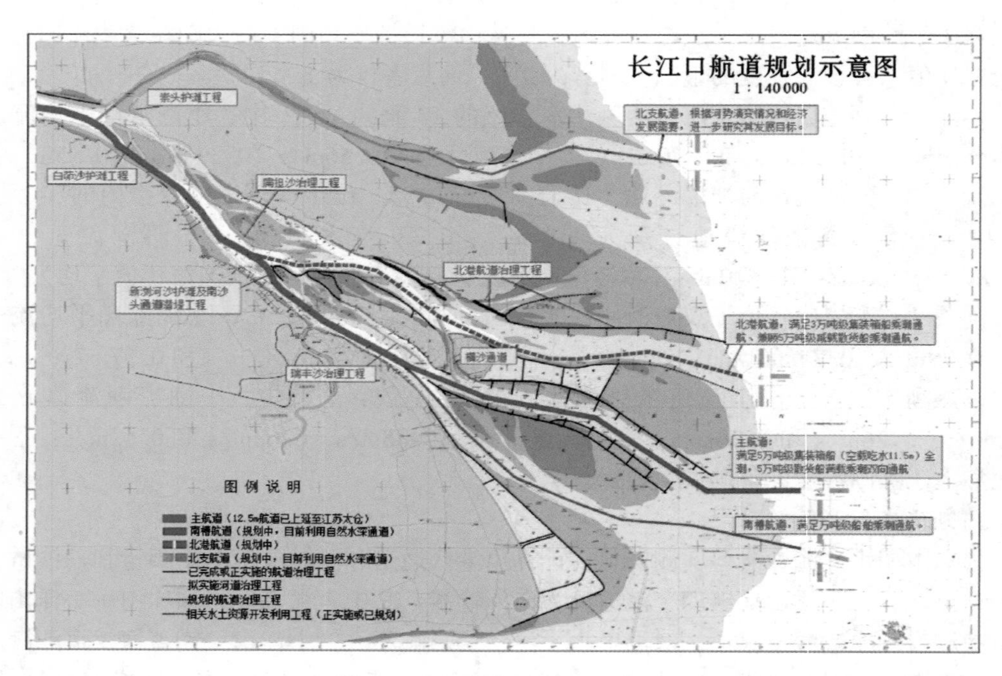

图3-1　长江口航道规划示意图

长江口航道复杂，航道治理会面临如下难题。

1. 自然条件复杂，治理难度大

长江口是巨型丰水多沙河口，大通站多年(1985年前)平均年入海径流量为$9240\times10^8m^3$(平均流量$29300m^3/s$)，入海沙量为4.86×10^8t/年(平均含沙量$0.547kg/m^3$)。2006年以来，入海沙量减到1.5×10^8t以下。每条入海汊道均存在东西长达40~60km的“拦门沙”区段，最小滩顶水深为5.5~6.0m(理论最低潮面下)，平均潮差2.6m(中没站)，属中等潮差河口，河口进潮量可达266300m³/s。

2. 局部河势的变化存在不确定性

工程前40余年的研究成果虽然揭示了长江口水沙运动及河床演变的基本规律，提出了总体治理方案。但整个长江口仍基本处于自然演变状态，洲滩尚不稳定，局部河势变化还存在不确定性；北槽的来水、来沙条件也存在一定的不确定性。

3. 滩面物质易发生冲蚀

河床滩面主要由0.086mm的粉细砂组成，极易受水流作用掀扬和运移。除天然流场的年、季变化会导致滩面冲淤外，建筑物的施工也必然引起周边流场的改变，通常会使沿堤流发育而加剧堤侧及堤头前方滩地的冲刷，造成工程量增加，甚至危及建筑物的稳定。

4. 地基承载力低，浪大流急

工程区段的地基条件具有“上硬下软、压缩性大、承载力低、部分堤段淤泥出露”的特点，多数堤段表层分布厚度不均的粉细砂，下卧天然强度低、压缩性大的深厚淤泥质土层。从对地基条件的适应性来看，整治建筑物宜采用轻型结构，或者桩基。

5. 施工条件差，强度高

工程位于长江口北槽的茫茫江面，平均距陆岸50km，现场全部作业无陆基依托，不可能采用传统测量定位手段(经纬仪、水准仪、全站仪等)，测量定位困难；而且夏有台风、冬有寒水，每年可作业天数仅为140~180，水上作业船需要远距离避风，更大大降低了水上可作天利用率。

3.2 测量内容

航道整治工程测量是指在工程规划设计、施工建设和运行管理各阶段所进行的测量工作，按其工作顺序和性质分为：勘测设计阶段的工程控制测量和水下地形测量；施工阶段的施工测量；竣工和管理阶段的竣工测量、变形观测及维修养护测量等。例如，施工控制测量为工程建筑物的施工放样、验收及其他测量工作建立平面控制网和高程控制网；施工放样测量则是将设计图上建筑物的轴线、细部轮廓点标定到实地；变形观测可以监视水工建筑物的变形的空间状态和时间特性，掌握水工建筑物的实际性状。因此，如果没有测量工作为工程建设提供数据和图纸，并及时与之配合和进行指挥，任何工程建设都无法进展和完成。

同时，由于深水航道是在长江口这一径流来水来沙巨丰、多级分汊、滩槽交错的巨型河口实施的工程，具有外部自然条件的复杂性、发展过程的不确定性以及研究认识的局限性，因此长江口深水航道治理工程在前期研究阶段就明确了“以动态分析的观念制定治理方案”。在工程实施过程中，加强对河势河床、水文泥沙等现场监测，认为是非常必要的。

测量贯穿于建筑工程的始终，其工作质量直接影响整个工程的质量和进度，主要工作内容包括平面及高程控制测量、地形测量、纵横断面测量、定线和放样测量、竣工测量、变形观测、信息化施工及水文观测等。

1. 控制网布测

工程控制网的作用是为工程建设提供工程范围内统一的参考框架，为各项测量工作提供位置基准，满足工程建设不同阶段对测绘在质量(精度、可靠性)、进度(速度)和费用等方面的要求。工程控制网具有控制全局、提供基准和控制测量误差累计的作用。要定量地描述长江口水下的物体或目标的位置，在这样大的范围维持点位的准确性及均匀性，为施工、测量提供坐标参考基准、建立控制网是必需的、必要的。

同时，鉴于长江口深水航道治理工程规模大、施工周期长、由多家单位参加施工，为此，必须建立作用范围和实时定位准确度都能满足测量、疏浚、南北导堤施工定位要求的基准站，并采取相应措施保证 DGNSS 基准站能够正常、可靠、全天候连续运行，以确保整个工程顺利实施。

2. 扫海测量

航道整治工程实施前期，航道可能存在礁石、沉船、船锚等障碍物，这些障碍物的存在会极大地威胁船舶航行和施工安全。扫海的目的是查明海区航行障碍物的情况，并确定船只安全航行的深度。扫海测量常用手段主要包括：软(硬)式扫海具扫海、侧扫声呐扫海、多波束系统扫海以及海洋磁力仪扫海。一般情况下，针对滩面高程较高的区域，采用目测加拍照方式进行扫床，其余部分采用软式拖底方式扫床；对于水深较深区域，可综合利用多波束测深系统、侧扫声呐系统、浅地层剖面仪以及磁力仪等测量技术手段，充分掌握施工区域的水下地形、泥面以上和泥面以下存在的障碍物情况。

3. 工前测量及施工测量

工前水下地形测量主要是掌握工前水下地形变化，为设计单位提供复核结构设计的基础资料，工前水下地形测量成果将作为设计变更及因此发生工程量增(减)变化时相应调增(减)合同价款的依据。工前水下地形测量多采用三维水深测量技术。

施工测量主要包括施工检测和施工监测两大部分，其中施工检测主要包括施工放样、施工区断面水深检测、施工船舶定位比对、水下软体铺设质量检测、抛石断面检测等；施工监测测量主要包括固定断面监测和分析、建筑物结构施工期沉降位移观测等。

4. 施工过程动态监测

由于各种相关因素的影响，工程建筑物有可能随时间的推移发生沉降、位移、挠曲、倾斜及裂缝等现象，这些现象统称为变形。因此，在工程建(构)筑物的施工、使用和运营期间，必须对它们进行必要的变形监测。导堤整个生命周期的变形监测必不可少。为了达到此目的，应在工程建筑物设计阶段，就着手拟定变形观测的设计方案，并将其作为工程建筑物的一项设计内容，以便在施工时，就将观测标志和设备埋置在设计位置上，从建筑物开始施工就进行观测，一直持续到变形终止为止。

导堤监测项目主要为堤基土孔隙水压力、堤基土沉降、堤基深层位移变化、堤身表层位移沉降等。监测方式分为常规变形监测手段和自动化监测手段。

5. 信息化施工技术

长江口深水航道治理工程的工程量大，施工强度高，更主要的是施工难度大。如软体排在铺设过程中，施工设计要求软体排平整地铺设到河床，且排体与排体间有一定搭接量；但是，由于受水流、水下地形等因素影响，软体排在着床过程中会漂浮摆动，甚至翻卷，不易铺设至设定位置，从而，造成排体沉放后，表面不平整，尤其是相邻两块排体间的搭接量不足。这种施工操作是看不见、摸不着的，这种类似于“盲目”操作的方法，极易产生定位误差，其后果是不堪设想的。各施工参建单位根据承担的水工建筑物结构特点和工况条件以及水上作业主要工序，利用最前沿的测绘技术以及定制化软件，包括使用专用船软体排铺设监控技术及抛石定位监控技术、半圆体吊装及检测技术、基床整平技术等，大大提高了信息化、自动化施工的技术水平，加快了工程进度，保证了工程的高质量。

6. 水文泥沙观测

针对长江口航道深水航道工程建设特点，提出动态管理要求，以确保整治效果和建筑物稳定为目标，以现场监测成果为依据，以科研试验为手段，适时优化设计施工方案，从一期工程开始就制定了一整套对水文泥沙沙运动和河势、地形的严密的监测制度，建立了现场水文、泥沙、波浪自动观测系统。在这些制度中，对监测内容、方法、频次、提交成果、技术标准、组织管理等作出了相应规定。水文泥沙监测主要内容如下：

(1)大范围固定垂线水文泥沙测验；

(2)长江口主要汊道分流分沙比观测；

(3)深水航道重要通道流场监测；

(4)近底水文泥沙观测；

(5)航道浮泥观测；

(6)水文、泥沙、波浪实时自动监测系统。

3.3 长江口航道区域似大地水准面构建

长江口深水航道治理工程自建设起就选定利用 GNSS 技术实施三维定位，尤其大范围的控制测量采用了以多台 GNSS 静态相对定位技术会战式组网观测，在构网的同时综合考虑整个测区，既考虑 GNSS 网的结构强度，又兼顾观测调度的合理性。

工程采用 GNSS 组网静态观测技术完成了涵盖 5 个 SHCORS 站点、3 个 IGS 站点、4 个长江口航道工程基准站点及 20 个控制点的长江口航道区域 GNSS B 级控制网布设(图 3-2)，并在实施过程中进行了高精度高程联测和水面水准高程传递，计算得到大部分控制网点的 GNSS 水准。在此基础上结合长江口航道区域工程和 GNSS 控制网覆盖的范围，采用国外先进的(似)大地水准面确定理论与方法(Molodensky 理论)，应用 Remove-Restore 技术获得了基于 CGCS 2000 大地坐标系的长江口航道区域的分辨率为 2.5′×2.5′高精度的似大地水准面成果，平面坐标的精度优于 2cm，高程精度可优于 3cm，为采用 GNSS 技术测定高精度的吴淞高程奠定基础。同时为便于工程使用，求取了基于布尔莎模型的 CGCS 2000、WGS-84、1954 年北京坐标系、上海城市平面坐标系相互之间的转换参数。

利用长江口区多个水位站及密集的 GNSS 水准点构成了长江口高程异常网。由于似大地水准面起伏和复杂，因此高程异常值的分布也比较复杂。相邻点高程异常值的变化基本呈连续渐变的过程，所以当用某一点邻近各点的高程异常值估算该点的高程异常时，邻近点距该点越近，其高程异常值对该点高程异常的影响就越大；反之亦然。因此可以假定在

图 3-2　航道维护期 GNSS 控制网

用某点邻近若干点的高程异常推算该点的高程异常时，邻近各点的高程异常值所占的权重与各点到该点的距离成反比。据此，利用控制网中 6~7 个已知水准点的高程异常值采用加权均值的方法推算位于已知点所围成的多边形之内的待定点的高程异常值。这样求得的高程异常值准确度比其他方法要略高一些。其中的权重与各点至该点的距离成反比。经试用，高程异常值的精度在 10cm 以内。为达到工程高精度应用，在加权的基础上绘制出拟合残差分布图(图 3-3)。

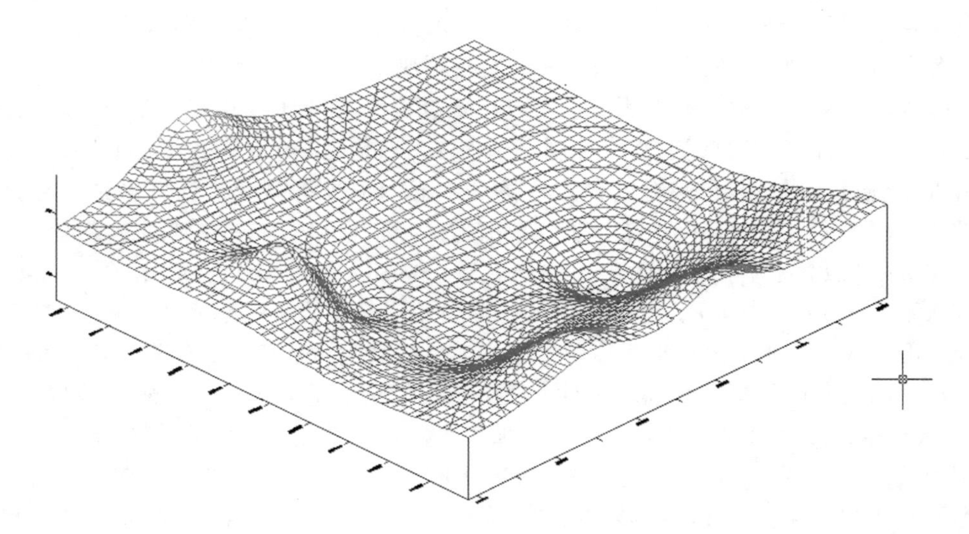

图 3-3　二期 GNSS 控制网拟合残差立体图

3.4 航道整治工程测量

3.4.1 扫海测量

航道整治工程实施中，施工区域可能存在礁石、沉船、船锚等障碍物，这些障碍物的存在会极大地威胁船舶航行和施工安全。同时在一些区域由于历史遗留问题以及大自然的造物能力，亦需要确认泥面至浚深之间是否存在影响施工的目标，比如爆炸物。因此通常需要组织进行泥面上及泥面下的扫海测量，以查明海区航行及泥面下影响施工的障碍物情况。

长江口航道整治工程实施过程中针对不同应用场景采用了软式拖底、侧扫声呐、多波束测深系统、浅地层剖面仪及海洋磁力仪等多种扫海方式。

1. 软式拖底扫海

软式拖底扫海是一种传统式的碍航物探测方法。顾名思义，就是利用钢丝、夹棕等既具有一定弹性，又具有一定重量能够下沉的工具，对海底潜探，以确定海底是否存在碍航物。该作业方式的优点是扫测工作效率高，单次扫测有效宽度可达400~600m，能较为准确地探明有一定隆起高度的水下航行障碍物。而其缺点是作业过程较为繁杂，需使用较多的测量仪器和作业人员；同时要求扫测区域水下地形平坦，否则扫具会经常被勾住，潜水员探摸次数多；如发现航行障碍物，则需探明其位置、高度、形状和走向，以供使用单位根据不同的要求作出不同的处理方案，确保船只的航行安全。软式扫海工作示意图如图3-4所示。

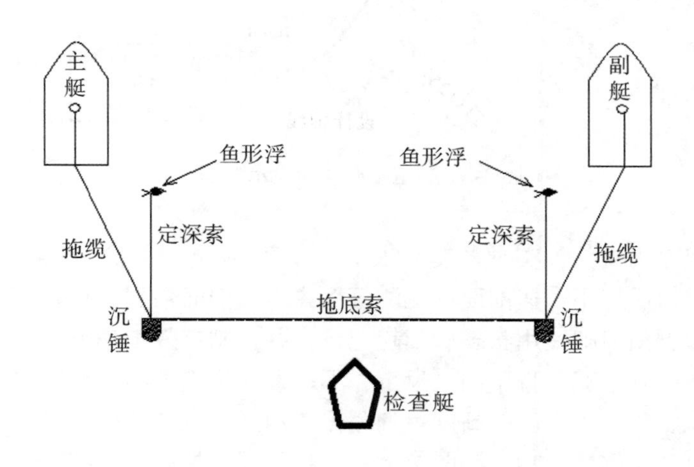

图 3-4　软式扫海工作示意图

2. 侧扫声呐扫测

侧扫声呐的换能器在航行方向的左、右两侧发射具有一定指向的高频声波束，声波束传播至左、右两侧一定宽度范围的水底表面，当水底表面存在地物时，声波束触及地物会产生返向散射声波，返向声波被换能器接收，信号传输至接收机进行放大及处理，再传输至终端的显示器和记录器，形成反映出一定宽度的水底表面二维图像，从声图像可以检测表面地物的性质、大小、高度和范围。对于不同底质表面，返向散射声波的强度不同，因而在声图像上反映的图像也不同。

在测量前设计测线，扫测计划测线尽量顺潮流方向，确保尾拖换能器的安全；根据扫测区域潮流含沙量的特点，设置合理的工作频率和量程；操作人员能够对目标图像进行有效判别，确定加密扫测区域。以 Klein 3000 侧扫声呐为例，采用 5 倍宽深比的扫宽实施障碍物扫测。侧扫声呐扫海测量的主扫测线平行于堤轴线走向，根据测区水深变化情况并保证全覆盖的同时，各扫道间有不小于 20% 的重叠，保证了扫测区域全覆盖、无遗漏。扫道中心线布设示意图如图 3-5 所示。

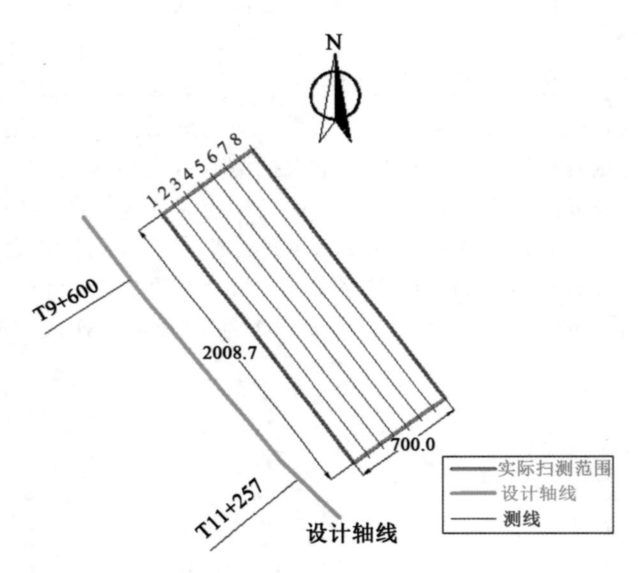

图 3-5　扫道中心线布设示意图

数据采集采用专用软件，实时采集 RTK-DGNSS 以及侧扫影像，记录船舶航迹。为确保测深精度，测量前后采用声速剖面仪在测区采集声速剖面数据进行声速改正。扫测结束后检查定位资料、侧扫声呐使用状态、扫趟记录，并绘制有效扫趟范围，测量船航向与测线方向一致，有效扫测带宽垂直于测线标定，不一致时垂直于测量船航向标定，并标明扫趟方向、航速和拖底缆绳离水底的高度。扫测覆盖示意图见图 3-6。

发现障碍物出现在侧扫声呐扫测图像上后，将障碍物按测区扫趟次序、定位先后统一编号，量取定位插点距离、目标距测线的水平距离、目标距水底的高度、平行于测线的长度，判断障碍物走向、形状及性质等，并将以上数据列入“扫获障碍物一览表”，当无法判定障碍物性质时，联系潜水员进行探摸并测定其长、宽和露出泥面的高度，并描述名称和类别。Klein 3000 扫测成果图见图 3-7。

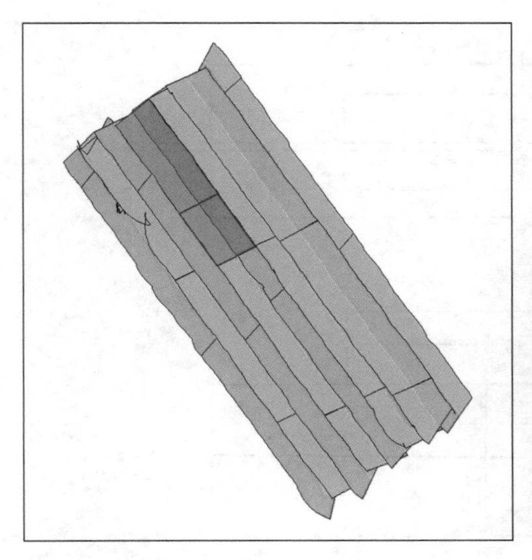

图 3-6 扫测覆盖示意图

图 3-7 Klein 3000 扫测成果图

3. 多波束扫测

多波束测深系统主要用于获取海底地形并发现目标。在测量时，计划测线方向尽量顺潮流方向(或顺航道中心线)，一方面使船舶航向与航迹夹角比较小；另一方面修正船舶偏航向时，角度小，从而使船速能达到最大，提高扫测效率。计划测线间距以能满足全覆盖和重叠带为原则。在扫测前，综合考虑测区水深、潮汐、拟工作的时间以及设备有效波束的宽深比、重叠带宽度等情况，确定计划测线间距。根据测区水深情况和设备性能参数计算出最大船速，确保获取足够的数据，满足全覆盖。范围长于 3km 的扫测区域，分块进行扫测，分块的大小根据设备显示装置确定，以肉眼能识别最小空白区域为准则，防止漏测。

本次测量采用 T50-P 多波束系统，系统安装示意图见图 3-8。

测量开始前，进行转换参数的求取和平面控制点的比对，满足相应的规范要求。采用测区附近的水文站进行水位控制，水位数据每 10min 记录一次数据，数据读至 0.01m。潮位数据时间应至少覆盖每天测前、测后 10min。水位改正按中心线方式进行改正。

测线布设时，为了保证有效覆盖及相邻条带的重叠，扫带间距根据测区平均水深(6m)按 5 倍宽深比，重叠带保持 20%上覆盖，测线平行于航道方向；测线间距 20m，按实际扫宽及覆盖要求进行扫测，检查线垂直于主测深线条带均匀布设。

使用 GNSS 接收机与 T50-P 多波束测深系统同步定位、测深。采用 PDS 2000 测量软件进行实时导航与数据采集，在 GNSS 锁定状态下进行平面定位和水深数据的采集，并用 OCTANS 光纤罗经进行实时姿态补偿。测量过程中每两小时采集一次声速剖面数据，进行表面声速改正，并根据测区内声速的变化大小来确定是否加密量取。外业数据采集结束后，把验潮数据输入内业编辑软件，进行潮位改正、声速剖面改正、数据编辑并输出水深数据。

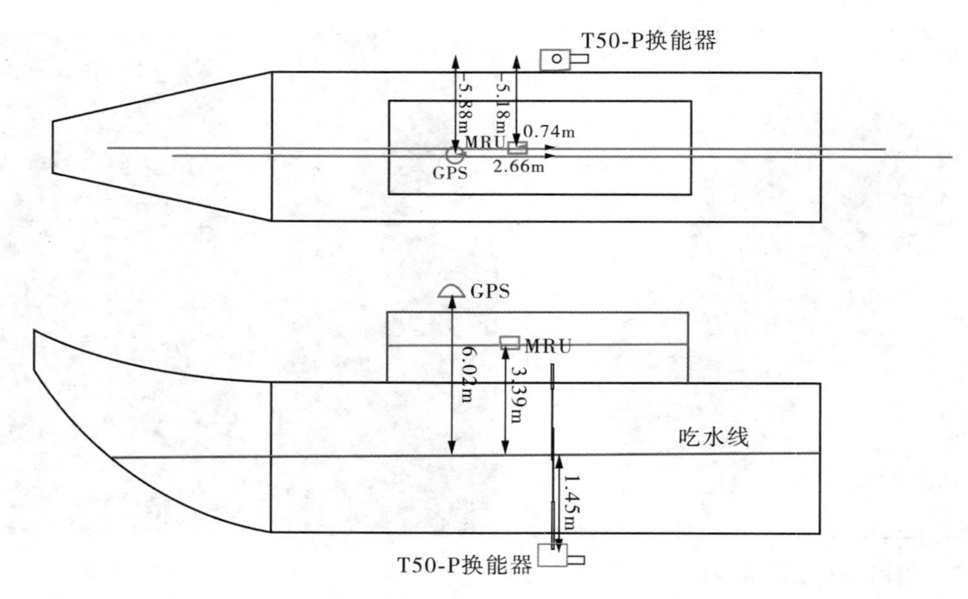

图 3-8　T50-P 多波束设备安装结构图

T50-P 多波束测深系统采用侧舷安装，在测量前进行了十字交叉比对，通过比较可以看出两个交叉扫道重叠部分的差值小于±0.2m，比对结果显示设备安装稳定，横摇、纵摇、艏向等校准参数可靠，测量精度满足要求。潮位控制采用验潮站验潮，采集方式和控制范围均严格根据规范执行。进测区测量前进行十字交叉比对校核。

利用 T50-P 实测的长江口南槽航道水深色块图见图 3-9。

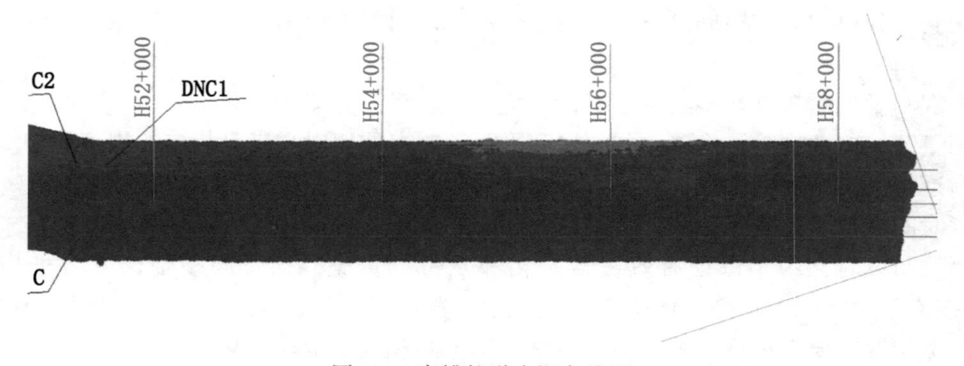

图 3-9　南槽航道水深色块图

4. 磁力扫测

磁力测量主要测量磁异常，发现水下磁性目标或障碍物。磁力测量需遵守以下要求。

测线布设：①测线间隔要满足探测能力要求，同时要有一定的重叠宽度，保证不出现漏测现象。②测线方向尽可能满足下列条件：第一，磁性体在顺磁化时产生较大的磁异常，测线应尽可能在南北方向布设；第二，从海上拖曳作业条件考虑，为保证探头与测量船航迹在一条直线上，测线方向应尽可能与潮流方向一致；当上述两个条件不能同时满足时，实际测线布设方向应根据实际潮流方向。

航速：测船的航速不超过6kn，测量时尽量保持匀速直线行驶，提高探测平面精度。

海况：风速5级以下，波浪轻浪。风浪大时探头在水中起伏，动态噪声增大，探测能力减弱。

定位精度：使用高精度的DGNSS定位。

探头高度：探头离海底的高度控制在一定的深度，必要时加装定深翼。

拖缆长度：拖缆放至离船尾部3倍船长以上，以消除船磁的影响。

加密测量：对探测目标不少于3个方向加密，测船保持直线行驶，可以减少位置中误差，提高位置精度和便于计算雷体埋深。

以长江口南槽航道治理一期工程疏浚项目工前扫海测量为例，测量过程如下。

测量设备：扫测采用亚米级精度的RBN-DGNSS进行定位，精度为±1nT(nT为纳特斯拉或伽马或10^{-5}高斯)的G-882 G型光泵海洋磁力仪以及地层分辨率可达1cm(最大5cm)、主频约100kHz(频带：85~115kHz)、用户可选(4kHz，5kHz，6kHz，8kHz，10kHz，12kHz，15kHz)差频的SES 2000 standard参量阵浅地层剖面系统。

控制点比对及测线布设：测量采用RBN进行平面定位。测前进行控制点比对，比对平面中误差须满足《水运工程测量规范》(JTS 131—2012)的要求。测线沿航道与航道线平行布设，测线间距为10m，确保整个测区探测无遗漏和对可疑目标的重复探测。

磁力仪设备安装及数据采集：此次调查采用船尾拖曳方式进行，施放过程中保持船舶3~4kn低速匀速前进。由于采用船舶材质为铁质，为消除船磁影响，保证施测效果，释放长度需要大于3倍船长，故此次测量过程中始终保持磁力仪距离船尾距离约50m。

测前准确测量出DGNSS接收机天线位置与磁力仪在船尾入水点之间的水平距离，确定好DGNSS天线与磁力仪探头之间的固定偏差值，磁力仪施放完成后与导航定位系统联机调试，保证了导航定位输出的信号及磁力仪数据在磁力仪系统中正常接收。进行数据采集时，设置正确的工作参数，同时根据测区环境实时进行参数调整，保证最佳探测质量。在作业过程中确保船舶匀速直线航行，船舶航行速度为3~4kn。采集过程中，测量人员实时查看数据采集界面，发现磁力异常跳点时，立即进行识别、标记，磁力值异常点示意图见图3-10。

由于本次磁探没有封闭航道，过往船只数量众多，对测量带来很多干扰，对于磁力异常区域，排除船舶调头等影响后，需要对疑问区域进行加密测量，以便分析、确定该磁力异常区域的范围。

数据处理：测量完成后，使用专业的配套软件将数据导出并进行编辑，把信号突变点生成的*xyz*文件导入Hypack中，做成目标文件，在排除船舶掉头等影响因素后，找出磁力值明显变化量并根据公司G882磁探仪的磁探经验，通常45kg的铁块在水下9m时，其产生磁异常值在1nT左右，依此估算这个点障碍物大小。

5. 浅地层剖面测量

浅地层剖面测量主要用于探测浅地层底质结构、发现深埋管线等。仍以长江口南槽航

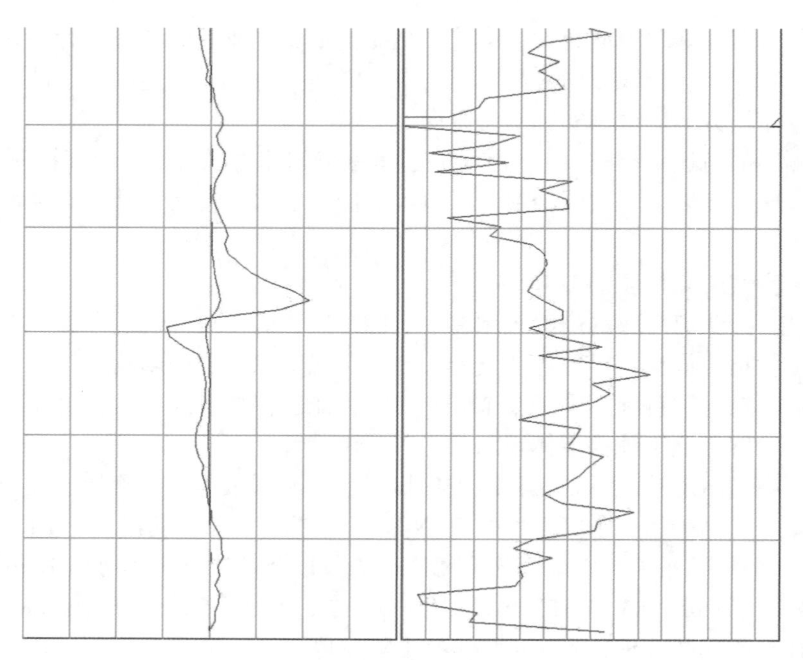

图 3-10　磁力值异常点示意图

道治理一期工程疏浚项目工前扫海测量为例，介绍利用浅地层剖面仪 SES 2000 探测浅地层的情况。

布设长 200~400m，宽 200m，间距 5m 加密测线，采用浅地层剖面仪探测。

浅地层剖面仪数据处理采用 Sonar Wiz. MAP 软件，经后处理输出图像。在模拟剖面记录上，判读出海底疑似物，获取海底疑似物的位置和埋深等数据。成果图如图 3-11 和图 3-12 所示。

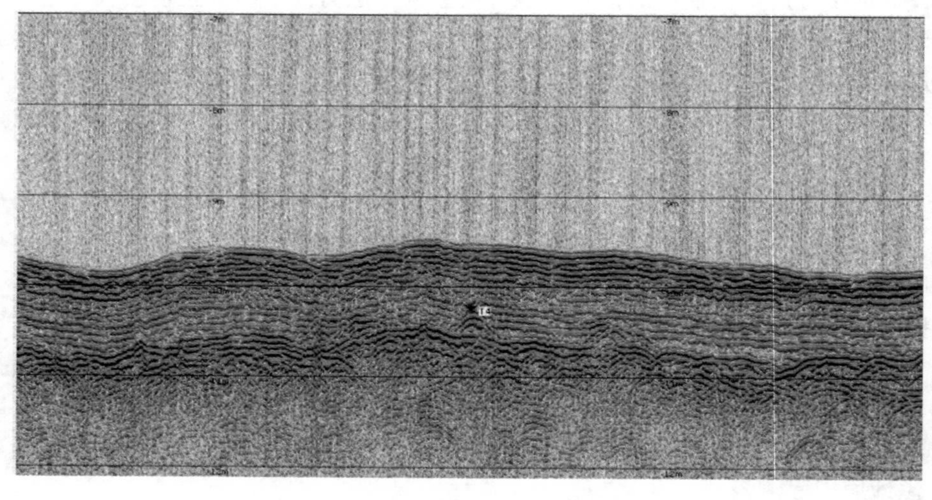

图 3-11　28 日 4#疑似点，埋深 0. 78m

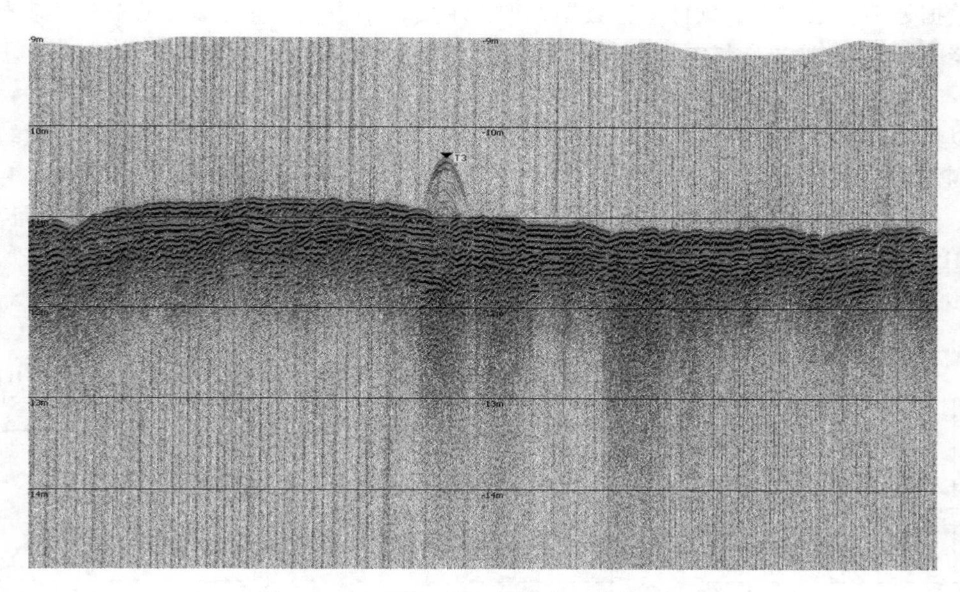

图 3-12　11 月 11 日 2#疑似点，裸露 0.60m

3.4.2　RTK/PPK 三维水深测量

与常规测量手段相比，RTK/PPK 三维水下地形测量系统具有距离远、精度高、成本低、不受气象条件限制、全天候作业等诸多优点，成为远离岸线工程中了解水下地形面貌最为适宜的测量手段。RTK/PPK 三维水下地形测量技术是集 GNSS 定位、测深、计算机处理及出图于一体的水下地形测量技术。

硬件安装及要求：主要是 GNSS 天线与测深仪换能器的安装，一般测深仪换能器安装在测量船距船艏 1/3～2/5 船身长的舷侧，放入水下大致 0.5～1.2m，尽量使 GNSS 天线相位中心与测深中心在同一铅垂线上。安装完成后应精确测定 GNSS 天线、换能器在船体坐标系下的相对位置关系，读数至 0.01m；独立测量两次水平方向上的距离，两次测量互差应小于 50mm；对于竖直方向上的距离，两次测量互差应小于 20mm，在限差范围内取其均值作为测量结果。

施测方法：施测前应该针对本测区建立覆盖全部测区的控制网，通过控制点参数求取本工程相的七参数，并架设足以覆盖全部测区的基准站差分信号源。

测量前需对 GNSS 定位设备及测深设备进行检校工作，所有设备校准比对结果满足《水运工程测量规范》(JTS 131—2012) 及相关规范水深测量定位误差限差规定后，才可投入使用。在测量工作开始之前，还应该进行时间校准，以确保计算机、测深仪、RTK 接收器三者的时间统一。

按规定的计划测线和定位点间距进行测深定位，在 RTK 固定解状态下采集测深、定位、定高数据，查看差分接收锁定情况，确保数据采集的整个过程中都能收到较稳定的差分信号。

数据处理：采用专业软件进行数据处理，主要包括数据质量控制、GNSS 三维坐标到换能器的归位计算以及测深点三维坐标的归位计算、测深点云数据滤波、精度评估等内容。

以长江口航道养护河势及河床质监测项目 A 标为例。GNSS 三维水深地形测量结果与传统测深结果对比如图 3-13 所示。本次测量中共比对 53619 个，其中差值≤0.1 的为 13377 个，占 24.95%；差值>0.1 且≤0.2 的为 18057 个，占 33.68%；差值>0.2 且≤0.3 的为 21874 个，占 40.8%。由此可见，在水面状况较理想的情况下，两种改正方法所得水下地形的差异较小。

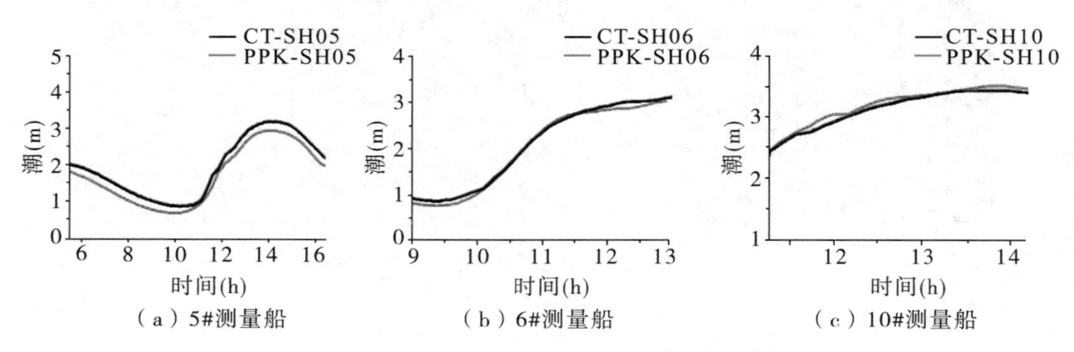

图 3-13 GNSS 三维水深测量结果与传统水下地形测量结果比较

3.4.3 导堤变形监测

由于各种相关因素的影响，工程建筑物有可能随时间的推移发生沉降、位移、挠曲、倾斜及裂缝等现象，这些现象统称为变形。当变形值在一定限度之内时，可认为是正常现象，如果超过了规定的限度，就会影响建筑物的正常使用，严重时还会危及建筑物的安全和人民生命财产的安全。因此，在工程建(构)筑物的施工、使用和运营期间，必须对它们进行必要的变形监测。

对于导堤，变形监测的首要目的是要掌握导堤的实际现状，通过变形观测取得的资料，可以监视导堤变形的空间状态和时间特性；在发生不正常现象时，可以科学、准确、及时地分析和预报水利工程建筑物的变形状况，采取措施，防止事故发生，以保证导堤的安全。通过施工和运营期间对建筑物的观测，分析研究其资料，可以验证设计理论及所采用的各项参数与施工措施是否合理，为以后改进设计与施工方法提供依据。

导堤是设在河口的整治建筑物，起引导和集中水流、冲刷拦门沙及浅滩、维持和增加航深的作用，又称导流堤。长江口深水航道治理工程采用整治与疏浚相结合的治理方案，整治建筑物采用宽间距双导堤加长丁坝群形式，主要功能是“导流、挡沙、减淤”。导堤结构安全和确保堤顶高程是整治工程充分发挥作用的必要条件，因此，导堤整个生命周期的变形监测必不可少。为了达到此目的，应在工程建筑物设计阶段，就着手拟定变形观测的设计方案，并将其作为工程建筑物的一项设计内容，以便在施工时，将观测标志和设备埋置在设计位置上，从建筑物开始施工就进行观测，一直持续到变形终止为止。

导堤监测项目主要为堤基土孔隙水压力、堤基土沉降、堤基深层位移变化、堤身表层位移沉降等。监测方式分为常规变形监测手段和自动化监测手段。

以长兴潜堤后方滩涂圈围工程为例。

长兴潜堤后方滩涂圈围工程位于长兴岛东南角，南边界为长江口深水航道三期治理工程长兴潜堤，西边界至现有海塘、东边界至横沙通道该段水域规划岸线，北侧与毛竹圩滩涂圈围达标工程衔接。本工程建设内容主要包括：新建南堤、东堤，围内吹填成陆和新建临时排水口等。工程总圈围面积 1666.68 亩，堤线全长 3277.07m。

工程实施过程中，对工程结构及两侧地形、水位及水流、堤基土孔隙水压力、堤基土沉降、堤基深层位移变化、堤身表层位移沉降、围内吹填沉降等进行动态监测，及时反映围堤稳定情况，确保工程施工安全。

1. 孔隙水压力监测

设计孔隙水压力计埋设共计 14 个断面，每个断面布置 2~3 个孔位，每孔 3~4 个压力计，分别布置于堤身断面内棱体、堤身、外棱体，最深底高程-23m。其中，东堤有 8 个断面，南堤有 6 个断面，累计孔数 40 个，需布设孔隙水压力计 138 个。

堤基孔隙水压力计设备的埋设：按照监测方案设计要求进行堤基孔隙水压力监测设备安装布设。断面及布线平面布置图如图 3-14 所示。

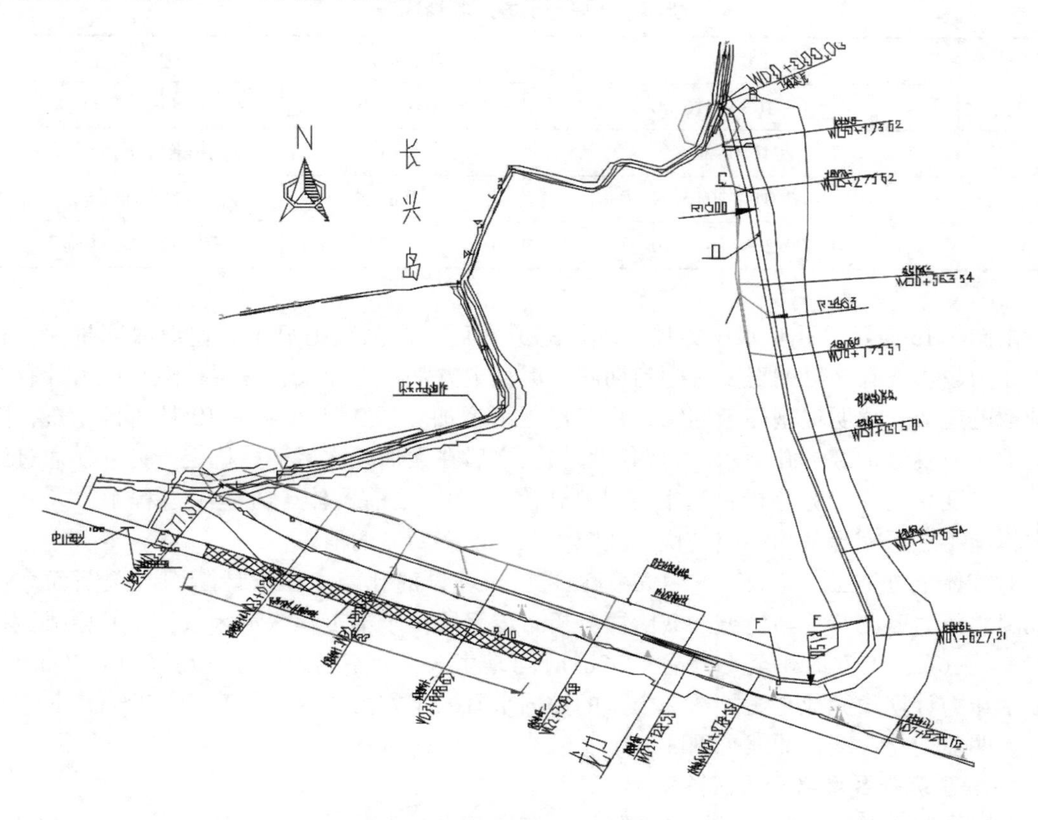

图 3-14 各断面线缆布设平面图

观测时间及频率：为及时获得堤身加载过程中堤基土的稳定情况，堤基加载过程中及加载后一周内每天监测一次，以后视监测数据变化情况逐渐减少测次，但不低于每周监测一次，大堤填筑完成后每月监测一次。

观测方法及要求：使用 JTM-V3000 系列振弦式孔隙水压力读数仪，对孔隙水压力计当前的频率与模数值进行观测并记录在相应的表格内。各断面孔隙水压力初始值(第一次观测数据)采用埋设完成后，连续观测两至三天待孔压数据稳定之后的观测成果。观测时选择低潮时进行，尽量避免潮位带来的影响，同时用 RTK 测得实时潮位。

数据处理：采用专用计算表格，将外业采集的频率与模数写入表格，直接获得定点的孔隙水压力成果，然后整理得到当次的压力值，并与上次压力值进行比较，得到变化量。将变化量放在 Excel 中形成变化曲线图，形成完整的成果资料。

监测结果分析：以孔隙水压力变化较典型的断面十四为例，该监测断面在孔隙水压计埋设之前，水下已加载完成约 4m 高的棱体土方，实施孔隙水压力计安装时的土方标高为-2m，在完成通长袋施工后，标高达到 0m，之后加载暂停，时间为 7 月 4 日至 9 月 20 日，期间孔隙水压力只有消散，至 9 月 20 日开始 0~5m 棱体加载期，在一定程度上能体现不同阶段孔隙水压力变化情况。各阶段土方施工情况详见表 3-1。

表 3-1　**断面十四堤身土方加载情况表**

序号	施工时间段	堤身标高	施工类型
1	2015-03-16—2016-06-30	-6. 0~-2m	通长袋施工
2	2016-06-30	-2m	孔隙水压计埋设
3	2015-07-04—2016-09-20	0m	暂停加载
4	2015-09-20—2016-10-03	0~5. 5m	棱体及堤芯沙施工

由图 3-15 所示，孔隙水压力计在埋设完成之后，监测数据显示，埋设深度越深，孔隙水压力越大。在 7 月初至 9 月中旬期间，堤身土方基本无加载，各层孔隙水压力计有缓慢消散的趋势，说明堤基逐渐固结，稳定性逐渐增加。至 9 月 20 日—10 月 3 日左右，随着上部土方继续加载，孔隙水压力明显增加，之后在无加载之后开始稳定。另外，通过施工阶段与变化曲线趋势分析，基本可推断出在-2. 0m 之前棱体土方施工过程中，尤其是排水板施工之后，堤基固结应较快，孔隙水压力已有明显的消散。

对棱体土方施工至+1. 5~+2. 0m 高程之后，埋设的孔隙水压力计断面五至断面九进行孔隙水压力监测情况与土方加载阶段分析。堤身段位于本工程深水区域，堤基原滩面标高在-5~-6m，土方加载至+1. 5~+2. 0m 时间是由 3 月下旬至 10 月下旬，历时 7 个月。孔隙水压力计埋设完成之后，从 2 个月的数据来看，土方由+2. 0m 加高至+5. 5m，孔隙水压力无明显变化。变化曲线见图 3-16。

2. 堤基沉降及堤身分层沉降

在每个监测断面布置 1 只堤基沉降板，在堤身出水后及时埋设并开始监测，共 14 只，以监测堤基面的沉降。其中选择 5 个断面，布置分层沉降管，分层沉降管在堤身出水面后

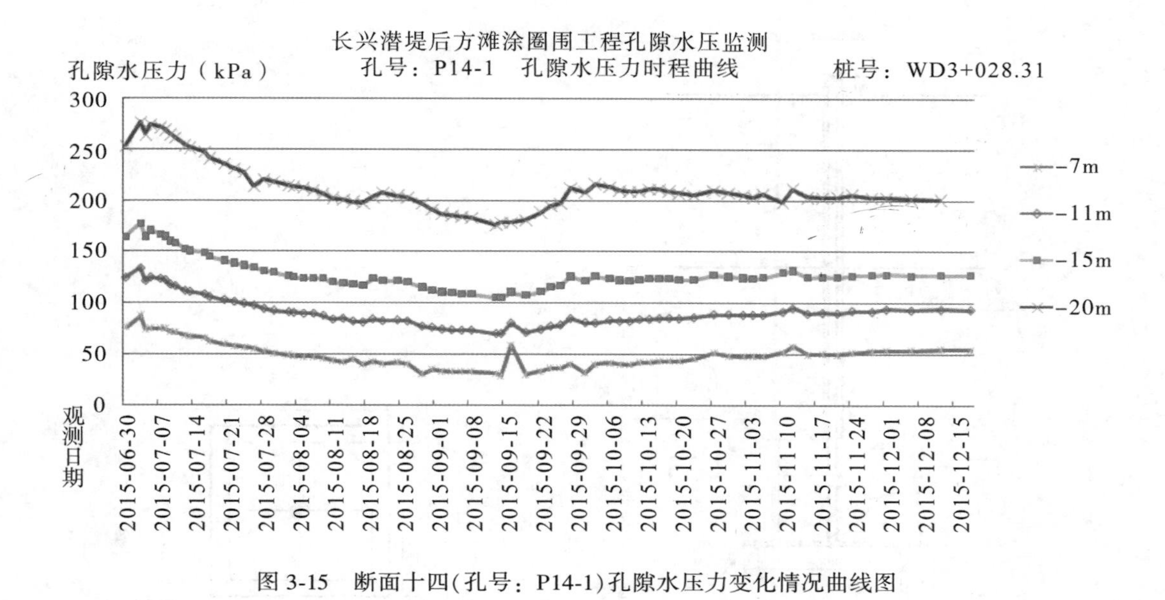

图 3-15　断面十四(孔号：P14-1)孔隙水压力变化情况曲线图

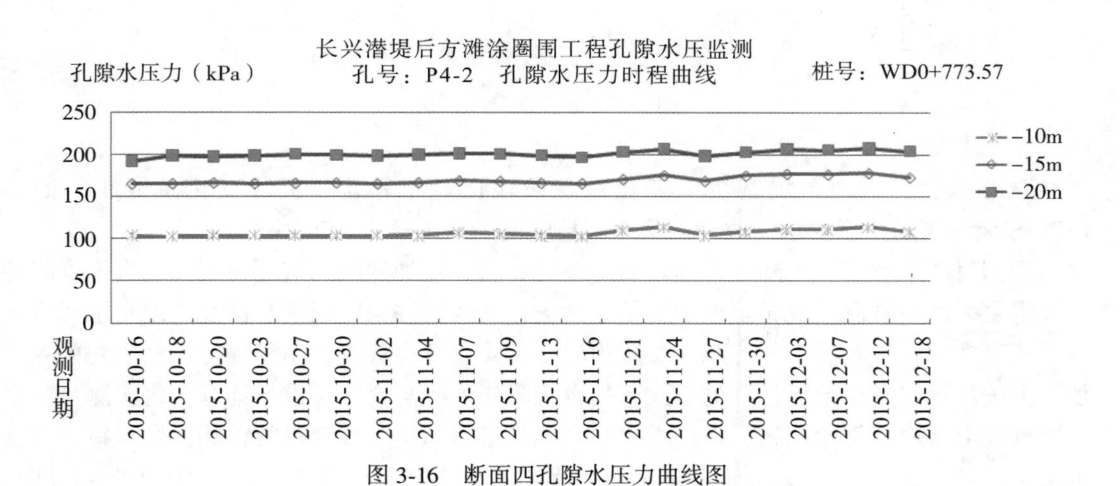

图 3-16　断面四孔隙水压力曲线图

采用钻孔埋设，每根沉降管钻孔安装沉降磁环 7 只，以监测堤基、堤身相对于管口的沉降情况。5 根分层沉降管共设沉降磁环 35 只，分层沉降管管口高程及堤基沉降板内管顶高程采用电子水准仪按三等水准要求进行观测。

观测点位置及安放：观测点底面设置于天然泥面处的排体上，观测杆伸至堤身顶面以上可见位置，观测点设置在堤身高度较高处，共设置 14 个断面，具体位置在二级平台上。具体设计图见图 3-17。

堤基沉降观测：①在围堤初期因条件受限，堤基沉降板的观测采用 RTK-DGNSS 多次取平均值方式进行。②在围堤后期，随着围堤合龙及堤身土方加载的结束，形成了较好的

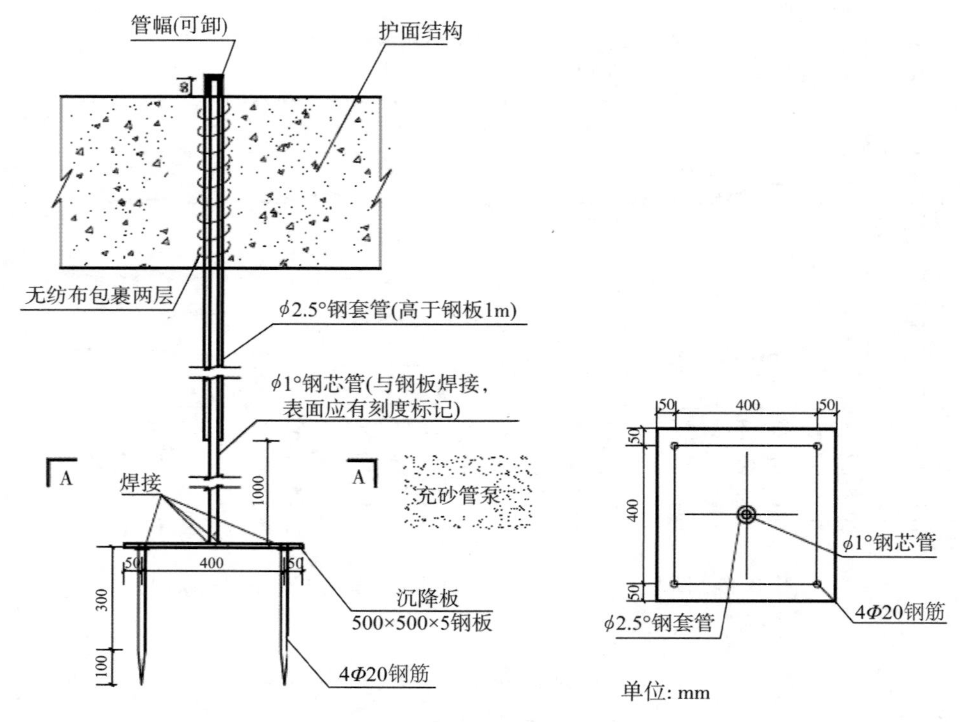

图 3-17　地基沉降板详图

水准观测条件，同时，堤基沉降变化量现阶段已趋于稳定，沉降变化量变小，RTK-DGNSS 无法满足精度要求，故开始采用高精度电子水准仪进行观测。

观测时间与频率：沉降板在埋设后即进行观测，在加载期间应加强观测频次，沉降趋于稳定之后减少观测频次，至维护期结束为止，具体监测频次以项目部及监理要求而定。

成果处理：堤基沉降外业观测位置为堤基沉降管管口标高，由于堤身加载过程中存在加管和破坏续接的情况，计算的方式都是以沉降板的标高变化量进行计算，每次测量将本次数据和上一次数据相比较，得出本次观测沉降量；与第一次测得数据相比较，得出累计沉降量；每次沉降量除以观测间隔天数，得出日均沉降量。以断面四(DJ4)为例说明，DJ4 近 4 个月的沉降量与第一次观测初值的成果计算表如表 3-2 所示。

DJ4 堤基沉降板于 2015 年 10 月 19 日堤身低潮出水后按设计要求于指定位置埋设完毕，初期受观测条件限制使用 RTK-DGNSS 进行监测，观测精度相对较低，由累计堤基沉降曲线图(图 3-18)上可以看出，堤基沉降存在波动情况，观测值与真值之间的关系基本同 RTK-DGNSS 的中误差相等。围堤主体进入结构施工期后改用水准联测的方式进行监测，大大提高了观测的精度，减小了仪器等外在因素对观测真值的影响，由累计堤基沉降曲线(图 3-18)可看出，后期的沉降比较稳定，堤基沉降变化量的线性关系比较好，基本能反映出堤基沉降各断面的真实沉降关系。

表 3-2 **DJ4 沉降量与第一次观测初值的成果计算表(m)**

点号		DJ4		埋设标高			
桩号		WD0+773.57		偏距		-5.0	
次数	观测日期	本次高程	管高	沉降板高程	本次沉降	累计沉降	日均沉降
1	2015-10-19	5.014	3.50	1.514	0	0	0
52	2016-07-12	6.489	5.61	0.879	-635	-635	-1.3
53	2016-07-19	6.484	5.61	0.874	-5	-640	-0.7
54	2016-07-31	6.478	5.61	0.868	-6	-646	-0.5
55	2016-08-12	6.473	5.61	0.863	-5	-651	-0.4
56	2016-08-26	6.463	5.61	0.853	-10	-661	-0.7
57	2016-09-12	6.452	5.61	0.842	-11	-672	-0.6
58	2016-09-24	6.447	5.61	0.837	-5	-677	-0.4
59	2016-10-10	6.437	5.61	0.827	-10	-687	-0.6
60	2016-11-12	6.414	5.61	0.804	-23	-710	-0.7

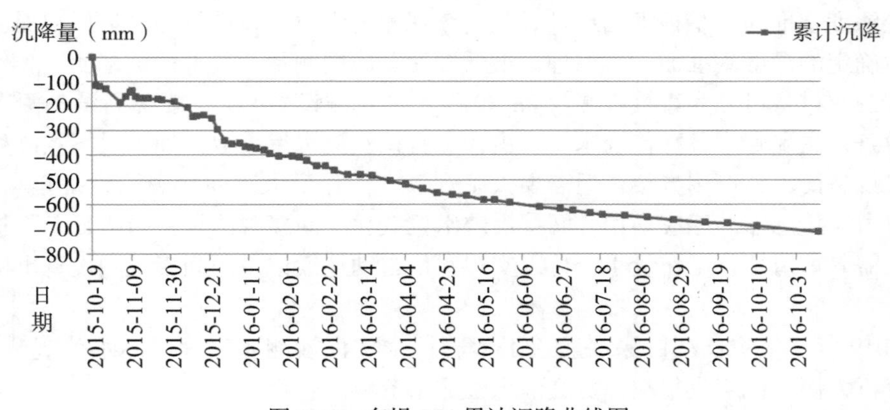

图 3-18 东堤 DJ4 累计沉降曲线图

堤基沉降监测成果分析：堤基沉降板埋设初期，受施工加载的影响，沉降量变化较大，后期受其他施工加载影响，堤基沉降量也有阶段性的波动，结合现场施工加载情况分析，各断面监测点沉降变化量均符合阶段施工实际。同样以断面四(DJ4)为例，本工程结构施工基本于 2016 年 4 月开始，由 DJ4 可以看出，吹填砂袋加载施工至堤身结构施工期间，堤基沉降在 6 个月的时间内累计沉降量达 500mm 左右；在 2016 年 4 月至 11 月这 6 个月内累计沉降量约为 200mm，说明后期堤身基础正向逐步稳定的趋势发展。随着时间的推移，各堤基沉降观测点沉降趋势总体呈现规律、稳定，能较好地反映施工加载过程真实的沉降情况。

3.4.4　长江口深水航道工程水文泥沙观测

1. 长江口水位基面及水位观测

水位是指河流的自由水面相对于某一基面的高程。长江口河段水位受上游径流和外海潮波双重影响，每天两涨两落，水位采用的基准面有绝对基面、理论深度基准面、假定基面、测站基面、冻结基面等。

绝对基面：一般是以某一海滨地点的平均海平面的高程定为零的水准基面，称为绝对基面。绝对基面也称标准基准面或高程基准面，目前我国采用的标准基面是 1985 国家高程基准。

假定基面：是为计算水文测站水位或高程而假定的水准基面。若水文测站附近没有国家水准网，其水准点高程暂时无法与全流域统一引据的某一绝对基面高程相连接，只能暂时假定一个水准基面，作为本站水位或高程起算的基准面。

测站基面：是假定基面的一种，一般选在略低于历年最低水位或河床最低点的一种专用假定的固定基面。

冻结基面：是水文测站首次使用某种基面后，即将其高程固定下来的基面。冻结基面是水文测站专用的一种固定基面。水位测站设立后，由于种种原因，使用的基面可能会几经变动，同一水位在不同的时期，可采用冻结基面解决水位系列不一致问题。使用冻结基面的优点是使测站的水位资料与历史资料相连续，且与绝对基面表示的水位数值接近。

理论深度基准面：是根据当地长系列连续观测的水位资料计算理论最低潮面，经过适当调整后确定的深度基准面，也称理论最低潮面，海图测量一般采用该基面。

水位观测设备可分为直接观测设备（也称人工观测设备）和间接观测设备两大类。直接观测设备，主要是指各种传统水尺。由人工直接观测水尺读数，加水尺零点高程即得水位。水尺设备简单，使用方便，但需要人工观读，工作量大。间接观测设备是利用机械、电子、压力等传感器的感应作用，间接反映水位变化。间接观测设备结构复杂，技术要求高，但无需人员值守，工作量小，可以实现水位自动连续记录。间接观测设备也称为自记水位计。

以 2019 年洪水季长江口深水航道工程养护水文泥沙测验期间，潮水位观测、收集、计算、分析为例，说明收集整理提交潮水位成果资料的过程。

1）潮位站的布设和观测

根据长江口区域已有站网情况，本次测验期间共收集了 19 个潮位站自记水位资料，分别为江阴、营船港、徐六泾、天生港、崇明洲头（崇头）、杨林、白茆、石洞口、横沙、南槽东、吴淞、六滧、共青圩、长兴、北槽中、连兴港、牛皮礁、鸡骨礁和中浚站。各站位置示意图见图 3-19。

整理水位资料，形成站位观测月报表，绘制对应的水位变化过程曲线，如图 3-20 所示。

2）各潮位站水位整理及特征值挑选

（1）高、低潮水位及其对应的潮时应从实测的潮水位或订正后的自记潮水位中挑选。

（2）选取潮汐涨落一周期内潮位的最高值为高潮潮高，其对应的时间为高潮潮时。

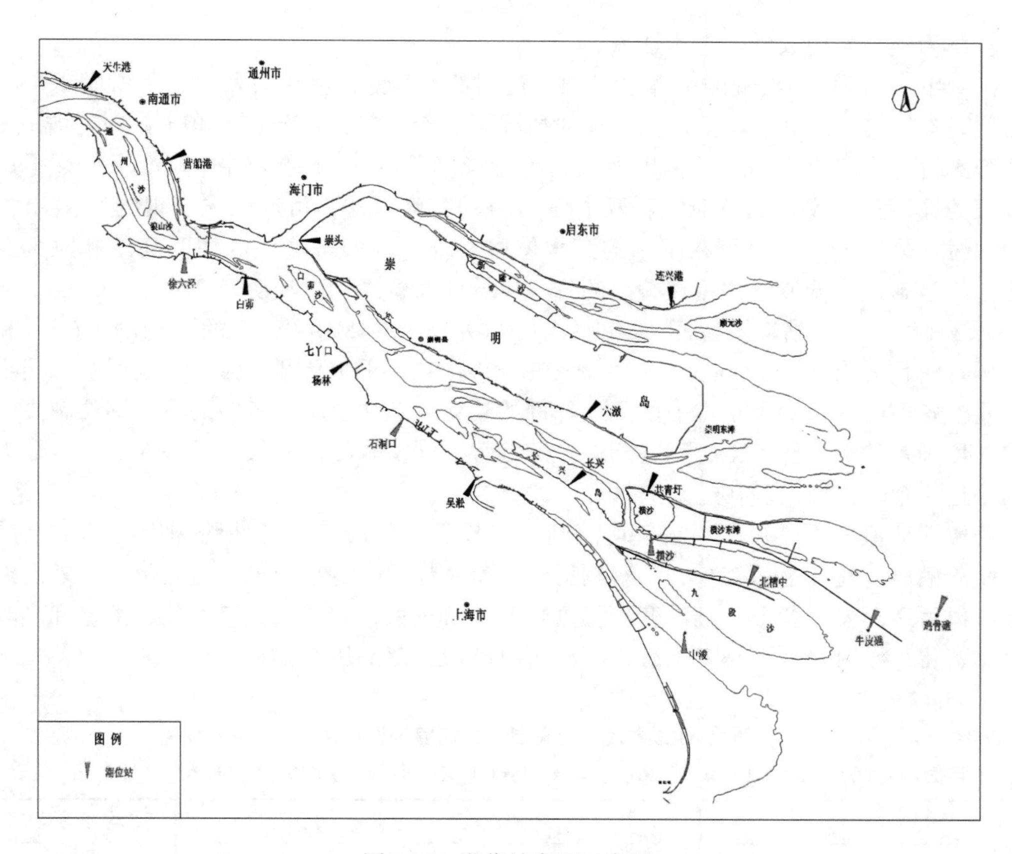

图 3-19 潮位站布置示意图

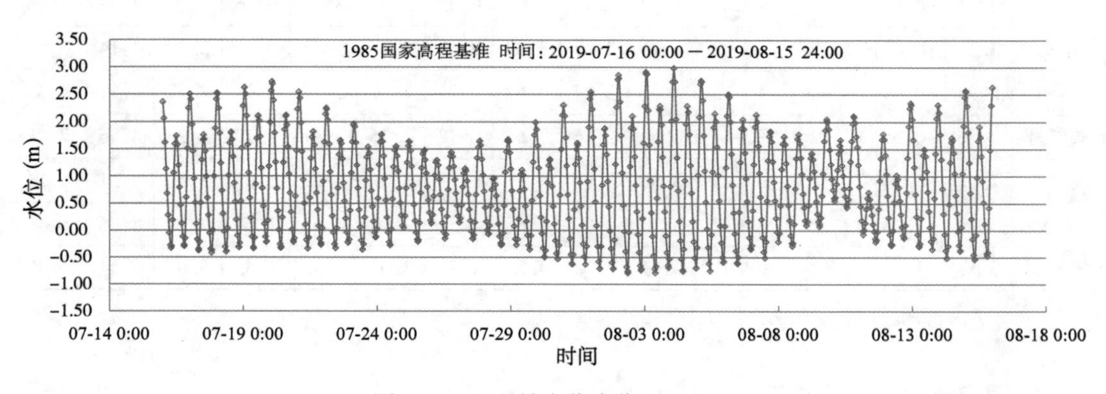

图 3-20 六滧站潮位水位过程线图

(3)选取潮汐涨落一周期内潮位的最低值为低潮潮高，其对应的时间为低潮潮时。

(4)当高(低)潮发生平潮或停潮现象但未超过 60min 时，可将平潮或停潮中间位置作为高(低)潮潮高，其对应的时间为高(低)潮潮时；若超过 60min 时，应根据涨落潮历时分析确定高(低)潮潮时，或参考相邻站的相应水位加以确定。

(5)潮汐过程线出现超常规的波动现象时，当波动的幅度超过 10cm，且时间超过 2h

者，应作为一个高潮或低潮来挑选。

(6)当一个潮期内出现两个峰(谷)时，应对照前后涨落潮历时及上、下游潮水位，选取出现时刻较合理的高、低潮水位。一般情况下应选取较高(较低)的峰(谷)作为高(低)潮高与潮时。当两个峰(谷)的高度相等即平行峰(谷)时，当两峰(谷)宽度不一样，选宽度较大的峰(谷)为潮高和潮时；若两个峰(谷)的宽度一样，可选取先出现的峰(谷)为潮高和潮时，另一个峰(谷)可在编制的潮水位逐日统计表的备注栏内注明高度和时刻；当为月、年最高或最低值时，可在编制的月、年统计表备注栏内注明。

表 3-3 给出了各站潮汐特征。绘制各站 2019-07-16—2019-08-15 的平均潮位(差)和涨落潮历时沿程分布如图 3-21 所示。由表 3-3 和图 3-21 可以看出，从上游至下游，同步观测期间，各站的平均潮位基本上呈逐渐降低的趋势，越往上游，各站的平均潮位越高。各站的平均潮差从上游至下游，呈逐渐递增的趋势。同步观测期间最大潮差 5.29m，最大平均潮差达 3.06m，均出现在连兴港站。

潮位特征值分析可知，各站平均落潮历时长于平均涨潮，各站涨潮历时越向上游越短，而落潮历时越向上游越长，涨落潮历时之差是越向上游越明显。这是由于口外潮波传入长江口后逐渐发生变形，潮波变形程度越向上游越大，导致长江口潮位、潮差和潮时沿程发生变化，潮时自河口越向上游，涨潮历时越短，落潮历时越长。

表 3-3　**各潮位站大潮期间潮汐特征值统计成果表**

(统计时段：2019-08-02 16：00—2019-08-04 01：00。基面：1985 国家高程基准。潮位：m)

潮位站	潮位		平均			涨潮潮差			落潮潮差			平均涨落潮历时		
	最高	最低	高潮位	低潮位	潮位	潮差	最大	最小	平均	最大	最小	平均	涨潮	落潮
徐六泾	3.41	-0.08	2.37	0.27	1.29	2.1	3.47	0.43	2.09	3.39	0.76	2.1	4:22	8:03
崇头	3.35	-0.49	2.29	-0.09	1.11	2.38	3.83	0.69	2.37	3.77	0.92	2.39	4:14	8:11
六滧	2.98	-0.79	1.94	-0.33	0.8	2.27	3.67	0.77	2.27	3.74	0.91	2.27	4:51	7:33
共青圩	2.86	-0.95	1.82	-0.44	0.69	2.26	3.68	0.72	2.26	3.77	0.78	2.26	4:56	7:28
连兴港	2.98	-2.34	1.81	-1.25	0.35	3.06	4.91	1.17	3.06	5.29	1.07	3.06	5:31	6:54
中浚	3.29	-1.44	2.22	-0.77	0.76	2.99	4.65	1.31	2.99	4.65	1.64	2.99	5:36	6:48
南槽东	3.17	-1.66	2.12	-0.92	0.61	3.03	4.83	1.24	3.03	4.82	1.53	3.03	5:44	6:40

注：涨潮、落潮历时显示的为(小时：分钟)。

2. 固定点水文泥沙观测

长江口深水航道工程改变了河道天然形态，局部地形发生了较大改变。为了掌握河势变化情况，分析研究沿航道纵向方向水流泥沙运动变化规律，在南港—北槽布置 NGN4S、NG3′、CS0S、CS9S、CS6S、CSWS、CS3S、CS7S、CS4S 和 CS10S 共 10 条垂线；南槽布置 NCH1、NCH2、NCH3、NCH4、NCH5、NCH6、NCH7、NCH8 和 NCH9 共 9 条垂线，横沙通道布置了 HS0 共 1 条垂线；南槽江亚南沙沙头串沟、江亚北槽和九段沙南各布置 1 条(JY1、JY3、JY4)，共 3 条；北港布置 3 条(BG5、BG2′、BG6)。总共 26 条固定垂线

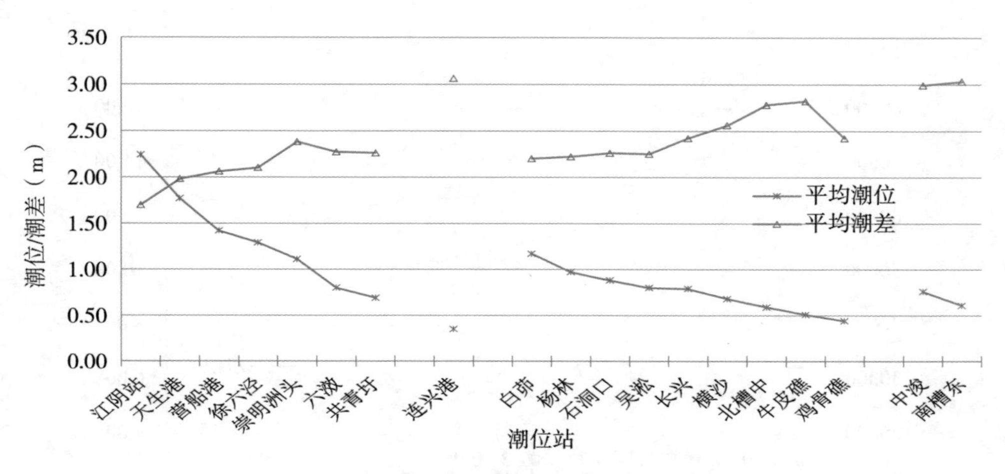

图 3-21　各潮位站同期平均潮位(差)沿程分布

(图 3-22)。在这些固定垂线上开展流速、流向、含沙量、悬移质和底质颗分、盐度、风向风速、水温等观测。

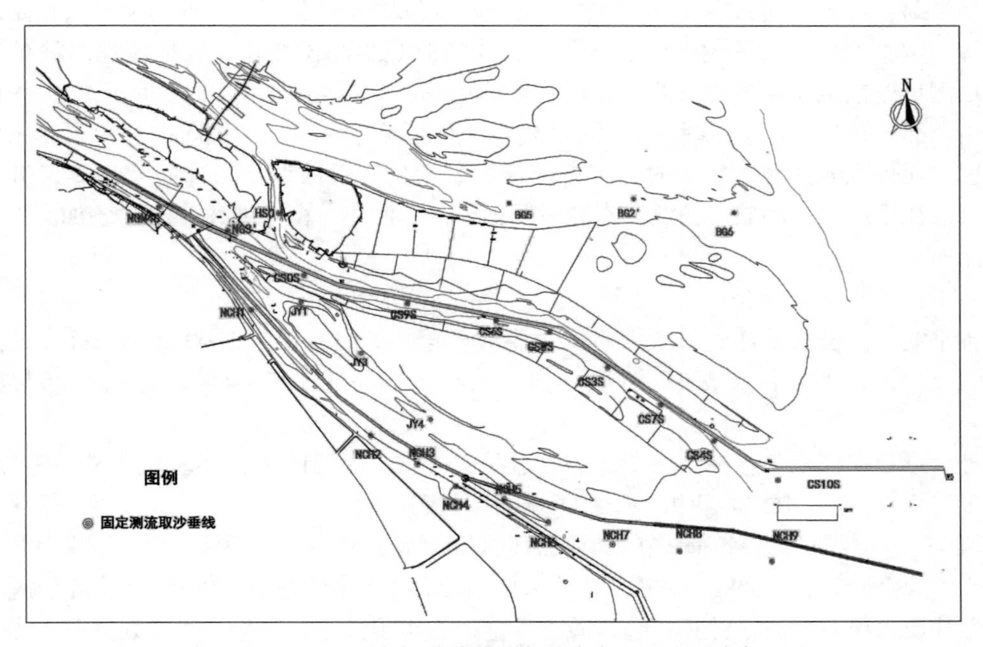

图 3-22　长江口深水航道洪季固定垂线水文泥沙测验布置图

1) 固定站径流观测

观测河段属长江入东海的进口段和口门区段，径流和潮流相互作用是本河段的重要水文特征。大通水文站观测期间上游来水正处于洪水季，为反映上游径流来水，取水流的传播时间为 7 天左右，即水文测验对应大通站的流量为提前 7 天的流量。水位、流量过程如

图 3-23 所示。

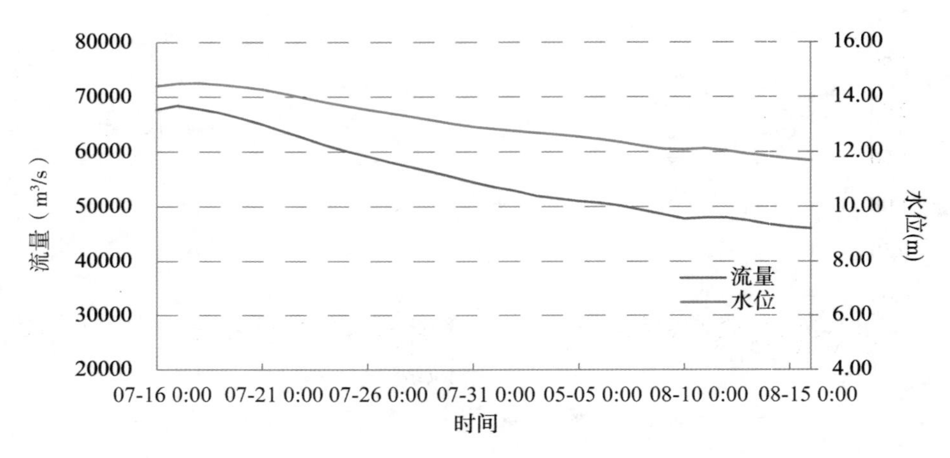

图 3-23　测验期间大通站流量、水位过程线图

2) 固定点流速流向观测

测量前，各测验船只在 GNSS 接收机及导航定位软件的引导下，准确地进入预定的位置抛锚。测验人员记录下测船的实际位置，并随时观察测位变化，确保流速观测位置正确。在测量船锚定位置，将绞关安装在测船的中部，仪器悬挂离船舷不少于 1.0m。测速时如钢丝绳偏角过大，应采用 75kg 重的铅鱼。流速流向观测：本次固定垂线观测主设备为流速流向仪或海流计。每小时整点施测流速、流向，垂线测点分布按水深≥5.0m 时，用六点法往返施测，测验时使测至水底时间为整点；涨急、落急时每半小时各加测一次流速、流向。

3) 泥沙水样采样及分析

各垂线采用横式采样器采取悬移质含沙量水样，采样容积为 1000mL。采样点位及层次与测流相同，即水深≥5.0m 时取六点，水深<5.0m 时用三点法。记录时间与测速同步。

悬沙颗分水样采集：在第一个涨急、涨憩、落急、落憩四个特征时段取悬沙颗分（悬沙均采用六点法），取样时间由各垂线根据潮流状态确定。

河床质沙样的采集：各垂线在大潮测验期间的落潮憩流附近时段取一次底质颗分样，每次床沙重量应不少于 0.50kg。采用抓斗式采样器，泥样用聚乙烯塑料袋（保鲜袋）密封盛放。

悬移质水样及含沙量计算：悬移质含沙量采用焙干法进行分析。水样处理前，先静置沉淀，直至上部清水中不含泥沙时再将样品浓缩并注入烧杯中，进行洗盐处理。最后，将浓缩沙样烘干称重，计算出测点含沙量。

4) 盐度测定

所有取沙测点水样均进行盐度分析。盐度水样不另外取样，实验室分析时直接从悬移质含沙量分析水样中抽取。盐度采用盐度计测定，并结合硝酸银滴定法进行比测。按《硝酸银滴定法》（GB11896—1989）规定的方法测定各水样的氯含量，然后根据氯含量计算盐度：

$$S‰ = 1.805 \times Cl_0 \tag{3.1}$$

$$Cl_0 = V \times C_N \times 0.0355 \times \frac{1000}{V_{水样}}$$

式中，C_N为 $AgNO_3$的标准溶液浓度(mol/L)；V 为滴定水样时所用的 $AgNO_3$溶液体积(mL)；$V_{水样}$为所取的水样体积(mL)。

5)数据处理

各固定垂线平均流速采用矢量合成法计算。流向参考真北方向，本测区的真北方向 = 磁北方向 + 磁偏角(磁偏角为西偏 6°，即 − 6°)。将往、返测点流速分解为东西向的 V_{EW}和南北向 V_{NS}，即：

$$\begin{aligned} V_{iNS往} = V_{往} \cdot \cos\alpha_{往} \quad V_{iNS返} = V_{返} \cdot \cos\alpha_{返} \\ V_{iEW往} = V_{往} \cdot \sin\alpha_{往} \quad V_{iEW返} = V_{返} \cdot \sin\alpha_{返} \end{aligned} \tag{3.2}$$

式中，$V_{往}$、$\alpha_{往}$、$V_{返}$、$\alpha_{返}$ 分别为同一层的往、返测点流速、流向；i 为分层数，V_{NS} 为分层南、北方向流速；V_{EW} 为分层东、西方向上流速。

计算各分层测点流速、流向：

$$\begin{aligned} \bar{V}_i = \sqrt{V_{iNS}^2 + V_{iEW}^2}, \ \bar{\alpha}_i = \arctan\frac{V_{iEW}}{V_{iNS}}a, \ \bar{\alpha}_i \text{根据具体象限确定} \\ V_{iNS} = \frac{1}{2}(V_{iNS往} + V_{iNS返}), \ V_{iEW} = \frac{1}{2}(V_{iEW往} + V_{iEW返}) \end{aligned} \tag{3.3}$$

式中，$\bar{V}_i$、$\bar{\alpha}_i$ 分别为分层测点平均流速、流向。

在此基础上，计算垂线平均流速流向：

六点法：

$$\begin{aligned} V_{Em} = \frac{1}{10}(V_{0.0EW} + 2V_{0.2EW} + 2V_{0.4EW} + 2V_{0.6EW} + 2V_{0.8EW} + V_{1.0EW}) \\ V_{Nm} = \frac{1}{10}(V_{0.0NS} + 2V_{0.2NS} + 2V_{0.4NS} + 2V_{0.6NS} + 2V_{0.8NS} + V_{1.0NS}) \end{aligned} \tag{3.4}$$

三点法：

$$\begin{aligned} V_{Em} = \frac{1}{3}(V_{0.2EW} + V_{0.6EW} + V_{0.8EW}) \\ V_{Nm} = \frac{1}{3}(V_{0.2NS} + V_{0.6NS} + V_{0.8NS}) \end{aligned} \tag{3.5}$$

垂线平均含沙量(C_{sp})计算通常采用垂线上各测点的流速加权平均法计算，对于憩流时段附近，因流速较小，按分层测点含沙量算术加权平均计算。

$$C_{sp} = \frac{1}{10V_m}(\bar{V}_{0.0}C_{s0.0} + 2\bar{V}_{0.2}C_{s0.2} + 2\bar{V}_{0.4}C_{s0.4} + 2\bar{V}_{0.6}C_{s0.6} + 2\bar{V}_{0.8}C_{s0.8} + \bar{V}_{1.0}C_{s1.0}) \tag{3.6}$$

当垂线平均流速较小时，特别在分层流速呈明显顺逆流情况下(即憩流前后)，采用分层含沙量算术加权平均计算法，公式如下：

$$C_{sp} = \frac{1}{10}(C_{s0.0} + 2C_{s0.2} + 2C_{s0.4} + 2C_{s0.6} + 2C_{s0.8} + C_{s1.0}) \tag{3.7}$$

式中，C_{sp} 为垂线平均含沙量(kg/m³)；C_{si} 为测点含沙量(kg/m³)；$\bar{V}_i$ 为测点平均流速(m/s)；V_m 为垂线平均流速(m/s)：

$$V_m = \frac{1}{10}(\bar{V}_{0.0} + 2\bar{V}_{0.2} + 2\bar{V}_{0.4} + 2\bar{V}_{0.6} + 2\bar{V}_{0.8} + \bar{V}_{1.0}) \tag{3.8}$$

各垂线平均盐度按算术平均法计算。

所谓单宽流量q，是指单位宽度河床上通过的流量，在长江口单位宽一般为1m。垂线单宽流量的计算根据测线涨、落急流速的方向来确定每条垂线的单位宽度的断面方向，将垂线平均流速投影到垂直断面的方向上。由投影后的垂线平均流速乘以相应的即时水深，即得垂线单宽流量。

$$q_i = V_{mi} \cdot H_i \cdot B \tag{3.9}$$

式中，i 为线号，q_i 为测线单宽流量(m³/s)；V_{mi} 为投影后的测线平均流速(m/s)；H_i 为测线即时水深(m)；B 为单位宽度(m)。

潮流变化过程中两相邻憩流间通过其过水断面的水的总量，称为潮量。涨潮量为落憩至涨憩期间通过断面的水的总量；落潮量为涨憩至落憩期间通过断面的水的总量。用涨落潮量除以涨、落潮历时，得到涨、落潮平均流量。

$$w = \sum_{i=1}^{n} \left[\frac{q_i + q_{i+1}}{2(t_{i+1} - t_i)} \right] \tag{3.10}$$

式中，q_i、q_{i+1} 为相邻测次 t_i、t_{i+1} 时刻的流量。

垂线单宽输沙率计算：

$$q_{si} = q_i \cdot C_{sp} \tag{3.11}$$

式中，q_{si} 为测线单宽输沙率(kg/s)；q_i 为测线单宽流量(m³/s)；C_{sp} 为测线平均含沙量(kg/m³)。

根据各垂线平均流速流向成果，计算各垂线单宽流量，由单宽流量和相应的垂线平均含沙量计算各垂线单宽输沙率，形成水文测验单宽流量、单宽输沙率成果。

3. 长江口主要汊道分流分沙比观测

为监测深水航道建设后对长江口各汊道水文泥沙运动变化的影响，开展长江口入海汊道重要断面分流分沙比变化观测，分析深水航道泥沙回淤机理，为航道维护和减淤措施研究提供资料。

在南港、北港、北槽下、南槽下以及横沙通道共布设5个水文断面，分固定垂线、动船取沙和ADCP潮流量测验。测验布置见图3-24。根据水位预报，选择在天文大潮期间实施分流分沙测验。从低潮前开始施测，同步观测28h左右，保证两涨两落，满足潮流闭合要求。施测流速、流向、悬移质含沙量、悬移质颗分及床沙颗分。除用ADCP走航测验外，还各布设一条固定垂线进行流速、流向、泥沙测验，目的是对ADCP测验进行两种方法和成果资料的验证，同时增加取沙垂线资料。对固定垂线测验、计算方法在前节已介绍，在此不再叙述。

采用ADCP以走航方式进行测量。由于走航式ADCP在应用中常遭受外围磁场环境、动底河槽、水流挟带泥沙等影响，ADCP自带的设备无法满足测量要求。借助GNSS、罗经等外部传感器信息，并与ADCP流速测量结果融合，可消除这些问题的影响。该方法的

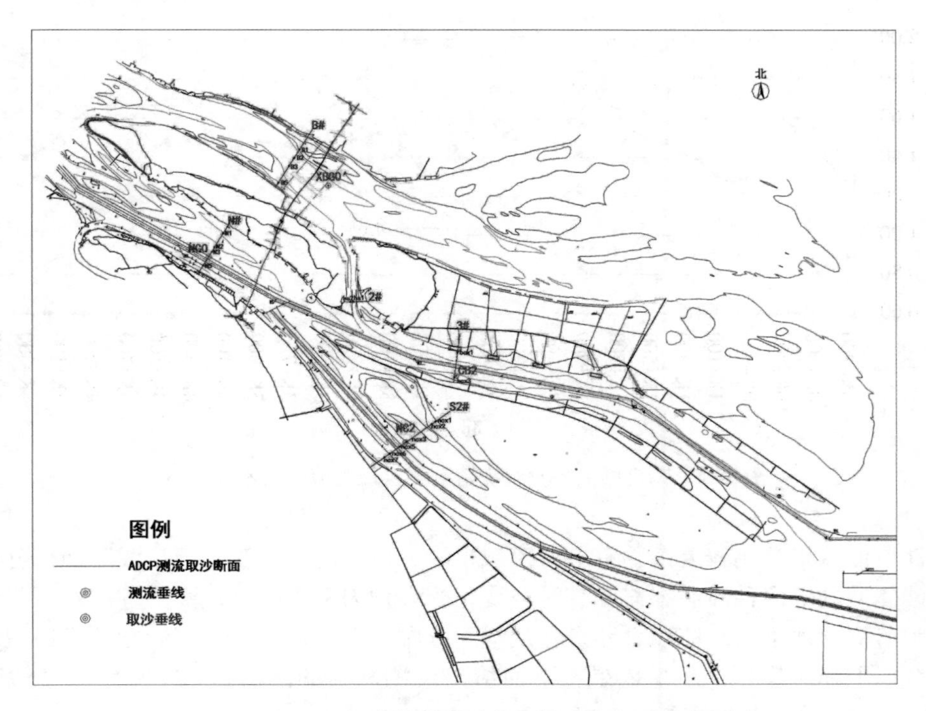

图 3-24 长江口深水航道洪季分流分沙水文测验布置图

基本思想是，利用 GNSS 提供的船速替代 ADCP 底跟踪得到的船速，利用外部罗经提供的方位替代 ADCP 内置磁罗经提供的方位。流速的现场计算包括平均流速、最大流速、平均水深、最大水深、水面宽、断面面积等，这些参数可利用 ADCP 获得的垂线流速序列，通过统计方法获得。泥沙水样采集和盐度测定方法如前面所述。

获得了实测的流速、泥沙水样和盐度测量成果后，开展内业处理，获得分流分沙比。断面的潮流量计算方法同前面所述。图 3-25 给出了南港断面潮平均流速沿程分布。各断面上代表垂线测点最大流速统计见图 3-26。

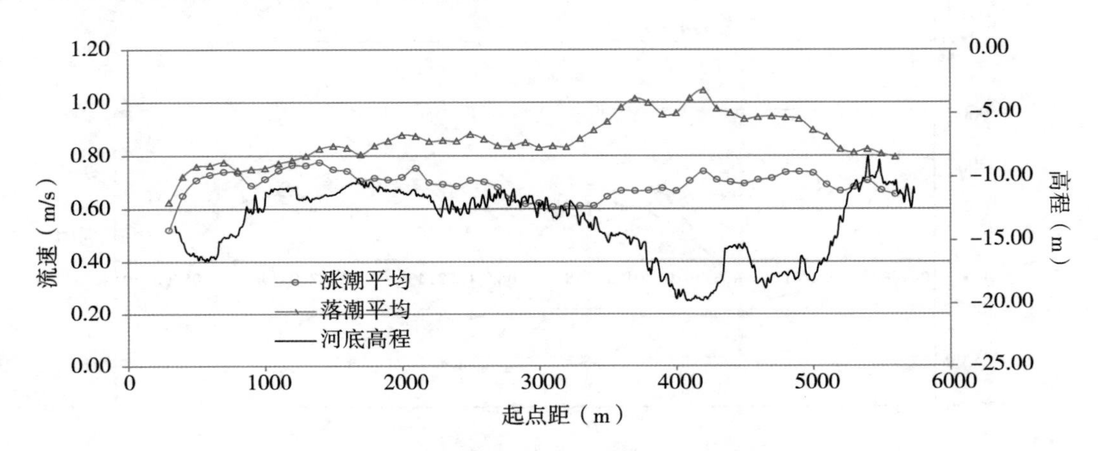

图 3-25 南港断面潮平均流速沿程分

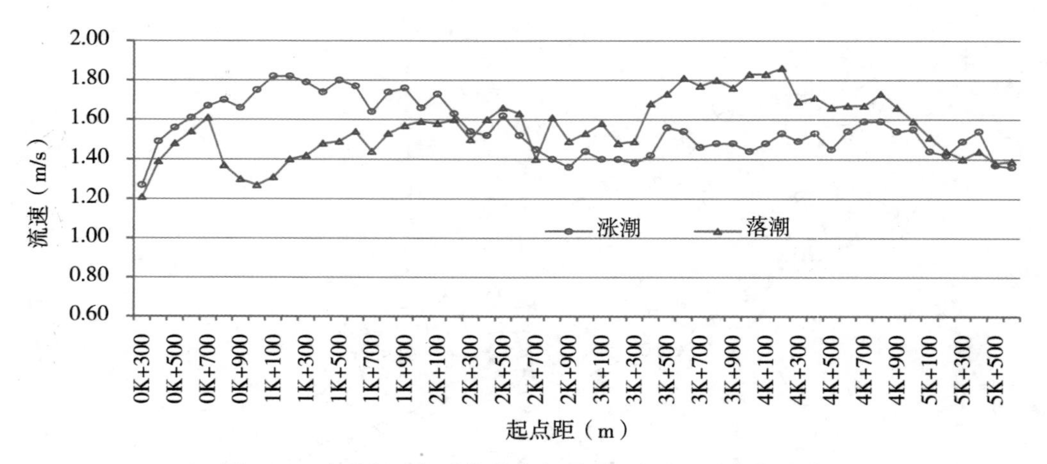

图 3-26　南港断面各垂线涨落潮测点最大流速沿断面分布

长江口泥沙来源比较复杂，有上游流域来沙、口外海滨来沙、河口浅滩和部分底沙再悬浮、沙体冲刷等多种沙源补充，其时空变化受多种因素影响。从涨落潮来看，测验水域总体上为落潮含沙量高于涨潮含沙量；从空间分布上看，从上游向下游含沙量递增。

综合以上潮流量和含沙量成果，下面给出观测断面的潮流量(图 3-27)、分流比(表 3-4)、断面输沙率过程线(图 3-28)及分沙比(表 3-5)。

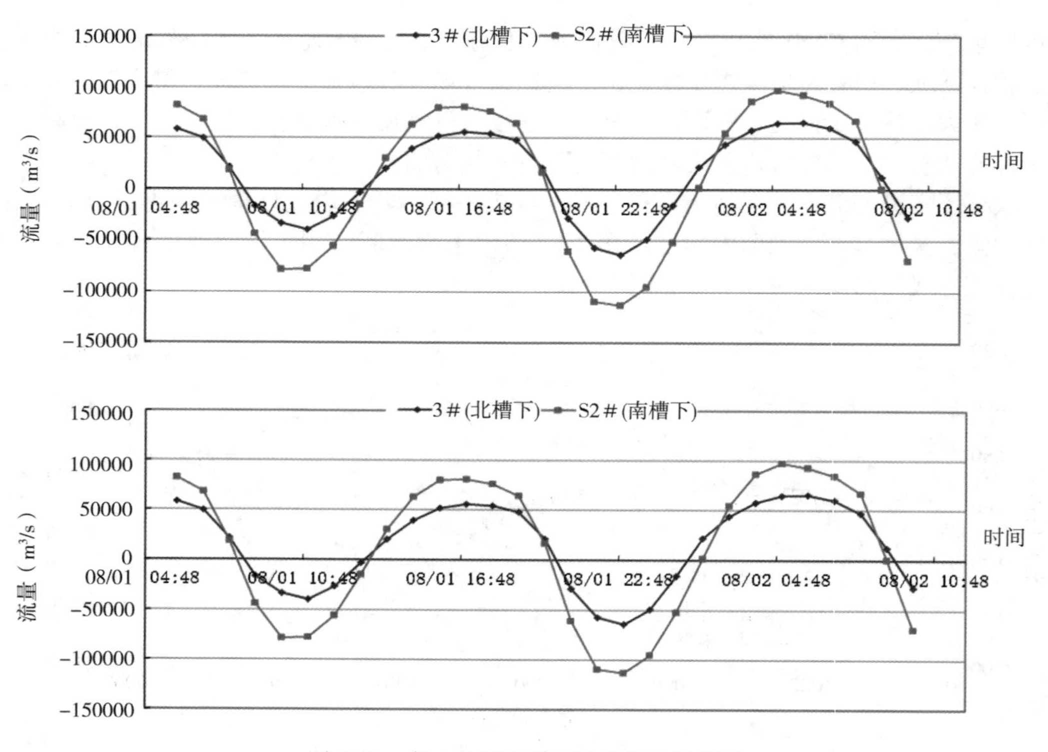

图 3-27　南、北槽下断面潮流量过程线图

表 3-4　　**2019 年 8 月各断面涨、落潮分流比成果**

断面名称	断面涨潮(%)	断面落潮(%)
北　港	40.4	53.8
南　港	59.6	46.2
北槽下	31.8	42.2
南槽下	68.2	57.8

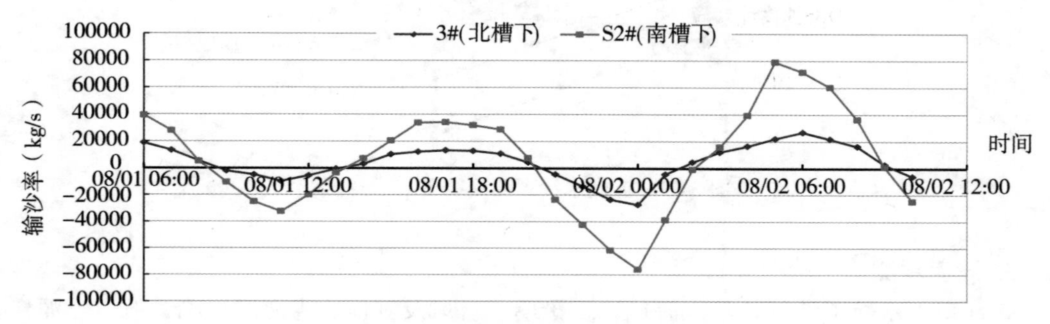

图 3-28　南、北槽下断面输沙率过程线

表 3-5　　**2019 年 8 月各断面涨、落潮分沙比成果**

断面名称	断面涨潮(%)	断面落潮(%)
北港	37.3	58.5
南港	62.7	41.5
北槽下	22.2	28.8
南槽下	77.8	71.2

4. 近底水沙观测

长江口水流泥沙运动复杂，特别是河床近底水沙条件变化对航道回淤的影响直接、显著，然而传统的水文泥沙观测方法难以准确监测这一变化，为此长江口深水航道治理工程中开发了近底水沙观测系统(图 3-29)。该系统具有水沙监测无盲区、受气象和海象条件影响小、测量数据时空分辨率高等优点。系统由多台水流、泥沙、波浪观测仪器设备构成，主要包括如下三部分。

第一部分用于测量整个流速剖面，共安装了两台 ADCP，一台探头向上测量上层水体流速剖面变化(含波浪过程)，另一台探头向下测量系统近底层的流速过程。

第二部分安装近底悬浮泥沙浓度观测仪。根据需要，可以组合多个 OBS 浊度探头，测量近底 1.0~1.5m 以内多层、不同高度处的含沙量变化过程。

第三部分安装近底 ADCP，获取水流的紊动资料，用于分析近底水流剪切应力及床面冲淤变化。

近底水沙观测系统的数据采集模式均为自容/Burst 模式，一次采集的时间间隔从 2～60min 不等，在一般情况下流速和含沙量的采样间隔为 2～5min，波浪的采样间隔为 30～60min。所有数据均存储在仪器配置的内存中，待系统回收后进行下载，利用专用软件对各类数据进行处理。

图 3-29　近底水沙观测系统平台示意图

5. 浮泥观测

长江口深水航道地处长江入海口，受汛期、台风及其他恶劣海况影响，航道浮泥变化复杂，需及时观测和掌握航道内浮泥的产生、发育、消亡过程，为航道疏浚及其畅通运转服务。

浮泥观测仪器主要采用了荷兰 Stema 公司的 SILAS 观测系统，主要仪器设备(图 3-30)包括：RheoTune 音叉密度计，主要用于获取浮泥密度；Odem MKIII 双频测深仪用于获取高低频水深，可粗略表征浮泥上下界；涌浪仪提供涌浪参数对双频测深成果提供波浪修正；GNSS 用于定位与导航。OBS-3A 用于获取比浮泥密度小很多的水体含沙量垂线分布以及垂线温度和盐度。

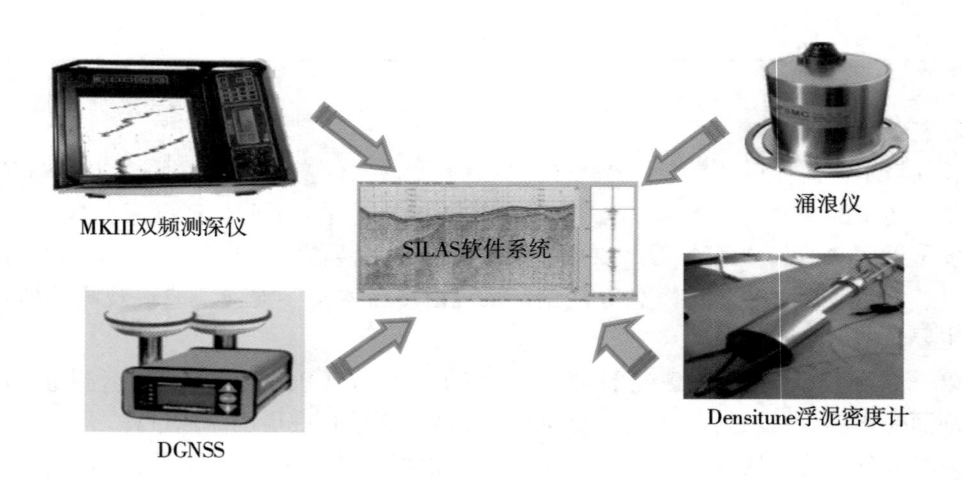

图 3-30　SILAS 浮泥观测系统

含沙量的率定主要是将 OBS-3A 的浊度数据通过率定转换为含沙量。音叉密度计的率定方法与 OBS-3A 近似，不同之处在于率定过程中配置的泥样样本密度更大，涵盖了从清水至高密度泥浆(大于 1500kg/m^3)区域，同样需采用观测区域现场采集的悬浮泥样进行率定。

浮泥观测数据量大，各观测仪器均具有数据采集和存储功能，因此，开发了专用的数据处理软件，对各类数据进行集成处理和分析，实现了数据处理自动化，提高了测验资料的处理效率。

第 4 章　沉管隧道测量

4.1　沉管法介绍

沉管法是预制管段沉放法的简称，是指在干坞内或大型半潜驳船上先预制管节，再浮运到指定位置下沉对接固定，进而建成过江隧道的施工方法。采用沉管法施工修建的隧道，称为沉管隧道，又称沉埋管段法隧道，见图 4-1。

沉管隧道在不影响水上通行能力、不改变两岸立面景观的前提下，为连接两岸提供最短的线路，同一断面上提供多元化的交通通行形式。随着生产力的发展、设计计算及施工技术的进步、施工装备不断升级和完善，沉管隧道的适应范围不断拓展，由江河到近海，由浅水到深海，乘着经济高速发展的东风，不断绽放出独特的生命力。

图 4-1　沉管法隧道示意图

4.1.1　概述

在我国，跨江隧道的优越性逐渐得到认可，在内河航运水道上发展水下隧道建设已成为一种趋势。跨江隧道与桥梁方案相比，主要具有以下优点：

(1)全天候运营；

(2)对航运、航空无干扰；

(3)隧道线路短，可快速过江，且两岸拆迁少；

(4)保持原有生态和自然环境不变；

(5)抗地震能力好；

(6)防战能力强；

(7)多用途，易维护，造价相对降低。

目前修建水下隧道主要有以下几种施工方法：矿山法、盾构法、围堰明挖法、沉管法等。在大型水下隧道工程中，沉管法和盾构法适用范围较广，几乎不受地质条件限制，被世界各国广泛采用。适合于沉管法施工的主要条件是：水下基底稳定和水流速度相对较缓。前者不仅便于顺利开挖隧道基槽，而且减少土方开挖量，最大限度地降低环境影响；后者便于管节浮运、定位和沉放，提高施工质量。沉管法和盾构法相比，存在以下几个方面的优点。

(1)沉管断面形状选择自由度大，大断面容易制作、断面利用率高，可以做到一管多用，而盾构法大截面施工困难，而且以圆形为主。

(2)沉管隧道埋深浅，总长度较短，易于两岸的道路相连接。

(3)因沉管比重小，对基础地质适应性强，不怕软土地基和流沙。

(4)沉管隧道的抗震性能优越。

(5)沉管隧道的防水技术比较成熟，而且对施工要求不高，同时具有良好的自防水性能。

(6)沉管隧道具有较好的经济性，主要得益于沉管隧道的回填覆盖层薄，埋深浅，可以有效缩短路线长度。另外，管节的集中预制可以提高效率，节约资金。

(7)隧道施工质量容易保证。沉管结构和防水层的施工质量均比其他施工方法容易操作，隧道接缝极少，漏水机会大为减少，实际施工质量易达到完全防水。

(8)现场的施工期短。管节浇筑预制大量工作均不在现场进行，一节沉管一个月内可以完成出坞、沉放连续作业。

(9)操作条件好。基本上没有地下作业，水下作业较少，因此施工较为安全且能保证施工精度。

(10)随着施工技术和施工装备不断提高和改进，沉管隧道水下深度已经超过 40m。

沉管隧道工程作为新型的水下交通隧道，涉及多学科领域，如隧道工程、水利学、市政工程、船舶运输、结构抗震等，施工技术要求较高，施工过程容易受到天气、航道水运、河道水文、工程地质等因素影响，实际建设周期与计划工期会有所偏差。与盾构法相比，沉管法有以下缺点：占用的施工场地较多，对通航有一定干扰，施工受气象、水文等自然条件影响较大等。

沉管法经过近百年的研究和发展应用，其技术体系趋于完善，施工工艺更加成熟，已成为建设跨越江河(海)通道工程的主要经济技术必选工法之一。见图 4-2。

从隧道建设的统计数据来分析，经济越发达的国家和地区采用沉管法进行隧道建设的数量就越多，主要原因是沉管隧道具有独特的优势：由于隧道顶的覆盖土厚度可达到零覆盖，使隧址两岸经济高速发展、社会活动频繁地区的交通疏解能得到最大限度的优化和解决；使用功能的多元化和隧道宽度的增大，达到了大容量机动车的通行和轨道交通高速通

图 4-2　沉管预制

行的目的；建设期间实现多工作面同时作业的工程策划，使沉管隧道的施工工期通常控制在三年以内；对于沉管隧道水中段的结构设计必须考虑结构的抗浮问题，使它对地基承载力无特殊要求，有利于该方法在软弱地层中的应用，特别在江河下游地区更适宜用沉管法修建水下隧道。

4.1.2　国内外沉管隧道发展历史与建设情况

根据统计资料，目前世界各国已建成沉管隧道 150 余条。在美国，修建沉管隧道的历史最长，其沉管隧道的结构形式均为单层或双层钢壳与钢筋混凝土复合结构。日本于 1935 年开始修建沉管隧道，据不完全统计，就沉管管节的结构形式来说，约 60%是矩形箱式钢筋混凝土结构，40%是圆形钢壳与钢筋混凝土复合结构，钢壳与钢筋混凝土复合结构逐步被矩形箱式钢筋混凝土结构(图 4-3)替代。沉管法隧道在美国、日本、荷兰等国家的成功实例，隧道结构形式、防水、基层处理、结构抗震等关键技术问题的成功解决，使沉管隧道成为跨江、跨海交通的重要手段，也使得建设沉管隧道的方法日益完善，促进了世界各国的沉管隧道建设。

我国采用沉管法修建水下隧道起步较晚，20 世纪 60 年代在上海开展过类似沉管法的理论研究。1976 年，在杭州湾的上海金山石化工程中首次采用此工法建成了一座排污水下隧道。香港地区于 1972 年建成了跨维多利亚港的城市道路海底隧道。1993 年在广州修建的黄沙至芳村的珠江隧道，是我国大陆首次采用此工法建成的第一条城市道路与地下铁道共管设置的水下隧道，历时 4 年建成，沉管段总长度为 457m，分为 105m、120m、120m、90m 和 22m 五段，管段在 48m×150m 的船坞内预制。广州珠江隧道为我国大型沉管隧道工程开创了成功的先例，沉管段仅用了 4 个多月时间就完成了全部沉放，通车后情况良好，特别是防水质量达到了“滴水不漏”的程度。

图 4-3 矩形箱式沉管结构

宁波甬江隧道是国内首先修建在软土地基上的沉管隧道，该隧道沉管段长 420m，一共有 5 节管段，为单孔双车道结构。该软土地基为海相沉积、饱和流塑状的黄色淤泥质黏土，河道淤积严重，实测淤强 16cm/d，采用抛石回填基础和专用的清淤设备顺利完工。

上海外环线沉管隧道是国内车道数量最多的沉管隧道，该隧道沉管段长 736m，一共有 7 节管段，为三孔八车道结构，是国内第一次成功应用水下最终接头作为管段而最终拉合。广州仑头-生物岛隧道是国内首次采用移动干坞预制管段的沉管隧道，该隧道隧址附近没有合适的区域预制管段，传统的干坞法预制管段不能采用，因此选择在驳船上预制。

目前我国已经修建成十几条沉管隧道(暂未统计台湾省的数据)，在建的也有数条，如表 4-1 所示。

表 4-1 **我国沉管隧道统计表**

序号	沉管隧道名称	车道数量	建成时间
1	广州珠江隧道	双向四车道、两条铁路	1993 年
2	宁波甬江隧道	单孔双车道	1995 年
3	宁波常洪隧道	双向四车道	2002 年
4	上海外环线隧道	三孔八车道	2003 年
5	广州仑头-生物岛隧道	双向四车道	2010 年
6	广州生物岛-大学城隧道	双向四车道	2010 年
7	天津海河隧道	双向六车道	2011 年
8	舟山沈家门港海底隧道	双向人行	2014 年
9	广州洲头咀隧道	双向六车道	2015 年
10	佛山东平隧道	双向六车道、两条铁路	2016 年
11	南昌红谷隧道	双向六车道	2017 年
12	港珠澳大桥沉管隧道	双向六车道	2018 年

续表

序号	沉管隧道名称	车道数量	建成时间
13	大连湾海底隧道	双向六车道	在建
14	广州金光东隧道	双向四车道	在建
15	深中通道沉管隧道	双向八车道	在建
16	广州如意坊隧道	双向六车道	在建
17	广州车陂路隧道	双向六车道	在建
18	襄阳东西轴线隧道	双向六车道	在建

港珠澳大桥是我国境内一座连接香港、珠海和澳门的桥隧工程(图 4-4)，位于广东省珠江口伶仃洋海域内，为珠江三角洲地区环线高速公路南环段。港珠澳大桥于 2009 年 12 月 15 日动工建设，于 2017 年 7 月 7 日实现主体工程全线贯通，2018 年 2 月 6 日完成主体工程验收，同年 10 月 24 日上午 9 时开通运营。港珠澳大桥东起香港国际机场附近的香港口岸人工岛，向西横跨南海伶仃洋水域接珠海和澳门人工岛，止于珠海洪湾立交，工程项目总投资额 1269 亿元。

港珠澳大桥全长 55km，其中包含 22. 9km 的桥梁和 6. 7km 的海底隧道，隧道由东、西两个人工岛连接(图 4-5、图 4-6)；桥墩 224 座，桥塔 7 座，桥梁宽 33. 1m(图 4-7、图 4-8)；沉管隧道长 5664m，宽 28. 5m，净高 5. 1m；桥面最大纵坡 3%，桥面横坡 2. 5%内，隧道路面横坡 1. 5%内；桥面按双向六车道高速公路标准建设，设计速度 100km/h，全线桥涵设计汽车荷载等级为公路-I 级，桥面总铺装面积 $70\times10^4m^2$；通航桥隧满足近期 10 万吨、远期 30 万吨油轮通行；大桥设计使用寿命 120 年，可抵御 8 级地震、16 级台风、30 万吨撞击以及珠江口 300 年一遇的洪潮。

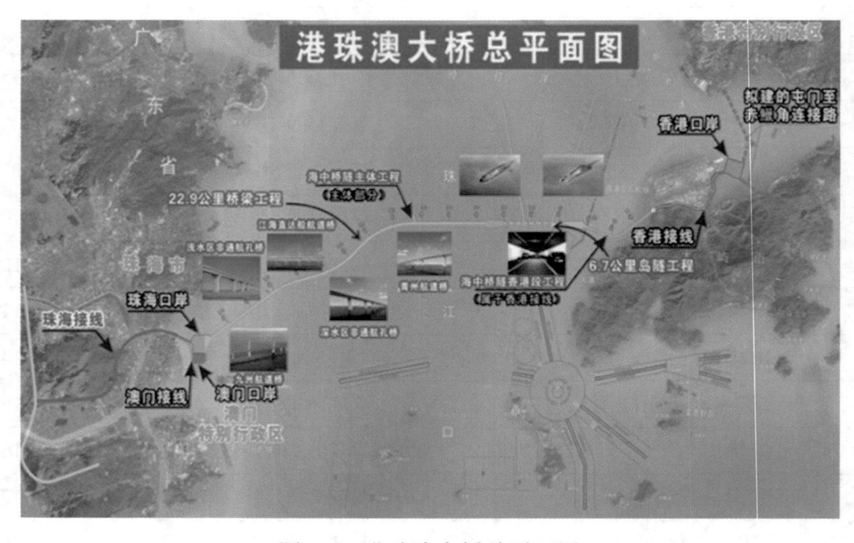

图 4-4　港珠澳大桥总平面图

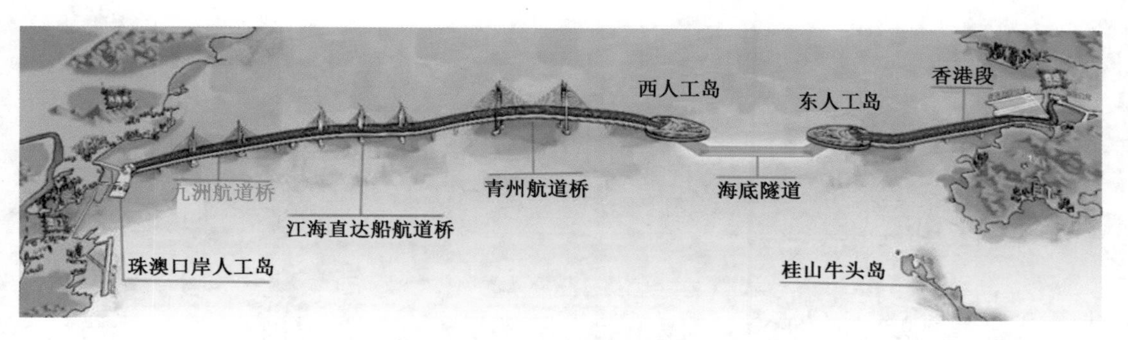

图 4-5 港珠澳大桥桥隧分布示意图

图 4-6 港珠澳大桥东人工岛

图 4-7 青州航道桥

图 4-8　桥隧俯瞰

港珠澳大桥海底隧道长 5664m，由 33 节巨型沉管和 1 个最终接头对接而成，是世界最长的公路沉管隧道和唯一的深埋沉管隧道，也是我国第一条外海沉管隧道。

港珠澳大桥沉管隧道项目碎石垫层铺设采用的整平船“津平 1”(图 4-9)，是国内首创、港珠澳大桥岛隧工程独有的平台式抛石整平船，可以实现水深 10~50m 范围内碎石铺设整平，船长 88.8m，宽 46m。整平船采用 RTK-GNSS 和倾斜仪等设备，整平高程精度为 40mm。

图 4-9　“津平 1”整平船

2013 年 5 月 7 日首节沉管安装完成，2017 年 3 月 7 日最后一节沉管安装完成，2017 年 5 月 22 日，最终接头安装成功(图 4-10)。沉管浮运安装见图 4-11。

深圳至中山跨江通道(简称深中通道)，是国家“十三五”重大工程和《珠三角规划纲要》确定建设的重大交通基础设施项目，北距虎门大桥 30km，南距港珠澳大桥约 38km(图

图 4-10 最终接头安装

图 4-11 沉管浮运安装

4-12)。项目起于广深沿江高速机场互通立交，在深圳机场南侧跨越珠江口，西至中山马鞍岛，终于横门互通立交；通过连接线实现在深圳、中山及广州南沙登陆，通道全长约24km。深中通道是集桥、岛、隧于一体的世界级工程，采用东隧西桥的设计方案，设计速度 100km/h 的双向八车道高速公路技术标准(图 4-13、图 4-14)。

深中通道海底隧道起于深圳侧东人工岛，下穿沿江高速，机场支航道，矾石水道，在伶仃航道和矾石水道之间的西人工岛结束，全长约 6. 8km，其中沉管段长 5035m，由 32 节管节拼接而成。管节采用矩形钢壳(图 4-15)，内部为填充高流态自密实混凝土的“三明治”结构形式，每节标准管节的尺寸为长 165m、宽 46m、高 10. 6m，浇筑完成后单管节重约 8 万吨，非标准管节最宽处约 55. 5m，管节重约 6. 6 万吨(图 4-16)。深中通道海底隧道是目前世界上首次采用双向八车道、超宽钢壳混凝土的沉管隧道，且最宽处满足双向十车

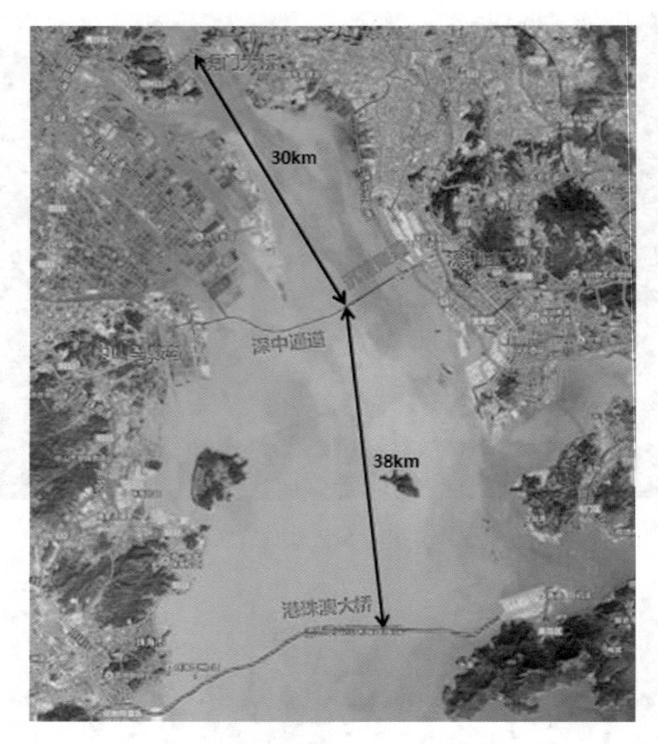

图4-12　深中通道区位示意图

道的要求，具有“超宽、变宽、深埋、回淤量大、挖砂坑区域底层稳定性差”等五大世界级技术难点；在沉管预制工艺上，为国内首例采用自密实混凝土浇筑技术，技术难度前所未有。

图4-13　深中通道工程示意图

图 4-14 深中通道西人工岛

图 4-15 钢壳混凝土沉管内部结构

图 4-16 深中通道 E32 管节绞移出坞

4.1.3　沉管法隧道施工步骤

沉管隧道施工涉及隧道、结构、港工、疏浚、通航、机械、测量、电子电气等多个专业领域，系统性强，需要全面掌握地质、水文气象、航道、通航及施工图设计文件等资料，应深刻理解影响施工的各种制约因素，如地质、水文窗口、气象窗口、工期、管节类型与结构，制定技术可靠、施工安全、经济合理、环境友好的施工方案。

在通常情况下，沉管隧道工程的主要施工步骤包括施工前期调查、装备材料准备、陆地衔接段施工、管节预制、基槽开挖及基础处理、管节浮运安装、回填覆盖、最终接头施工、内部施工等(图 4-17)。

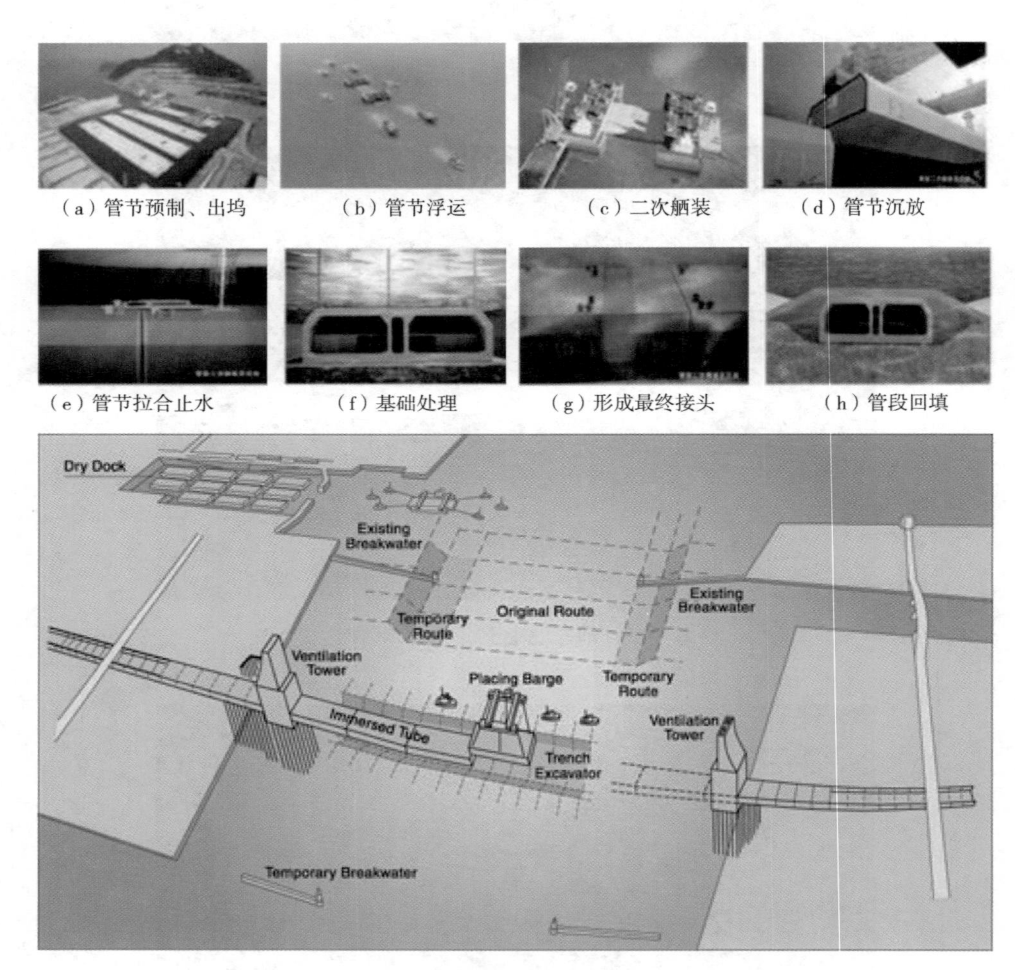

（a）管节预制、出坞　（b）管节浮运　（c）二次舾装　（d）管节沉放

（e）管节拉合止水　（f）基础处理　（g）形成最终接头　（h）管段回填

图 4-17　沉管隧道施工示意图

1. 施工前期调查

为防止由于各种原因导致工程场地出现与设计图不符，施工开始前应对场地环境进行各种调查，需要调查的内容有：

(1)工程地质及水文调查；

(2)工程陆地沿线地表地貌、地下管线及构筑物调查；

(3)水上、水下管线及建筑物调查；

(4)堤岸结构及基础形式调查；

(5)航道调查；

(6)生态与环境保护要求相关调查。

调查结束后，同监理工程师、设计单位等进行施工图设计文件的现场核对，与实际情况不符时及时提出修改意见。

2. 装备材料准备

沉管隧道施工使用的各种类型装备多，根据工程特点和规模有起重船、挖泥船、清淤船、整平船、供料船、打桩船、拖轮、沉放驳、测量塔(图 4-18)、测量船、交通船、管节预制模板及各种配套设备。沉管隧道施工组织设计通过评审后，应根据其功能和工程进度计划要求开展各类船机定型、定船以及特种船机采购、设计、制造、技改和整机调试，确保其功能、精度、工效、使用环境等能够满足设计和施工要求。

图 4-18 沉放驳与测量控制塔

工程所使用的各种原材料、半成品或成品等的质量应符合国家现行的有关标准、规范以及设计技术要求的规定。

3. 陆地衔接段施工

陆地衔接段是指与沉管隧道的水中管节部分两端相连接的地下隧道或地面构筑物等(图 4-19)，主要包括暗埋段、敞开段、临时围堰、护岸工程、互通道路等。

暗埋段是沉管部分与陆地进行对接的部分，具有较大埋深，通常采用围堰明挖法进行施工(图 4-20)，暗埋段端头的结构外形、尺寸与水中管节相同(图 4-21、图 4-22)。敞开段处于爬升段，埋置逐渐变浅，与市政道路或人工岛连接在一起。临时围堰和护岸工程是陆地衔接段施工的先行工程，围堰和护岸做好后就完成了衔接段施工的止水工作，随即就可以开展土石方开挖作业。

图 4-19　沉管隧道两岸衔接段工程设计

图 4-20　深中通道东人工岛钢板桩围堰

4. 管节预制

管节预制一般采用干坞或半潜船作为载体。干坞预制有轴线干坞和异地干坞两种形式。轴线干坞是将岸上段作为干坞，预制管节(图 4-23)，管节全部预制出坞后再进行岸上段施工，这种形式仅在管节长度短、数量少、隧址附近无干坞条件或要花很大代价开辟管节浮运航道的情况下采用。异地干坞即不在隧址附近设立的管节预制干坞，这种形式的

图 4-21 暗埋段接头内部结构

图 4-22 暗埋段沉管对接端

图 4-23 香港沙中线海底沉管隧道预制干坞

干坞适用于管节数量多、长度长的沉管隧道工程，并且可以建立工厂化的预制形式(图 4-24)，即首先把管节分为若干个节段，在车间室内控制条件下预制一节段并顶推滑移出厂，再行预制另一节段，形成流水形式连续预制节段，完成最后节段、连接成整体管节后，再采用船闸技术浮运出坞。

图 4-24　工厂化预制

在隧址附近无干坞时还有一种预制方式，即以半潜驳为载体进行管节的预制(图 4-25)。半潜驳靠在码头岸边，在其甲板上开展预制工作。受限于半潜驳尺寸吨位及水深条件，一般情况下仅用于预制长度短、截面积小的管节。

图 4-25　管节在半潜驳上预制完成

受制于隧址区域各种条件，出现了一种浮态浇筑的预制方式。沉管的钢壳在船台拼装完成后拖至隧址附近的码头，在水中漂浮的状态下进行混凝土的浇筑。目前该施工方式在日本已经开展，在我国还未有先例。

5. 基槽开挖及基础处理

管节沉放前需要对隧址基槽进行开挖，主要方法有挖泥、爆破、凿岩等，挖泥适用于开挖土层或强风化岩层，水下爆破一般采用钻孔爆破法，用于清除水下硬质岩层，凿岩作业适合于强风化至中风化页岩或砂岩的地质状况。基槽底宽一般比管节宽4~6m，开挖深度为规划航道深度以下沉管段覆盖层厚度、管节高度及基础处理垫层厚度三者之和。根据河床泥沙以及水流速度等情况，确定基槽的形状、开挖方法及基槽边坡的稳定性，遵循“先粗挖、后精挖、分层开挖、严禁欠挖”的原则进行施工(图4-26)。

图4-26 抓斗精挖船“金雄”轮

沉管隧道的基础处理主要是解决开挖引起的槽底不平整、地基土软硬不均和基槽回淤与流砂管涌等问题，是矩形沉管隧道的关键技术之一。沉管段基础垫层处理方法大致可分为先铺法和后铺法两种，先铺法是管节沉放前就完成碎石垫层的铺设和整平，后铺法是沉管沉放对接完成后通过沉管上预先设置的灌砂孔进行灌浆或灌砂的方法(图4-27、图4-28)。

6. 管节浮运安装

管节浮运前需要进行试浮试验，检验管节的水密性、密封稳定性、干舷高度等。管节浮运主要有绞拖、半潜驳浮运及拖轮拖运等方式，轴线干坞适用绞拖，短距离浮运可采用半潜驳，管节尺寸大、浮运线路长时宜采用拖轮拖运的方式。管节浮运前应收集水文气象资料，并对浮运航道进行检测，防止沉管搁浅或碰撞。管节浮运时，虽然在水中重量较轻，但管节重量大，惯性力和水阻力也会很大，需要用很大拖曳力才能使静止的管节运动或运动的管节停下，因此要配置足够的拖轮进行拖带作业(图4-29)。

图 4-27　“一航津平 2”整平船

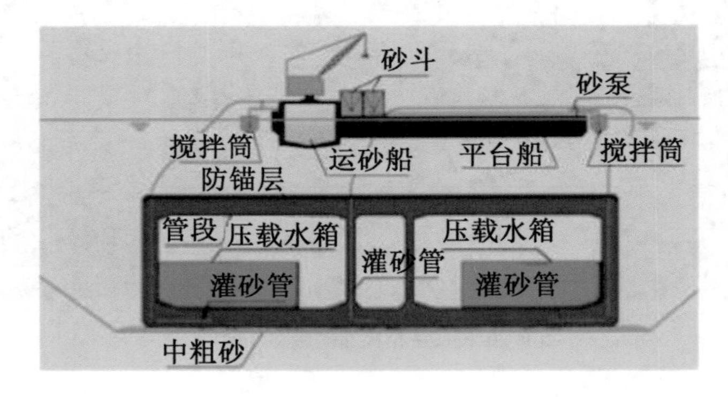

图 4-28　后铺灌砂法示意图

管节浮运作业时间可达几小时至十几小时，此期间需要对航道进行一定的管制措施，制定严密的施工计划和各种预案，保证管节安全。对于弯曲或带斜度的异形管节，其纵向线性重量非均匀分布，需要调整压水舱分布以抵消附加弯矩。

图 4-29 沉管浮运

管节浮运到指定的沉放位置后，就可以进行沉放安装和水下对接作业。传统的管节沉放采用“吊驳+测量控制塔”的形式，通过布设合理的缆绳，实现管节的前后移动、左右调整和向下沉放(图 4-30、图 4-31)。

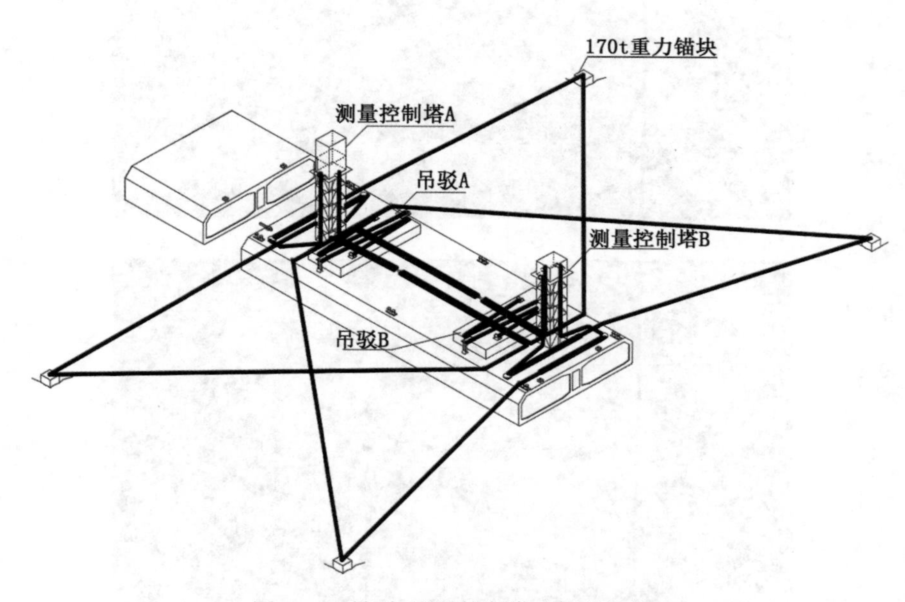

图 4-30 吊驳+测量控制塔法管节沉放

目前最先进的沉管浮运安装方法是采用浮运安装一体船进行施工，“一航津安 1”是世界上第一艘集沉管浮运、定位、沉放和安装等功能于一体的、具有 DP 动力定位和循迹功能的专用船，具有系统集成度高、自动化程度高、安全控制性能高、施工精度高等优势，可以极大地提高施工效率和精度(图 4-32)。

图 4-31　南昌红谷隧道管节沉放

图 4-32　深中通道管节沉放安装

7. 回填覆盖

回填覆盖一般分为锁定回填、一般回填和覆盖回填。回填应符合两侧对称、纵向分段、断面分层原则，按顺序进行并满足设计要求(图 4-33)。管节沉放对接达到设计要求后需尽快实施锁定回填，确保已沉管节在横向的稳定，锁定回填须按设计要求在沉管两侧对称、均匀地沿管节纵轴向进行。一般回填适用于锁定回填和覆盖回填之间的回填，一般回填的坡脚位置在纵向上应给下一节沉管端部留出足够的安全距离。覆盖回填适用于一般回填完成后对沉管顶部的保护回填，回填完成后应采用多波束对覆盖层区域进行探测。

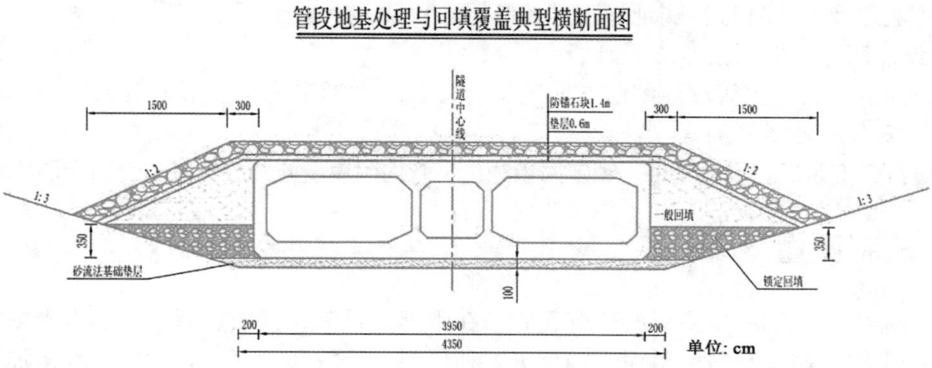

管段地基处理与回填覆盖典型横断面图

隧道中心线
防锚石块1.4m
垫层0.6m
1500　300　300　1500
1:2　1:2
1:3　1:3
一般回填
350　350
砂流法基础垫层
锁定回填
100
200　3950　200
4350
单位: cm

图 4-33　管节回填典型断面示意图

8. 最终接头施工

沉管隧道的沉管段，采取分别从两岸开始沉放管节时，最后一节沉管一端与已沉放管节对接完成后，其另一端与已沉放管节的端面距离 2m 左右，这段空置部分进行水中最终接头处理。最终接头施工的关键在于止退和防水，常用的施工工法有止水板工法、端部块体工法、V 形块体工法、Key 管节工法等(图 4-34)。

图 4-34　港珠澳大桥沉管隧道最终接头

9. 内部施工

沉管安装完成后，内部施工主要包括内部舾装件拆除，压重层混凝土浇筑，路面铺设，电气、通风、排水、防火等系统的安装布设，以及内部装修。

4.1.4　主要测量工作内容

沉管隧道工程中涉及的测量工作主要有以下几项。

(1)管节预制：施工控制网布设测量、浇筑过程的施工放样和施工测量、成品管节的验收测量、管节一次标定测量等。

(2)前序工程测量：人工岛施工测量、海中测量平台建设等。

(3)航道及基床处理：隧址施工区控制网布设测量、航道开挖前后的扫测、沉管基础垫层铺设监测、基槽回淤监测等。

(4)浮运沉放：沉管浮运编队导航定位、管节二次标定测量、管节沉放安装和水下对接监测、安装后轴线复测等。

(5)沉管安装后：贯通测量、锁定回填测量、管内附属设施施工测量、管内变形监测等。

4.2　预制测量

干坞是沉管预制的主要场所，沉管管节在干坞内预制、存放、舾装，坞内根据需要会设有混凝土拌合站及骨料、水泥、钢材等各种原料的堆放和储藏的仓库，各种机加工间以及完善的交通、供电、防水、防洪等设施。

干坞测量控制网是指布设在干坞中，为管节预制施工测量、管节特征点与管节测量塔几何关系的建立和干坞变形监测等服务的控制网。主要作用有：一是在管节制造阶段用于管节施工放样、管节几何形状检测，保证管节按设计要求预制，以及检查其几何尺寸是否符合设计和对接的精度要求；二是在沉放前对管节特征点和管节测量塔的坐标进行测量，建立管节特征点和管节测量塔坐标的几何转换关系，为管节在隧址沉放的测量控制奠定基础；三是可以作为干坞水平位移和垂直位移变形监测的基准。

4.2.1　施工控制测量

为准确建立管节特征点和管节测量塔坐标的几何转换关系，干坞施工控制网的平面控制测量应按照三等导线的标准观测，高程控制测量应按照二等水准的标准观测。控制网的建立，必须遵循“从整体到局部，先控制后细部”的原则，控制点宜采用强制对中观测墩的形式，网型分布合理，均匀覆盖整个干坞施工区域(图 4-35、图 4-36)。控制网需要定期复测校核(表 4-2、表 4-3 和表 4-4)。

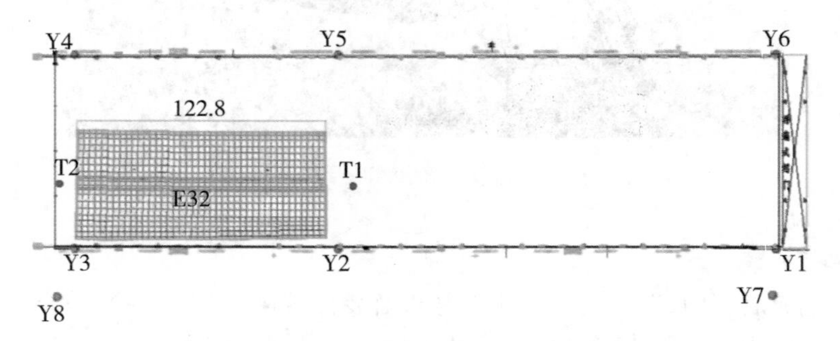

图 4-35　干坞控制网示意图

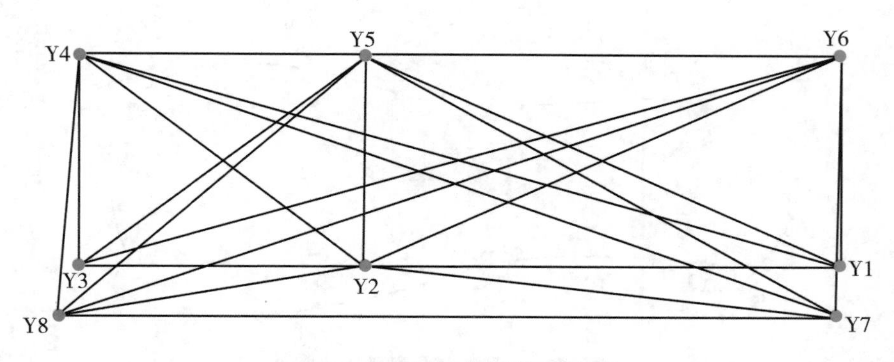

图 4-36 干坞控制网观测示意图

表 4-2 三等导线网测量主要技术要求

等级	测角中误差(″)	测距相对中误差	测回数	方位角闭合差(″)	导线全长相对闭合差
三等	1.8	≤1/150000	6	$3.6\sqrt{n}$	≤1/55000

注：n 为测站数。

表 4-3 水平角观测技术要求

等级	仪器等级精度	两次重合读数之差	半测回归零差	一测回 2C 互差	同一方向值各测回较差
三等	1″	1″	6″	9″	6″

表 4-4 边长测量技术要求

等级	仪器等级精度	每边测回数（往、返）	一测回读数较差	单程各测回较差	往返较差
三等	5mm 仪器	3	≤5mm	≤7mm	$\leqslant 2(a+b\cdot D)$mm

对于干坞高程控制网，可采用数字水准仪以二等水准测量的方式进行测量，高程基准可从整个工程的首级高程控制网联测得到，联测的精度也应满足二等水准测量的要求(表 4-5、图 4-37)。

表 4-5 水准观测技术指标

等级	视线长度		前后视距差	累计视距差	偶然中误差	全中误差
	仪器类型	视距				
二等	DS1、DS05	≤50m	≤1.0m	≤3.0m	1.0mm	2.0mm

除了传统的固定式干坞，还有一种移动干坞的预制方案，即管节在半潜驳上进行管节

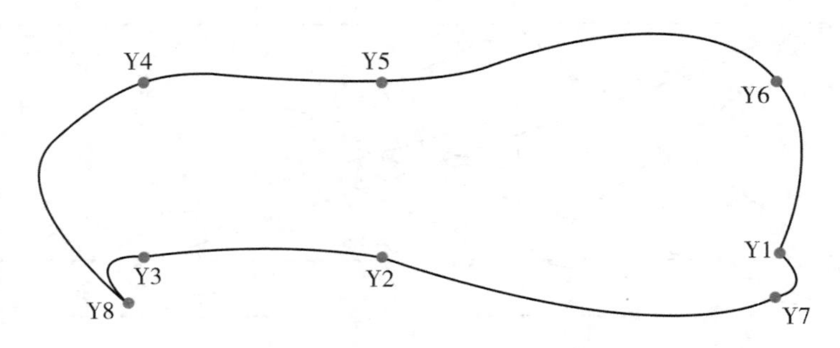

图 4-37　干坞水准测量线路图

的预制。同固定干坞相比，其主要优点有：

(1)省去了固定干坞本身的建造时间，节省工期；

(2)大大节省在岸上施工场地的占用；

(3)管节预制完成后，可以通过半潜驳运到隧址附近，节省航道疏浚费用，有利于降低工程造价。

半潜驳作为预制平台，甲板在承受荷载后会产生沉降变形，这样会直接引起管节预制成形偏差，实际上半潜驳甲板的刚度非常大，承重后的变形量非常有限，因此对管节外形的直接影响也是非常有限。甲板的微小变形会影响建立在半潜驳上的测量基准系统的控制精度，因此每次预制前都要重建测量基准面来消除变形误差影响。

(1)半潜驳上测量控制系统的建立。

首先需要找一个与甲板面大致平行的平行面。在甲板预制区域的中心，选一处平坦区域焊接一强制对中观测墩，在管节预制施工区域外侧四角上设置 4 个观测台。在陆地上将全站仪调平，垂直轴锁定在 90°，架设在甲板中心的观测墩上，观测 4 个角的观测台，标记全站仪横丝的位置，并在每个标记处焊接全站仪固定螺栓，作为管节预制的控制点，以这 4 个点形成的平面作为测量基准面。

4 个控制点测量采用边角网的形式。将全站仪在陆地上调平，垂直轴锁定在 90°，将 3 个圆棱镜的棱镜高调成与全站仪仪器高一致，并在陆地上将棱镜调平。调好后全站仪架和棱镜分别架设到 4 个控制点上，进行边角网观测，平差后就可以得到 4 个控制点的三维坐标。平面坐标可以采用假定的独立坐标系，高程可以预制支撑为零。

除了上述 4 个控制点，为方便管内预埋件、管内测量点引测等施工，还需要适当增加一些控制点，其施测方法同上。

(2)施工放样。

半潜驳上控制网建立后，就可以控制点为基准进行各种施工放样工作。在陆地将全站仪调平，垂直轴锁定在 90°，将一圆棱镜调平，用于半潜驳上全站仪定向。将全站仪和棱镜架设在合适的控制点上，设站定后视，就可以松开垂直轴锁定旋钮，进行管节轴线、端面板、舾装件等的放样工作。

(3)管内管顶控制点的引测。

当管段预制即将完成时，在管内两端水密门对应通道上头尾各做一个测量点，用于管节沉放后的轴线复测和贯通测量。测量方法同控制网测量方法类似，在管节两端水密门外的控制点上设站定向，测量管内测量点的三维坐标。为防水管内水箱遮挡，应增加备用点。

管段预制完成后，在管顶面中轴线靠近两端壳以及管的中间位置引测3个控制点，测定三维坐标，作为测量塔二次标定测量的基准点。

需要注意的是，在半潜驳上测量作业时，全站仪的倾斜补偿一定要关闭。

4.2.2 浇筑过程监测

沉管预制通常分片段进行。深中通道165m长标准管节的混凝土方量约29350m^3，纵向分为9个分段，单个分段长15~20m，为避免水化热导致的钢壳变形，采用“对称、均衡”浇筑原则，设备采用拖泵+智能布料机浇筑。管节总体浇筑顺序为底板→墙体→顶板，如图4-38所示。

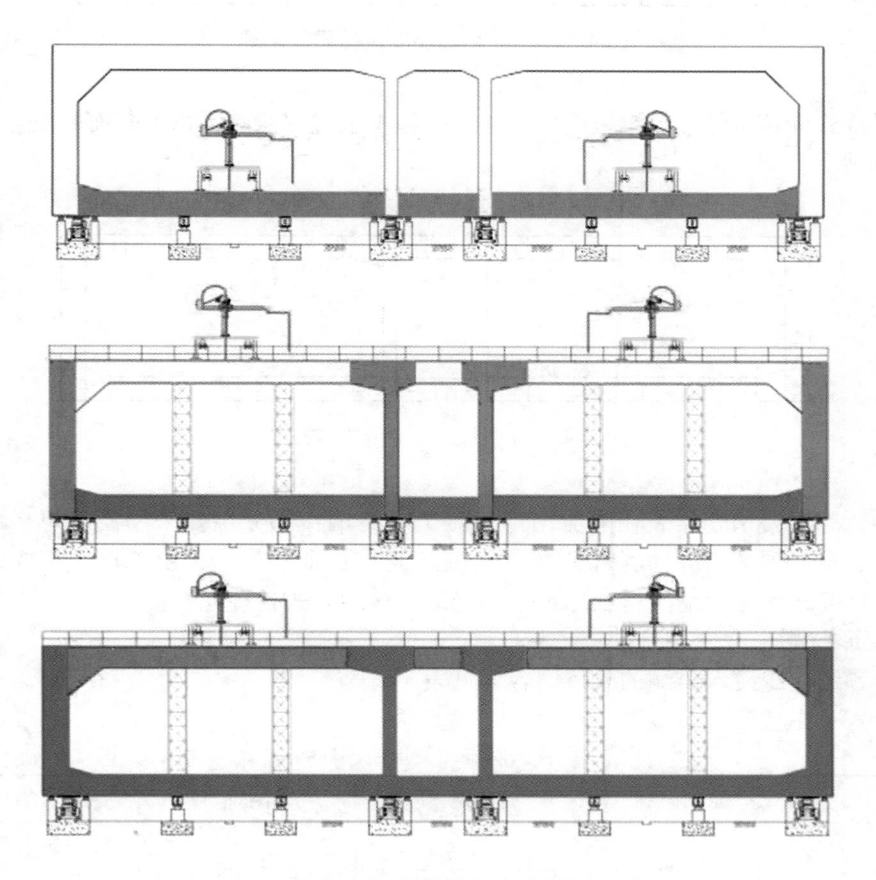

图4-38 总体浇筑顺序图

由于沉管管节预制施工规模较大，浇筑时的温度场、应力场以及隔舱钢板变形、端封门变形会严重影响沉管的施工质量。因此，应针对沉管浇筑时的混凝土内部温度、钢板应力、钢板变形及端封门变形进行施工监测，及时掌握具体施工状态，有效保证施工质量。

1. 温度及应力监测

针对混凝土浇筑过程中的混凝土固化温度，采用光纤光栅温度传感器进行监测；针对混凝土浇筑过程中的隔舱钢板应变，采用光纤光栅应变传感器进行监测。监测时，采用自动化、连续不间断的监测方式进行。

针对沉管浇筑时的混凝土内部温度，应进行施工全过程监测，每个断面监测点位布设图如图 4-39 所示。

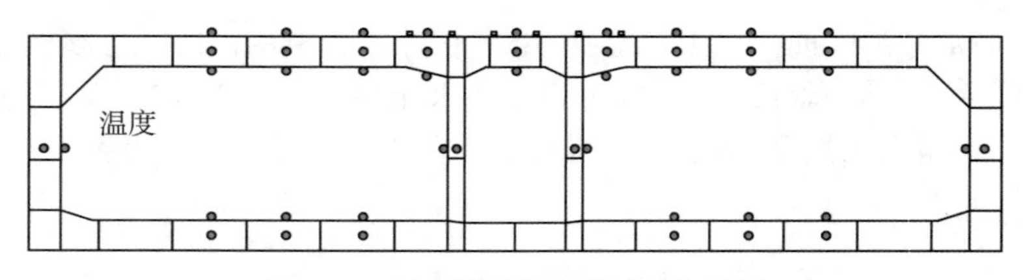

图 4-39　每个断面温度传感器布置图

针对沉管浇筑时的隔舱钢板应变，应进行施工全过程监测，每个断面监测点位布设图如图 4-40 所示。

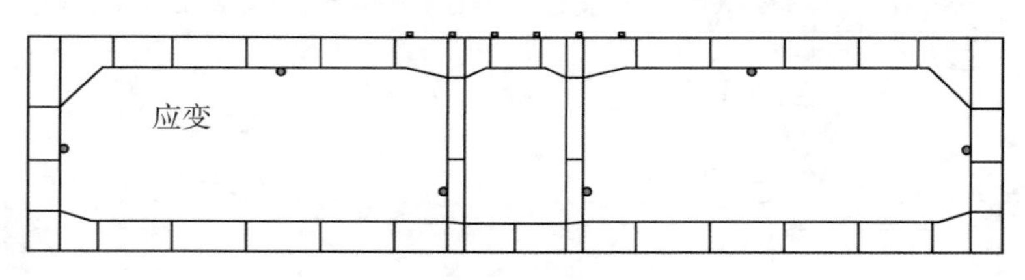

图 4-40　每个断面应变传感器布置图

监测传感器要预先安装在隔舱内部，对于隔舱钢板部分主要采用夹持焊接的方式安装。同时，根据现场实际情况和监测方案制定光缆长度和规格，由工厂进行光纤接头制作，为确保光纤信号传输质量，尽量采用光纤熔接的方式处理光纤接头。

2. 变形监测

管节预制施工变形监测的具体内容详见表 4-6。

表 4-6　**沉管预制施工变形监测内容**

序号	监测内容	监测项目	监测仪器	监测频率
1	沉降部分	底板	电子水准仪	砼浇筑前后各一次
2		顶板		砼浇筑前后各一次
3	位移部分	外侧墙	高精度全站仪	砼浇筑前后各一次
4		端钢壳		根据砼浇筑情况确定

变形监测的测点布设说明如下。

(1)底板测点布设。管节底板浇筑每分段设置3个监测断面，在底板底部共布设18个沉降观测点，使用记号笔做好标记、编号。沉降点布设示意图见图4-41。

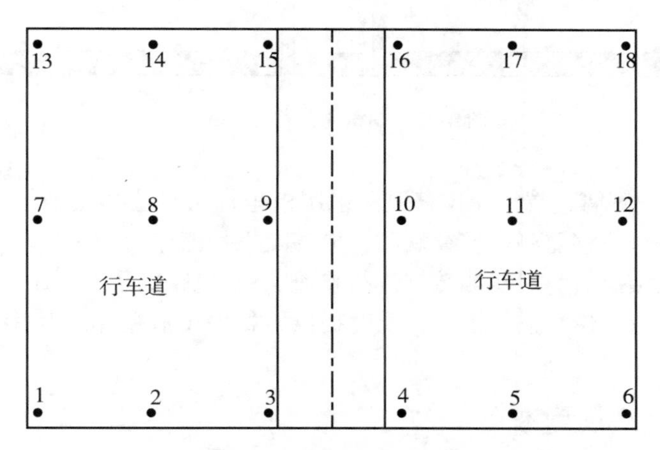

图4-41 底板沉降点示意图

(2)侧墙测点布设。管节侧墙每分段设置3个监测断面，左、右侧墙各布设9个位移观测点，在钢壳表面粘贴棱镜反射片或定制的吸盘棱镜。位移点布设示意图见图4-42。

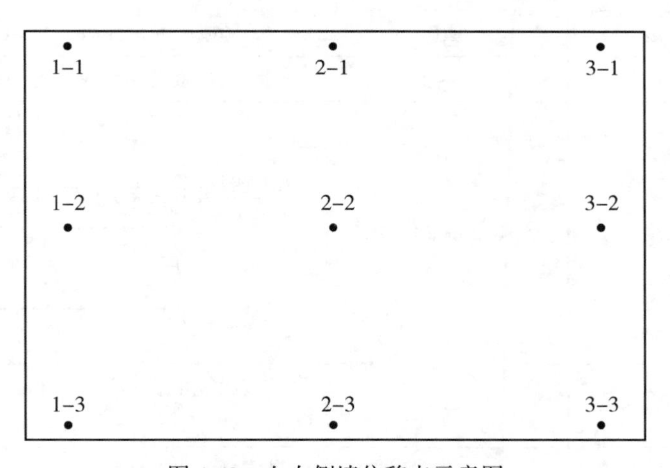

图4-42 左右侧墙位移点示意图

(3)顶板测点布设。顶板测点布置与底板测点相同，沉降点布设示意图见图4-41。

(4)端钢壳测点布设。管节端头浇筑时，在端钢壳的GINA止水带压接中心线位置按照2m间距粘贴棱镜反射片，底板、墙体和顶板测点布置图见图4-43。

沉降监测采用电子水准仪测量；位移监测采用0.5″级的高精度全站仪测量。

(1)沉降监测：底板、顶板浇筑时沉降观测采用几何水准方法进行观测，观测时按照沉降点水准路线进行往、返观测，取其平均数作为高程数据。

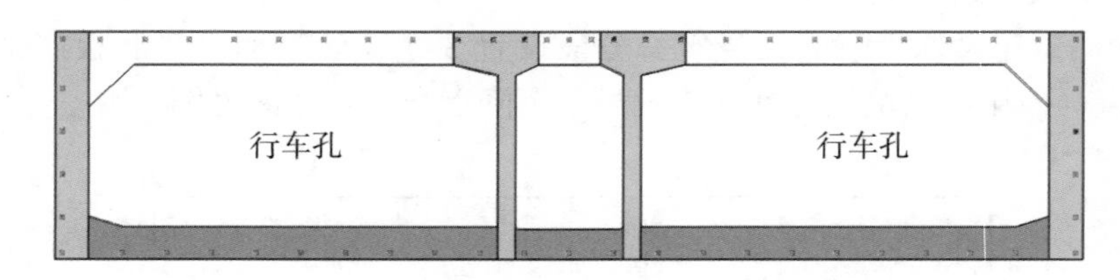

图 4-43　端钢壳位移点示意图

(2)位移监测：侧墙、端钢壳位移监测采用极坐标法对位移点进行观测。观测时按照盘左、盘右的顺序对位移监测点连续观测，取各点平均值作为采集数据。

每次变形观测结束后，对实测数据进行检查，确认无误后，及时整理所有监测数据，计算出各点的沉降量、位移量并汇总，及时提供给相关技术主管，为后续管节预制调整提供数据。

4.2.3　成品管节验收测量

成品管节和其端钢壳的验收项目、精度指标和测量方法如表 4-7、表 4-8 所示。

表 4-7　**成品管节几何尺寸允许偏差**

序号	主控项目	偏差建议值(mm)	测量方法及频率	权值
1	管节宽度	±10	尺量或激光测距仪：每 10m 一处	2
2	管节高度	−10～+5	尺量或激光测距仪：每 10m 一处	1
3	管节长度	±[10+(L−20)/10]	尺量，每管节 2 处 L 端钢壳封板 端面板 顶板 底板	1
4	内孔净宽	±10	尺量或激光测距仪：每 10m 一断面，每断面 3 处	2
5	内孔净高	−5～+15	尺量或激光测距仪：每 10m 一断面，每断面 3 处	2
6	构件厚度	±10	尺量或激光测距仪：每 10m 一断面，每断面顶、底板各 4 个点，每个竖墙布 2 个测点	2
7	底板及侧墙水平精度	±10	尺量或激光测距仪：10m 范围	2
8	顶板水平精度	±15	尺量或激光测距仪：10m 范围	2

续表

序号	主控项目	偏差建议值(mm)	测量方法及频率	权值
9	侧墙垂直度	±10	尺量或激光测距仪：10m 范围	2
10	纵向端面板平整度	±5	尺量或激光测距仪	2
11	直角度	$L/1000$	尺量或激光测距仪：两侧及两侧中央 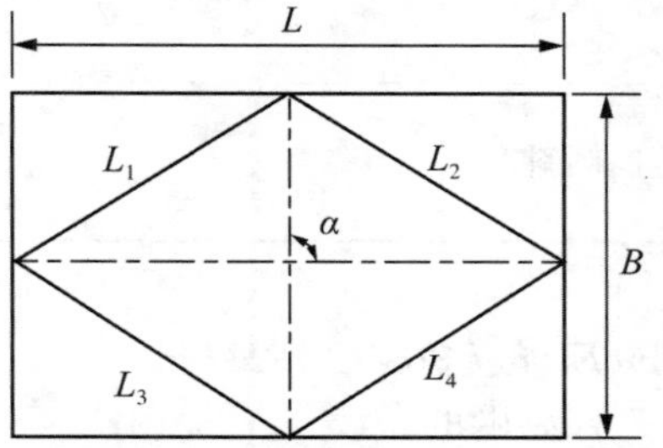 L, L_1, L_2, α, B, L_3, L_4 顶板顶平面：$\max(L_m - L_n) \leqslant L/1000$	2

表 4-8　**端钢壳几何尺寸允许偏差**

序号	主控项目	偏差建议值(mm)	测量方法及频率	权值
1	中心间距	±10(侧墙-中墙) ±5(中墙-中墙)	尺量或激光测距仪 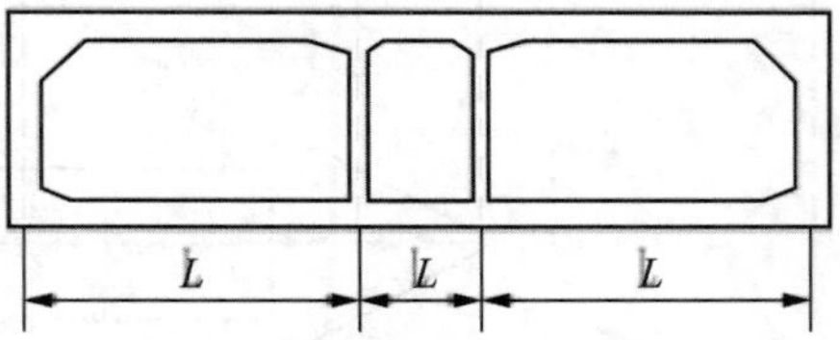 L　L　L	1
2	梁以及柱弯曲	$L/1000$	尺量或激光测距仪：跨中央 1 点 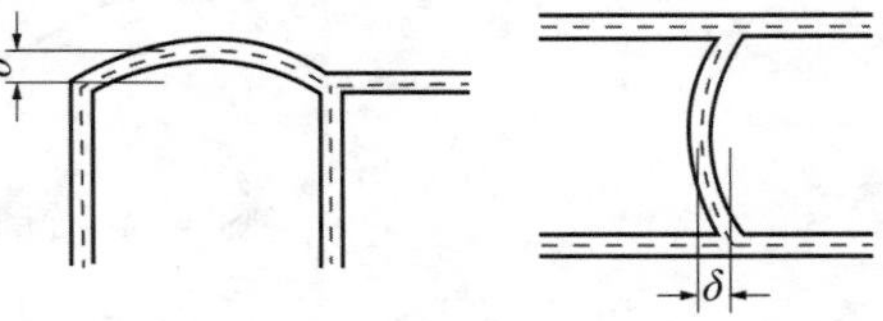 δ　δ	1
3	翼缘板宽及隔板宽	0.5m≤W≤1.0m：±3mm 1.0m≤W≤2.0m：±4mm 2.0m≤W：±(3+W/2)mm	尺量或激光测距仪：支点 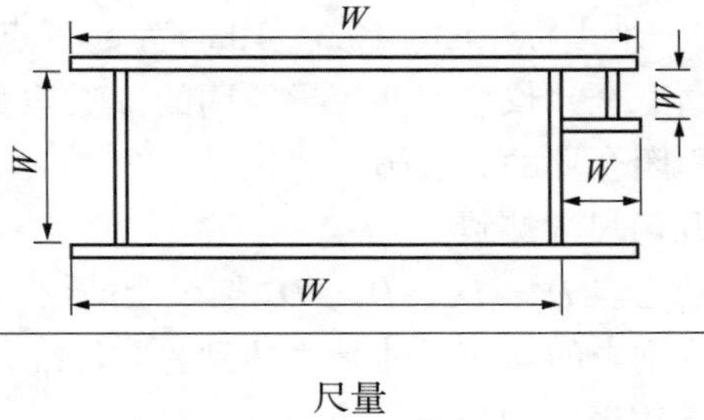 W　W　W　W　W	2
4	面板不平整度	≤3	尺量	3

续表

序号	主控项目	偏差建议值(mm)	测量方法及频率	权值
5	不平整度	≤1	GINA 止水带接触面，1m 直尺	3
6		≤1	OMEGA 止水带接触面，0.5m 直尺	
7	横向垂直度	≤3	拟合面与设计面在管节左右外沿之差	3
8	竖向倾斜度	≤3	拟合面与设计面在管节左右外沿之差	3

1. 钢壳成品联合验收测量

1)施工控制网的布设

为便于测量钢壳各部位几何尺寸、特征点间相互位置和关系，达到验收的要求，需在干坞的钢壳制作现场布设施工控制网，施工控制网的平面基准和高程基准为独立坐标系。施工控制网点围绕钢壳布设 4 个平面和高程共用点，便于施工检核，相邻两点间保证通视。施工控制网采用独立坐标系建立，控制网布设示意图见图 4-44。

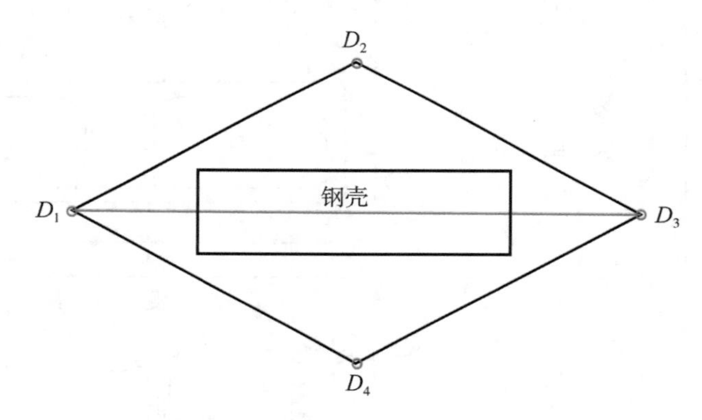

图 4-44　施工控制网示意图

控制网共布设 D_1、D_2、D_3、D_4 四个控制点(平面和高程共点)。平面控制测量以 D_1 点(假定三维坐标 10m、10m、10m)为起算点，D_1—D_3(假定方位角为 0°)为起算方位角，采用高精度全站仪按照四等导线网的方法施测；高程以 D_1 点为起算点，采用水准仪按照四等高程闭合环的方法施测。

2)几何尺寸测量

分别在点 D_1、D_2、D_3、D_4 架设全站仪，对钢壳内外侧各部位特征点进行三维坐标测量，计算钢壳的几何尺寸是否达到验收标准。

3)端钢壳空间姿态测量

分别在钢壳两侧的端钢壳上粘贴反射片，以 1m 间距布置测点，在点 D_1、D_2 上分别架设全站仪进行端钢壳空间姿态数据采集，得到独立坐标系下的三维坐标。

采集 D_1 侧的钢壳端面的特征点(底板角点)平面坐标，两点均值为点中1(独立坐标)，同理可得出另一侧点中2，则这两个点的连线为管节的实际轴线。实际轴线示意图见图4-45。

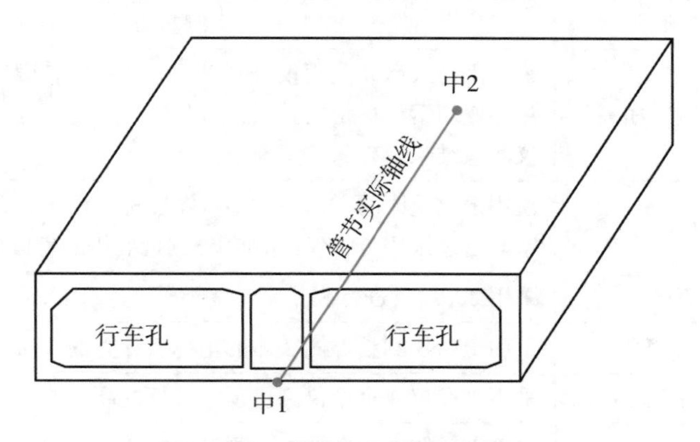

图4-45 管节实际轴线示意图

取管节实际轴线为 x 轴，点中1为原点 o，并以指向点中2的方向为 x 轴正方向，使用左手法则建立 y 坐标轴，过原点 o 作垂直于 xoy 平面的线为 z 轴，并以向上方向为 z 轴正方向。取中1点在独立坐标系的高程为管节坐标系的高程基准，管节坐标系示意图见图4-46。

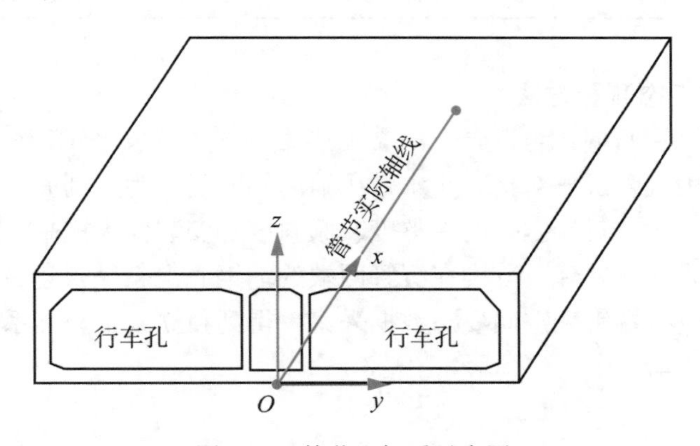

图4-46 管节坐标系示意图

首先将已采集的端钢壳空间姿态数据由独立坐标转换到管节坐标系下的三维坐标，再进行拟合计算。拟合基本方法是：首先运用Matlab数据处理软件对实测数据进行三维平面拟合，然后求出测点到拟合平面的最短距离等信息，最后对端钢壳面板姿态的质量进行评估。

2. 钢壳成品几何尺寸测量方法

管节浇筑后预制成品的测量内容及方法见表 4-9。

表 4-9　　**测量内容及测量方法**

序号	测量项目	测量方法
1	内孔净宽、净高	采用手持式激光测距仪分别对行车孔、中管廊的净高、净宽进行测量，使用钢尺量距的方法，对几何尺寸进行复核测量。对比与测距仪测量结果，确保数据准确性
2	壁厚	使用钢尺量距的方法，对中墙厚度进行测量，顶板、底板、侧墙等壁厚通过采用全站仪(水准仪)测量墙体的坐标(高程)后计算求出
3	垂直度	采用 2m 靠尺进行测量
4	管节宽度	采用全站仪测量外侧墙体的坐标后计算的方法
5	管节高度	采用水准仪或全站仪测量顶、底板的高程或三角高程后计算的方法
6	管节长度	在钢壳两侧架设全站仪，测量相同高程、距轴线相同距离的点的坐标，计算出两点之间的距离
7	水平精度	顶(底)板水平精度：采用水准仪配合塔尺测量，在钢壳顶(底)面分别架设水准仪，对断面的测点进行相对高程测量。侧墙水平精度：架设全站仪，采用极坐标法测量侧墙的上、中、下位置并计算出是否在同一竖直面
8	管节纵向挠度	在管节底架设全站仪，采用三角高程法观测

3. 端钢壳空间姿态测量方法

端钢壳设置在沉管两端，与钢壳、混凝土连为一体，为安装 GINA 和 OMEGA 止水带而设的钢构件，作为沉管沉放对接时止水带压缩的导向面。为达到完全水密效果，和适应沉管沉放后的坡度变化，对端钢壳的平整度、倾斜度等安装要求极高，因此必须对端钢壳空间姿态进行数据采集并处理。分别在沉管两端的端钢壳上粘贴反射片，以 1m 间距布置测点，架设全站仪进行端钢壳空间姿态数据采集，得到独立施工坐标系下的三维坐标。点位布设示意图见图 4-47。

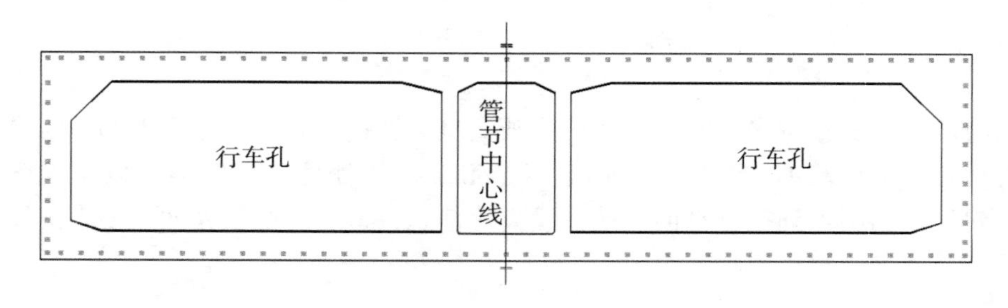

图 4-47　端钢壳测点布置图

端面拟合基本方法与钢壳成品验收时方法一致。

4.3 标定测量

沉管管节舾装是指管节浮运、沉放、对接水上操作前在管面上安装临时设备，是沉管预制和出坞、浮运的连接环节，在整个沉管安装项目中起着较为重要的作用。管节舾装分两次进行，在管节试漏、起浮前完成管节的一次舾装，主要包括 GINA 止水带、剪切及导向装置、端封墙、管内压载系统、系缆桩、管面预埋件、通风照明及用电控制系统等；管节起浮后、沉放前进行管节的二次舾装，主要包括测量控制塔、人孔、吊驳、拉合座、拉合千斤顶、纵横调节缆绳及导向装置等。

管节舾装作业时所进行的测量工作，称为标定测量。一次舾装后进行的测量工作称为一次标定测量，二次舾装后进行的测量工作称为二次标定测量。标定测量主要用于管节坐标系的建立、管节特征点的测量以及浮运沉放测量设备的校准等，直接影响管节安装的精度，是一项比较重要的基础测量工作。

4.3.1 一次标定测量

为了监测管节在浮运、沉放和后期沉降时状态，管节预制期间，在管节上布设了管节特征点，包括端钢壳特征点、管节端面板检测点、管节顶面控制点和管内地面控制点。管节一次标定，就是通过测量管节端钢壳、端面板特征点坐标和高程，定义管节坐标系，从而分析管节线型特征，计算各特征点在管节坐标系中坐标。

管节端钢壳特征点和管节端面板检测点采用全站仪测量坐标和高程。管顶地面控制点和管内地面控制点，采用全站仪测量坐标，采用水准仪测量高程。

1. 端钢壳特征点测量

在管节首、尾端面左右两侧，各对称布设了 5 对端钢壳特征点(图 4-48)。端钢壳特征点，主要用于标定管节轴线位置和定义管节坐标系。端钢壳特征点，采用自贴式反射片。端钢壳特征点与钢壳侧墙竖边保持相同间距，从上往下，均匀布设。特征点分布如图 4-48 所示，其中 S 代表首端(GINA 端)，W 代表尾端(非 GINA 端)，管节每个端面设 10 个特征点。在端面外强制对中测量墩上，架设全站仪，通过极坐标法和三角高程测量，采集各特征点的三维坐标。

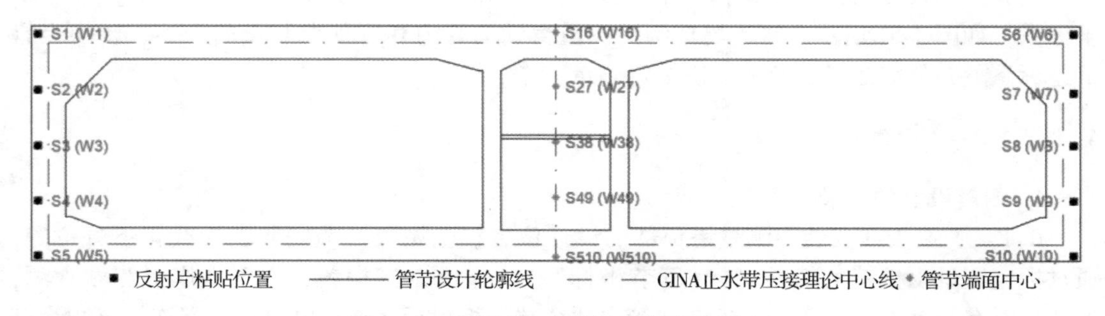

图 4-48 管节端钢壳特征点布设示意图

2. 端面板特征点测量

端面板检测点(图 4-49)，布设在沉管两端 GINA 止水带理论压接中心线上，主要用于检测端面板平整度、竖向倾角和水平倾角。在端面板四周，按照 1m 间隔，粘贴反射片作为端面板检测点。在端面外钢制测量墩，架设全站仪，通过极坐标法和三角高程测量，采集各检测点的三维坐标。

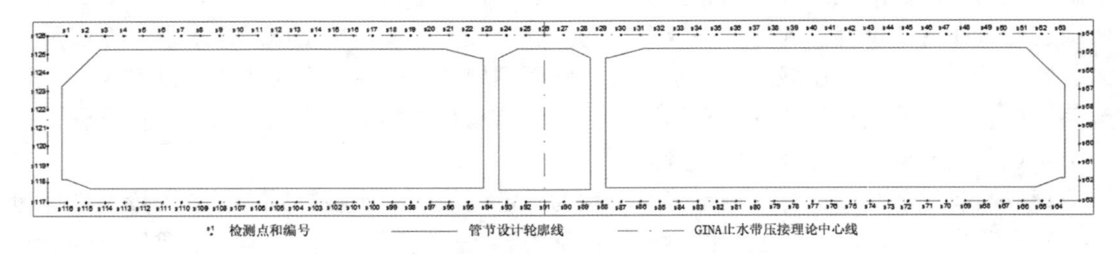

图 4-49　端面板检测点布设示意图

3. 管内管顶控制点测量

管内控制点，主要用于管节沉放安装后贯通测量和沉降观测。管顶控制点，主要用于二次标定和坐底标定测量。

管内控制点平面坐标，分别在管节首尾端面外强制对中测量墩上设站，采用极坐标法，通过 3 测回测量计算坐标平均值。管内控制点高程，采用电子水准仪测量。布设闭合水准路线，平差计算各控制点高程。

管顶控制点平面坐标测量，分别在管节首、尾侧和坞顶测量墩设站，采用极坐标法，通过 3 测回测量计算坐标平均值，取 2 次建站测量平均值作为管顶控制点的平面坐标。管顶地面控制点高程，采用电子水准仪测量。水准测量线路，从坞顶控制点出发，布设闭合水准路线测量，平差计算各控制点高程。

4. 管节坐标系定义

根据管节端钢壳特征点平面坐标测量结果，取管节端钢壳左右对称特征点，分别计算东坐标 E、北坐标 N 的平均值，作为一组对称特征点的中点。分别计算五组中点的平均值，就可以得到首端中点 S-M，同样方法可以得到尾端中点 W-M。首尾端头中点 S-M 与 W-M 的连线，即为管节轴线方向(图 4-45、图 4-50)。

将管节轴线方向投影到管底，作为管节坐标系的 y 轴，按照右手坐标法则，建立管节坐标系，如图 4-51 所示。将干坞控制网测量得到的管内和管顶控制点的坐标，转换至管节坐标系下，就完成了管节的一次标定测量工作。

4.3.2　二次标定测量

1. 测量设备的安装

RTK-GNSS 天线安装在测量塔顶部的设计位置。全站仪棱镜安装在天线正下方位置，通过标定测量出棱镜的三维坐标(管节坐标系)。选择 360°棱镜，便于从岸上测站观测，保证随时有光路返回。姿态仪安装在管内两个端面板附近，通过电缆将数据连接至测量塔

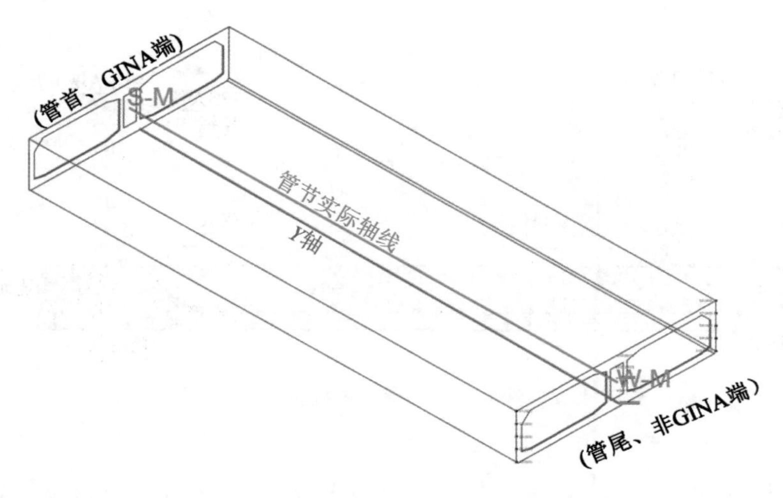

图 4-50 深中通道管节轴线定义示意图

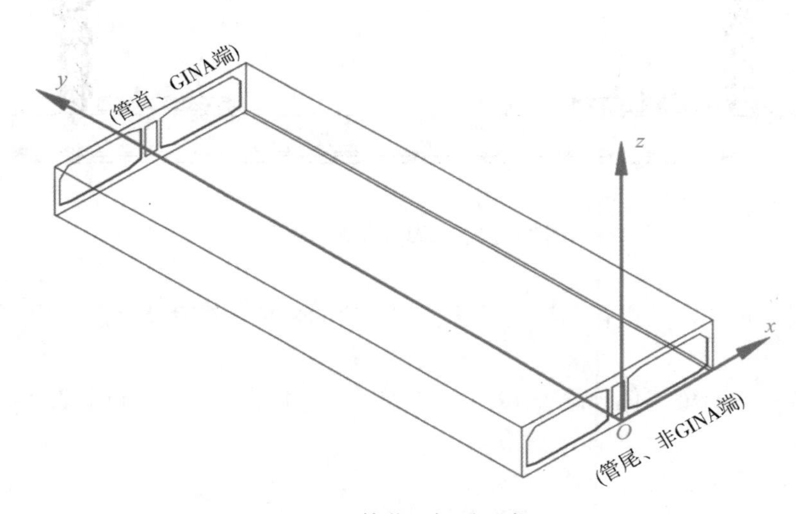

图 4-51 管节坐标系示意图

(图 4-52)。连通管安装管内距两个端面 3m 的位置。两个测量塔上均需安装无线电数据通信设备，将所有数据发送到位于浮驳上的指挥室，所有数据信息均显示在沉管隧道施工智能辅助决策系统软件界面上。

2. 测量设备的标定

1)姿态仪的标定

姿态仪安装在管内端面板附近，必须与地面紧固且不受施工影响，数据通过电缆连接到测量塔上，如图 4-53 所示。

为了使姿态仪能准确反映管节的状态，设定平行于管节 x 轴的方向为管节的纵倾 Pitch，垂直于 x 轴的方向为管节的横倾 Roll。在管节姿态仪预埋件位置放样出平行于管节坐标系 x 轴的直线，使倾斜仪的 Pitch 与 Roll 方向严格按管节方向安装(图 4-54)。

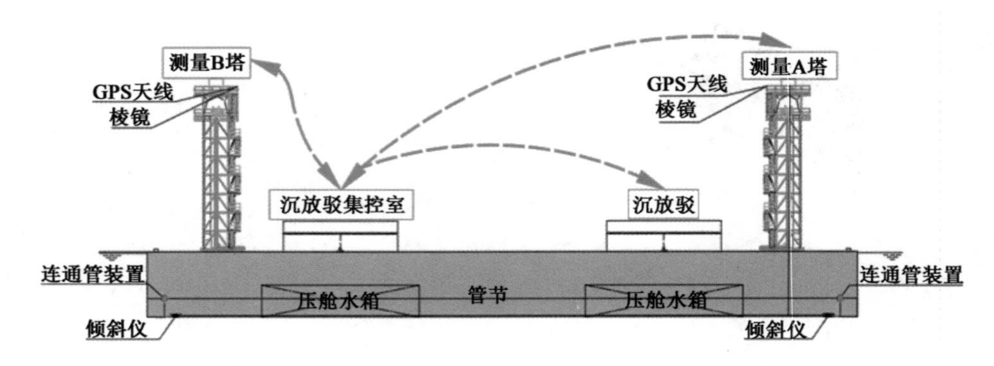

图 4-52　管节二次标定测量设备安装示意图

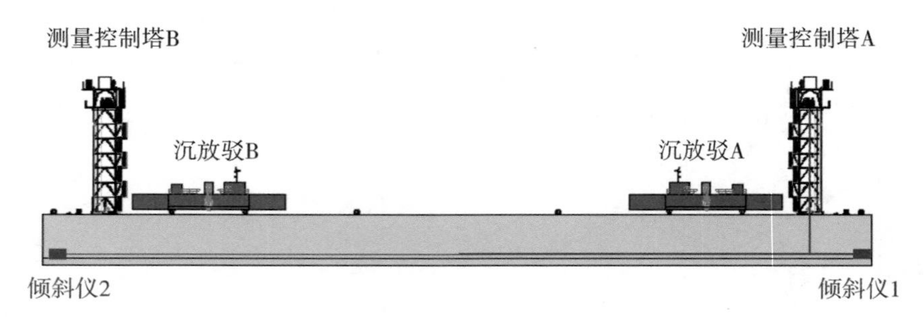

图 4-53　姿态仪安装示意图

姿态仪安装后需对其进行初始化设置，初始值的采集是在管节浇筑完成后至起浮之前进行的。

具体做法：开启姿态仪，静置 10min 后，开始实时记录数据，同时记录连通管的数据以便进行验证。

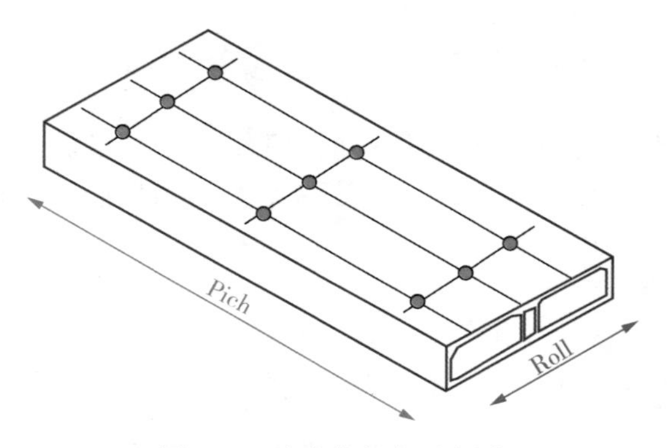

图 4-54　姿态仪标定示意图

2) 测量塔顶部定位设备的标定

采用全站仪在管节顶面自由设站的方法，对仪器进行大致整平对中，假定独立坐标系并联测出 9 个控制点及测量塔上 2 个棱镜的坐标，根据已有的管顶控制点的管节坐标，进行三维转换得出测量塔上棱镜的管节坐标。如此在管面上架设 3 个不同的位置求得测量塔顶两个棱镜在管节坐标系下的三次坐标，取平均值，并转换为管节安装后的设计坐标以指导管节的沉放安装测量。由于 GNSS 天线和棱镜在同一垂直线上，棱镜的坐标直接加上高差(GNSS 天线相位中心与棱镜中心的距离)，即可得出 GNSS 天线的坐标。

4.4 前序工程测量

4.4.1 人工岛施工测量

1. 测量技术要求

暗埋段制作几何尺寸允许偏差，见表 4-10。

表 4-10 **暗埋段制作几何尺寸允许偏差**

<table>
<tr><th>序号</th><th colspan="2">主控项目</th><th>规定值或允许偏差(mm)</th><th>检测方法及检测频率</th><th>权值</th></tr>
<tr><td>1</td><td>轴线位置</td><td>墙、柱、梁</td><td>−8，+8</td><td>尺量或激光测距仪：每变形缝段 4 处</td><td>3</td></tr>
<tr><td>2</td><td rowspan="3">垂直度</td><td>层高≤5m</td><td>−8，+8</td><td>尺量或激光测距仪：每变形缝段 4 处</td><td rowspan="3">2</td></tr>
<tr><td>3</td><td>层高>5m</td><td>−10，+10</td><td>尺量或激光测距仪：每变形缝段 4 处</td></tr>
<tr><td>4</td><td>全高(H)</td><td>H/1000
且≤30</td><td>尺量或激光测距仪：每变形缝段 4 处</td></tr>
<tr><td>5</td><td rowspan="2">标高</td><td>层高</td><td>−10，+10</td><td>尺量或激光测距仪：每变形缝段 4 处</td><td rowspan="2">2</td></tr>
<tr><td>6</td><td>全高</td><td>−30，+30</td><td>尺量或激光测距仪：每变形缝段 4 处</td></tr>
<tr><td>7</td><td colspan="2">梁、柱截面尺寸</td><td>−5，+8</td><td>尺量或激光测距仪：每变形缝段 2 处</td><td>2</td></tr>
<tr><td>8</td><td colspan="2">内孔净宽</td><td>−10，+10</td><td>尺量或激光测距仪：每变形缝段 2 断面，每断面 3 处</td><td>2</td></tr>
<tr><td>9</td><td colspan="2">内孔净高</td><td>−5，+10</td><td>尺量或激光测距仪：每变形缝段 2 断面，每断面 5 处</td><td>2</td></tr>
</table>

续表

序号	主控项目	规定值或允许偏差(mm)	检测方法及检测频率	权值
10	壁厚	−5，+10	尺量或激光测距仪：每变形缝段 2 断面，每断面竖墙 4 个测点，顶底、板 8 个测点	2
11	隧道结构宽度	−20，+20	尺量或激光测距仪：每变形缝段 2 处	2
12	隧道结构高度	−5，+10	尺量或激光测距仪：每变形缝段 4 处	1
13	隧道结构长度	−20，+20	尺量，每变形缝段 2 处	1

暗埋段端钢壳制作及安装要求，见表 4-11。

表 4-11　**暗埋段端钢壳制作及安装要求**

<table>
<tr><th>序号</th><th>主控项目</th><th>规定值或允许偏差(mm)</th><th>检查方法及频率</th><th>权值</th></tr>
<tr><td>1</td><td>外包宽度</td><td>±10</td><td>全站仪、尺量</td><td>1</td></tr>
<tr><td>2</td><td>外包高度</td><td>±10</td><td>全站仪、尺量</td><td>1</td></tr>
<tr><td>3</td><td>面板不平整度</td><td>≤5</td><td>尺量(直尺、塞尺)</td><td>3</td></tr>
<tr><td>4</td><td rowspan="2">不平整度</td><td>≤5</td><td>GINA 止水带接触面，1m 直尺</td><td rowspan="2">3</td></tr>
<tr><td>5</td><td>≤5</td><td>OMEGA 止水带接触面，0. 5m 直尺</td></tr>
<tr><td>6</td><td>横向垂直度</td><td>≤3</td><td>左右侧壁外缘两点之差</td><td>3</td></tr>
<tr><td>7</td><td>竖向倾斜度</td><td>≤3</td><td>顶底板外缘两点外缘之差</td><td>3</td></tr>
</table>

模板检验要求，见表 4-12。

表 4-12　**模板检验要求**

项次	项目	允许偏差(mm)	检验方法	权值
1	模板高度	±3	钢尺量检查	1
2	模板长度	−2	钢尺量检查	1
3	板面平整度	2	2m 靠尺及塞尺量检查	1

2. 一般施工测量放样方法

1)平面归化放样方法

现场放样平面点位时，采用盘左、盘右放样点取中的方法确定最终放样位置，以提高放样精度，如图4-55所示，全站仪盘左放样出A'点，盘右放样出A''，取$A'A''$直线平均值A作为实地使用放样点。

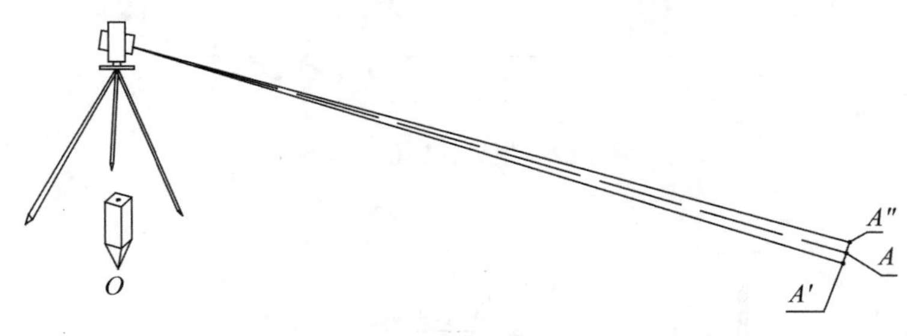

图4-55 全站仪盘左、盘右放样示意图

2)高程放样

高程放样时，指挥人员应指挥扶尺员调整水准尺的垂直度，然后才读数，见图4-56(①是正确的，②是错误的)；划高程标记员应使铅笔紧贴水准尺底部划线，确保平、顺，见图4-57(①是正确的，②、③是错误的)。放样结束后，应重新测量后视点作为检查测量。

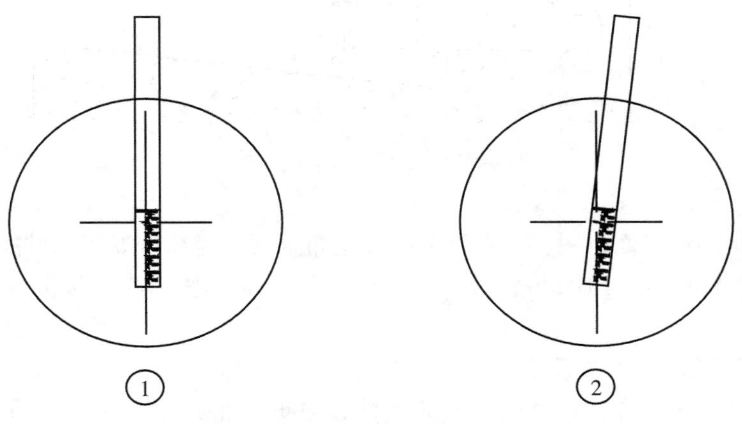

图4-56 水准仪读数示意图

3)上下高程传递

在垂直高差较大的地方(如基坑)，为了保证高程放样的精度，采用水准仪测量+吊钢尺引测的方法，将高程引测至基坑底稳定的高程基准点上，测量方法示意图见4-58。

3. 地基基础桩放样

采用全站仪坐标测量方法放样出每根PHC桩的中心坐标，以中心点为圆心撒出桩靴

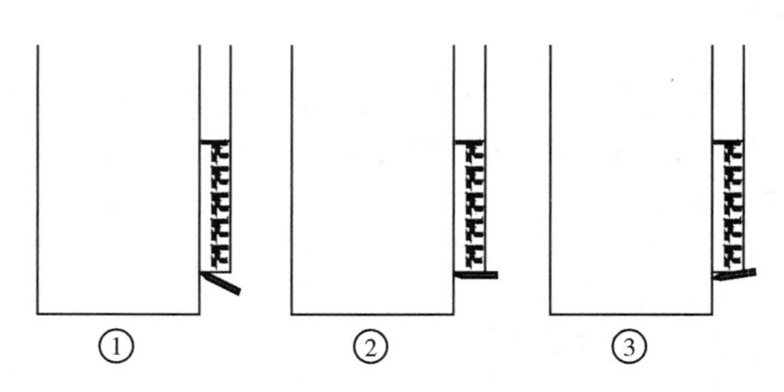

图 4-57　划高程标记示意图

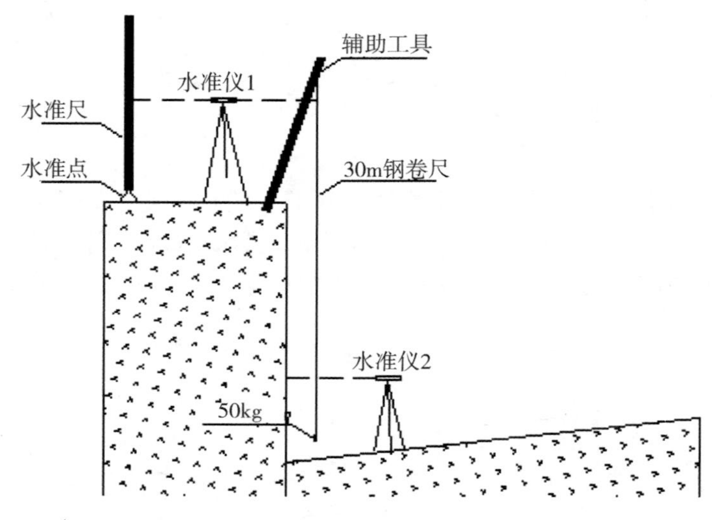

图 4-58　上下高程传递示意图

的外边线以控制桩的平面位置，并在桩轴线方位布置两台经纬仪以控制桩的倾斜度，用水准仪控制桩顶停锤标高。PHC 桩沉放后，用全站仪辅助一块圆心铁板测量各个桩的圆心坐标和高程。

4. 垫层中边桩放样和高程放样

用全站仪坐标法放样出各里程断面的中桩和边桩，然后打入 3cm×3cm×100cm 木桩，保证木桩打入砂面一定深度，确保桩身稳定，并在中桩的木桩上用红油漆写上“K12+×××”等里程字样，在边桩的木桩上用红油漆写上“K12+×××左 * *m”等字样。用水准仪在中边桩上抄出垫层开挖控制标高，一般与开挖标高相差整 10cm 为宜，并画上高程标记。垫层中边桩放样和高程放样示意图见图 4-59。

5. 模板边线和控制线放样

人工岛暗埋段起点里程界面和现浇隧道轴线控制，采用在垫层混凝土上强度后，制作固定点作为施工控制，首先放样出人工岛轴线控制点，然后再放样出暗埋段起点里程控制

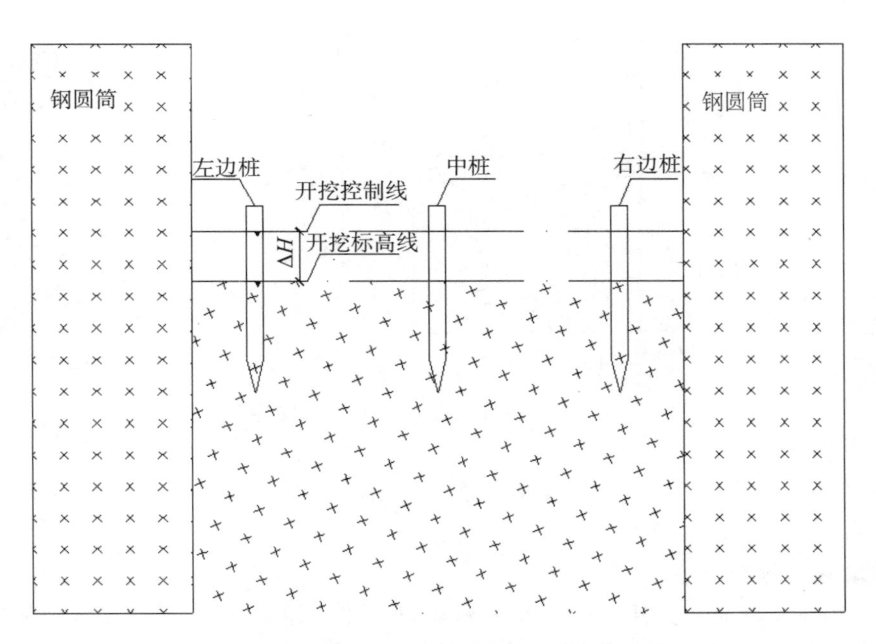

图 4-59 垫层中边桩放样和高程放样示意图

点。最后检验轴线点与端头里程控制点构成的两个三角形角度闭合差和点之间的距离，以判断放样正确性，合格后在垫层混凝土表面弹上墨线作为以后控制基准，并根据模板工艺设计，沿模板边线反算出模板边线的控制线。

6. 模板验收

模板外边线，采用控制线进行验收，把全站仪架设在控制线点上，利用仪器整平后竖轴提供的铅垂线，配合钢卷尺验收模板的垂直度和偏位。模板内边线采用手持激光测距仪或钢卷尺进行验收。模板验收合格后，在每个结构段的端头和中间部位设置 3 个断面(具体部位以现场通视条件来定)，在监测点上粘贴反射板，用全站仪测量各监测点的初始值，在浇筑混凝土的过程中每 4~5h 测量 1 次，来监测浇筑过程中的模板变形值。

7. 节段成品测量

节段浇筑完成后，用全站仪坐标法放样出节段里程中桩和边桩，并用全站仪测量出节段各特征点坐标，用水准仪测量各整桩号中边桩的高程，作为节段成品检查和节段沉降位移的初始值。

8. 端钢壳安装测量

在控制线点 A 上安置全站仪，照准同一控制线的另一控制点 B，依靠全站仪整平后提供的铅垂线，通过控制成品管节上安装的端钢壳各点距离 AB 线的水平距离 ΔD 来保证端钢壳处于 OO' 铅垂线上，见图 4-60。由于西小岛内区域狭窄，为了控制全站仪的放样垂直角，端钢壳安装控制线上进行面板安装时，适当地造出地势，使全站仪视线具有一定的高度，保证端钢壳面板安装精度。

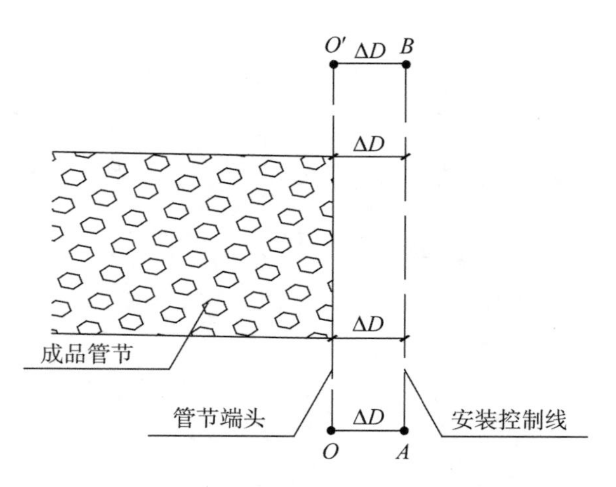

图 4-60　端钢壳安装示意图

9. 抛填施工测量方法

水上抛填施工测量，采用 RTK-GNSS 测量+水砣测深的方法。平行于定位船舶轴线上设置 2 个固定点，安置 GNSS 接收机，作为抛填定位控制点。两台 GNSS 接收机，实时获取网络 RTK-GNSS 固定解或单参考站 RTK-GNSS 固定解，根据两台 GNSS 接收机位置与定位控制线偏差，指导定位船舶到达指定位置，收紧、制动定位船舶锚系。开体驳等运料船舶靠上定位驳后，进行抛填施工。抛填施工的高程放样，实时测量水面高程，采用水砣测深的方法，确定当前抛填高程。系统定位见图 4-61。

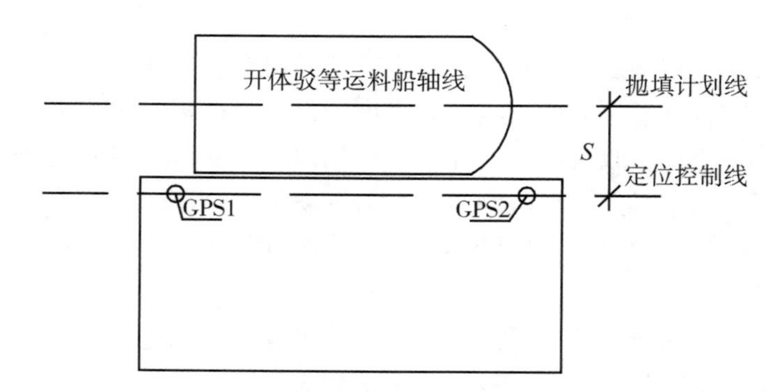

图 4-61　水上抛填定位系统示意图

10. 振冲施工测量方法

在振冲密实区域，采用全站仪坐标放样的方法，放样出矩形 *A*、*B*、*C*、*D* 四个角点并打入 5cm×5cm×50cm 木桩，在木桩上精确放样出 *A*、*B*、*C*、*D* 四个点并钉上小圆钢钉作为施工基线点，根据施工基线点布置振冲孔位，见图 4-62。按照四等水准测量精度要求引测 *A*、*B*、*C*、*D* 四个点高程。

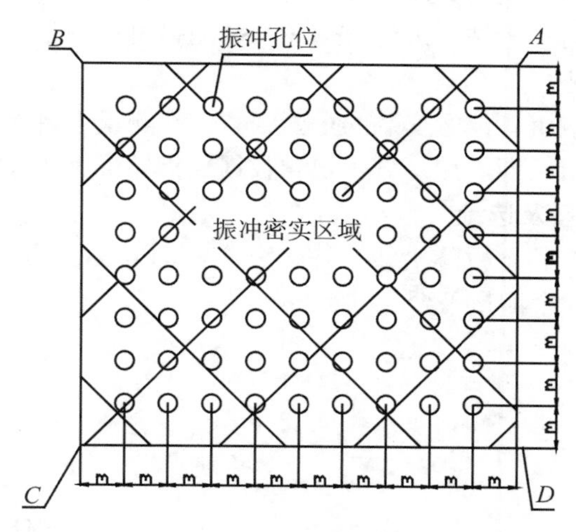

图 4-62　振冲区域施工基线和孔位示意图

11. 高压旋喷施工测量方法

高压旋喷施工测量方法，可以采用全站仪按照“振冲施工测量方法”中矩形网放样。也可以采用 RTK-GNSS 方法直接放样出高压旋喷施工孔位和标高。

4.4.2　海中测量平台的建设

1. 测量平台建设的必要性及主要用途

岛隧工程建设规模大，建设周期长，施工标准要求高，受人工岛岛体沉降位移影响，海上无稳定测量基准，需建立海上测量平台为施工测量提供稳定基准。海上测量平台的使用贯穿岛隧工程施工建设的各个阶段，在海中合适的位置建造测量平台不仅为岛隧施工定位带来便利，也为测量工作提供准确基准的保障。

将测量平台上控制点纳入岛隧工程首级加密网，与高等级控制点定期进行联测。测量平台的用途主要体现在以下几个方面。

(1)为岛隧工程建设提供精密高程基准。

人工岛地基不均匀沉降控制、人工岛暗埋段测量定位、深水基床整平测量技术、管节沉放对接与贯通测量控制等，都需要高精度高程测量技术及成果，在人工岛陆域沉降位移稳定之前无法布设精密的测量控制点，为保证施工测量精度，在海中建立测量平台，把陆上高程基准传递到海上测量平台，为岛隧工程提供高精度、统一的高程基准。

(2)为隧道贯通测量提供精密平面控制基准。

沉管隧道进洞精密导线测量是保证隧道正确、顺利贯通的重要手段。受人工岛的地形条件限制和岛体沉降位移影响，存在控制点点位不稳定，进洞口测站定向边偏短且观测精度会相对较差等问题，进洞导线观测精度难以保证。在测量平台上布设平面控制点，有利于改善进洞导线测量条件，提升贯通测量的精度。

(3)RTK 参考站作用。

海上定位测量工作需要使用 RTK-GNSS 测量的环节较多，在 CORS 差分信号无法锁定时使用架设在海中的临时参考站上进行 RTK-GNSS 测量可以满足上述需求。

(4)应用于水文监测。

海洋水文条件是影响沉管浮运安装的重要因素。在测量平台上架设水文观测仪器，对附近水域的水文情况进行长期观测，分析观测数据，指导沉管的浮运安装。

2. 测量平台建设数量及选址

测量平台通常设立在整个桥隧沿线，均匀分布。图 4-63 所示为深中通道的测量平台位置图，SZJ1～SZJ9 共 8 个测量平台。

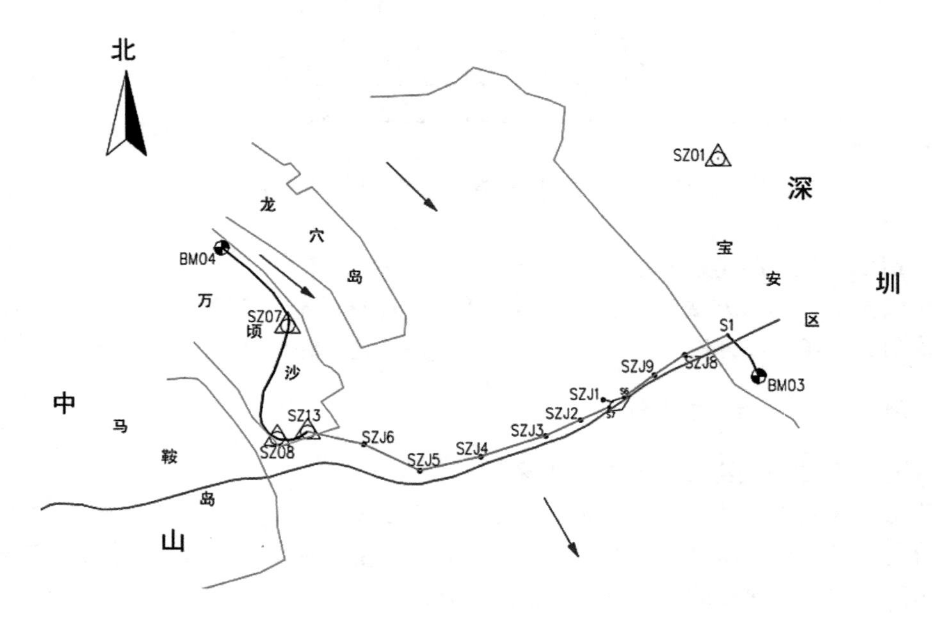

图 4-63　深中通道测量平台位置示意图

3. 测量平台建设要求

海上测量平台由设计部门按照有关规范进行设计，对于测量平台及测量点位的要求如下。

(1)平台采用灌注桩混凝土平台结构，平台高 2m，长度分别为 10m，为避免栈桥阻挡视线，平台顶标高 9m；采用三根 1. 2m 桩，桩基按嵌岩桩设计，入岩深度 2m。

(2)平台应满足交通船舶停靠要求，爬梯按长期使用的标准建造，平台周围建高 1. 1m 的护栏，材质采用直径 50mm 的无缝钢管。

(3)每个平台上设置一个集装箱(长 6m/宽 2. 35m/高 2. 4m)，用于存放仪器及方便夜测，集装箱必须与平台固定。

(4)每个平台上设置 4 个强制观测墩，分别提供给临时参考站和施工期间全站仪架设使用。观测墩直径 0. 5m，1 个高 3m，2 个高 1. 5m，1 个高 1. 3m，观测墩应与平台浇筑成一体。具体布设位置如图 4-64 所示。

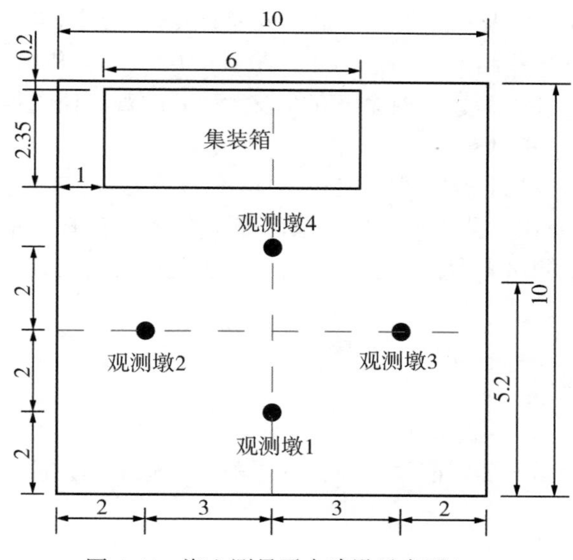

图 4-64 海上测量平台建设示意图(m)

4. 测量平台临时参考站的联测

临时参考站的坐标系统需与参考站在同一坐标系统下建立，平面坐标观测按照《全球定位系统(GPS)测量规范》(GB/T 18341—2016)中 B 级精度要求施测；高程观测按照跨海高程传递的方法进行，按照不同的施工阶段逐步提高测量等级。

具体施测作业流程按如下要求进行。

(1)工程初期，利用 CORS 系统定位技术将平面和高程引测到平台上，测量平台建成后，将临时参考站点纳入首级控制网中。

(2)采用二等测距三角高程跨海水准测量和公路二等 GNSS 测量精度要求施测。先采用测距三角高程跨海水准法将高程传递到测量平台的控制点上，利用高精度 GNSS 水准测量技术，将高程基准传递到测量平台上。

(3)临时参考站的观测、计算及其他软硬件条件需要得到业主测控中心的检查验收后方可使用。

(4)整理测量成果报告，提交监理部门及业主测控中心，并整理归档。

5. 测量平台稳定性监测

由于测量平台位于海中，需要对测量平台控制点的稳定性进行监测和分析，保证测量基准的准确性。海中测量平台参照《公路勘测规范》(JTG C10—2007)，标准同陆地 GNSS 控制点进行同步联测，精度等级能够满足精密工程测量要求。

根据珠江口地区长期的 GNSS 静态观测数据解算经验，在北京时间每天 0:00—8:00 间，数据质量最佳，电离层干扰、多路径效应等影响相对较小，数据利用率最高。为保证观测数据质量，计划外业观测按照连续观测 72h 进行。按照每 4h 一个时段对预处理完成的静态观测原始数据 RINEX 格式文件进行切割。利用 LGO 软件进行基线解算，在基线解算过程中，先采取无干预的方法进行解算，剔除解算结果出现多个浮动解的时段数据。利用 COSA 软件进行基线检核及三维平差，根据重复基线较差、同步环闭合差、异步环闭合差等检核结果结合三维平差结果，筛选出 4 个最优时段。再次利用 LGO 软件对该 4 个最优时段的数据重新进行基线解算，剔除仍存在较大残差的观测值，得到的基线结果再利用 COSA 软件进行检核及平差计算。

按照每 3 个月进行一次监测的频率进行测量平台稳定性监测(台风过境后等情况除外)，监测点位坐标与首次观测进行比较，绘制点位变化散点图，计算观测值中误差、平均值偏差等数据，分析测量平台稳定性是否合格。稳定性合格继续使用，若不合格，分析原因、进行加固等处理。

4.5　基床施工测控

基床施工是沉管浮运安装的前序工程，沉管基础的稳定性直接影响后期沉管隧道的安全运营。

4.5.1　施工控制测量

隧址施工控制网是直接为基床整平施工、管节沉放对接服务的，应与整个工程的首级控制网发生联系，其精度应能满足沉管沉放的设计要求。沉管隧道工程的控制网建网理论与跨海大桥并无太大区别，但在实际建网过程中应充分考虑工程个体的差异。当沉管隧道长度较短时，可以借助多台全站仪实现管节沉放的控制，但当沉管隧道较长，超过了全站仪有效测程，此时应采用 RTK-GNSS 方法进行沉放控制。

施工控制网的平面观测应按照 GNSS B 级网的标准进行(表 4-13、图 4-65)，高程按照国家二等的标准进行施测(见表 4-5、图 4-66)。

表 4-13　**GNSS B 级网观测要求**

技术内容	技术指标
闭合环或附和路线的变数(条)	6
单频/双频	双频或全波长
观测量至少有	L1、L2 载波相位
同步观测机数	≥4
卫星截止高度角	10°
同时观测有效卫星数	≥4
有效观测卫星总数	≥20
采样间隔	≤30s
观测时段数	≥3
时段长度	≥23h

图 4-65 深中通道项目首级控制网平面点示意图

图 4-66 深中通道项目首级控制网高程控制点示意图

4.5.2 基槽精挖测控

隧道基槽开挖分为粗挖和精挖两部分，粗挖为基槽底面以上约 2.5m 位置处至原始海床面之间部分，精挖为剩余部分，需要安排适当的挖泥船及工艺开展粗挖和精挖工作。基槽的精挖通常采用抓斗船进行，而且需要配备定深平挖监测系统才能实现精挖。监测系统通过配备一定的测量设备和传感器，实现抓斗的平面定位和高程测量。

1. 抓斗平面定位

抓斗平面定位主要采用以下三种方式：

(1)在吊机吊臂顶部抓斗中心向上的投影点安装 RTK-GNSS，GNSS 天线的平面位置即为抓斗中心的平面位置。

(2)施工船顶部安装 RTK-GNSS，通过水平转角传感器、倾角传感器以及吊臂长度推算得到吊臂顶部抓斗中心向上投影点的平面位置，即为抓斗中心的平面位置。

(3)在船上安装超短基线水下定位系统，在抓斗上选一合适位置安装超短基线信标，实现抓斗的平面定位(图 4-67)。

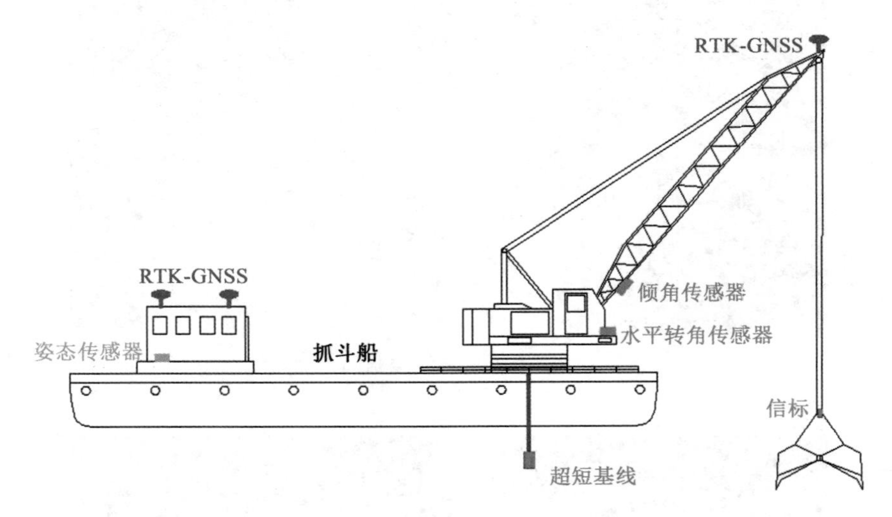

图 4-67　抓斗平面定位原理图

在通常情况下，以第一种方式为主、第二种方式为辅进行定位，两种方式互为校核；在吊臂顶部 GNSS 因故障失效时采用第二种方式进行抓斗定位；在风浪较大、海况恶劣时，抓斗和施工船摇晃会产生较大影响，此时增加超短基线水下定位系统作为补充的定位方式。需要注意的是水下信标的保护，水体浑浊和气泡会影响水下定位的精度。

2. 抓斗高程测量

抓斗斗齿的绝对高程由两部分组成，吊臂顶部的绝对高程，以及斗齿至吊臂顶的缆绳长度，两者之差就是斗齿的绝对高程，高程测量原理如图 4-68 所示。

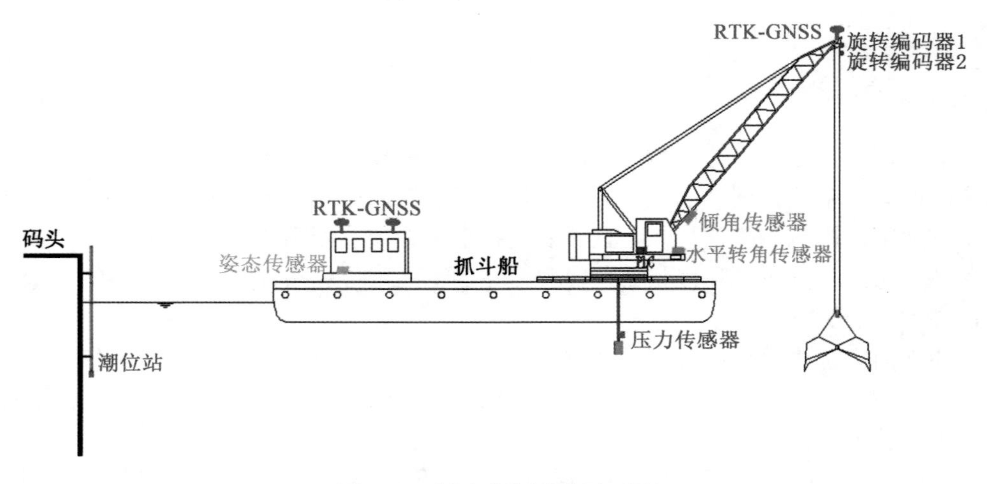

图 4-68　抓斗高程测量原理图

吊臂顶部的高程采用以下三种方式得到：

(1)在吊机吊臂顶部安装 RTK-GNSS，直接得到抓斗中心向上投影点的高程。

(2)施工船上安装 RTK-GNSS，通过水平转角传感器、倾角传感器以及吊臂长度推算得到吊臂顶部的高程。

(3)在岸边设立验潮站，船上安装压力传感器，通过平均海平面将岸边高程传递到船上，再结合水平转角传感器、倾角传感器以及吊臂长度推算得到吊臂顶部的高程。

在通常情况下，以第一种方式为主、第二种方式为辅进行高程测量，两种方式互为校核；在吊臂顶部 GNSS 因故障失效时采用第二种方式进行高程测量；若上述两种方式失效或互差很大，则采用第三种方式进行高程测量，增加系统的可靠性。

抓斗缆绳分为控制抓斗升降的缆绳和斗齿开合的缆绳两部分，两者分别采用旋转编码器来实现绳长的测量。开挖时根据斗齿运动曲线调整升降缆绳的长度，可以实现平挖(图 4-69)。

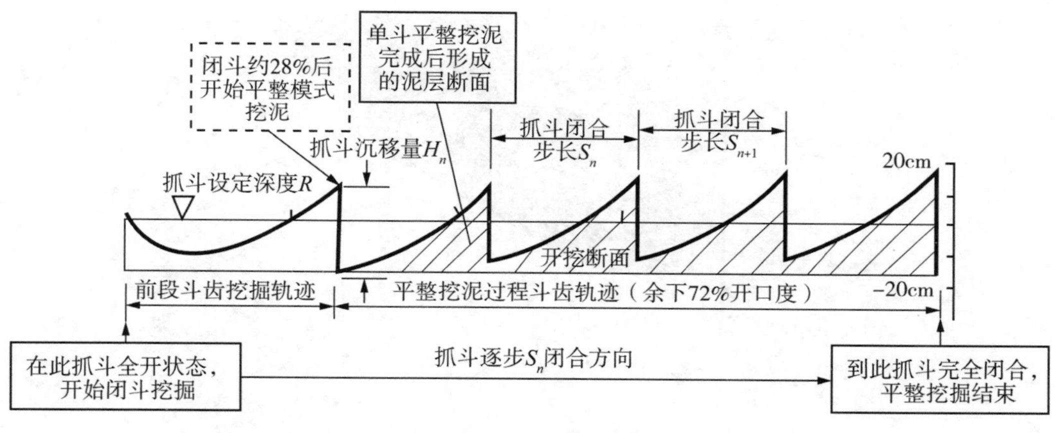

图 4-69 平挖目标效果图

3. 数据集成与处理

所有设备的数据，都要通过有线或无线的方式，集成到指定地点的测控系统中，经过处理后展示在数据显示系统，其架构图如图 4-70 所示。

4. 精挖测控系统

通过各种传感器的数据，可以得到抓斗的位置、高程以及与实际海底地形的相对关系。建立抓斗的三维模型，实时动态显示其运动状态和开口度，同时辅以三维海底地形，形成精挖施工的三维显示系统(图 4-71)。

4.5.3 基础垫层铺设

沉管隧道基础铺设通常有先铺法和后铺法两种，本书仅针对先铺法介绍测量方法。在通常情况下，沉管隧道基础垫层分为二片石调平层和碎石垫层两部分。

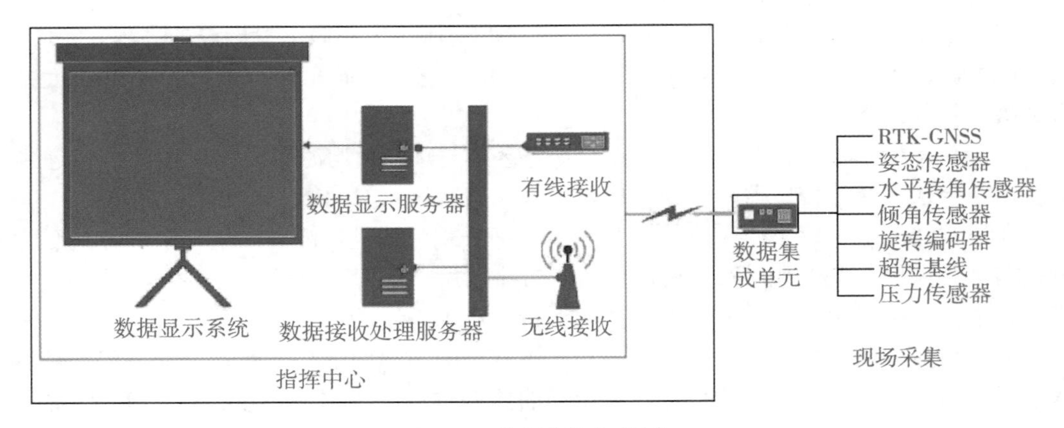

图 4-70　数据传输架构图

图 4-71　精挖监测三维示意图

二片石调平层的基本要求有以下几项(表 4-14)。

(1)二片石抛填、平整施工应在基槽开挖到位后尽快实施，各工序合理衔接，流水作业。

(2)二片石的粒径范围要求为 8~15cm，含泥量≤2%，每 2000m^3 应进行一次粒径级配检测。

(3)抛填二片石前应对基槽进行检查，当基槽底容重大于 12.6kN/m^3 的回淤沉积物厚度大于 0.2m 时，应进行清淤。

(4)二片石抛填后的断面尺寸应满足设计要求。

(5)调平二片石应根据设计要求、施工能力、潮位和波浪影响，确定分层和分段施工顺序。

(6)调平二片石应根据水深、水流和波浪等对二片石产生漂流的影响，确定抛石船的驻位。

(7)分层抛填的二片石上下层接触面间不应有回淤沉积物。

(8)大面积水下平整密实前宜开展典型施工试验。

(9)二片石抛填高度应预留平整下沉量，其数值根据典型施工试验确定。二片石顶标高未达到设计要求时应进行补抛，补抛二片石连续面积大于 $30m^2$ 时应进行平整处理。

(10)平整密实过程中应加强施工区域边坡稳定性监测，确保基槽边坡安全。

表 4-14 **二片石调平层验收标准**

序号	检查项目		规定值或允许偏差	检查方法和频率
1	二片石顶标高	平整后所有测点最大允许偏差	±25cm	多波束声呐系统探测每5~10m 布设一个断面，每 2~5m 布设一个测点
2	二片石两侧顶边线与设计位置平面允许偏差		0~+50cm	

碎石垫层的基本要求有以下几项(表 4-15)。

表 4-15 **碎石垫层验评标准**

序号	检查项目	规定值或允许偏差	检查方法和频率
1	垫层顶部所有测点最大允许偏差(含人工整平段)	±4cm	声呐法逐垄测试
2	垫层两侧顶边线与设计位置平面允许偏差(含人工整平段)	±20cm	
3	碎石垄纵向偏位	±15cm	
4	碎石垄纵向宽度	0~+20cm	①

注：①碎石垄施工采用专用固定整平设备，垄宽度参数与设备尺寸直接相关。碎石垄宽度保证在不小于设计宽度的情况下，按每个管节进行抽查，沿垄宽方向每垄至少设两个断面；对淤积较严重区段，纵向垄宽等指标进行特殊考虑。

(1)基槽开挖、二片石抛填、平整密实及碎石垫层铺设等施工工序合理衔接，流水作业，尽可能减少回淤对施工的影响。

(2)碎石垫层铺设前对二片石或堆载碎石顶回淤进行检测，以确定清淤要求。

(3)碎石材料粒径、级配、强度等应满足设计要求。

(4)整平碎石垫层铺设应采用专用设备，分粗平和细平两步进行，细平层厚度为30~35cm。

(5)整平船整平碎石垫层和人工水下整平碎石垫层施工前均应进行典型施工试验，确保整平精度满足设计要求。

(6)碎石垫层铺设厚度、宽度、平面位置、高程、纵坡等应满足设计要求，施工前应进行平面坐标和高程校核。

(7)碎石垫层顶的施工标高应考虑预抛高，施工中开展管底标高及沉降等的监测，对碎石垫层顶预抛高进行动态调整。

(8)管节接头处应按设计要求预留凹槽，避免碎石影响管节对接。

(9)碎石垫层铺设后，沉管沉放前，应对碎石垫层顶回淤等进行检测，以确定清淤要求，清淤不应损坏已铺设碎石基床。

(10)整平碎石垫层应在落管内保持一定预压力下进行铺设，铺设前应进行预压力测试试验。

(11)碎石材料采用能够自由散落且未受污染、干净、耐久性良好、级配良好的碎石，碎石含泥量应严格控制，石料饱和单轴极限抗压强度不低于 50MPa，每 2000m^3 应进行一次粒径级配检测。

1. 二片石抛石监测

为了使二片石抛石达到技术标准和要求，将抛石区沿路由方向，按照 2m×2m 网格分块，自东向西按数字编号，从北到南按字母编号。根据抛石前最新多波束测量成果，将每个网格的水深、抛石方量成果添加到网格图中，作为抛石量的依据，并在导航定位软件中，加入网格作为背景，实时显示在定位界面上。图 4-72 所示为抛石过程中，水深和方量的示意图。

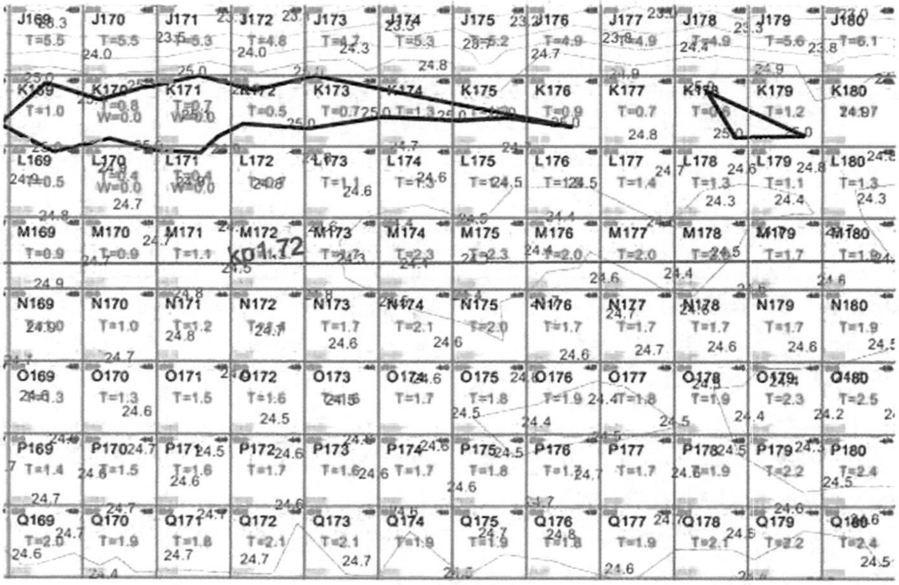

图 4-72　水深、方量背景图

在抛石船驾驶室顶部无遮挡处，安装 GNSS 定位定向设备，测量定位天线至抛石导管中心的偏移。在抛石船上，通过导航软件，实时显示抛石点编号、水深、导管中心位置、导管中心轨迹图和抛石船艏向等信息，供指挥抛石作业和抛石量参考。通过局域网将定位图像实时传输到驾驶室，供指挥移船作业。图 4-73 所示为典型抛石作业导航定位图像。

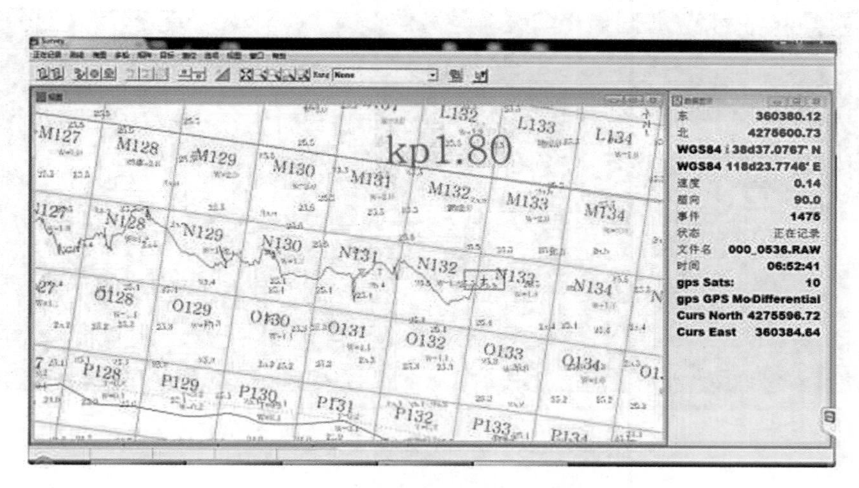

图 4-73 抛石作业导航定位示意图

在抛石导管底端，距离管口约 3m 处安装扫描声呐探头。扫描声呐有 2 个探头，一个垂直于船舷，另一个平行船舷，分别扫描沿路由方向和垂直路由方向的海底地形，如图 4-74 所示。

图 4-74 扫描声呐探头安装示意图

抛石作业过程中，以每个网格为单位进行定位、抛石、方量计算统计。当导管到达抛石预定网格后，根据水深数据计算得到抛石方量，将预定方量的二片石倒入导管。

碎石到达海底后，通过扫描声呐扫测到海底地形起伏变化。通过测量抛石后，海底高程的变化值，结合网格内原水深值，即可获知抛石后海底高程，如图 4-75 所示为抛石实时监测图。

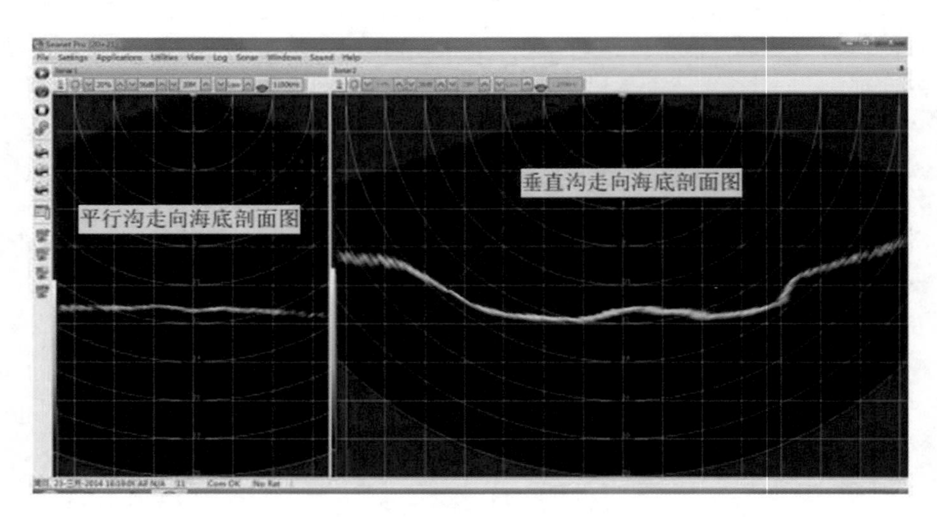

图 4-75　抛石实时监测示意图

2. 碎石基础整平

深中通道 S08 合同段整平船是一艘钢质、中心开孔带大月池、带碎石整平和清淤装置的“回”字形整平船，船长 62m，宽 55. 6m，月池长 42m，宽 38m，型深 6. 5m，如图 4-76 所示。作业时，整平船在锚泊状态下，通过将月池内的整平架下放至海底基床进行整平作业。水下整平所需石料，经由皮带输料装置转运至行走投料装置，再经由连接软管自由下落至水下整平架的整平料斗内，通过控制行走投料装置与水下整平架整平料斗同步运动，在整平架内部范围内进行“Z”字形碎石整平作业。

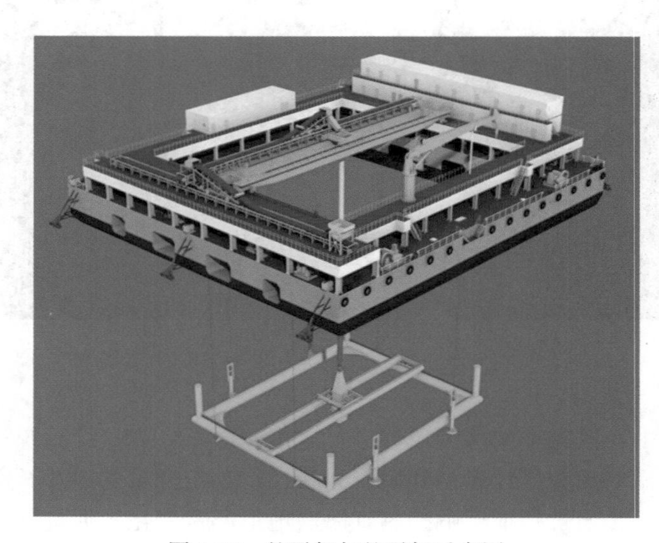

图 4-76　整平船与整平架示意图

3. 整平监测系统组成

碎石基础整平采用“沉管隧道基础整平监测系统”(Survey System for Immersed Tube Spreading Construction，SSITSC)，主要包括：定位系统、整平架水下监测系统和软件显示系统三部分。

1)定位系统

定位系统主要有长基线和超短基线两部分，长基线由安装在海底的基阵标和安装在整平架上的定位标组成，通过水声测距的原理确定整平架在水下的位置。超短基线同样采用水声定位的原理，作为整平架的初始定位和长基线的备份。

2)整平架水下监测系统

水下监测系统主要包含安装在整平架框体上的压力传感器、长基线(LBL)信标和超短基线(USBL)信标等，以及安装在移动漏斗上的压力传感器、高度计和倾斜仪等。压力传感器用于监测整平架和漏斗的高度信息；信标用于整平架的定位定向；倾斜仪用于调整和监测漏斗的倾斜度；高度计用于测量基础的地形。安装在整平架上的设备(信标除外)，数据均通过有线电缆传输到整平作业指挥室。

3)软件显示系统

软件显示系统主要采用沉管隧道基础整平施工监测系统软件，对所有数据进行解析、融合和质量控制。该系统软件是交通运输部天津水运工程科学研究院编写，可以根据实际施工情况进行各种修改，如图 4-77 所示。

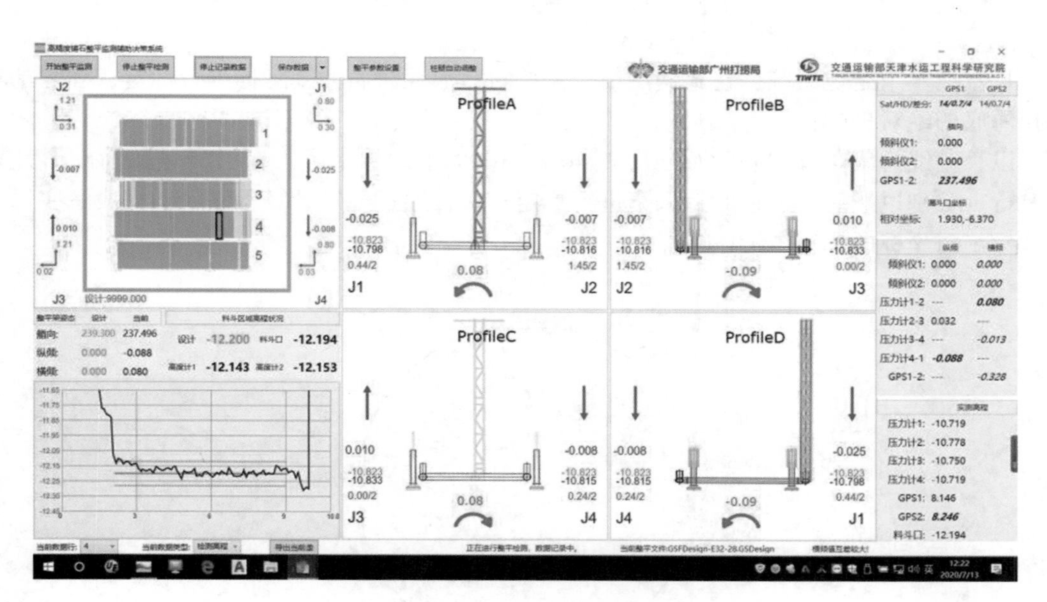

图 4-77 整平监测软件系统界面

4)整平架水下定位系统

整平架水下定位系统主要包括长基线、超短基线。

(1)长基线水下定位系统。

长基线水下定位海底基阵标定：整平架水下定位施工前，在基槽两侧海底布设 6 个基阵标(AB)。在测量船上，安装调试好收发器和 RTK 水上定位系统，确保收发器与各基阵标通信测试正常，RTK 定位系统工作正常(图 4-78)。

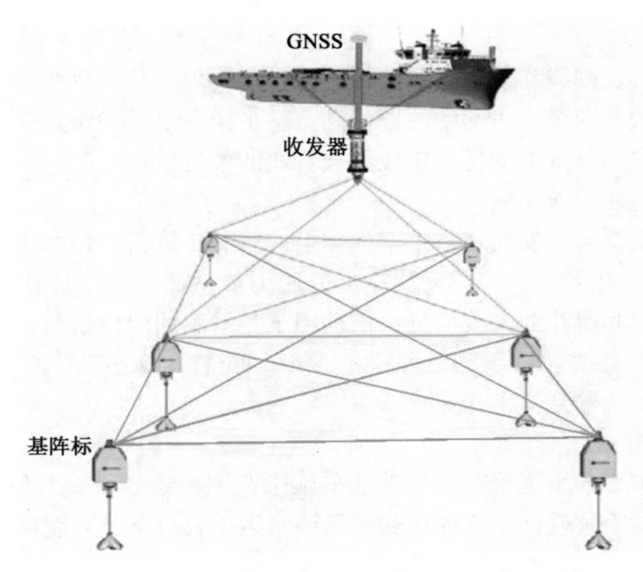

图 4-78　长基线系统标定前设备安装示意图

长基线水下定位系统，正式使用前，需要对布放在海底的基阵标进行标定，确定基阵标在海底的绝对坐标位置。

以长基线海底基阵中心为圆心，以 40%～100%水深为半径，指引测量船沿圆形计划线航行。分别以顺时针、逆时针采集进行标定作业，通过标定计算程序自动完成海底每个基阵标绝对坐标的标定(图 4-79)。

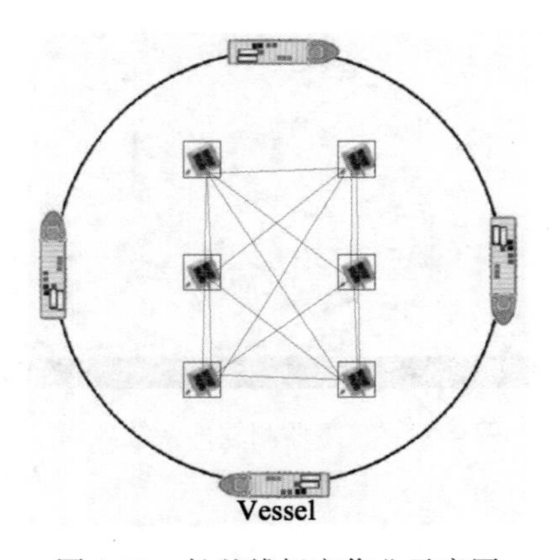

图 4-79　长基线标定作业示意图

整平架水下定位：基槽两侧海底基阵标标定完成后，即可开始整平架水下施工定位。本次整平架水下定位，计划在整平架上安装4个定位标(PB)(图4-80)。

整平架位于海底基阵标圈定的范围内时，海底基阵标与整平架上定位标自动测距，确定定位标的坐标位置。整平架上，任意2个定位标，即可完成对整平架的定位和定向，并传回测量船的控制室。

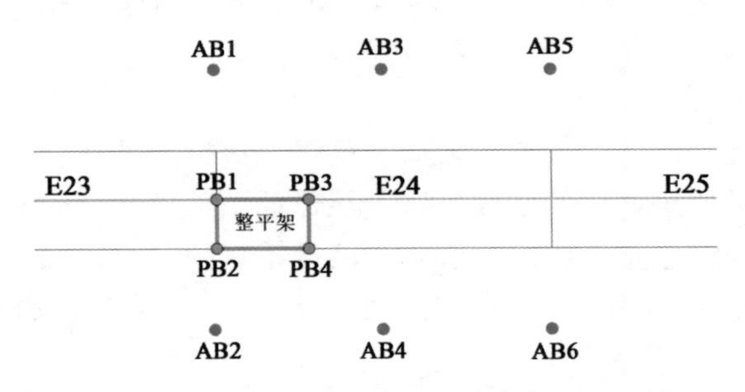

图4-80 基阵标(AB1-6)和定位标(PB1-4)布放示意图

定位精度：长基线定位，通过严格的标定后，可以达到0.05m的定位精度，符合整平架定位精度要求。

(2)超短基线水下定位。

设备安装：超短基线收发器，采用整平船月池内侧舷安装的方式，通过探杆伸到船底以下约2m深度。超短基线的收发器，应尽量安装在靠近整平架所在位置，以减小收发器到信标的垂直偏角和斜距，提高水下定位精度。

设备校准：超短基线定位系统，首次安装完成后，需要进行校准，以标定超短基线系统姿态仪、GNSS天线、收发器艏向的安装偏差。

校准前，在海底投放一个定位信标。以信标为中心，信标所在位置的一半水深为半径，指引测量船沿圆形分别进行顺时针、逆时针航行。航行过程中，跟踪并记录信标定位数据。然后通过校准程序，计算设备安装误差，完成设备校准(图4-81)。

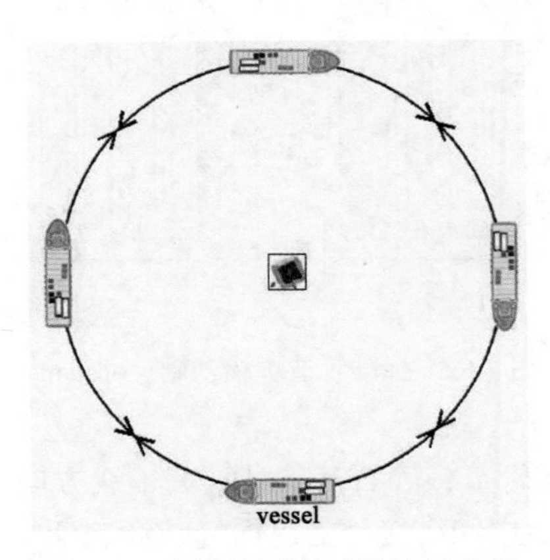

图4-81 超短基线校准作业示意图

整平架水下定位：使用超短基线系统，给整平架水下定位过程中，不需要在海底布放信标基阵，只用在整平架上安装定位信标，即可给整平架水下定位。

计划在整平架上安装 2 个定位信标，跟踪信标即可实现整平架的定位和定向。

定位精度：超短基线定位，通过严格的校准后，可以达 0. 1%×斜距的定位精度。施工过程中，整平架应保持在超短基线收发器周围 50m 范围内。此时最佳定位精度约 0. 05m。考虑到校准的误差、工区的声速剖面变化，定位精度可能会降低至 0. 15m，也符合整平架定位精度要求。

4. 碎石整平监测作业

所有监测设备安装、调试、校准完成后，就可以进行监测作业。通过长基线和超短基线定位系统，导航整平架至设计的平面位置。从母船下放整平架，实时显示整平架零基面的高程值，至设计高程时停止下放。调节 4 个液压千斤顶，根据倾斜仪将整平架调平，再根据压力传感器调整整平架的高度，如此反复几次，直到整平架的高程和倾斜度均满足要求。

作业过程中，实时监测整平架上所有设备的数据，重点关注压力传感器得到的漏斗口的高程。发现某个设备数据异常时，及时查找原因，综合分析，通知控制室操作人员暂停整平作业。

整平作业开始后，启动高度计，对整平架两侧的地形进行扫测，可以得到地形条带的标高信息。

施工区域划分如下：对于 165m 长的标准管节，碎石基础沿管节轴线方向分成 7 个隔断，每个隔断沿宽度方向又分为 2 幅，为避免中间搭接处的纵向缝连续，两幅的基础尺寸有所差异，每幅的基础尺寸如图 4-82 所示。整个管节的隔断布置如图 4-83 所示。

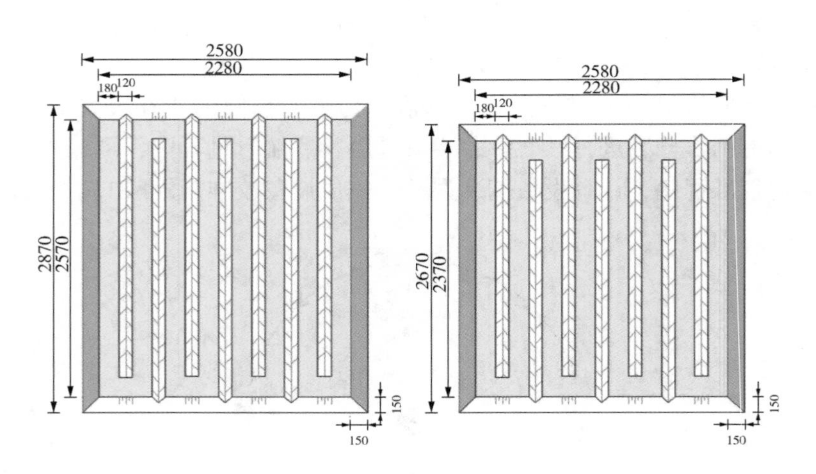

图 4-82　标准管节单幅基础尺寸(cm)

对于 123. 8m 长的非标准管节，碎石基础沿管节轴线方向分成 5 个隔断，每个隔断沿宽度方向又分为 2 幅，为避免中间搭接处的纵向缝连续，两幅的基础尺寸有所差异，最宽非标管节单幅碎石垫层尺寸如图 4-84 所示。整个管节的隔断布置如图 4-85 所示。

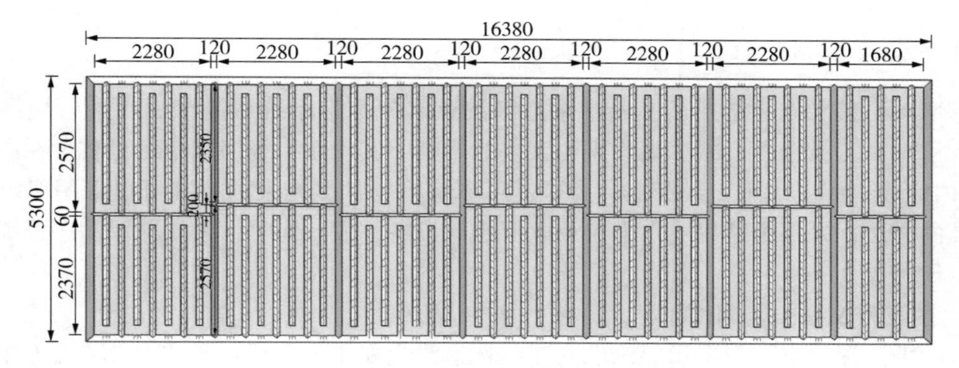

图 4-83 标准管节基础形式(cm)

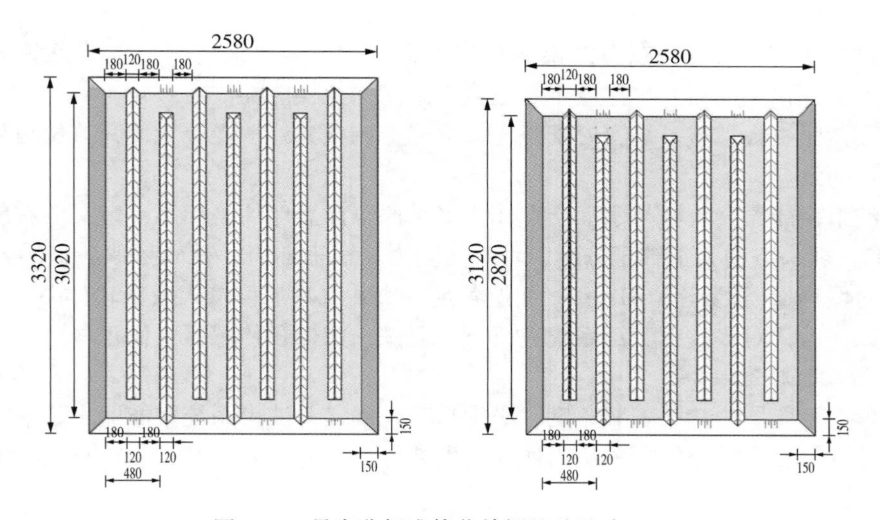

图 4-84 最宽非标准管节单幅基础尺寸(cm)

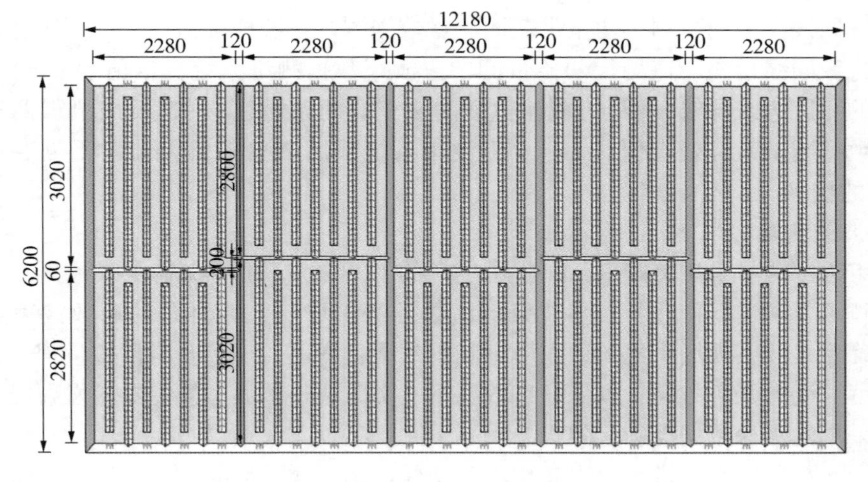

图 4-85 非标准管节基础形式(cm)

4.5.4　基床扫测验收

基床碎石整平作业结束后，通常采用多波束水深测量系统对基床标高进行检测和验收。为了提高测量精度，减少潮汐观测误差的影响，实现厘米级测量精度，测量在高平潮时 1h 内完成，海况优于 2 级标准。为了提高测量精度，多波束的校准可以采用船坞上静态校准的方法，采用全站仪、水准仪及电罗经等设备完成。同时，测量前以动态校准的方法进行比对。

1. 多波束仪器安装调试

多波束测深仪支架拟采用船侧舷安装，选择测量船重心附近的船舷位置(约 1/2 船长处)，选择此位置安装仪器，能远离船主机、泵和螺旋桨并能有效避免测量船摇摆及噪声干扰。

单波束测深仪支架安装在多波束测深仪前方，避免多波束尾流对单波束测深造成干扰，单波束测深仪换能器入水深度不超过多波束测深仪换能器。

选择测量船甲板平整、结实处安装光纤罗经，调整光纤罗经位置使其方位角与测量船艏艉线保持一致。

以多波束换能器安装杆与水面交点作为参考原点建立船体坐标系，定义船右舷方向为 x 轴正方向，船头方向为 y 轴正方向，垂直向上为 z 轴正方向，精确量取各传感器相对于参考原点的偏移量(读数至 0.01m)，往返各量一次并取平均值输入采集软件中。

安装完毕后，对多波束测深系统进行下水测试，确保各传感器工作正常。

2. 设备动态校准

为了确定换能器的初始安装角度，必须精确地确定多波束系统换能器安装偏差值，以便采集软件进行必要的补偿。每次当换能器安装杆重新收放后，都必须重新进行安装角度的校准。

在做动态校准之前，应在测区进行声速剖面数据的采集。

基槽边坡坡度明显，周围地貌平坦有利于多波束参数校准测定作业。通过基槽外海底平坦海区以同线反向同速测得两条带断面测量数据测试系统横摇值(Roll)；通过水深变化大的测区边缘同线反向同速测得两条带的中央波束数据测试系统纵摇值(Pitch)；通过水深变化大的测区边缘异线(间距为覆盖宽度的 2/3 的两条测线)同速反向测得两条带的多波束边缘数据测试系统艏摇值(Yaw)。多波束系统采用 PPS 时间同步，不需要进行时延(Latency)的校准。

3. 多波束测量

多波束水深测量采用美国 Reson 公司生产的 PDS 2000 软件实施水深采集，工作期间严格按照技术要求进行作业，对多波束剖面数据及 120°多波束开角的有效波束进行实时监控，以确保多波束现场采集的数据质量和有效覆盖宽度；现场及时调整量程，以保证有效覆盖宽度，调整开角方向，以保证有效测量。实时调整多波束换能器的发射能量和接收增益，使采集的水深数据准确有效。

测量期间，每天观察量取吃水变化，并做好记录。测量期间，换能器静吃水未发生变化。测量船作业时船速控制在 5kn 左右，不大于 6kn，保证测量数据质量良好。

4. 数据处理

多波束数据处理采用专业多波束处理软件，作业过程如下。

(1)对多波束水深数据进行数据转换并进行人机交互清理，剔除粗差，过滤虚假信号。

(2)水位改正：采用经过基面差改正和气压改正后的水位数据进行水位改正。

(3)做数据清理：根据测区测线布设情况，平均每4~6条测线为一组，逐区进行数据清理。

(4)水深压缩：多波束系统采集水深数据量极大，因而在开始制图编绘工作之前，需压缩掉相互重叠或超稠密的水深，保留最浅水深，水深间距为图上5mm。

5. 水深图绘制

经处理、改正后的数据使用绘图软件进行编制绘图，采用自由分幅原则，绘图比例尺1∶500。

多波束数据和单波束数据分层显示，便于进行主检比对。同时，绘制三维水下地形图图片，作为单独图层添加到成果库中。

4.5.5 回淤监测

通过监测基槽施工水深情况及基槽的回淤状态以及边坡稳定性，分析统计回淤规律，为基槽基础处理前提供基础数据参考，并对临界以及异常情况进行预警，预防淤泥过多导致基础地基不稳定而发生沉降，防范施工风险。

基槽回淤监测是通过多波束水下地形测量反映基槽在精挖完成后的回淤状态，主要侧重槽底区域淤积变化，如果回淤物达到一定的厚度，则需要清淤。通过不同时期多波束测量结果的差值，可以确定基槽的回淤情况；采用双频测深仪和密度计对回淤的浮泥层进行检测，尤其是在碎石基础整平完成后，要加强检测频率，确保下一步施工顺利进行(表4-16)。

双频测深仪向水底发射声波信号，声波到达水底后，高频部分声波被反射，而低频声波将穿透水底，回波信号的强度取决于泥层的密度变化，这种密度变化即为密度梯度。反射信号的幅度由反射层的密度梯度确定，密度梯度越大，反射信号越强。利用标定过的声源信号来记录反射信号的强度，可以高精度地测定密度的梯度值，根据密度梯度的变化，求取每个特定深度上的相对密度值。通过单点垂线密度测量，建立起反射强度和绝对密度之间的对应关系，从而确定整条剖面在不同深度上的密度值，继而可确定底泥厚度(图4-86)。

音叉密度计是声学测量技术，根据声波在不同密度淤泥层中的声波衰减梯度值来测量淤泥密度。泥沙颗粒在浪潮等水动力作用下，主要呈悬沙输移，沉落到水底后，在尚未密实前的一段时间内具有很强的流动性，易发生浮泥现象，浮泥性质与水相似，几乎不存在抗剪切力，浮泥密度上限一般认定为1200~1250kg/m^3，下限为1030~1080kg/m^3。随着水体中悬移的泥沙沉落增多。浮泥进一步密实，逐渐形成泥流，密度范围一般为1250~1550kg/m^3。当孔隙水被排走，密度增加到1550~1700kg/m^{3}时，在水流作用下不会再直接悬扬，属于流塑淤泥的范畴。

表 4-16　　**基槽回淤质检测及清淤标准**

序号	检查项目	清淤标准	检测时机及频次	检查方法
1	基槽精挖后，块石振密(夯平)之前	密度 > 1.26g/cm³ 的回淤沉积物厚>20cm	块石振密(夯平)前 7 天测一次	多波束水深监测 潜水探摸每个管节不小于 10 个点
2	块石振密(夯平)后，碎石整平前	密度 > 1.26g/cm³ 的回淤沉积物厚>10cm；或者密度>1.15g/cm³ 的回淤沉积物厚>30cm	块石振密(夯平)前 7 天测一次	多波束水深监测 潜水探摸每个管节不少于 20 个点
3	碎石整平后，管节沉放前	多波束量测回淤厚度 > 15cm 或密度>1.26g/cm³ 的回淤沉积物厚 > 4cm；或者密度 > 1.15g/cm³ 的回淤沉积物厚>8cm	管节沉放前 7 天、5 天、3 天、1 天各一次	多波束水深监测 每次探摸每个管节不少于 10 个垄/沟 回淤盒观测，每个碎石垄的船位放置 4 个回淤盒
4	边坡坡面回淤厚度检测	密度 > 1.26g/cm³ 的回淤沉积物厚>40cm	碎石整平前 15 天，管节沉放前 7 天，台风、热带风暴等极端天气后	多波束水深监测

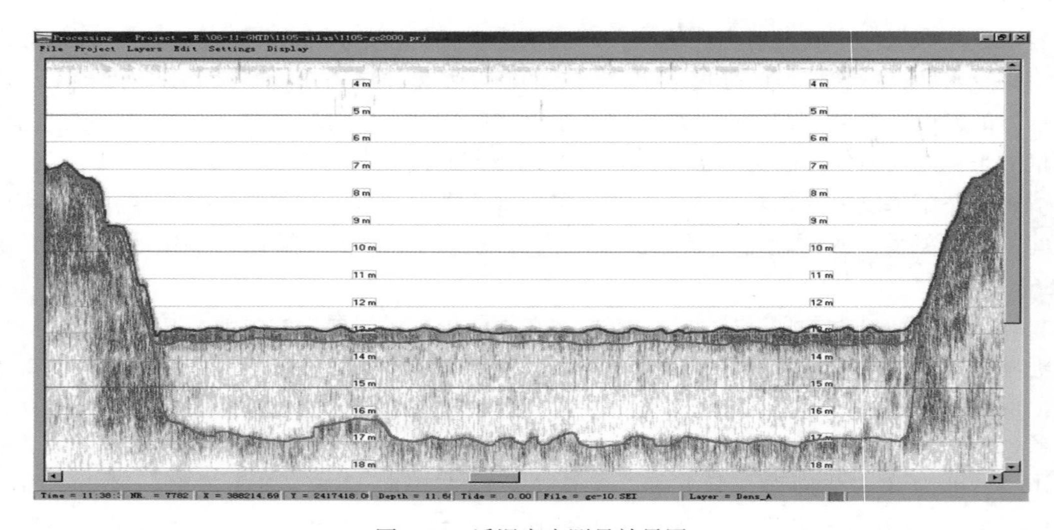

图 4-86　浮泥密度测量效果图

RheoTune 音叉密度计可以高精度测量浮泥的绝对密度和黏度，采集记录采样点的密度剖面信息并输出，设备使用前需要进行校准作业。内置倾斜仪校准通常在室内进行，将密度计用绳子悬挂起来，这种状态下倾斜角度为零，在软件中将倾斜角置为零。温度和深度校准在现场进行，校准温度时将密度计置于水面以下，通过温度计量取海水温度进行校准。校准深度时通常采用两点法，在电缆 4m 和 10m 处做标记，设备入水至 4m 处，将深度置为 4m，设备入水至 10m 处，检查深度显示是否为 10m，需要注意的是量取密度计深度起零点为密度计音叉部分。

基槽槽底回淤监测成果数据分析，主要是通过对管节持续监测分析，获得管节槽底回淤变化情况，综合分析管节回淤强度及规律。

4.6 浮运与沉放精密测控

管节的浮运和沉放是沉管隧道工程主要的水上水下施工作业，施工时需要掌握各种水文资料，主要包括风、波、流和潮汐等，尤其是水流大小，直接影响管节的浮运和沉放。受制于各种通航障碍物的影响，管节浮运时应按照设定路线航行，整个浮运拖轮编队都需要导航定位。管节浮运至隧址后，其位置调整也都离不开导航定位。管节沉放安装时，更是需要精准的导航才能完成对接工作，这些工作都离不开测量技术的支持。

4.6.1 施工区域水环境监测

施工区域的水环境监测通常采用固定式水环境监测站和实时走航式观测两种方式。此外，沉放前还需要测量沉管周边的水相对密度。

1. 水环境监测站

水环境监测站一般选址在隧址周边，通常分水上和水下两部分，水上部分主要包含风测量系统、供电、数据通信模块等；水下部分主要包含水流测量系统、波浪测量系统、潮位测量系统等。

除此之外，根据实际施工情况，也可以采用浮标式的水环境监测站，或者在海中的测量平台上安装设备进行水环境监测。

1) 风测量系统

风测量包括风速和风向，风向利用风标即可测得。风速利用转杯式风速计测量，转杯式风速计一般有 3 个杯，3 个互成角度固定在架上的半球形空杯被安装在一个可以自由转动的轴上。在风力的作用下风杯绕轴旋转，其转速正比于风速，且转速可以用电触点、测速发电机或光电计数器等记录。在监测站的陆地部分上架设测风塔，安装测风设备，采集的风速和风向数据通过数据通信模块传输到智能指挥系统中进行实时显示。

2) 水流测量系统

施工区域的局部水文状况会直接影响管段在水中的运动，指挥人员需要密切关注当前的流速、流向等数据，并随之调整各个缆绳受力，保持管段在水中位置姿态动态平衡。监测站的水流测量采用多普勒流速剖面仪（ADCP），通过线缆将实时的流速流向等数据传输给通信模块，并传输至智能指挥系统。

3)波浪测量系统

波浪测量采用坐底式的 ADCP，提供实时海浪数据，包括有效波高、最大波高、平均过零周期 T_z、波峰周期 T_p、波浪方向、涌高、涌的波峰周期、涌浪向等。采集的实时海浪数据通过线缆链接到监测站陆地部分的数据通信模块，传输给智能指挥系统。

4)潮位测量系统

潮汐的测量采用压力式验潮仪。验潮仪将安装在海底观测架上，通过与岸边水尺联测的方法找到验潮仪零点与大地基准面的关系。验潮仪测量的数据通过线缆传输至数据通信模块，并传输至智能指挥系统。

2. 走航式观测

隧址区域的水域通常为非恒定流，其特征是流量、流速和水位等水力要素随水流不断变化。造成水流非恒定的因素是潮汐和风力等。因此须对施工区域关键点水流情况进行测量，进而为施工提供基础资料。

为保证管节运输的安全，在管节运输前对浮运航道水流进行测量，及时将数据资料提供给运输指挥中心，为沉管运输提供参考。另外，运输及沉放过程中，需要随时了解水流情况。可以根据多次实测水流数据，再通过潮汐情况推测工作时间、地点的水流概况，为沉管的运输和沉放施工等提供水流参考数据。实际工作中应合理设置水位观测点和潮流观测点，采用 ADCP 进行走航式流速测量，取垂线平均流速作为站点的流速值。

水流检测采用声学多普勒流速剖面仪(ADCP)进行走航观测，技术方法如下。

1)设备安装与校准

ADCP 支架选择安装在测量船重心附近的左侧船舷位置(约 1/2 船长处)，此位置安装仪器能远离船主机、泵和螺旋桨并有效避免测量船摇摆及噪声干扰。

ADCP 走航测流安装时要求能器朝向船头方向。

走航测流的测量船上，GNSS 天线直接安装在 ADCP 支撑杆上方。以 ADCP 换能器安装杆与水面交点作为参考点，建立船体坐标系，定义船右舷方向为 x 轴正方向，船头方向为 y 轴正方向，垂直向上为 z 轴正方向。ADCP 与 GNSS 在船体坐标系的位置为(0，0，z)。

ADCP 在每次电池安装与拆卸完成后须在无磁环境下对内置罗经进行校准。

2)数据采集

走航测量作业时，采用 DGNSS 定位仪输出导航和定位数据；采用 Hypack 软件进行测线导航；采用 VmDas 软件进行测流数据的采集。作业中，要求船速控制在 4.0kn 以内。

3)数据处理

检查记录是否有错记、漏记，误差是否合乎要求；将实测磁流向加磁偏改正，归算到真流向。最终完成各站点垂线流速、流向报表、矢量图等数据成果。

4)成果形式

各站点垂线流速、流向报表；各站点垂线分层流矢图。

3. 水相对密度测量

水相对密度测量通常采用取水样测定的方法。对水下水体的取样应以尽量减少扰动为原则，卡盖式取水器符合这个要求，它适用于河流、湖泊和海洋等任意深度采样。采样时首先打开两端卡盖，之后通过绳索将取水器放入水中，入水后水流将贯穿瓶体，待沉入指定深度后，下放挂锤令卡盖关闭，从而封闭水样，将取水器提出水面，完成采样过程。由于只需将取水器沉至指定位置，所以该法对水体扰动较小；通过调节绳索长度，即可对任意深度水体进行取样；对于指定点在深度梯度方向上的取样，可将若干取水器串联，调整各取水器间绳索长度，使之符合深度梯度要求，再放入水中取样。

采取水样后，水的相对密度可采用阿基米德原理来测得。阿基米德原理是指浸在液体里的物体受到向上的浮力作用，浮力大小等于被该物体排开的液体的重力。对于水样相对密度，利用体积和密度固定的标准块作为参考物，设其在空气中的重量为 W_1，测得其全部浸没于水样中的重量为 W_2，则水样对其产生的浮力计算如下：

$$W_1 - W_2 = pgV \tag{4.1}$$

式中，V 为测锤体积；p 为水样密度；g 为重力加速度。对于所采的水样，采用电子密度(比重)分析天平进行比重测定，该装置利用体积、密度恒定的测锤作为参考物，通过测定测锤在水样中所受浮力来计算水样的相对密度。

4.6.2　沉管浮运编队导航定位

在浮运过程中，拖船编队按照沉管浮运设计方案，以设计路由进行编队行驶，拖带沉管自预制场地出发，抵达隧址。为保证管节和拖船安全，浮运过程实时监测沉管位置、姿态、方位、速度及拖船与沉管相对于设计航线的偏线距离，保证浮运过程中沉管及拖船按照设计航路拖运，保证运输过程中沉管姿态、方位在安全范围内，确保整个浮运过程中，不发生沉管搁浅、偏离航路、撞击拖船等事故。

根据水下地形测量结果和沉管尺寸，设计运输通航航路、航行边线。将设计航道及航线计划边线、水下地形、碍航物、浮标等各种资料，作为底图加载到导航界面，采用沉管隧道施工综合定位系统软件指导浮运航行，沉管浮运定位作业流程如图 4-87 所示。

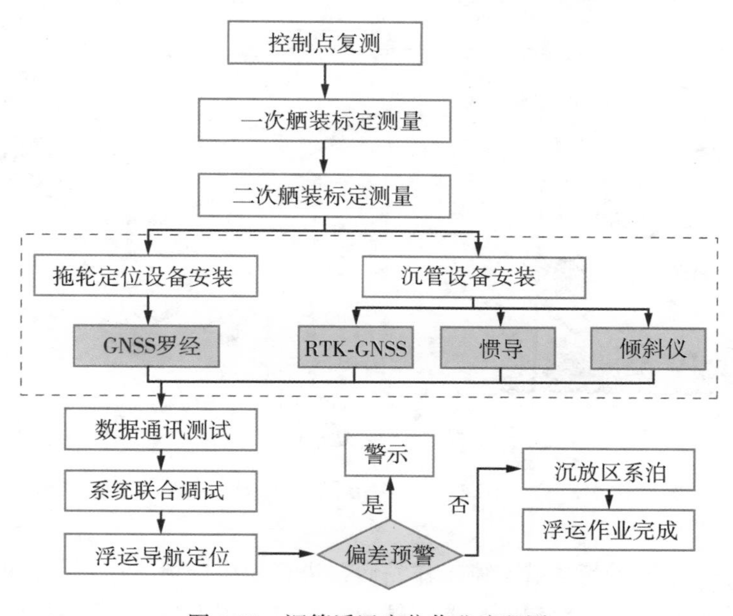

图 4-87　沉管浮运定位作业流程图

管节浮运过程中，主要采用以下定位手段：①拖船采用 GNSS 罗经进行定位定向；②沉管采用 RTK-GNSS 进行定位定向，INS 惯性导航系统作为辅助，OCTANS 光纤罗经提供姿态数据，如图 4-88 所示。

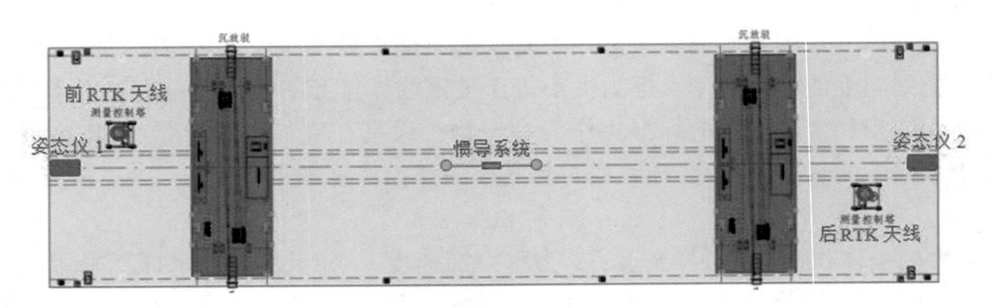

图 4-88　沉管定位设备安装示意图

根据不同定位精度要求，在拖船上安装 GNSS 罗经，实时采集各拖轮的位置、船艏向及航向信息；在沉管上安装 RTK-GNSS 和惯导设备，接受卫星及 RTK 基站数据，获取厘米级精度沉管位置及航向信息，通过首尾两台 RTK-GNSS 天线，计算沉管艏向，OCTANS 光纤罗经获取沉管姿态数据。

惯导设备可以在 GNSS 卫星信号失锁时提供沉管的实时位置，是 RTK-GNSS 定位的补充和备份；OCTANS 光纤罗经是唯一通过 IMO 认证的测量级光纤陀螺罗经运动传感器，可以提供沉管的艏向(Yaw)、横摇(Roll)和纵摇(Pitch)，实时监测沉管的姿态。

沉管和所有拖船均安装无线数据链，建立施工局域网，用于沉管和拖船位置、艏向、速度等信息的传输，如图 4-89 所示。

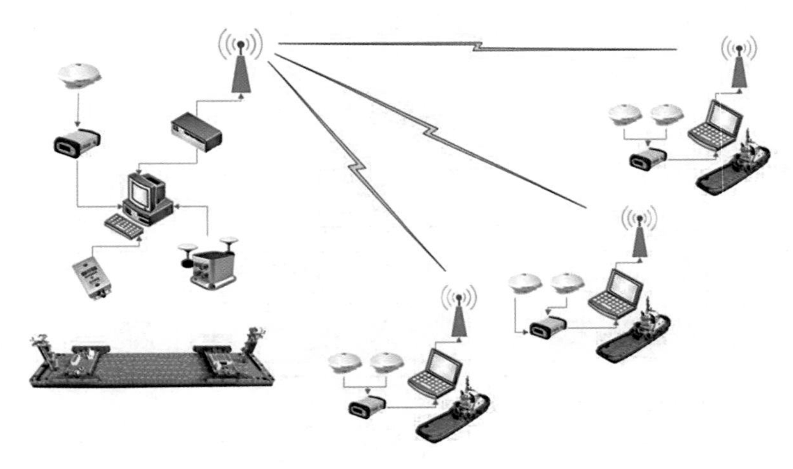

图 4-89　多船通信示意图

各拖船数据发送至沉管导航定位工作站后，进行集中广播，使每条拖船及各个指挥控制单元均可接收到其他作业船舶的位置、航向等信息。根据现场不同需求，可调节导航软件显示信息，如图 4-90 所示为某项目管节浮运定位监控，以方便拖轮行驶及控制室指挥。此外，可以按照业主的要求，实现浮运定位监控界面的远程显示，使陆地办公室的人员也可以实时了解管节的位置和姿态。

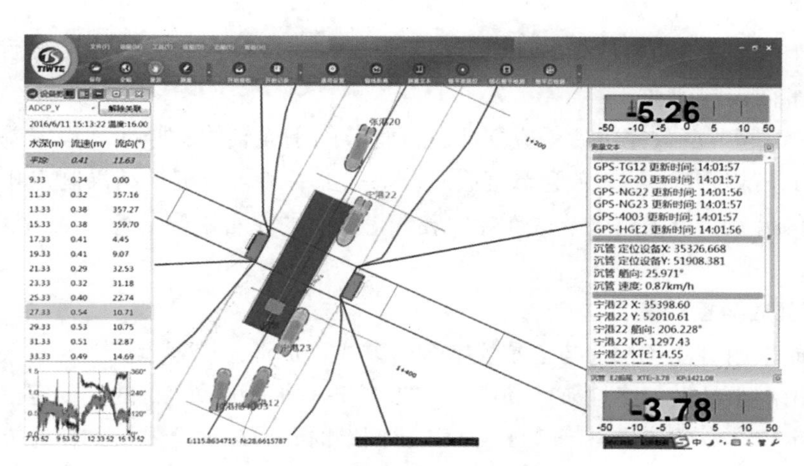

图 4-90　管节浮运定位监控界面图

4.6.3　沉放对接精密测量

管节在沉放区系泊完成后，即选择恰当时机进行管节的沉放与对接。管节沉放测量定位以 RTK 方式为主，全站仪仅作为备份和复核。此外，潜水探摸结果作为沉管精确对接的定测方法。管节沉放安装测量流程如图 4-91 所示。

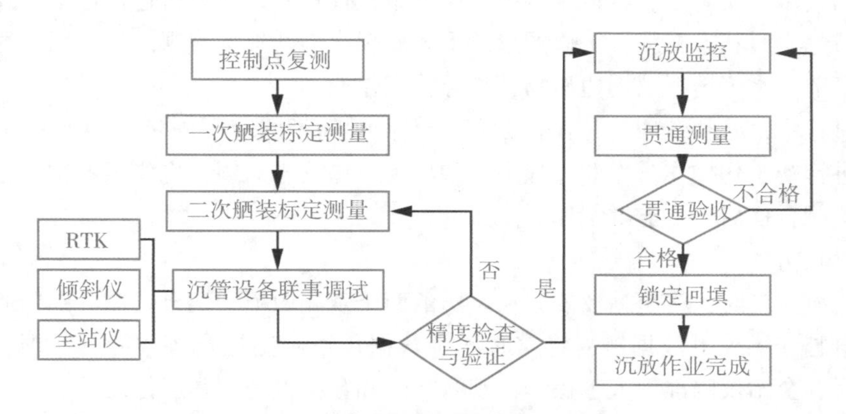

图 4-91　管节沉放对接作业流程图

1. 沉放对接参数及注意事项

(1)管节沉放的定位控制标准：平面轴线偏差±50mm，竖向高程偏差±50mm。

(2)管节沉放宜选择在水文气象条件良好且水流速较小时进行，表层流速≤0. 6m/s，风级≤6 级，有义波高≤0. 8m，波浪周期≤6s，能见度>1000m，管节沉放时应匀速下沉，下沉速度小于 0. 5m/min。

(3)沉管沉放过程中姿态：管节绕其形心的横向摆角(Roll)<1°，纵向摆角(Pitch)相对管节沉放就位倾角<0. 5°。

(4)管节的沉放就位应从导向开始，当测量数据表明导向装置开始接触后，应严格控制管节在水平面内的摆动。

(5)前一节管节沉放完毕后，应立即进行管节的平面轴线、竖向高程偏差测量，并不得大于第(1)条的规定。下一节管节沉放时应根据上一节管节测量结果制定相应的管节对接方案及纠偏措施，可采用管节首部导向装置搭接时的左右错位及管节尾部摆尾方式进行纠偏。

2. 管节沉放对接测量方法

管节沉放采用 RTK-GNSS 与全站仪结合的方式，负责完成管节沉放与对接的引导定位测量工作，由潜水员做最终检核。其中以 RTK-GNSS 作为沉放定位的主要定位方式，全站仪作为沉管定位作业的备份，当 RTK-GNSS 出问题时，可以用全站仪的作业方式指导管节沉放安装作业。

在双测量塔的工作模式中，RTK-GNSS 与全站仪都能够提供测量塔顶部中心的三维坐标(X, Y, H)；管节的轴线方位(Heading)、纵向坡度(Pitch)都可由测量塔数据计算提供；而管节的姿态主要是横倾(Roll)，由姿态仪来提供。根据上述数据，可以将管节各特征点坐标(管节坐标系下)实时转换成施工坐标。

1)RTK-GNSS 方法

将 RTK-GNSS 及水下姿态传感器采集的三维坐标及管节姿态数据，通过无线电数据链和串口通信技术，实时传递给位于测控中心的定位计算机。计算机通过该坐标及姿态数据将当前管节的实时状态在屏幕上以图形的形式展现出来，形象直观。进而结合场景中所绘制的已沉管节、水下地形及周边地物，指导施工作业。

测量过程中，必须使用信号的固定解，当长时间不能获得固定解时，宜断开通信链路，再次进行初始化操作。作业过程中，如出现卫星信号失锁，也应重新初始化，并经重合点测量检测合格后，方能继续作业。

2)全站仪方法

进行沉放测量时，将全站仪安置在岸边的两个观测墩上，两台仪器分别用通信线缆连接到便携电脑和无线电数据链，将实时测量数据传送到测控指挥中心，如图 4-92 所示。沉放跟踪时，全站仪瞄准由人工操作，观测指令和数据发送由程序控制。

(1)仪器指标差的现场测定。

全站仪工作之前，应进行严格的性能检查。

倾斜补偿零点误差：目标棱镜置于全站仪约 100m 处，使棱镜高度高于或低于全站仪，两者仰角至少 27°，分别盘左、盘右测量目标棱镜水平角度和垂直角度，计算倾斜误差，多测回观测，取平均值(图 4-93)。

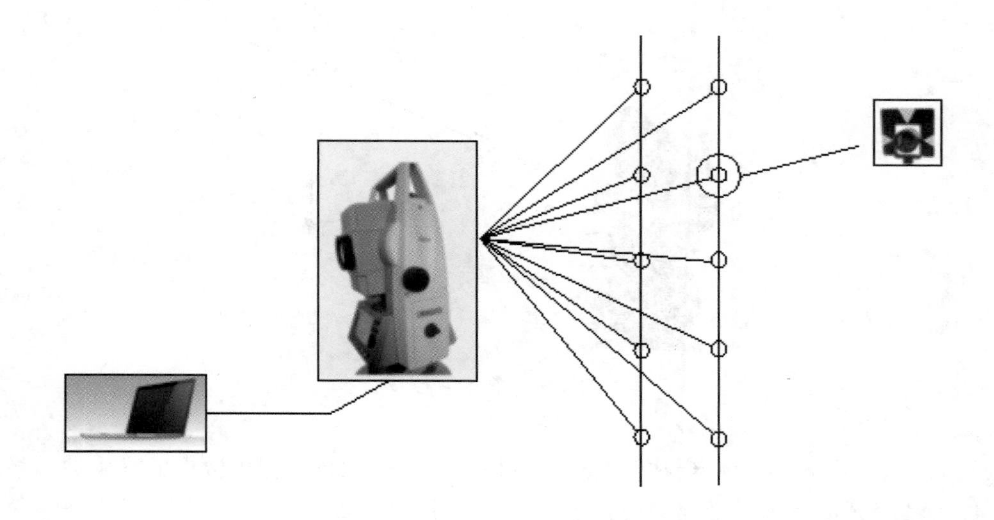

图 4-92 全站仪自动观测示意图

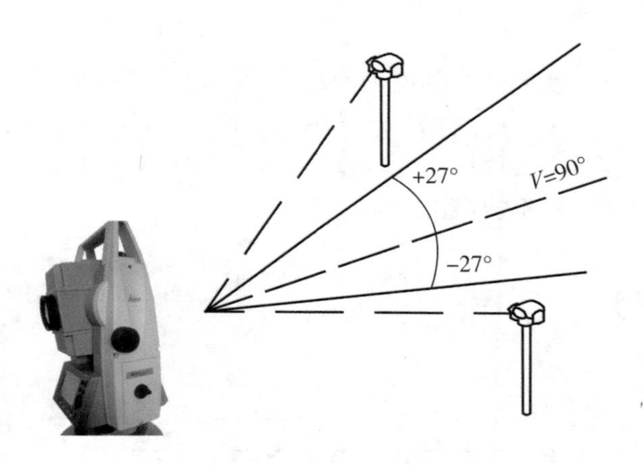

图 4-93 横轴倾斜误差校正

视准差校正：目标棱镜置于全站仪约 100m 处，使棱镜高度与全站仪镜头高度的仰角在 5°之内，分别盘左、盘右测量目标棱镜水平角度和垂直角度，计算视准差，多测回观测，取平均值(图 4-94)。

其他设置：设置好仪器的其他参数，如棱镜的参数设置。在棱镜和反射片转换的时候，必须进行更改。

(2)仪器定向和校核。

各控制点的坐标应预先存储在仪器内存中，方便调出测站点坐标和后视坐标，进行坐标测量定向。量取仪器高并输入，精度为毫米级。测站的后视点要尽量选择相同。仪器定向后，盘左、盘右观测后视点和检查点的坐标，进行盘左、盘右间的差异检核，与已知控

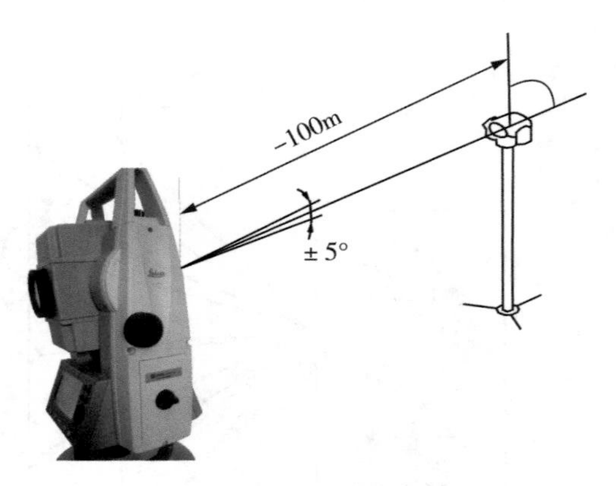

图 4-94　视准差校正

制点坐标的差异检核，两台全站仪的相互校核等，确保测量所提供数据的准确性。最后将仪器位于基本测量状态或坐标测量状态。

连接到便携电脑，测试是否能够由程序控制测量和发送数据；连接无线电数据链，检查无线传输是否正常。

(3)沉放与对接测量。

全站仪的观测信号，实时传送到位于测控中心的定位计算机，可以得到当前时刻管节的对接参数，如管节对接端中心坐标、尾端中心坐标，对接端相对对接面中心的横差、高差、纵差，尾端中心相对对接面中心的横差、高差，尾端横倾等。指挥人员则根据定位软件提供的相关数据指挥沉管沉放(图 4-95)。

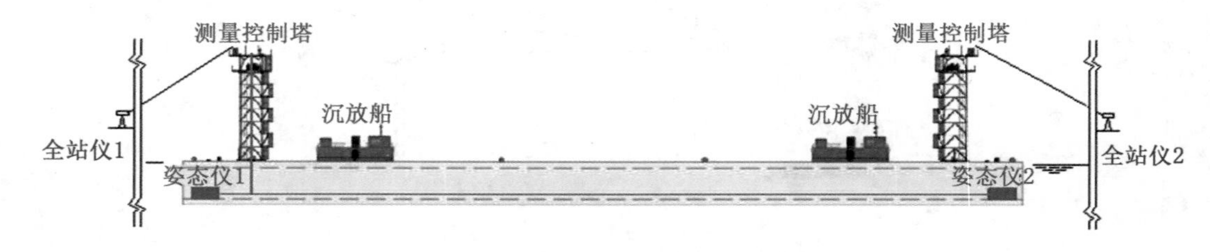

图 4-95　全站仪定位管节沉放示意图

当管节沉放到对接位置时，为了排除仪器系统误差，只用一台全站仪精确观测两个棱镜，确定沉管的最终位置。对接完成后，获取下一次对接面中心坐标及端面法线方向。

3. 测量定位精度分析

管节沉放定位精度包括平面和高程两部分。

1)平面精度分析

绝对定位精度受到各个测量环节上的误差影响，包括：特征点测量时的起算点误差、特征点测量误差、测量塔上 GNSS 位置标定误差、沉放定位时 RTK-GNSS 的定位误差和计算对接面时姿态仪测量误差等。

(1)测量起算点误差。

管节顶面特征点测量时采用预制施工控制网的控制点作为起算数据。根据该网的设计，控制网点的误差为 $m_0=2.0$mm。

(2)管节特征点的测量精度。

管节顶面特征点的测量精度实为全站仪测量精度，现使用 Leica TS06 全站仪进行标定工作，该仪器的标称精度为：测角精度 2″，有棱镜测距精度 $1.5\text{mm}+1\times10^{-6}D(\text{km})$，因此此项误差可控制在 5mm 之内。

(3)二次舾装区 GNSS 天线位置标定精度。

GNSS 天线位置标定同样采用全站仪进行，现使用 Leica TS06 全站仪进行标定工作，测量误差同上，为 $m_g=5$mm 之内。

(4)RTK-GNSS 定位的仪器平面精度。

沉管沉放时采用 RTK-GNSS 定位，其平面定位精度(中误差) $m_G=15$mm。

(5)仪器架设的对中误差。

由于在整个标定过程中，每个特征点需架设仪器，单次架设仪器的对中误差可控制在 2mm。不同测量方式的仪器架设误差可随机积累，但多次测量时的仪器架设误差可随机减弱，两种方式影响的积累效应基本可以相互抵消，故仍然取仪器架设误差为 $m_y=2.0$mm。

(6)RTK-GNSS 定位的塔顶位置精度。

以上分析的测量塔法管节沉放的各项误差彼此独立，因此塔顶 GNSS 位置的精度为

$$m_T=\sqrt{m_0^2+m_g^2+m_G^2+m_y^2}=\sqrt{2^2+5.0^2+15.0^2+2.0^2}=15.9\text{mm} \tag{4.2}$$

(7)倾斜误差的影响。

采用测量塔法进行管节沉放时，由塔顶 GNSS 位置传算到对接面位置时需要进行倾斜改正，倾斜改正的角度来自姿态仪的测量结果，姿态仪的测角精度可以达到 0.01°。

在最不利情况下，测量塔高度为 20.6m，管节高度为 8.3m，最远点——沉管前端底面角点的斜距为 32.5m，其倾斜误差为

$$m_{QZ}=m_{QH}=32.5\times0.01\times3.14/180\times1000=5.6\text{mm} \tag{4.3}$$

末端点位由尾端 RTK-GNSS 测定，精度同上。

(8)测量塔法沉放对接面的绝对精度估计。

纵向、横向精度相同，即：

$$m_Z=m_H=\sqrt{15.9^2+5.6^2}=16.9\text{mm} \tag{4.4}$$

这个精度可以满足沉管安装的平面绝对精度要求。

2)高程精度分析

(1)管节顶面特征点测量的高程精度。

由于沉管在一次舾装区特征点标定时采用二等精密水准测量，因此管节顶面的特征点高程精度可以控制在 1.0mm 以内。

二次舾装区 GNSS 天线高度的量测也可以用全站仪三角高程测量和经过标定的钢尺丈量，其测量精度均可控制在 3.0mm 以内。因此，可以认为沉管顶部特征点及测量塔上的 GNSS 点的高程标定精度为 4.0mm。

此精度表示为：$m_{v0}=4.0\text{mm}$。

(2)RTK-GNSS 定位的仪器高程精度。

沉管沉放时采用 RTK-GNSS 定位，其高程定位精度为：$m_{v1}=30.0\text{mm}$。

(3)倾斜误差的影响。

姿态仪误差对沉管对接面底部左右两侧点的高程影响最大，最大误差点位于沉管坐标系的 y 轴方向上，离开测量塔安装位置最远的点处。

取该点与测量塔的 y 坐标差为 15.0m，姿态仪的综合测量误差为 0.01°，则该位置的姿态仪误差为

$$m_{v2}=15.0\times 0.01\times 3.14/180=2.6\text{mm} \tag{4.5}$$

(4)测量塔法沉放对接面的高程绝对精度估计：

$$m_v=\sqrt{m_{v0}^2+m_{v1}^2+m_{v2}^2}=\sqrt{4.0^2+30.0^2+2.6^2}=30.4\text{mm} \tag{4.6}$$

4.6.4　沉管隧道施工智能指挥辅助决策系统

天津水运工程科学研究院(以下简称“天科院”)自主研发的沉管隧道施工智能指挥辅助决策系统，综合了天科院多年来服务救助打捞部门的丰富工程经验和多个相关纵向课题的研究成果，紧密结合施工过程中现场作业指挥人员的实际需要，提供实时高效的辅助决策信息。系统涵盖了当前国内外在水上水下定位中所涉及的主流设备，并可根据各种不同的技术方案灵活组合，实现管段浮运和对接过程中的实时位置姿态获取、监测，以及涉及管段浮运对接的缆绳拉力、压载水管理、海洋环境监测信息管理、视频监控等多项功能，满足不同类型工程的需要。

1. 三维可视化监控

沉管隧道施工智能指挥辅助决策系统软件，专门用于沉管施工中的浮运、沉放、对接测量作业，可以从各个视点、多角度观察沉管的实时姿态和三维位置，如图 4-96 所示。

图 4-96　管节对接三维图

定义已沉放管节对接面的 6 个角点为 1~6，待沉放管节对接面 6 个角点为 $A\sim F$，通

过全站仪或 RTK 的观测数据，实时显示对应接触点的距离。根据姿态传感器的数据，实时显示待沉放管节的 Heading、Pitch 和 Roll 的数值，以及与设计数据的差值。由水下地形等值线、未沉放的设计沉管位置、已沉的沉管、正在沉放的沉管、沉管隧道中轴线、浮吊船等组成，可以直观地了解施工现场状况。图 4-97 和图 4-98 所示为管节沉放安装测量定位三维虚拟现实系统界面图。

图 4-97 沉放安装三维虚拟现实系统界面

图 4-98 水下对接过程三维虚拟现实系统界面

此外，可以按照各方的要求，实现沉放对接三维定位界面的远程显示，使陆地办公室的人员也可以实时了解管节的位置、姿态和沉放情况。

2. 缆绳拉力监控

在沉放过程中管段的位置和姿态主要靠缆绳的收放来实现，在作业过程中，由于水流流速、流向等外界因素复杂多变，管段自身受力状况也随之快速变化，为了保持管段的位置和姿态稳定，并沿预定沉放路径移动，需要调节缆绳来保持管段动态平衡，防止缆绳受力不均带来的管段失控，甚至缆绳崩断等安全风险。因此，缆绳拉力值是作业过程中的重要关注对象。传统作业方式中，该项数据主要依靠现场指挥人员的丰富经验进行判断，存在较大安全风险。为此我们研发了专用于缆绳作业的拉力监控系统，如图 4-99 所示，实时将各个装在缆绳上的拉力计的数值传输至计算机中，并在计算机中形成各个缆绳的拉力曲线图，方便指挥人员及时根据各缆绳的拉力值变化指挥现场作业人员收放缆绳。

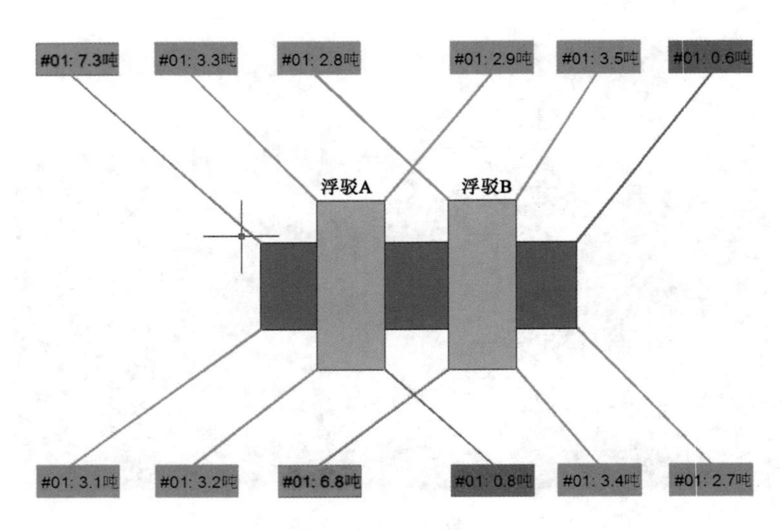

图 4-99　缆绳拉力管理模块

3. 压载水管理模块

通过调节沉管管段内的压载水量来控制管段在水中的升沉是调整管段标高的重要手段。传统方法是由在中断沉放作业后，读取压载水仓水尺，再手工计算当前浮力，现场指挥人员进一步结合实际需要确定压载水的调节量。这种方法存在主观性大、时效性差等缺陷。为了解决这个问题，我们进一步在指挥系统中集成了压载水管理模块，如图 4-100 所示：由传感器实时获取当前压载水量，进而得到当前浮力数据，再进一步通过系统内置的压载水调节计算模型得到相应的压载水调节量，为指挥人员提供及时准确的压载水相关信息。

4. 视频监控系统(CCTV)

为了能够在施工中实时观测多个不同区域的现场情况，采用多套视频监控系统进行监控，并采用有线或无线传输方式将监控视频实时传输到指挥中心，保证指挥人员可以实时观测各个关键位置的现场情况，同时还可以通过控制主机调整各个监控摄像头的方向、位置、焦距等参数。

(1)在管段内部布设 4~8 个摄像头，以便实时获取管段内部的现场情况。

(2)在浮运过程中，通过指挥台四周布设的 4~8 个摄像头，中控室能够看到室外的全景影像。

(3)在沉放过程中，通过浮驳上布设的 4~8 个摄像头，指挥人员可以实时获取沉放时浮驳上的现场情况。

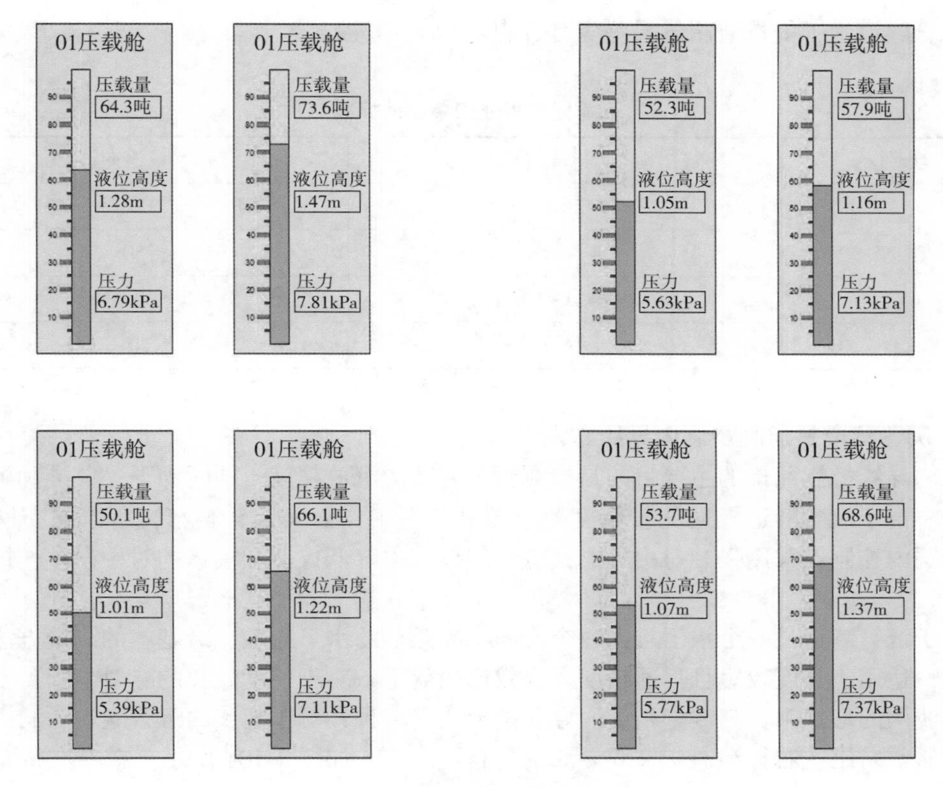

图 4-100　压载水管理模块

(4)在沉放过程中，连接潜水员身上的摄像设备，以便指挥人员实时获取管段在对接时水下的现场情况。

除了上述模块，本系统还可以按照实际需求添加其他内容，以满足施工各方的要求，确保施工顺利进行。

4.7 沉管安装后测量

4.7.1 贯通测量

沉管隧道的贯通测量是指利用精密导线测量方法，通过测量已沉管节内部特征点的坐标及高程，计算出管节的实际位置与设计位置的坐标及高程偏差，为新管节的精确沉放提供相对定位基准，保证沉管隧道全线的顺利贯通。沉管隧道的贯通测量主要包括平面贯通测量和高程贯通测量两部分，平面贯通测量测定沉管横向轴线偏差，采用全站仪进行测量；高程贯通测量测定沉管纵向轴线偏差，采用水准仪进行测定。贯通测量主要工作包括：沉管隧道一级加密控制点的维护与复测、沉管隧道精密导线的布设及测量、水准点的布设及二等水准测量、新沉管节的精确定位、接头管节的联系测量、误差计算与精度评定等。

沉管隧道施工的贯通测量误差应符合表 4-17 的规定。

表 4-17　**沉管隧道贯通测量误差标准**

类别	洞口间长度(km)	贯通测量误差(mm)
横向	$L<4$	100
	$4 \leqslant L<8$	150
	$8 \leqslant L<10$	200
高程	不限	70

1. 沉管隧道贯通测量洞内导线布设

洞内导线控制测量的主要目的是检测新沉管节的沉放精度，同时为下一节准确沉放提供依据。由于沉管隧道贯通测量精度要求较高，但工作面又比较狭窄，所以在布网过程中，对洞内控制点采用强制对中的形式进行埋设，以降低仪器和棱镜的对中误差，提高观测精度。

由于沉管隧道是一个水下且向一个方向不断延伸的水下通道，最基本的测量方法就是支导线，适用于长度较短且贯通精度要求较低的隧道。对于长度较长的隧道，则需要采用布设导线网的形式来提高测量精度。导线网形式有多种，对于超长的沉管隧道，洞内导线的布设通常采用左右行车道交叉双导线网的布网形式，如图 4-101 所示。在左右行车道内都成对布设导线点，同时每隔一段距离通过中廊道之间的通道门对左右行车道的导线网进行联测，这样可以较大幅度地提高导线测量的精度。

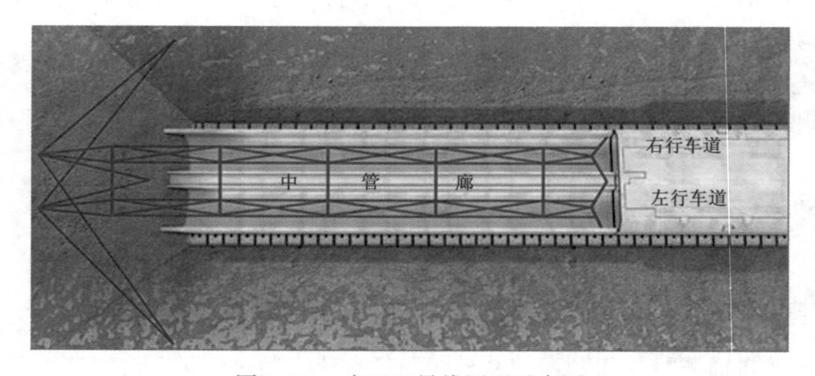

图 4-101　交叉双导线网型示意图

导线法方位角的传递是由已知坐标方位角通过角度测量各导线边的坐标方位角。该方法方位角精度受导线边数限制，距离已知方位边越远，精度越差。为有效减小洞内导线的横向贯通误差，可考虑加测陀螺方位角来提高隧道贯通精度。加测陀螺方位角，一方面可以提高导线网精度，另一方面也可以在测量过程中对测量方位角进行纠偏。

沉管隧道控制点布设及测量过程中的注意事项如下。

(1)洞外导线点或 GNSS 控制点埋设应选择在地质结构稳定处，同时保证观测点不会受到损伤及破坏。

(2)精密测量导线点与相邻 GNSS 控制点之间仰角应小于 30°。

(3)洞内导线点埋设时应注意，点间实现应远离洞内设施 20cm 以上，同时导线边长应相差较小，以此来降低洞内旁折光影响。

(4)导线点埋设强制对中装置，应保证装置稳定可靠，不易受到破坏。

(5)洞口处导线点应埋设在距离洞口 30m 左右。这是因为在隧道洞口处内外温差大，通风强，空气密度波动较大，而且洞内外光线亮度反差大，造成棱镜成像不稳定，影响照准精度，同时旁折光影响因素也会比较明显。洞口处测量应尽量选择在阴天或者晚上进行。

2. 贯通测量误差估计

1)洞外 GNSS 控制测量误差估计

在沉管隧道贯通误差中，横向贯通误差是影响最显著的一项指标。在《高速铁路工程测量规范》(TB 10601—2009)中已经给出隧道横向贯通误差估计的近似估算公式和严密估算公式。

验前估计公式：

$$M^2 = M_J^2 + M_C^2 = m_J^2 + m_C^2 + \left(\frac{L_J + m_{\alpha J}\cos\omega}{\rho}\right)^2 + \left(\frac{L_C + m_{\alpha C}\cos\phi}{\rho}\right)^2 \tag{4.7}$$

式中，m_J、m_C 为沉管隧道进、出口 GNSS 控制点的横向中误差(mm)；L_J、L_C 为进、出口 GNSS 控制点至贯通点的长度(mm)；$m_{\alpha J}$、$m_{\alpha C}$ 为进、出口 GNSS 基线的方位中误差(mm)；ω、ϕ 为进、出口控制点至贯通点连线与线路的切线角。

GNSS 控制测量完成后，应根据测量结果进行 GNSS 控制网的验后估计：

$$M^2 = \sigma_{\Delta x}^2(\cos\alpha_F)^2 + \sigma_{\Delta x\Delta y}\sin 2\alpha_F \tag{4.8}$$

式中，$\sigma_{\Delta x}$、$\sigma_{\Delta y}$、$\sigma_{\Delta x\Delta y}$ 为贯通点 x、y 坐标的方差和协方差；α_F 为贯通面的方位角。

验前估计主要针对控制方案设计阶段，验后估计是在控制网施测完成后，根据测量数据进行处理分析。

2) 洞内导线控制测量误差估计

管内支导线引起的横向贯通中误差按下式估算：

$$M_T = \sqrt{M_{x\beta}^2 + m_{xl}^2} \tag{4.9}$$

其中，

$$m_{x\beta} = \frac{m_\beta}{\rho''}\sqrt{\sum R_y^2} \tag{4.10}$$

$$m_{xl} = \frac{m_l}{l}\sqrt{\sum d_x^2} \tag{4.11}$$

式中，$m_{x\beta}$ 为测角误差影响在贯通面上的横向中误差(mm)；m_{xl} 为测边误差影响在贯通面上的横向中误差(mm)；m_β 为导线测角中误差(″)，R_y 为导线点至贯通面的垂直距离

(mm)；$\frac{m_l}{l}$ 为导线网边长相对中误差设计值；d_x 为导线边在贯通面上的投影长度(mm)。

对于等边直伸支导线而言，m_{xl} 的值很小，可忽略不计。由此可得出：

$$M_T = \frac{m_\beta}{\rho''}\sqrt{\sum R_y^2} \tag{4.12}$$

进一步变换可得：

$$M_T = \frac{m_\beta}{\rho''}S\sqrt{\frac{1}{6}n(n+1)(2n+1)} \tag{4.13}$$

式中，s 为平价导线边长(mm)；n 为导线点数。式(4.13)就是等边直伸支导线引起的横向贯通误差的实用估算公式。

3）高程贯通误差估算

(1) 洞外水准测量引起的高程误差估算公式为

$$m_{外1} = m_L\sqrt{L} \tag{4.14}$$

式中，m_L 为洞外水准测量每千米长度的高差中误差；L 为洞外水准路线的长度(km)。

(2) 洞内水准测量引起的高误差估算公式为

$$m_{内1} = m_L\sqrt{L}$$

式中，m_L 为洞内水准测量每千米长度的高差中误差；L 为洞内水准路线的长度(km)。

(3) 各项误差引起的高差贯通总误差为

$$M_{高} = \pm\sqrt{m_{外1}^2 + m_{内1}^2} \tag{4.15}$$

3. 引点进洞

1)平面控制测量

按照实际地形情况，由首级控制网进行 GNSS 静态二级控制网加密测量，以其中两个首级加密网控制点为起算点，一个加密控制点作为检校点。利用高精度全站仪引点进洞，成对向洞内延伸，导线的边长不宜短于 200m，并尽量选择长边和接近等边；支导线缺少检核条件时，观测应特别注意；转折角应观测左角和右角，每测站观测 6 个测回，应往返观测，在有车行、人行横洞的地方，加点将左右洞进行闭合联测。选择成对布点的优点在于每次向前延伸时有附合条件，通视能力强，施工干扰小。洞外向洞内引点工作选择在阴天进行，以减小洞内、外环境误差，在测回间采用仪器和挡板多次置中的方法，并采用双照准法(两次照准、两次读数)观测。照准的目标应有足够的明亮度，并保证仪器和反射镜面无水雾，洞内导线平差，采用条件平差或间接平差，也可采用近似平差，洞内导线的坐标和方位角必须依据洞外控制点的坐标和方位角进行传递。

2)高程控制测量

高程控制点的布设是利用平面控制点的埋桩进行，洞内应每隔 200~500m 设立一对高程控制点。以首级加密网高程控制点为起算点，并向洞内进行高程传递，洞内水准线路也是支水准线路，除应往返观测外，还须经常进行复测。

4. 贯通测量方法

1)已沉管节观测

对于已沉管节，按照技术要求，需要对其控制点的平面位置及高程进行定期复测。对需要补测的点位，利用全站仪后方交会方法进行放样测量。

测量车道中轴线。在控制点设站或后方交会，进行行车道轴线测量及碎部点放样，同时利用全站仪进行三角高程测量，或用水准仪进行普通高程测量。中线点位横向偏差不得大于 5mm，中线点间距曲线部分不宜短于 50m，直线部分不宜短于 100m，直线地段宜采用正倒镜延伸直线法来测量。

对于已沉管节，应及时按照设计要求进行断面放样测量和高程测量，必要时进行加密，所得数据偏差及时上报，若偏差较大，在下一管节沉放对接时进行适当的纠偏，使隧道轴线能够保持在设计要求的偏差范围内。

2)精确定位新沉管节

新沉的管节经过测量塔观测定位后，也需要用全站仪进一步观测，以确保精确定位。其步骤为：①在新沉管节附近架设全站仪，由两控制点进行后方交会，准确计算新沉管节的坐标，以此进行管节的精确放样定位，从而反反复复指导管节移动和对接。②确定对接以后，利用自动型全站仪对新沉的管节贯通点进行多次测回，对照计算坐标算出偏差，最终精确定位。其整体图如图 4-102 所示。

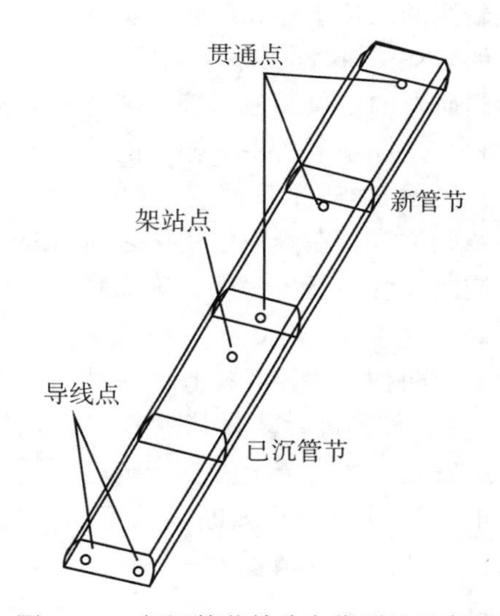

图 4-102　新沉管节精确定位测量示意图

4.7.2　锁定回填测量

沉管回填按照沉管安装顺序施工，在管节贯通测量结果满足设计要求后，立刻对管节进行点锁回填，每个管节回填施工顺序：首先锁定回填施工，然后一般回填施工，最后护面层回填施工。点锁回填直接利用运输安装一体船直接完成。

1. 沉管锁定和一般回填

回填船垂直于沉管抛锚就位，回填船安装有 GNSS 定位系统，实时显示船舶和溜管位置，以保证施工位置的正确性。在回填船精确定位后，下放溜管并移动至回填位置进行施工。专用回填船锁定和一般回填施工图见图 4-103。

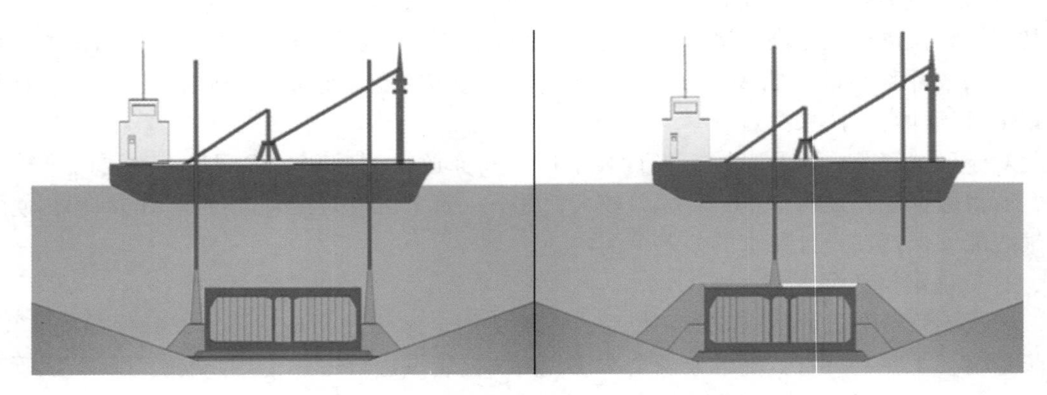

图 4-103　专用回填船锁定和一般回填施工图

GNSS 参考站校核：利用一套 RTK-GNSS 在施工附近平台已知点上进行连续地形测量，测量时对天线高进行改正，新测的点位坐标和已知点进行比对，比对结果在误差允许范围内，说明船舶定位系统使用的 GNSS 基站正常。

溜管位置比对：采用专门研发的定位测控系统，需对 GNSS 主机进行设置，将软件输出的数值和本工程所使用的独立坐标系下的手簿输出的数值进行比对。溜管船定位后需对前后两个溜管进行精确定位，利用 GNSS 的实时定位数据，使用测距仪测出相对船体坐标系下的距离，计算出溜管的精确位置。在测距仪使用之前需要测量人员用 50m 钢尺各测 5 次进行比对。通过回填软件控制溜管的下放深度，确保底端距管节顶部距离，防止溜管碰到管节造成沉降和位移。

高度计比对：高度计比测用两种方式相互校验：一种用比测板比测，首先将比测板下放至距离高度计水下 2m 的位置，使高度计测量其距离，依次测出 3m、5m、7m 的距离并记录。第二种回填船定位在已安装好的管节上方，指定一断面，将船绞缆至该里程，操作手移动溜管至管节上方，此时高度计可测出该断面的标高，与贯通测量后的标高进行比较。上述两种方法相互验证，保证高度计精度。

2. 沉管护面回填

护面层回填采用挖掘机进行抛填施工。定位船垂直沉管布置，船艏、船艉各抛交叉缆。定位船定位后，平板驳靠泊，利用反铲定点抛放。平板驳靠泊图见图 4-104。护面回填 GNSS 校核同锁定回填，在施工过程中采用打水砣测量回填高度而进行检核。施工完成后，采用多波速进行验收。

沉管回填作业需加强技术管理，认真做好审核图纸和文件、变更设计、技术交底、测量放样、复核等工作。

4.7.3　管内附属设施施工测量

管内附属设施施工测量技术要求见表 4-18。

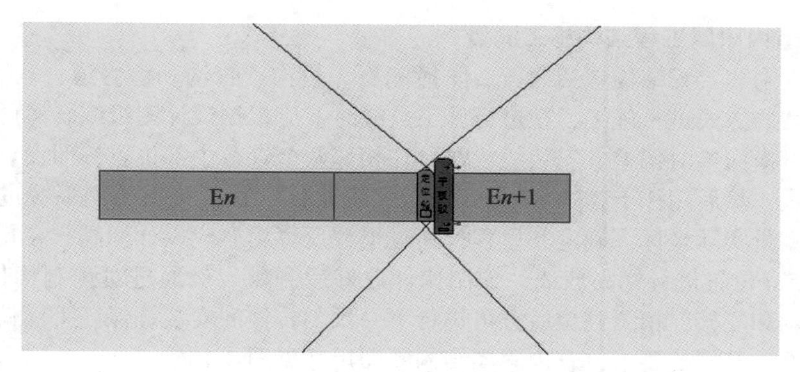

图 4-104 平板驳靠泊

表 4-18 **检修道项目实测值允许偏差**

序号	检查项目	规定值或允许偏差(mm)	检查方法或频率	权值
1	轴线偏位	50	经纬仪或尺量：每 200m 测 5 处	1
2	槽、沟底高程	±15	水准仪：每 200m 测 5 点	2
3	墙面直顺度	±10	20m 拉线：每 200m 测 2 处	1
4	端面尺寸	±10	尺量：每 200m 测 2 处	2

1. 中管廊电缆通道隔断施工测量

中管廊电缆通道隔断顶面坡度与隧道路面设计纵坡平行，采用折线法调整直线段中线，曲线段由曲线的两端向贯通面按比例调整中线。中管廊电缆通道隔断用于分隔电缆通道强电管廊和弱电管廊，下隔板利用隔断顶部支撑限位钢板及两侧牛腿进行安装定位。为了保证结构合理及线形平顺，中管廊电缆通道隔断轴线采用结构相对位置轴线进行放样控制，在每管节中部取中管廊隔断相对位置尺寸，然后用徕卡 TS30 全站仪进行穿线放样，实现相邻管节接头两侧平缓过渡，隔断断面示意见图 4-105。

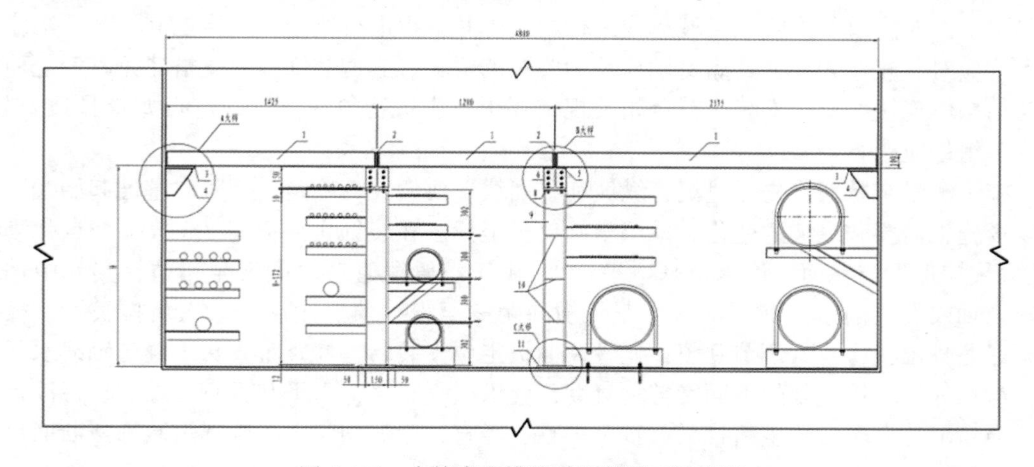

图 4-105 中管廊电缆通道隔断断面示意图

2. 行车道内附属工程结构施工测量

行车道内附属工程结构包括缘石、防撞侧石、边沟、管沟和检修道，均为预制构件，采用现场安装的方式进行施工，在进行施工放线时，应根据设计图纸综合考虑管节相对偏差和贯通测量横向绝对偏差。安装线放样时在相邻两个管节中部位置按照设计要求的结构尺寸确定边线，然后用徕卡 TS30 全站仪进行穿线放样，管节接头两侧平缓过渡。在所放结构边线上测量实际坐标，确定其里程，通过里程反算出对应设计标高，在粗平层压仓混凝土顶面每 5m 位置进行标高放线。预制构件放好后测量人员通过对预制构件顶部标高、边线进行精调和复核，精调到位后方可进行下一预制构件的安装。保证平面偏位、高程及线形均符合设计及规范要求，管内附属结构断面尺寸见图 4-106。

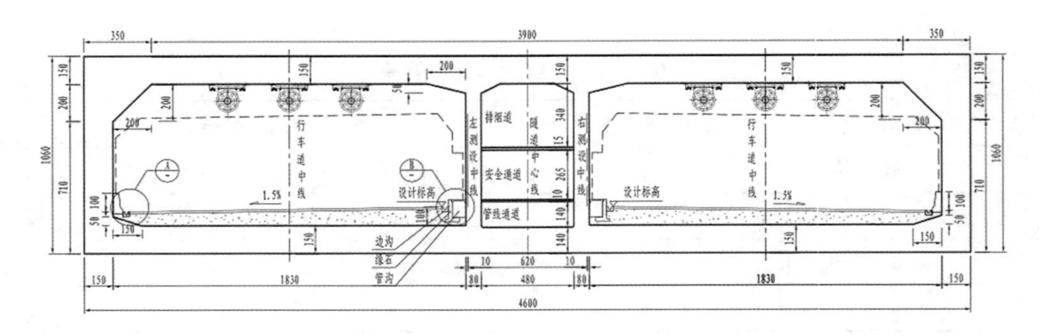

图 4-106 管内附属结构断面尺寸示意图(cm)

3. 隧道装饰施工测量

隧道装饰采用专用隧道装饰面板，通过搭建龙骨，安全稳固地对隧道墙体下半部进行装饰。隧道装饰纵向范围起于东岛主线明挖段，止于西岛主线明挖段，隧道装饰横断面范围为：明挖段侧墙为防撞侧石顶面以上 2. 6m，沉管段侧墙为防撞侧石顶面以上 2. 5m，中墙为检修道顶面以上 3. 10m 的区域。

在管节装饰安装前参考之前对已沉放管节平面净宽测量数据，确保装饰板不会侵入建筑界限下。对隧道装饰施工区域边线进行放线，并全程进行监控，严格控制，各个工序完成后均应对其复核，保证其满足设计及相关规范要求。隧道装饰板通过搭建龙骨安全稳固地与结构体连接，龙骨安装应符合相关规定要求，先进行放线，沿线进行龙骨骨架安装，龙骨各组件应顺直。

施工测量步骤：首先通过沉管纵坡和平面线形要素计算确定一个竖向基准起始线，根据现场施工需要和纵坡的变化，采用全站仪极坐标法在装饰板底面每 3m 放一个点弹墨线(板底线应保持与路面、检修道基本平行)。由于沉管段管节之间发生错位，实际中轴线与理论轴线发生偏移，每 10m 调节龙骨横向距离至设计值。然后作业人员拉长线，根据已调好龙骨位置将龙骨调节到位，龙骨及面板定位安装后，检查垂直水平缝与轴线水平误差，与相邻板块接缝处的平面度与垂直度，要求横平竖直，水平和垂直度控制在标准范围内，当超出范围时必须重新找平，直至平整、竖直、缝隙均匀，沉管隧道装饰板断面尺寸见图 4-107。

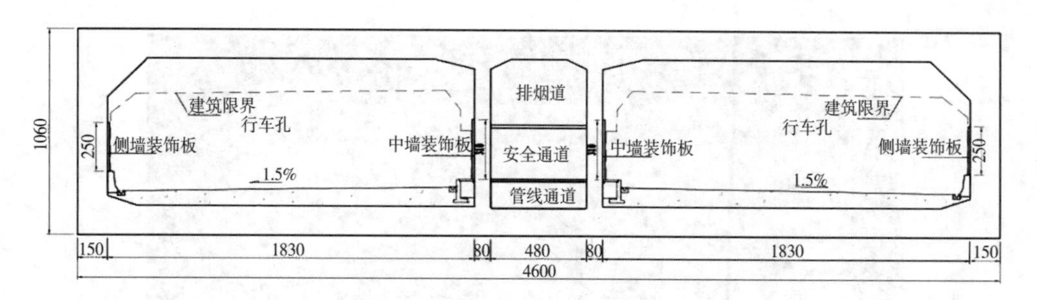

图 4-107 沉管隧道装饰板断面尺寸示意图(cm)

4.7.4 变形监测

1. 监测的目的、监测部位、测点布设

为了保证隧道施工过程中的结构安全，分析施工方法和施工手段的科学性和合理性，以便及时调整施工方法和进度，需要对隧道进行位移和沉降变形监测，监测的目的如下。

(1)设计计算仅能预测正常施工条件下隧道变形规律和受力范围，而无法估计到突发情况的产生，因此必须在整个施工期间开展严密的现场监测工作，保证工程顺利进行。

(2)在隧道施工过程中通过对沉管管节的变形监测，了解隧道基础的变形及稳定状态，判定已贯通隧道结构的安全性。

(3)通过对管节变形监测数据的分析及预测，为后续管节的安装及调整提供可靠依据。

隧道施工监测的主要监测项目见表 4-19。

表 4-19 **隧道施工监测项目一览表**

序号	监测内容	方法	监测频率		数据精度	量 程
			安装、回淤期	恒载期		
1	管节沉降	电子水准仪	1 次/(1~2)天	1 次/周	±0. 3mm	
2	管节位移	全站仪	1 次/(1~2)天	1 次/周	±0. 5″	
备注	每安装一节管节，即进行测点埋设及初始值测量，施工期间监测数据超过设计值的 2/3 时应报警并加密监测频率					

测点布置：每个管节拟设置 3 个监测断面，在管节的首尾端和中间位置，每个断面布置 2 个沉降测点及 1 个位移测点。根据工程具体情况，可临时适当地增加监测断面。

施工前期阶段，沉降位移点布设在中廊道，后期调整至行车道。监测断面的测点典型布置示意图见图 4-108。

监测测点的具体数量与管节数量有关。

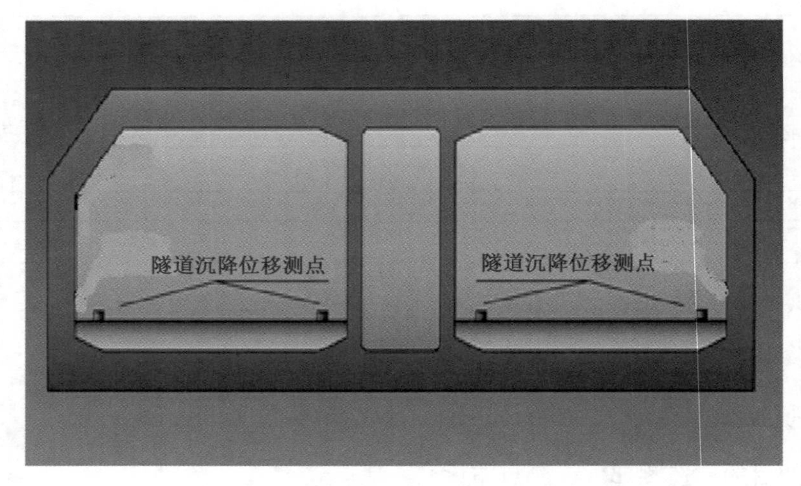

图 4-108　隧道监测断面测点典型布置示意图

2. 监测技术要求

管节沉降监测采用高精度电子水准仪测量，按照国家二等水准测量的要求，采用闭合水准路线进行观测；管节位移监测采用 0. 5″级的高精度全站仪进行。沉降位移共用同一测点。

3. 监测手段与方法

隧道监测测点在管节制作期间完成埋设。

隧道施工期的监测实施流程见图 4-109。

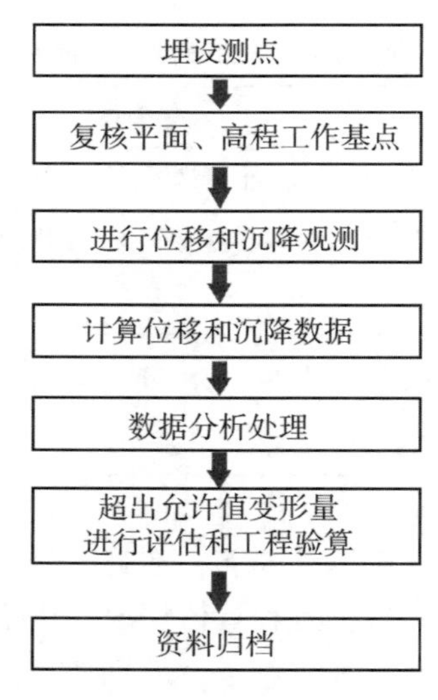

图 4-109　隧道监测实施流程

4. 监测数据处理与反馈

将监测得到的数据分类存档，采用专业的数据处理软件，做好变形趋势预测及突变防范。每次观测完成后，及时将数据整理填入专用表格存档。在施工期间，对各观测点进行一定保护，避免因点位破坏造成数据的无效。另外，针对可能出现的破坏情况，及时按一级导线或小三角对破坏点位进行复原修复或 GNSS 静态重新布设。

5. 变形几何分析

变形几何分析主要是各个监测部位的基准点稳定性分析和监测点变形分析。

基准点稳定性分析：针对各个监测部位的基准网复测资料，定期对基准点的稳定性进行分析，采用数理统计检验的方法，如"平均间隙法"，对基准点稳定性进行检验。

在进行基准点稳定性分析过程中，若经检验发现基准点出现异常变化时，首先应分析原因，在排除观测资料本身错误的前提下，应立即进行报告，同时应加强监测，并提出改进方案。

监测点的变形分析：监测点的变形量由以稳定的基准点作为起算点而进行的平差计算成果得到。在描述监测点的变形量时，应给出多期的累计变形量和当前两期间的变形量。

监测点在两期间是否存在显著变形，采用下式判定。

$$\Delta < 2\mu\sqrt{Q} \tag{4.16}$$

式中，Δ 是监测点的两期间变形量；μ 是单位权中误差，可取两个周期平差单位权中误差的平均值；Q 是观测点变形量的协因数。

平时应加强监测点变化趋势的定性分析，若监测点的多期累计变形量达到或超出该监测部位的变形预警值时，应立即进行报告，同时应加强监测，并提出改进方案。

6. 变形建模与预报

利用多期的变形监测资料，根据变形的实际情况和施工建设需要，可以建立反映变形量与变形因子关系的数学模型，对引起变形的原因进行定量分析和解释，同时，还可对变形的发展趋势进行预报。

(1) 对相对独立的监测部位，如果所有监测点或部分监测点的变形趋势总体一致时，则利用这些监测点的平均变形量建立相应的数学模型，或选择某一代表性的监测点建立数学模型；如果各监测点的变形状况差异较大，或某些监测点变形状况特殊时，则分别建立数学模型。

(2) 由于目前变形分析建模的理论方法很多，出于实用上的考虑，在选择建立变形量与变形因子关系数学模型时，模型应简单、明了，选择的变形影响因子不宜过多、应突出重点影响因子。

(3) 在利用变形分析模型进行变形趋势预报时，要给出预报结果的误差范围和适用条件。

第 5 章 海底电缆管道路由和场址测量

海底电缆管道路由和场址测量主要应用于海上石油资源开发利用。油田开发的各个阶段都需要尽可能详细的测量基础资料，以便作出合理的决策。在油田的普查阶段，主要任务是了解区域地质概况、大体构造轮廓、划分构造单元，初步查明生、储油条件，评价区域含油远景，划分可能的含油气有利地带；建立系统的地层剖面，研究地层时代、岩性、岩相、厚度变化特征，了解可能的生、储，盖层及其组合情况。在油田的开采阶段，为海上平台场址、海底结构物场址、海底电缆和管道路由的选址、设计、施工以及维护提供基础资料和科学技术依据；鉴别和标绘出调查范围内海面及水体中、海底表面、海底以下与海洋油气田勘探开发活动有关的各种因素，查明影响地基稳定性的不良地质现象。另外，海底电缆管道路由测量还应用于国际光缆建设、海岛与大陆之间输水、输电和通信等工程。

海底管道是海上油气资源开发的重要组成部分，把海上油气田的油气集输与储运系统联系起来，被称为海洋油气生产系统中的“生命线”。由于海底管道具有油气输送效率高、成本低、输送量大等优点，成为油气运输最经济、快捷、可靠的方式。我国自从 1985 年在渤海埕北油田铺设第一条石油管道以来，先后在渤海、黄海、东海、南海铺设了大量的海底石油管道，据不完全统计，通过 35 年的建设和发展，我国海底石油管道总长度已超过 10000km。

在海底管道的铺设过程中，为了保证海底管道处于掩埋状态，避免各种因素对海底管道造成破坏，管道一般埋入海底以下一定深度的海床中。但是，由于海底水动力环境及地质条件复杂多变，处于掩埋状态的管道逐渐变为裸露甚至悬空状态。当管道长期处于裸露、悬空状态时，在风浪、海流及海洋地质环境等外界因素的影响下，极易发生疲劳断裂，引发海底管道泄漏事故，不仅会给海上油气生产造成巨大的经济损失，同时会造成严重的海洋环境污染，产生极为恶劣的社会影响。

为了确保海洋油气的生产安全，须定期对海底油气管道进行检测，及时发现处于裸露或者悬空状态的海底管道及其存在的问题，以便采取相应的抢修或补救措施，保障海底石油管道在服役期间的安全性和可靠性。另外，在海底电缆管道路由勘察时需查明路由区内已建海底电缆管道位置和状态，为海底管道的设计和施工提供依据。

5.1 测量特点

海底电缆管道测量的目的是为海上平台场址、海底结构物场址、海底电缆和管道路由的选址、设计、施工以及维护提供基础资料和科学技术依据。

测量的任务是鉴别和标绘出调查范围内海面及水体中、海底表面、海底以下与海洋油气田勘探开发活动有关的各种因素，查明影响地基稳定性的不良地质现象。

(1)海面及水体中的作业环境相关要素，主要包括：①海面及水体中的障碍物分布；②与海底以下相关的流体现象，如冷泉流体、热液流体等。

(2)海底表面自然和人为障碍物及不良地质现象，主要包括：①水深及海底地形变化；②不稳定海底，如陡坎、坍塌等；③海底地貌特征，如生物礁、海底冲沟、海底峡谷、海底结构物(水下井口、基盘等)、海底底质变化等；④特殊地貌现象，如沙波、沙丘、硬质海底、裸露基岩、裸露海底的断层等；⑤自然的和人为的海底障碍物，如海底管道、海底电缆、海底光缆、人工遗弃物、沉船等。

(3)海底以下地层结构、潜在灾害性地质特征及不良地质现象，主要包括：①浅层气、浅层水流、天然气水合物；②断层、地震活动；③松散的砂层、软弱夹层；④埋藏古河道、埋藏沙丘、埋藏硬透镜体；⑤不稳定海底(滑坡、塌陷、垮塌、滑移)、泥火山等；⑥接近海底的浅部基岩和礁石；⑦重力流沉积，如浊流、碎屑流、泥石流等；⑧声学地层单元的划分及其成因、厚度、埋深与空间分布。

测量步骤包括：前期资料收集、实施方案制订、仪器检验、测前准备、海上测量、数据处理与成图、资料检查验收与归档等程序。

5.2 测量方法和范围

测量设计的原则：①应结合调查区域水深及海底底质等环境条件，选择适用的调查项目和方法；②应在工程的性质与需要、项目技术委托要求和桌面研究的基础上，结合区域工程地质条件的复杂程度、已有勘察资料和工作成果，进行勘察设计；③调查范围、调查项目及内容和调查方式应满足工程及灾害性地质特征评价需要。

测量方法主要有：①水深调查采用单波束或多波束回声测深系统；②地貌调查采用侧扫声呐系统或旋转扫描声呐系统；③地层剖面调查采用浅、中和较深地层剖面系统；④磁力调查采用海洋磁力仪；⑤海底掩埋物探测采用合成孔径声呐；⑥水下探摸和摄像。

海底电缆管道路由测量在沿路由中心线两侧一定宽度的走廊带范围内进行。勘察走廊带的宽度，在登陆段和近岸段，一般为500m；在浅海段，一般为500m~1000m；在深海段，一般为水深的2~3倍。

海底分支器处的勘察在以其为中心的一定范围内进行：在浅海段，勘察范围一般为1000m×1000m；在深海段，勘察范围一般为3倍水深宽的方形区域。

路由与已建海底电缆管道交越点的勘察在以交越点为中心的500m范围内进行。

不同船只调查区段交接处的重叠调查范围：在浅海段，一般为500m；在深海段，一般为1000m。

5.3 控制测量

1. 平面控制测量

平面控制网的布设，应遵循从整体到局部，从高级到低级，分级布设的原则。根据规模设计平面控制网布设等级，等级由高到低依次划分为二等、三等、四等和一级、二级、三级。

平面控制测量可采用卫星定位测量、导线测量等方法。卫星定位静态测量，适用于二等、三等、四等和一级、二级控制网的建立；导线测量适用于三等、四等和一级、二级、三级控制网的建立；卫星定位 RTK 测量，适用于一级、二级、三级控制网的建立。

当登陆的海岛无已知平面控制点时，应首先建立卫星定位大地控制点，与陆地已知控制点进行联测时，应考虑联测方案。

2. 高程控制测量

应用 1985 国家高程基准，在已有高程控制网的地区，可沿用原高程系统；当边远测区联测困难时，也可采用假定高程系统，或通过验潮、水位观测、全球导航卫星系统拟合等方法确定高程基准。

高程控制网的等级，应根据控制网的用途和精度要求合理选择。各等级高程控制宜采用水准测量，四等及以下等级可采用 GNSS 拟合高程测量。

已有高程控制网的海岛，可沿用原有的高程系统。尚未建立高程系统的海岛，可跨海高程测量，确定高程基准。单个海岛宜采用统一的高程基准，当存在多个高程基准时，应给出其相互转换关系。

跨海高程测量可采用水准测量、三角高程测量、同步水位法、GNSS 拟合高程法等一种或多种方法联合进行海岛高程传递。跨海高程测量的精度，以满足任务设计的精度要求为原则，并对测量结果进行精度评估。

当跨距不大于 3500m 时，跨海高程传递测量的方法和技术要求应按《国家一、二等水准测量规范》(GB/T 12897—2016)中的跨河水准测量的相关要求执行。当跨距大于 3500m、小于 10000m 时，在三角高程测量的同时应加测同步验潮，同步观测时间不小于 7d。当跨距大于 10000m 时，可利用同步验潮方式结合 GNSS 拟合高程测量进行海岛高程传递，同步观测时间不小于 15d。应充分收集海岛邻近海区的潮汐、气象、验潮站等资料，对联测期间的水位观测资料作相关检验，当其相关系数大于 0.75 时，参与计算并作为校核条件。应采用回归分析法来计算海上未知验潮站水尺零点高程。采用一元回归分析法时，应计算相关系数；采用二元回归分析法时，应按本书附录 A 进行精度分析和显著性检验。

当利用 GNSS 拟合高程测量法进行跨海高程测量时，应充分利用周边已知控制点及大地水准面精化成果。

3. 水位控制测量

验潮站按照其采集潮位数据时间长短和验潮站位置，分为以下几种类型：①长期验潮站，应有一年或一年以上连续观测资料；②短期验潮站，最少连续观测 30d；③临时验潮站，在水深测量时设置；④海上定点验潮站，至少应在大潮期间(良好日期)与相关长期站或短期站同步观测一次或三次 24h 或连续观测 15d 水位资料，良好日期的选择按照附录 B 执行。

验潮站布设的密度应能控制全测区的潮汐变化。相邻验潮站之间的距离应满足最大潮高差小于等于 0.4m，最大潮时差不大于 1h，且潮汐性质应基本相同。验潮站或水尺前方应无浅滩阻隔，海水可自由流通，低潮不干出，能充分反映当地海区潮波传播情况的地方。海上定点验潮站应选在海底平坦、泥沙底质、风浪和海流较小的地方。

设立的水尺应牢固、垂直于水面、高潮不淹没、低潮不干出；两水尺相衔接部分至少有0.3m重叠。在固定码头附近设站时，可将水尺钉在码头壁或防护木上。

每个验潮站附近应在地质坚固稳定的地方埋设一个工作水准点。工作水准点可在岩石、固定码头、混凝土面、石壁上凿标志，再以油漆记号。不具备上述条件时，亦可埋设牢固的木桩。水尺零点可按图根点水准测量要求与工作水准点联测。验潮站不同水尺零点应归化到统一的验潮站水位零点。

测深期间，根据当地水位变化情况确定观测时间间隔，一般不大于30min。在高低潮前后适当增加水位观测次数，其时间间隔以不遗漏水位极值为原则。水位观测误差不得大于2cm。用水尺观测时，应每隔0.5h观测一次，整点时必须观测，读数读到厘米，时间记到整分。当风浪较大、水尺读数误差大于5cm时，应当停止工作。

用自动验潮仪观测水位时，仪器读数精度不低于1cm，时间比对精度不低于1min，数据记录的时间间隔小于10min；测量期间每隔3天进行一次水尺同步观测，同步观测要求每次观测1h，观测间隔为10min。

采用全球导航卫星系统验潮模式进行水深测量时，从天线高量至换能器底部并精确到1cm，采用多频接收机，采样率不小于10s，通过实时RTK、后处理差分、精密单点定位等方式获取GNSS验潮数据。

4. 垂直基准的计算和转换

深度基准面(Depth Datum)是海洋测量中深度的起算面，是海图、水深图及各种水深资料所载深度的起算面。

平均海面：长期验潮站采用2年(含)以上连续水位观测数据，取其每小时的平均值求得平均海面。短期验潮站的平均海面，一般用邻近的两个长期验潮站的平均海面转测求得，可采用水准联测法、同步改正法与回归分析法等传递方法，转测误差小于等于10cm，见附录C。远离大陆岛礁的平均海面可由30天以上水位数据取算术平均值，或者由垂直基准面模型确定，见附录E。

理论最低潮面确定：理论最低潮面(The Lowest Normal Low Water)是我国海图深度基准面的具体实现形式，理论最低潮面为理论上可能出现的潮汐最低水位，其高度从当地平均海面起算；在一般情况下，它应与国家高程基准进行联测。

理论最低潮面由弗拉基米尔斯基算法计算，公式见附录C。

短期验潮站的理论最低潮面应由邻近长期验潮站传递确定，可采用潮差比法、略最低低潮面比值法与最小二乘拟合法等传递方法。

远离大陆岛礁的理论最低潮面可由30天以上水位数据实施潮汐分析后，按公式计算，或者由垂直基准面模型确定，见附录E。

平均大潮高潮面确定：在规则半日潮类型与不规则半日潮类型海域，平均大潮高潮面定义为平均大潮高高潮面；在不规则日潮类型与规则日潮类型海域，平均大潮高潮面定义为平均回归潮高高潮面。

平均大潮高潮面采用潮汐调和常数计算法和水位数据统计法按定义计算，可由精密潮汐模型的调和常数或预报潮位计算，计算方法见附录 D。

垂直基准面的转换关系：宜采用实测数据确定 1985 国家高程基准、平均海面、理论最低潮面、平均大潮高潮面、CGCS 2000 国家大地坐标系之间的垂直关系。在垂直基准面模型的技术指标满足精度要求时，可采用模型计算，见附录 E。

5.4　导航定位

平面坐标系统采用 CGCS 2000 大地坐标系，也可按任务委托方要求采用其他坐标系；采用高斯-克吕格投影，也可按任务委托方要求采用其他投影方式。定位中误差应符合下列要求：①当测图比例尺大于 1∶5000 时，海上定位中误差应不大于图上 1.5mm；②当测图比例尺不大于 1∶5000 时，海上定位中误差应不大于图上 1.0mm。

1. 导航卫星系统定位法

在海洋工程测量中，视设备和工作海区的情况，主要采用以下导航卫星系统定位方法。

(1)沿海无线电指向/差分全球定位系统，我国交通部海事局从南到北在我国沿海建立了 22 座信标台站(也就相当于差分系统的基准站)，这些信标站全天不间断发送差分校正信息，其传输的距离是：在内陆，是 300km 的覆盖范围，在海上，是 500km 的覆盖范围。用户端只需要一台移动站的 GNSS 接收机，就可以实现 1~5m 精度的实时定位。该系统在我国沿海的船舶导航、海洋渔业、海洋测绘、海上石油开发以及海上定位工程等方面都起着重要的作用。

(2)星站差分技术，采用全球星基增强系统，将每颗 GNSS 卫星的误差源都作为独立变量解算，GNSS 卫星轨道误差和时钟误差通过遍布全球的双频或多频接收机观测网来跟踪并解算，解算结果再使用通信卫星数据链直接发送到用户接收机，所以不需要地面基准站，对测量范围没限制，可以是全球任何位置。包括中国在内的多个国家或者公司已经建立或者逐步建立各自的星基增强系统。目前，市场上已经得到广泛应用的星站差分系统有三家：VeriPos、Starfire、OmniStar。

(3)精密单点定位技术(PPP)，利用全球若干地面跟踪站的 GNSS 观测数据计算出精密卫星轨道和卫星钟差，对单台 GNSS 接收机所采集的相位和伪距观测值进行定位解算。利用这种预报的 GNSS 卫星的精密星历或事后的精密星历作为已知坐标起算数据；同时利用某种方式得到的精密卫星钟差来替代用户 GNSS 定位观测值方程中的卫星钟差参数；用户利用单台 GNSS 双频双码接收机的观测数据在数千万平方千米乃至全球范围内的任意位置都可以 2~4mm 级的精度进行实时动态定位，或以 2~4cm 级的精度进行较快速的静态定位，精密单点定位技术，是实现全球精密实时动态定位与导航的关键技术，也是 GNSS 定位方面的前沿研究方向。

采用导航卫星系统实时动态测量方式。当实时定位精度无法满足工程要求时，可采用后处理差分定位技术。工作前应进行定位中误差对比试验。导航定位应有差分信号，有效观测卫星数应不少于 4 颗，卫星仰角不小于 5°，点位几何因子(PDOP)不大于 6，差分信号更新率不大于 30s。全球导航卫星系统实时动态测量基准站天线中心与已知控制点点位的对中误差不应超过 1cm。船上流动站全球导航卫星系统天线架设在净空条件好的地方，尽可能减少多路径效应的影响。实时动态测量定位应采用固定解成果。

2. 水下声学定位

在利用水下拖曳测量设备进行海洋工程测量时，拖曳体的定位方法可采用水下声学定位技术。水下声应答器安装在探头中，根据勘察船定位设备与水下声应答器的位置关系，进行探头定位；工作开始前应对定位系统进行安装姿态校正。

5.5 登陆段测量

登陆段的勘察范围包括登陆点岸线附近的陆域、潮间带及水深小于 5m 的近岸海域。以预选路由为中心线的勘察走廊带宽度一般为 500m，自岸向海方向至水深 5m 处，自岸向陆方向延伸 100m。

登陆点的平面位置测量精度应达到 GNSS E 等级要求；高程测定精度应达到四等水准要求；对登陆段陆域进行地形、地物测量，对重要地物进行照相。勘察走廊带以外的地形、地物，可从已有的大比例尺图件转绘。

海岸线至理论最低潮面水深零米线间的海滩称为干出滩(又称潮间带)。干出滩按性质可分为沙滩、沙砾滩(砾石滩)、沙泥滩、淤泥滩、岩石滩、珊瑚滩、红树林滩、贝类养殖滩、丛草滩、芦苇滩、盐蒿滩等。干出滩的性质及其范围，干出滩上的地物、地貌和干出高度(从深度基准面算起)，可采用地形测量方法或水深测量方法测定。干出滩测量的最大点位中误差不得大于图上 1.0mm，特征地物点的位置误差不得大于图上 0.6mm，高程误差的限差为 0.2m。

干出滩内的明礁采用地形测量方法实施，干出滩内的干出礁可采用地形测量方法或水深测量登礁方法测定，均应测定其位置、高程或干出高度。采用地形测量方法测定时不应少于 3 个方向，其位置互差绝对值不应大于图上 1.0mm，高程(或干出高度)互差绝对值不应大于 0.4m。在困难情况下，当交角良好时可采用两个方向测定。群礁测定其外围和显著礁石的位置、高程，在此范围内可适当取舍。干出滩上的干沟，应尽量测绘。

垂直岸线布设 3~5 条剖面，对潮滩进行地形测量和地貌调查，分析岸滩冲淤动态。

大面积干出滩的海岸地形测量，可采用水深测量、地形测量、航空遥感测量等多种技术方法相结合的方式进行。如果水深较浅，需要人工跑滩或者租用小船进行测量，代价昂贵，逐渐开始利用无人船进行浅水测量。无人船上装配雷达、激光、摄像头、通信模块、定位定向 GNSS 等传感器，可以全方位、多角度地感知周围环境信息，给避障和航行提供必要的环境和位置数据。船底共形安装多波束和侧扫声呐，无凸出部件，保证航行过程不易拖挂渔网(图 5-1)。

无人船作业步骤：①检查无人船与控制系统的连接和通信，通信和连接正常以后，从母船下放无人船；②规划航线；③无人船沿规划的航线进行自主测量；④无人船作业完成后自动返回；⑤回收无人船至母船。

图5-1　无人船及设备示意图

5.6　工程物探测量

工程地球物理勘察测图比例尺应根据实际需要和海底浅部地质地貌的复杂程度确定.一般规定为：①近岸段，不小于1∶5000比例尺；②浅海段，1∶5000~1∶25000比例尺；③深海段，1∶50000~1∶100000比例尺。

测图分幅采用自由分幅，以较少图幅覆盖整个测区为原则。相邻图幅之间和路由转折点区域应有一定重叠，重叠量应不小于图上3cm。标准图幅尺寸为：50cm×70cm、70cm×100cm、80cm×110cm；也可根据需要采用其他图幅尺寸。

测线布设的原则：①近岸段、浅海段主测线应平行预选路由布设，总数一般不少于3条，其中一条测线应沿预选路由布设，其他测线布设在预选路由两侧。测线间距一般为图上1~2cm。检查线应垂直于主测线，其间距不大于主测线间距的10倍。②进行不要求埋设的深海段路由勘察时，在保证多波束测深全覆盖测量的前提下，主测线可少于3条。③使用多波束测深系统进行水深测量时，应进行路由走廊带的全覆盖测量。主测线布设应保证相邻测线间20%的重复覆盖率；检查线根据需要布设，间距一般不大于10km。

5.6.1　水深测量

可以采用单波束水深或多波束水深测量。单波束应符合下列技术要求：①深度测量中误差：水深20m以浅，不大于0.2m；20m以深，不大于水深的1%。②重合点(图上1mm以内)深度不符值限差：水深20m以浅，不大于0.2m；20m以深，不大于水深的2%，超限点数不得超过参加比对总点数的5%。

水深值准确度评估利用主测线与检查线重合点水深不符值，根据下式计算重合点水深不符值中误差。

$$M = \pm\sqrt{\frac{\sum_{i=1}^{n} d_i^2}{2n}} \tag{5.1}$$

式中，M为重合点水深不符值中误差(m)；d_i为重合点在i处水深不符值(m)；n为重合点个数。

近岸段应采用实测水位观测资料用于水位改正。验潮站水位观测中误差不大于 5cm，当沿岸验潮站或其他方式不能控制测区水位变化时，可采用预报水位；当动吃水变化大于 5cm 时，应进行动吃水改正。

使用回声测深仪测深时，每次工作前后，量取换能器吃水深度并精确至 5cm。测深前在现场对测深仪进行测量深度校准。0~20m 水深，用放置于已知固定深度的比对盘进行校准，校准时水深应大于 5m，深度校准的误差限为±0.05m。

校对检查测深仪时，每次测前、测后的检查点数规定如下：①当 $\Delta Z \leqslant 5$m 时，应检查两个点(最浅、最深)；②5m< $\Delta Z \leqslant 10$m 时，应检查 3 个点(最浅、中间、最深)；③当 $\Delta Z > 10$m 时，应检查 4 个点(最浅、最深、中间两个点)；ΔZ 为测区最浅、最深水深之差值。在流量较大的江河地段，持续暴雨和台风后的岸边浅水区等，均应增加测深仪的检查次数。

测深期间船速、航向变化或船体明显倾斜时，应进行动吃水变化的测量。

遇到下列情形，应进行补测或重测：①定位中误差达不到要求时；②测深线偏离超过设计测线间距的 50%，或漏测超过图上 5mm 时；③深度误差达不到要求时；④不同时间、不同系统的深度拼接比对结果达不到要求时；⑤水位、声速资料不能满足深度改正要求时。

水深改正包括：吃水改正、水位改正、声速改正以及动吃水改正。

多波束水深测量：多波束测深系统的选择应考虑测深范围、测深准确度、覆盖率、更新率等函数。其主要技术指标应符合下列要求：①测深仪器中误差与单波束要求相同；①深度测量中误差和重合点(图上 1mm 以内)深度不符值限差与单波束要求相同；②测深与定位时间延迟中误差应不大于 0.1s，每次变更导航定位系统需重新测试导航延时；③测量区域内应 100%的多波束测量覆盖，应保证相邻主测线间 20%的重复覆盖率；④进行声速改正，声速剖面测量的时间密度不小于每天一次；⑤每个航次开始前、结束后以及调查期间超过 3 天的测量间隙，应测量多波束换能器的吃水变化，换能器吃水深度改正可分段计算，按时间插值；⑥近岸段应采用实测水位观测资料用于水位改正，验潮站水位观测中误差应不大于 5cm. 当沿岸验潮站或其他方式不能控制测区水位变化时，可采用预报水位。

海上测量应按下列要求实施：测量前应进行多波束测深系统的稳定性试验和航行试验。稳定试验应选择平坦海底区，对深度进行重复测量，深度比对误差与单波束要求相同；航行试验应选择有代表性的海底地形起伏变化的区域，测定系统在不同深度、不同航速下的工作状态，要求每个发射脉冲接收到的波束数应大于总波束数的 95%，测定从静止到最大工作航速间不同速度时换能器的动吃水变化。

观察系统状态显示和波束质量显示窗口，监视系统参数设置、横摇和纵倾改正、换能器艏向改正和条幅内波束完整等；观察航迹显示，监视有无突跳、相邻测线的重叠宽度等；当波束接收数小于发射数的 80%时，应降低勘察船船速或调整测线间距；观测记录设备工作状态，确保测量数据的完整记录；测线间条幅空白区要及时补测或列入补测计划；班报应及时记录测线开始、结束、测线号、经纬度、异常事件等。

遇到下列情形，应进行补测或重测：①多波束测量覆盖率达不到要求时；②深度误差达不到要求时；③不同时间、不同系统的深度拼接比对结果达不到要求时；④水位、声速资料不能满足深度改正要求时。

资料整理要求：①原始数据文件、声速剖面文件等数据记录应进行备份。②原始数据应进行 100%的检查，剔除突变的错误数据和质量差的边缘波束数据；每个区段读取 3~5 个水深点，验证其大地坐标、直角坐标和水深值，确认是否有漏测的空白区。

数据编辑应包括以下内容：①剔除或改正定位数据中的突跳点、航向异常点等，并将合格的定位点归算至系统换能器位置；②剔除粗差、虚假信号、不合格的水深数据，但对于异常浅点的处理应慎重；③深度改正包括换能器吃水深度改正、声速改正、水位改正、多波束系统参数改正等；④拼接误差不等数据时，低准确度数据向高准确度数据调平，拼接准确度相同数据时，以高密度数据为准或调平。计算调平前后水深点的水深差值。统计算术平均值和中误差值，评价水深拼接中误差。

计算重合点深度不符值和深度中误差，按深度中误差的要求评估；形成由每个波束的经度、纬度、水深组成的海底地形数字信息文件，即离散数据文件；设置合理数据网格间距，实现数据的网格化；最小网格间距应保证每个网格内有 3 个水深点。最大网格间距应不大于成果图上 5mm 的实际距离。

成果图件应按下列要求编制：按基本等深距生成海底地形图，当基本等深线不足以表现特殊海底地形特征时，加绘辅助等深线；常规水深图应进行数据网格化插值、抽稀，插值、抽稀后图上的水深点间距应不大于图上 1cm，保留最深水深、最浅水深、坡度变化点等特殊水深点。水深图、海底地形图其他要求与单波束要求相同。

5.6.2　侧扫声呐探测

侧扫声呐探测应符合下列技术要求：①根据测线间距选择合理的声呐扫描量程，在路由勘察走廊带内应 100%覆盖，相邻测线扫描应保证 100%的重复覆盖率，当水深小于 10m 时可适当降低重复覆盖率；②拖鱼距海底的高度控制在扫描量程的 10%~20%，当测区水深较浅或海底起伏较大时，拖鱼距海底的高度可适当增大；③侧扫声呐图像清晰。

海上探测应按下列要求实施：①调查开始前，在作业海区或邻近海域调试设备，确定最佳工作参数；②拖鱼入水后，调查船应保持稳定的航速(不大于 5kn)和航向，避免停车或倒车；③采用超短基线水下声学定位系统进行拖鱼位置定位，在近岸浅水区域也可采用人工计算进行拖鱼位置改正；④模拟记录声呐图像标注，其内容包括项目名称、调查日期与时间、仪器型号、仪器参数、测线号和测线起止点号等；⑤班报记录内容包括项目名称、调查海区、作业船只、记录人、海况、海面水体障碍物、突发事件、仪器名称与型号、日期、时间、测线号、点号、航速、航向、仪器作业参数、记录纸卷号和数字记录文件名等；⑥对现场声呐图像记录初步判读发现可疑目标时，应根据需要在其周围布设不同方向的补充测线，做进一步探测。

资料处理应包括如下三项。

(1)识别声呐图像记录上的干扰信号和噪声。

(2)结合水深测量、浅地层以及底质取样等有关资料，识别和确定底质类型及分布，海底灾害地质因素，海底目标物的位置、形状、大小和分布范围。

海底障碍物体可按公式(5.2)计算其高度，示意图如图 5-2 所示。

$$H_0 = \frac{L_S}{R_S} H_T \tag{5.2}$$

式中，H_0 为物体的高度(m)；H_T 为拖鱼到海底的距离(m)；L_S 为物体阴影在地貌记录上显示的长度(m)；R_S 为拖鱼在海底的投影点到暗色阴影最外端的距离(m)。

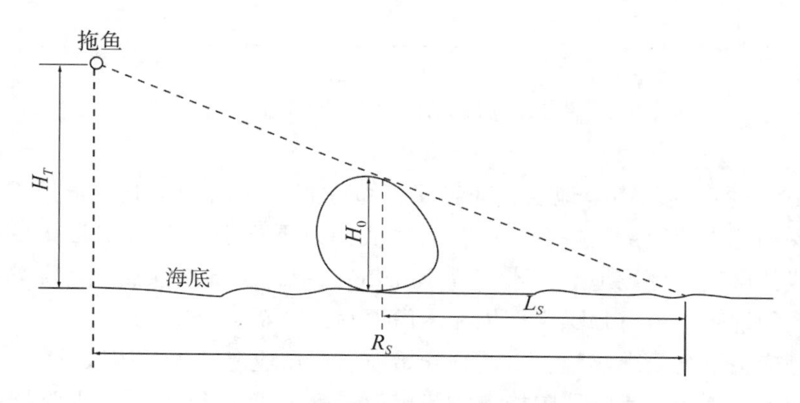

图 5-2　计算海底障碍物体高度示意图

对于有垂向起伏的海底特征，应依据声呐记录图谱上声学对比阴影的宽度和拖鱼的高度等参数，计算出近似的高度和深度。应结合水深图，在成果图上标绘出明显的海底面起伏特征，如海底冲沟、凹坑，海底沙坝(沙丘)的分布范围、走向、深度或起伏高度。海底冲刷沟可按公式(5.3)计算其深度，示意图如图 5-3 所示。

$$D_0 = \frac{(L_a \cdot L_b + L_a^2) H_T}{2L_b \cdot L_R} \tag{5.3}$$

式中，D_0 为海底沟槽的深度(m)；H_T 为拖鱼到海底的距离(m)；L_a 为地貌记录上显示的白色条带(无反射) 的宽度(m)；L_b 为地貌记录上显示的黑色条带(强反射) 的宽度(m)；L_R 为拖鱼在海底的投影点到白色条带内侧边界的距离(m)。

(3)根据需要进行声呐图像镶嵌拼接。成果图件包括：①海底面状况图；②局部或全区的声呐图像镶嵌图。

5.6.3 地层剖面探测

地层剖面探测应符合下列技术要求：①海底电缆路由勘察进行浅地层剖面探测。获得

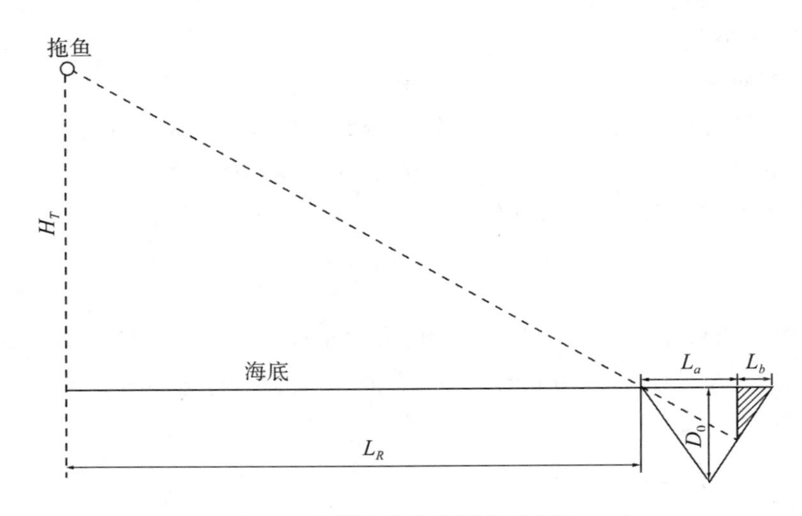

图 5-3　计算海底沟槽深度示意图

海底面以下 10m 深度内的声学地层剖面记录；海底管道路由勘察时，根据需要同时进行浅地层剖面探测和中地层剖面探测，以获得海底面以下不小于 30m 深度内的声学地层剖面记录。②浅地层剖面探测地层分辨率优于 0. 2m，中地层剖面探测地层分辨率优于 1m。③记录剖面图像清晰，没有强噪声干扰和图像模糊、间断等现象。

海上探测应按下列要求实施：①调查开始前，在作业海区附近调试设备，确定最佳工作参数；②拖曳式声源和水听器阵拖曳于船尾涡流区外且平行列置，水听器阵应稳定拖浮在海面以下 0. 1～0. 5m；③水深变化较大时，应及时调整记录仪的量程及延时；④在风浪较大情况下，应使用涌浪补偿器或数字涌浪滤波处理方法进行滤波处理；⑤模拟记录图像标注，其内容包括项目名称、调查日期与时间、仪器型号、仪器参数、测线号、测线起止点号和测量者等；⑥班报记录内容包括项目名称、调查海区、测量者、仪器名称与型号、日期、时间、测线号、点号、航速、航向、仪器作业参数、记录纸卷号和数字记录文件名等；⑦对现场记录剖面图像初步分析发现可疑目标时，应布设补充测线以确定其性质。

资料处理应符合下列要求：①识别地层剖面图像记录上的干扰信号。②根据剖面图像的反射结构、振幅、频率、同相轴连续性和反射波接触关系等特征，结合地质钻孔资料等，划分声学地层层序，解释地层沉积结构、地层构造，判断沉积类型及其工程地质特性等；分析灾害地质因素，确定其性质、形态及分布范围。③依据钻孔层位对比、声速测井或其他测量方法获取的实际地层声速资料进行时间深度转换；没有实际地层声速资料时，可根据不同地层的深度采用 1500～1700m/s 的声速进行时间深度转换，并在图上注明。④进行海底管道探测时，应分析描述其位置、状态(裸露、掩埋或悬空等)、走向等。

成果图件编制应符合下列要求：①地层剖面图，其垂直与水平比例应合理，图面内容包括地形剖面线、地层界面、岩性、灾害地质要素、主要地物标志、取样站位、钻孔位置及其柱状图和测试结果等。②浅部地质特征图，图面内容主要包括重要地层层次的厚度等值线或顶面埋深等值线、重要的地形地貌及浅部地质现象、灾害地质因素、地物标志、海底取样站位和钻孔位置及测试结果等；浅部地质特征图内容较少时可与海底面状况图合编。

5.6.4 磁法探测

磁法探测主要用于确定路由区海底已建电缆、管道和其他磁性物体的位置和分布。选用的磁力仪灵敏度应优于 0.05nT，测量动态范围应不小于 20000~100000nT。

磁法探测应符合下列技术要求：①磁法用于探测海底已建电缆、管道等线性磁性物体时，测线应与根据历史资料确定的探测目标的延伸方向垂直，每个目标的测线数不少于 3 条，间距不大于 200m，测线长度不小于 500m；相邻测线的走航探测方向应相反。②磁法用于探测海底非线状磁性物体时，测线应在探测目标周围呈网格布置，每个目标的测线数不少于 4 条，间距和测线长度根据探测目标的大小等确定。

海上探测应按下列要求实施：①探测开始前，在作业海区附近调试设备，确定最佳工作参数。②磁力仪探头入水后，调查船应保持稳定的低航速和航向，避免停车或倒车；探头离海底的高度应在 10m 以内，海底起伏较大的海域，探头距海底的高度可适当增大。③采用超短基线水下声学定位系统进行探头位置定位；在近岸浅水区域，也可采用人工计算进行探头位置改正。④保证探测记录的完整性，漏测或记录无法正确判读时，应进行补测。⑤模拟记录标注，其内容包括项目名称、调查日期与时间、仪器型号、仪器参数、测线号、测线起止点号和测量者等。⑥班报记录内容包括项目名称、调查海区、测量者、仪器名称与型号、日期、时间、测线号、航速、航向、仪器作业参数和数字记录文件名等。⑦对现场记录分析发现可疑目标时，应根据需要布设补充测线。

资料处理应符合下列要求：①识别非海底磁性物体造成的磁场异常干扰；②结合侧扫声呐、地层剖面探测的成果，进行磁法探测资料解释，识别海底磁性物体，确定其性质、位置和范围，确定海底已建电缆、管道的位置和走向等。

成果图件包括：①实测磁场强度或磁异常平面剖面图；②海底磁性物体分布图，可合并于海底面状况图中，也可根据需要对其中一些较重要的部位单独成图。

5.6.5 管线探测

探测已建管道和电缆的位置和状态是当前海洋测绘的难点，也是技术发展最迅猛的领域，比如合成孔径声呐、三维声呐和三维浅地层剖面技术。对于裸露在海底的管道电缆，当前主要采用高分辨率的多波束、侧扫声呐以及人工探摸，对于埋藏的管缆主要采用高分辨率极浅地层剖面仪(又称管线仪)。

高精度多波束测深仪的主要特征是波束角比较小，通过水深点生成小网格影像可以呈现海底的微地貌，比如裸露管线、沙波、沉船等，图 5-4 左图是渤海某平台附近和管缆中部的裸露管缆图，此图根据多波束测深仪测得的水深点生成 0.1m 格网的三维海底地形影像。图 5-4 中图是路由中段的裸露管缆。侧扫声呐通过海底扫描影像也能识别海底裸露的管缆，见图 5-4 右图。

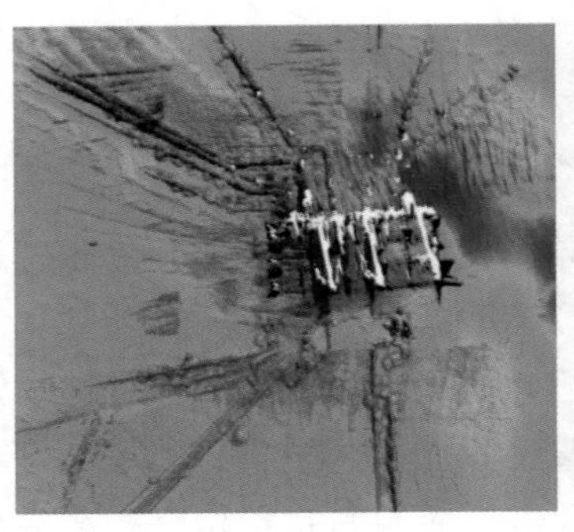
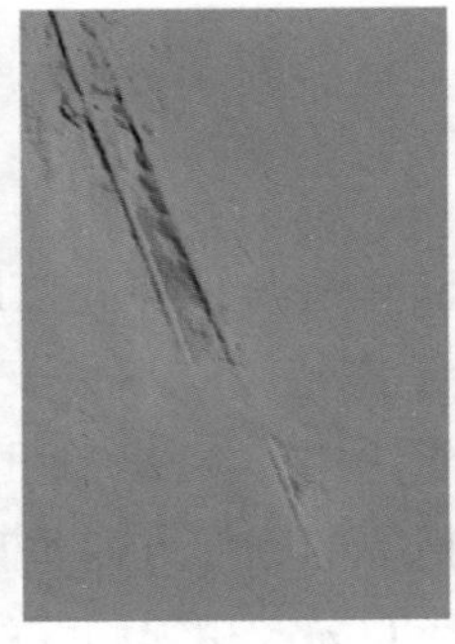

图 5-4　裸露管缆的多波束和侧扫声呐影像

高分辨率极浅地层剖面仪通过反射弧识别埋藏管缆，见图 5-5，施测时需横切管线布设测线，获取离散的管线特征点数据，然后逐点连接形成整条管缆的位置分布，此设备只能找到直径较大的输油和输水管，难以探测出直径 10cm 以下的管缆。

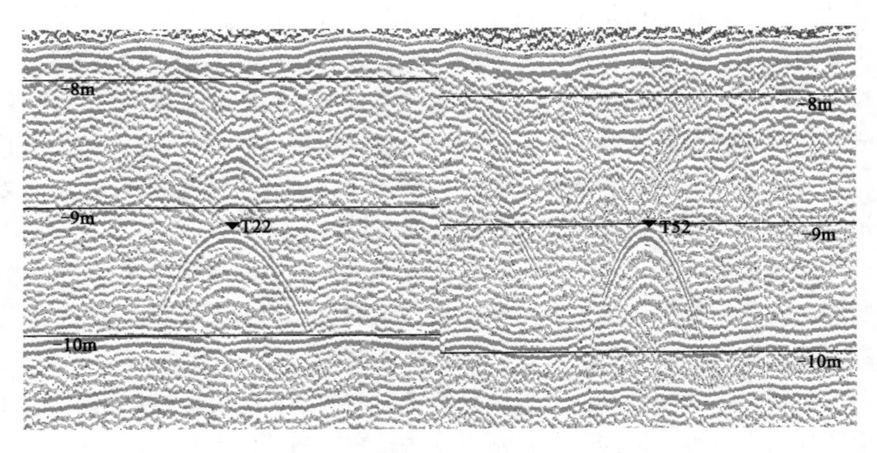

图 5-5　管线的反射弧图谱图

三维声呐仪可以调整换能器的观测角度，进行倾斜测量，对海底面一定高度的物体探测效果较佳；对于多波束测深仪探测效果较差的镂空平台和悬空管线，更是它的擅长之处。图 5-6 是悬空管线的状态图，从图中可以清晰、直观地看出管线通往独立桩。

合成孔径声呐(Synthetic Aperture Sonar，SAS)作为一种先进的水下探测成像技术已成为国际上的研究热点。该技术具有大范围高分辨率成像能力和对沉底、半掩埋和掩埋目标的探测能力，在军事和民用领域都具有广泛的应用前景，如海底水雷或其他危险物体等军事目标的探测和识别，海底测绘、水下沉船搜寻等。

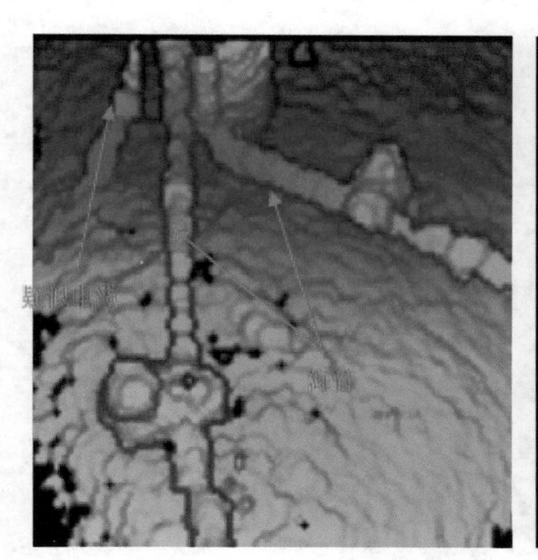
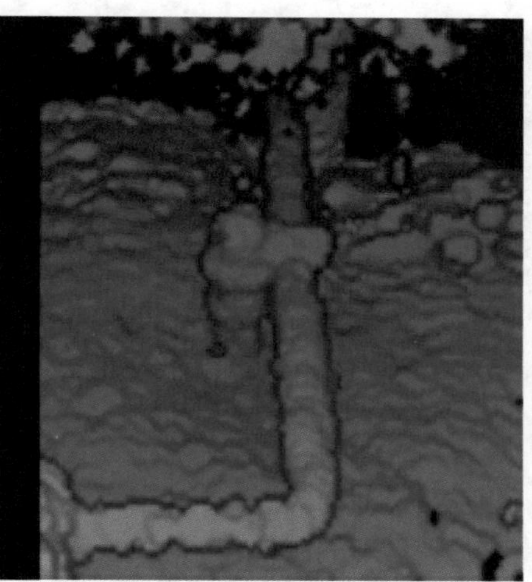

图 5-6 三维声呐悬空管线的状态图

合成孔径声呐技术的基本原理是利用小孔径声呐基阵沿空间匀速直线运动，来虚拟大孔径声呐基阵，在运动轨迹的顺序位置发射并接收回波信号，根据空间位置和相位关系对不同位置的回波信号进行相干叠加处理，从而形成等效的大孔径，获得沿运动方向的高分辨率。

对声呐系统而言，发射阵孔径越大，对目标的方位分辨率越高，但实际上不可能无限制地增大发射阵尺寸，因此真实孔径声呐的目标分辨率是相当有限的，而且真实孔径对于远距离目标的方位分辨率很差。要提高分辨率，就需提高信号的发射频率，而信号的衰减随频率的增大而增大，就需要用更大的发射功率才能获得更远距离的传输。针对这些问题，如果用真实的小孔径声呐运动等效地构成一个大孔径声呐，则可以提高目标方位分辨率。使用小孔径在许多方位向位置处发射和接收信号，来获得一个更大孔径，从而对海底的每个像素成像，最终形成整个海底的图像。

根据其基本原理，SAS 主要具有三个特点：①具有很高的横向空间分辨率，并且分辨率与声呐的工作频率和作业距离无关，而仅仅取决于基阵的物理孔径长度；②可以在低频工作，具有一定的穿透性，可以探测海底埋藏目标；③在分辨率相等的条件下，工作效率要高于侧扫声呐。

三维浅剖仪获取换能器以下水体和地层目标物的三维声学反射信息，相当于给水体和地层做 CT，能够对地层 10m 以浅的掩埋物进行识别，获取它们的位置和埋深信息。三维浅剖仪沿管线调查，连续追踪管线的位置和埋深，生成整条管线的三维立体图。因分辨率较高，可以探测出直径为 10cm 以下的电缆和光缆。图 5-7 是三维浅剖仪探测水体和地层内目标物的三维剖视图。双频合成孔径声呐与三维浅剖仪一样，也能探测海水和海底以下的掩埋物，但是仅生成二维图像，相当于将三维图像拍扁。

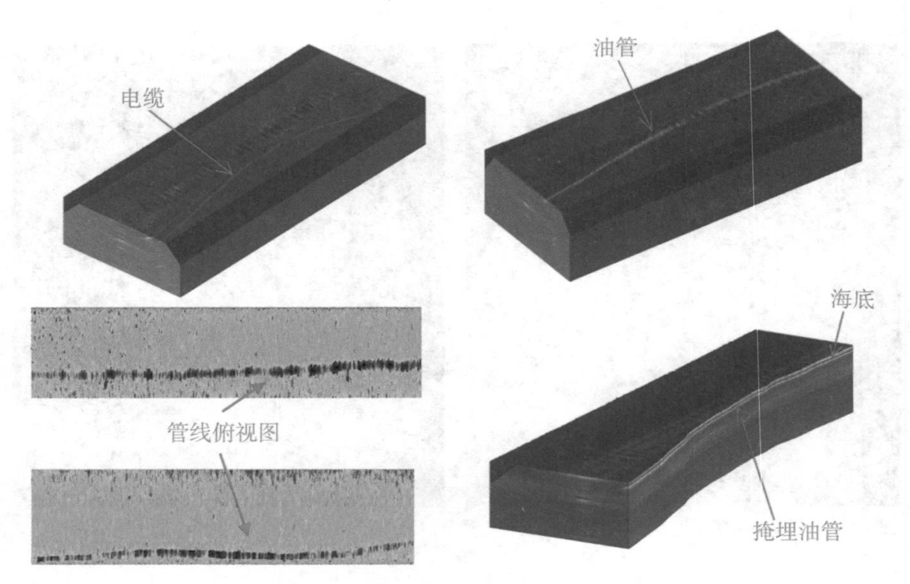

图 5-7　三维浅剖仪探测管线的平面和三维影像图

5.7　典型案例

5.7.1　项目概况

秦皇岛与曹妃甸区域主要油田群有秦皇岛 32-6 油田群、曹妃甸 11-1 油田群和南堡 35-2 油田群。其中秦皇岛 32-6 油田群西北距京唐港约 20km，在东经 119°08′—119°18′、北纬 39°02′—39°10′之间，水深为 18.0～20.0m。曹妃甸 11-1 油田群西北距曹妃甸港约 30km，在东经 118°46′—118°59′、北纬 38°41′—38°47′之间，水深为 22.5～28.0m。

秦皇岛 32-6、曹妃甸 11-1 油田群岸电应用工程拟在河北省乐亭和曹妃甸各新建设一座 220kV 陆上开闭站，在秦皇岛 32-6 油田区和曹妃甸油田区各建设一座 220kV 海上变电站平台。

通过国家电网已建的 220kV 临港站变电站，经陆地电缆将电力输送至乐亭新建的 220kV 陆上开闭站，再通过陆地电缆及海底电缆最终将电力输送至秦皇岛 32-6 油田区海上新建的 220kV 海上变电站平台，为秦皇岛 32-6 区域海上平台供电。

通过国家电网已建的 220kV 唐山港变电站，经陆地电缆将电力输送至曹妃甸新建的 220kV 陆上开闭站，再通过陆地电缆及海底电缆最终将电力输送至曹妃甸油田区海上新建的 220kV 海上变电站平台，为曹妃甸区域海上平台供电。

秦皇岛 32-6 油田海上变电站与曹妃甸油田海上变电站之间再通过新建一条 110kV 交流海缆实现联络。

岸电接入以后，校核曹妃甸与秦皇岛 32-6 油田区域的内部电网，进行适应性改造。

曹妃甸油田区电网改造新增1条曹妃甸油田海上变电站平台至海洋石油112单点系泊的海底电缆。秦皇岛32-6油田区电网改造新增6条海底电缆，分别是：1条秦皇岛32-6油田海上变电站平台至秦皇岛32-6WHPF的海底电缆，2条秦皇岛32-6油田海上变电站平台至QHD32-6SPM的海底电缆，1条秦皇岛32-6油田海上变电站平台至QHD32-6CEPI的海底电缆，1条秦皇岛32-6油田海上变电站平台至QHD32-6WHPA的海底电缆，1条秦皇岛32-6油田海上变电站平台至CFD6-4CEPA的海底电缆。

拟建路由位于河北省唐山市东南海域，见图5-8，拟建路由分别在曹妃甸和乐亭登陆，将秦皇岛32-6油田群和曹妃甸11-1油田群串联起来。

秦皇岛32-6、曹妃甸油田群新建海底电缆总共有10条，根据它们的分布特征，将其分为5段路由，见图5-8。

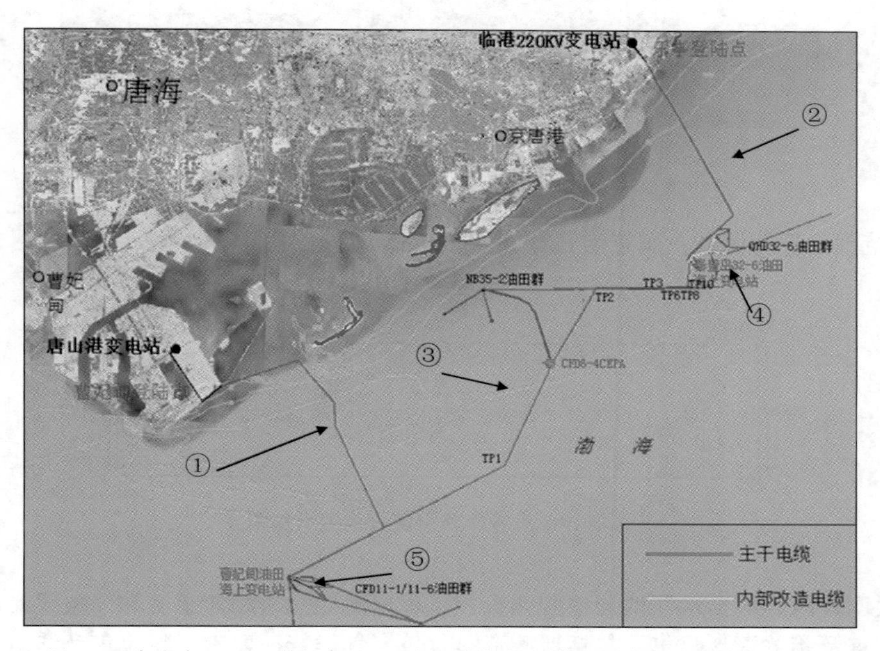

图5-8 秦皇岛32-6、曹妃甸11-1油田群海底电缆5段路由分段情况示意图

坐标系统：CGCS 2000大地坐标系。中央经线：120°E。投影：UTM投影。比例因子：0.9996。

深度基准面：理论深度基准面，基本等高距1.0m。分幅原则：自由分幅。图形文件格式：DWG文件格式。

1. 勘测范围、内容与目的

曹妃甸登陆点两侧沿化工园区东侧防波堤各650m(与海域500m的调查走廊相接)，平行化工园区东侧防波堤向西北侧500m为曹妃甸登陆段调查范围，共0.68km²；调查比例尺为1∶2000。调查范围示意图见图5-9。

海域段，将拟建路由轴线向两侧各外延200m为路由调查轴线，在调查轴线两侧各

图 5-9　曹妃甸登陆段调查范围示意图

250m 的范围内进行调查，调查走廊宽度为 500m。本段路由调查范围示意图见图 5-10。

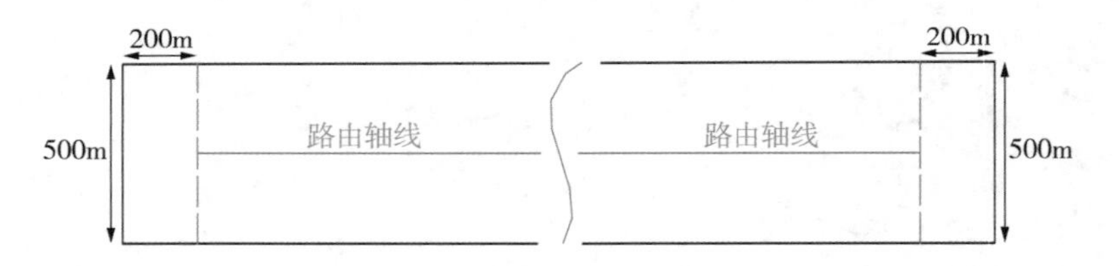

图 5-10　海域段路由调查范围示意图

本次调查内容包括水深地形地貌调查、工程地质勘察、海洋水文和气象要素调查、腐蚀环境调查及相关资料收集，包括地震资料收集、气候特征要素资料收集及路由区海洋开发活动及规划等。

工程物探测量内容包括：①登陆点地形测量（比例尺 1∶2000）；②水深地形测量（比例尺 1∶5000）；③侧扫声呐探测（比例尺 1∶5000）；④浅地层剖面探测（比例尺 1∶5000）；⑤已有管道探测（比例尺 1∶5000）。

通过工程物探、工程地质和工程环境调查，查明新建海底电缆管道路由区的水深地形、海底地貌、浅地层结构、已建海底电缆管道分布、工程地质特征、水文和腐蚀环境特征，为海底电缆管道工程的设计、施工提供基础资料。

2. 测线及测站布设

工程物探测线布设原则为：满足调查要求，地形复杂区做适当加密测量。工程物探测量测线分 3 个部分布设，分别为水深小于 5m 段、水深大于 5m 段和平台及管线探测。

水深小于 5m 段，拟建路由轴线和轴线两侧平行于轴线以 50m 的测线间隔各布设 5 条测线，共布设 11 条主测线，垂直中轴线每 500m 布设 1 条检查线(图5-11)。

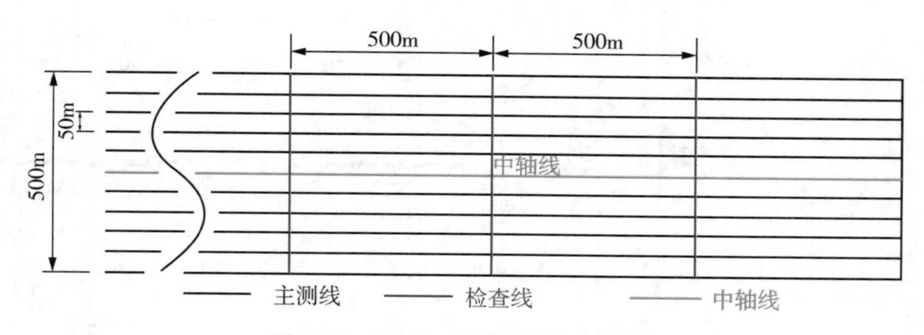

图 5-11 小于 5m 段测线布设示意图

水深大于 5m 段，拟建路由轴线和轴线两侧平行于轴线分别以 50m、75m、125m 的测线间隔各布设 3 条测线，共布设 7 条主测线；垂直中轴线每 1000m 布设 1 条检查线(图 5-12)。

曹妃甸登陆段 TP6 至曹妃甸油田海上变电站与互联段有重叠，将调查宽度北侧加宽 200m，布设 3 条主测线，测线间距 50m，每 1000m 布设 1 条检查线(图 5-13)。

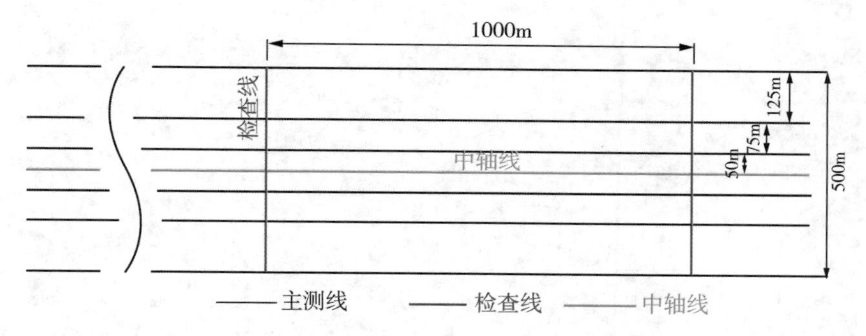

图 5-12 大于 5m 段测线布设示意图

已有管道探测主要位于已建平台周边，根据设计路由走向，需对已建平台曹妃甸 11-1WGPA 进行已有管缆调查。使用多波束和侧扫声呐系统对平台周边已建海底电缆管道进行调查，范围为平台四周各 200m，四周各布设 4 条测线，测线长度 500m，测线间距 50m。每座平台布设测线 16 条，每座平台测线长度 8.0km，测线总长度 64.0km。测线布设示意图见图 5-13。

结合曹妃甸港和京唐港的长期验潮资料，在拟建路由区内布设 5 个验潮站，在 CFD11-6CEPJ 平台、NB35-2WHPC 平台、QHD32-6CEPJ 平台、曹妃甸东南角防波堤外、京唐港 4 号港池东南角防波堤外各放置 1 台 COMPACT-TD 型验潮仪，在调查工作前、期间、后进行连续潮位观测，根据观测资料描述潮汐变化规律，并绘制潮位过程曲线图。水位测量精度为±5cm，时间间隔为 5min，观测时长 1 个月。潮汐观测站位置示意图见图 5-14。

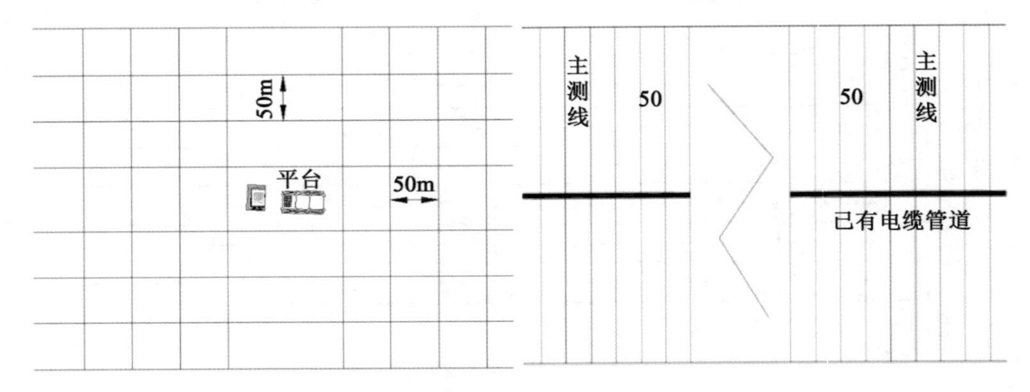

图 5-13　平台及管道探测测线布设图

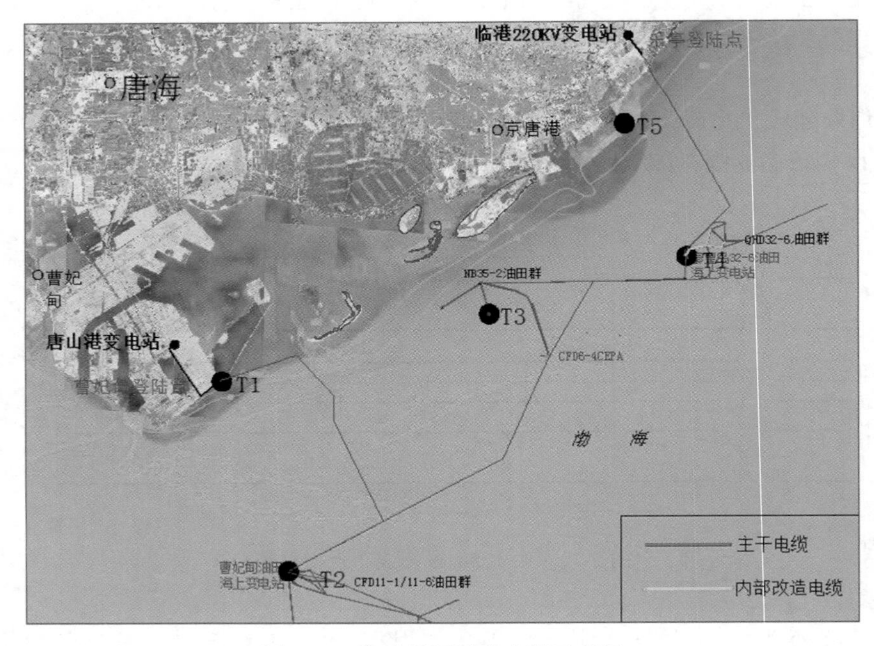

图 5-14　潮汐观测站位布设示意图

导航定位实施时，导航定位计算机在接收 GNSS 定位数据的同时，可同时将位置信息发送给多波束测深仪、侧扫声呐和浅地层剖面仪进行同步定位。为保证定位的准确性，对固定安装的换能器，将换能器相对于 GNSS 天线的位置直接输入工作站中；对采用拖曳式工作的换能器，记录好拖缆长度的变化，实时改正其偏移距。水深测量、侧扫声呐探测、浅地层剖面探测同步进行。

3. 水位观测

水深基准面采用当地理论深度基准面，潮汐改正采用实测潮汐。

结合曹妃甸港和京唐港的长期验潮资料，在拟建路由区内布设 5 个验潮站，分别位于

CFD11-6CEPJ 平台、NB35-2WHPC 平台、QHD32-6CEPJ 平台、曹妃甸东南角防波堤外、京唐港 4 号港池东南角防波堤外。5 站潮位观测时间覆盖第一阶段水深测量时间，且时长超过 1 个月。

由于 T2、T4 两站附近存在已完成建设的石油平台等设施，为保证水准面的统一，T2、T4 两站的海图基准面最终选择历史已有数据，其海图基准面分别位于平均海平面下 1. 67m、1. 14m。考虑到路由的整体性和工程施工的便利性，决定 T1 站选择 T2 站的海图基准面，T5 站选择 T4 站的海图基准面，T3 站根据实际情况将距离差值定为平均海平面下 1. 58m，最终选择的海图基准面见表 5-1。

表 5-1 **观测各站位海图基准面(平均海平面为 0 点)**

观测站	T1	T2	T3	T4	T5
当地理论最低潮面(m)	-1. 67	-1. 67	-1. 58	-1. 14	-1. 14

在选取水深改正基准面时，为了保证整个路由水深的统一性以及施工安全性，曹妃甸 11-1 岸电登陆路由、曹妃甸 11-1 油田群内部路由、曹妃甸深槽和曹妃甸 11-1CEPJ 至秦皇岛 32-6CEPJ 互联路由南部采用 T1 站的理论深度基准面；秦皇岛 32-6 岸电登陆路由和秦皇岛 32-6 油田群内部路由采用 T4 站的理论深度基准面；曹妃甸 11-1CEPJ 至秦皇岛 32-6CEPJ 互联路由北部基于 T1 站和 T4 站的理论深度基准面，采用距离加权方式获取每个水深点的水深改正基准面。水深改正基准面示意图见图 5-15。

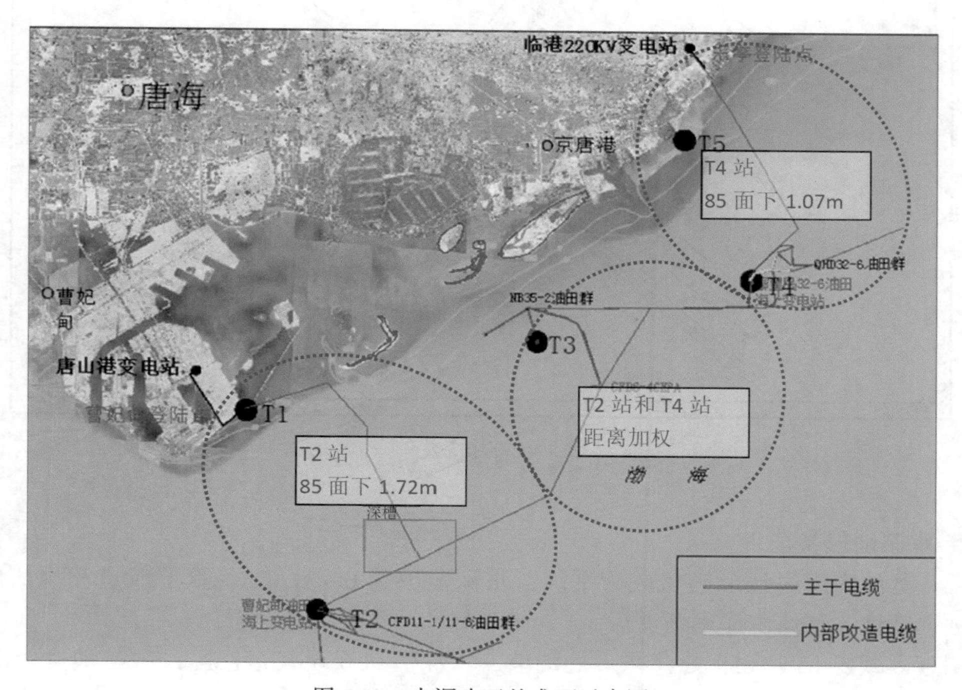

图 5-15 水深改正基准面示意图

5.7.2　测量成果

1. 登陆点地形

曹妃甸登陆点附近为填海后的人工岛，测区东边界为防波堤，测区的主要高程范围为4.00~11.00m，登陆点位于东侧防波堤，东侧防波堤堤顶高程约7.50m。

测区被中部防波堤分为东北、西南两个部分，东北部为围海，西南部为填海，主要用海单位为冀东油田的油气转换站和采油区，位于西南部中心。冀东油田油气转换站西侧为闲置土地，主要高程范围为4.00~8.00m，东侧被工业南河分隔，河西侧被水草覆盖，河东侧为淤泥滩，主要高程范围为5.00~10.00m。冀东油田采油区东侧至中部防波堤主要高程为5.00~11.00m。冀东油田油气转换站和采油区周围分布很多临时板房(图5-16)。

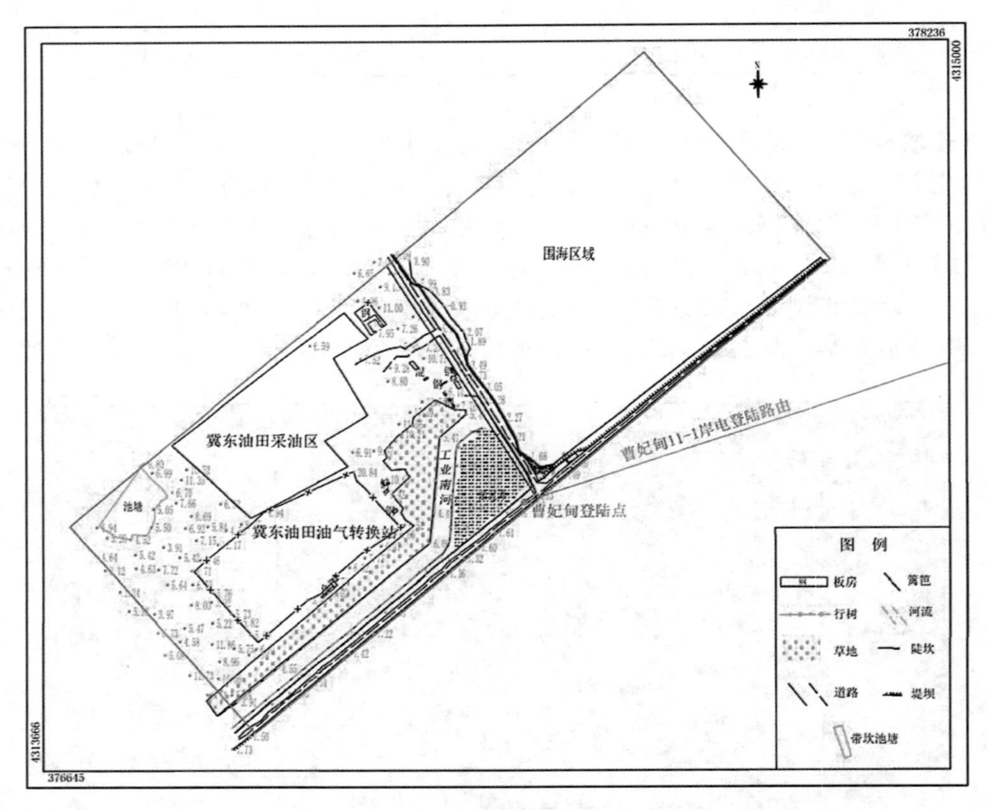

图5-16　曹妃甸登陆点附近地形图

2. 水深地形特征

调查区域内海底地形起伏较为平缓，水深范围为0~31.1m，除了航道和沟槽以外，随着远离陆地，整体水深逐渐变深。

调查区域内KP1+859处存在一处陡坡，水深值从6.6m变化至2.7m，坡度为20‰，垂直于路由轴线。KP7至KP7+427范围内存在一处沟槽，最大水深为11.5m，西侧较东侧陡，西侧坡度为 28‰。KP8+800 至 KP10+500 范围内存在一处沟槽，最大水深为 13.4m，南北侧坡度为 18‰。KP14 至 KP19 范围内存在一处沟槽，最大水深为 29.6m，两侧坡度较缓。KP27 至 KP35 范围内为曹妃甸深槽，深槽之上即为曹妃甸深水航道。深槽内水深值在 30m 以上，最深处达 31.1m。深槽两侧坡度变化缓慢。KP7+529 至 KP7+735 范围为曹妃甸 3 号港池航道，为较规则的矩形形状，西北—东南走向，最大水深为 13.1m。

路由区 KP9 至 KP30 水深地形图见图 5-17 、图 5-18，KP9 至 KP30 中轴线剖面图见图 5-19。

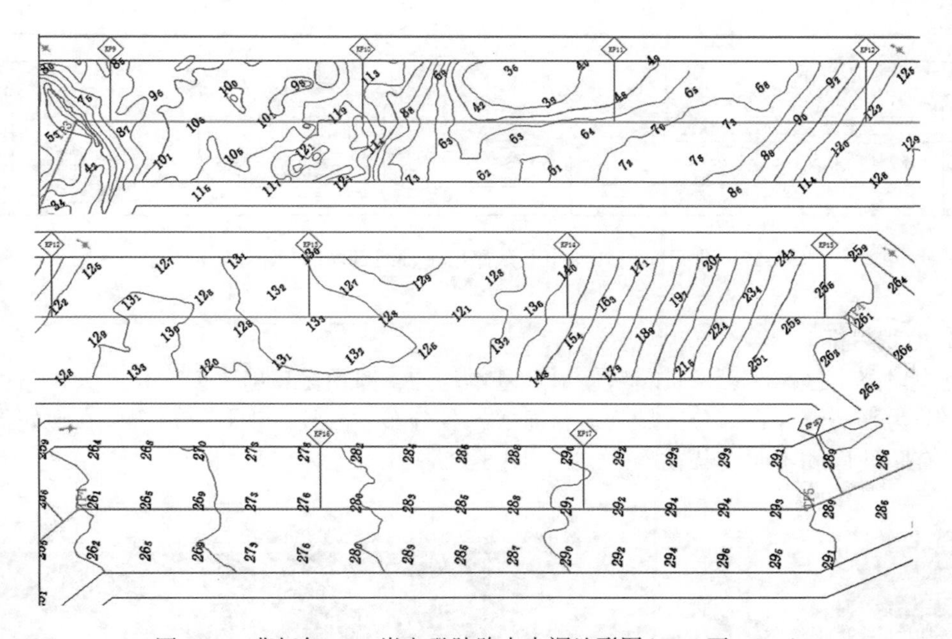

图 5-17　曹妃甸 11-1 岸电登陆路由水深地形图(KP9 至 KP17)

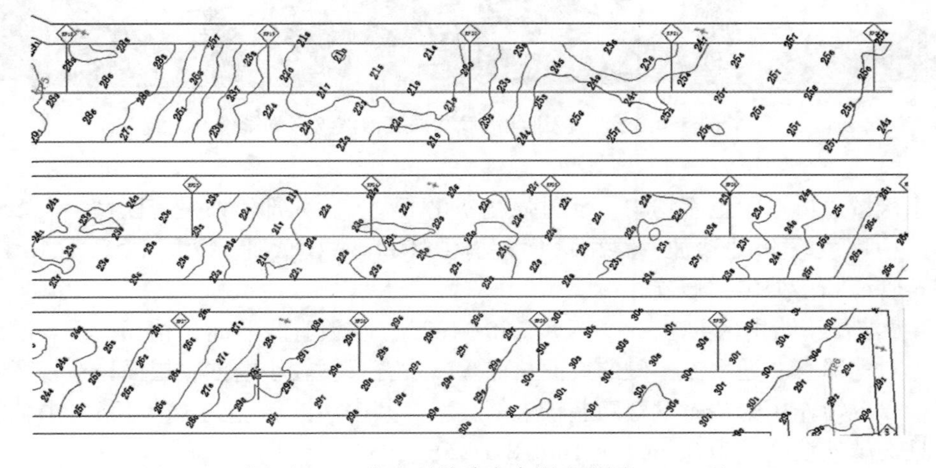

图 5-18　曹妃甸 11-1 岸电登陆路由水深地形图(KP18 至 KP30)

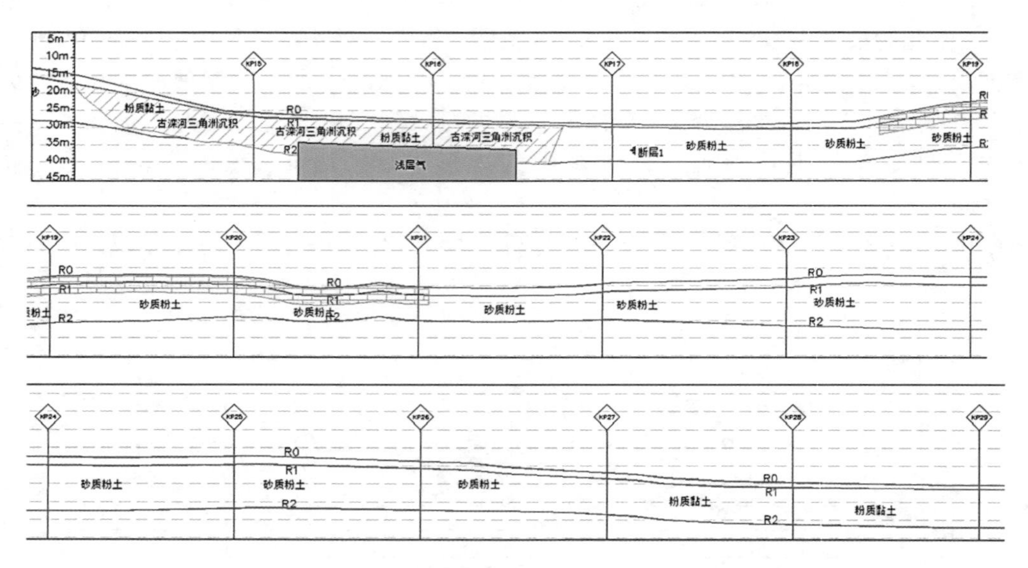

图 5-19　曹妃甸 11-1 岸电登陆路由中轴线剖面图(KP9 至 KP30)

3. 地貌特征

近岸段路由区声呐影像资料灰度显示基本均匀，路由区反射强度变化不大，路由区海底大部分为平滑海底，部分区域为斑状海底，且分布沙波纹、现状航道等，在曹妃甸登陆点附近有防波堤和不明线状物(图 5-20、图 5-21)。

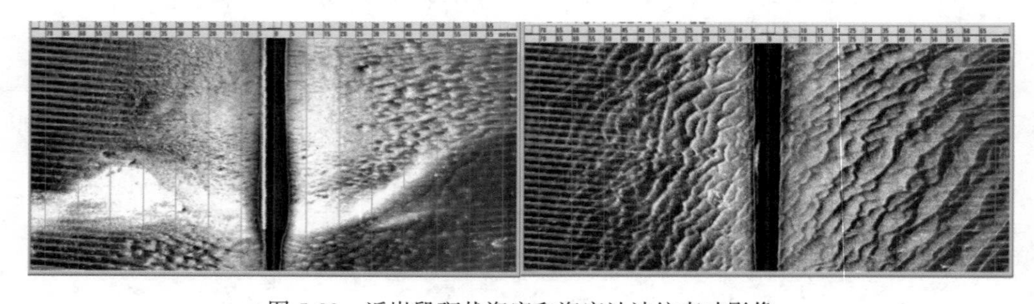

图 5-20　近岸段斑状海底和海底沙波纹声呐影像

深水区域总体显示色度均匀，反射强度变化不大，除北部沙波发育区域，大多为平滑海底，路由区发育 4 处沙波，路由区南端有 CFD11-1WGPA 平台和 CFD11-1CEPJ 平台，分布多条管缆和多处施工痕迹。

4 条沙波位于路由区 KP13. 5，长度 120~199m，沙波脊线弯曲，相互平行。沙波脊线两侧呈不对称形态，迎水流一侧的坡面长而缓，发育尺度较小的沙纹层面构造；背水流面短而陡，以侵蚀作用为主，发育高差较大的陡坡。其中沙波 2、沙波 3 与路由中轴线存在交越，且交越处波高约为 0. 5m、1. 1m(图 5-22)。

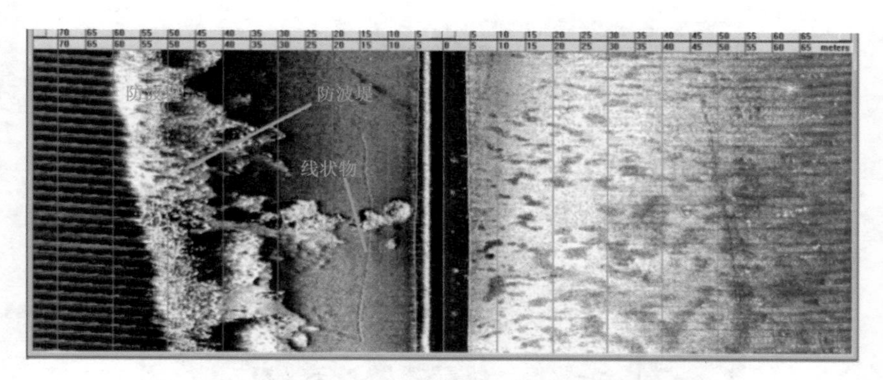

图 5-21 曹妃甸登陆点防波堤、线状物和沙波声呐影像

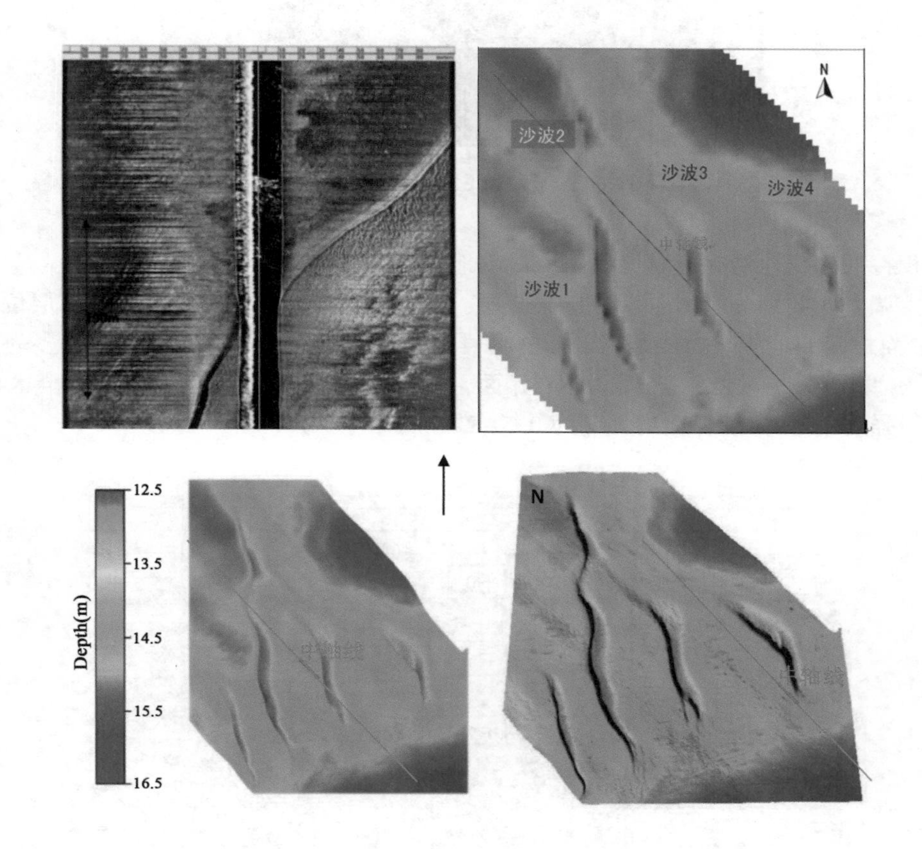

图 5-22 路由区 KP13.5 处沙波声呐和多波束影像图

CFD11-1WGPA 平台和 CFD11-1CEPJ 平台位于路由南端，在 CFD11-1WGPA 平台附近存在管缆、桩靴、拖痕等施工痕迹，CFD11-1CEPJ 平台东北约 25m 有 1 处底座，大小约 54.0m×41.9m，高度约 3.0m，距路由中轴线最近约 77.0m(图 5-23)。

4. 中浅地层特征

通过对地层剖面资料和地质钻孔分层资料的综合分析、对比，根据地层内部的反射结

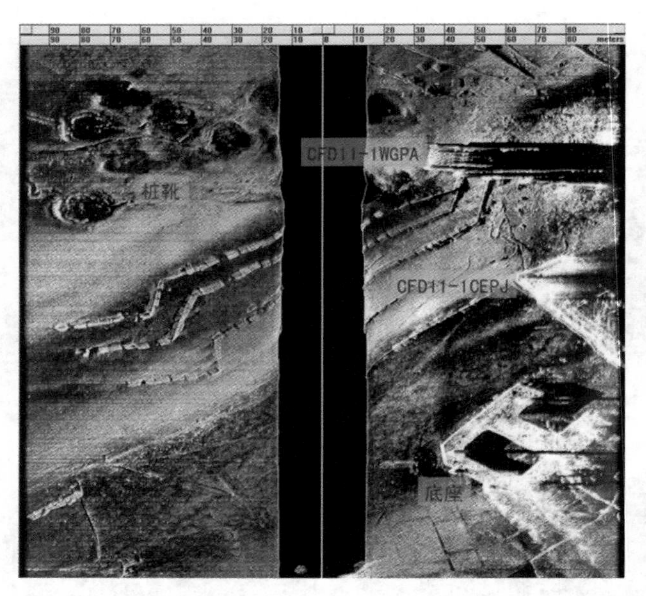

图 5-23　CFD11-1WGPA 平台和 CFD11-1CEPJ 平台附近声呐影像图

构及沉积特征的变化情况，对该段路由浅部地层沉积进行了划分和分析。

路由调查区共划分为 A 层、B 层共 2 层，典型浅地层剖面图见图 5-24。A 层位于海底与 R1 界面之间的地层。由浅地层剖面资料可知，A 层覆盖整个调查区，A 层多为声学透明层，为海相沉积。A 层底界面为 R1 界面，该界面起伏较小，变化平缓，全区连续分布，反射强度中等。R1 界面的埋深为 0. 5～2. 9m。

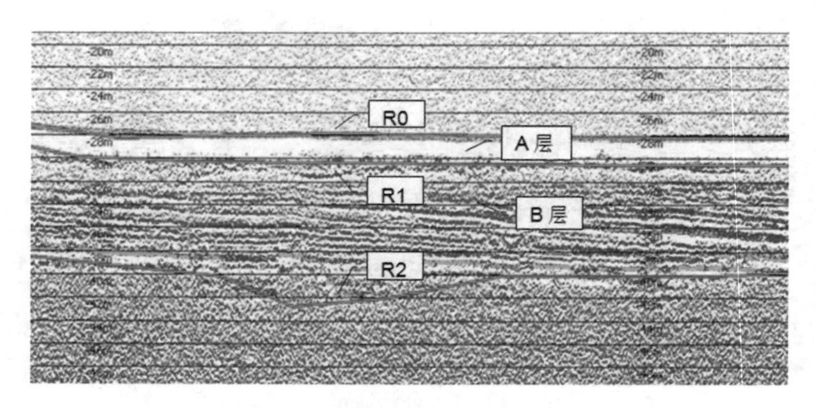

图 5-24　路由区典型浅地层剖面图

B 层位于 A 层以下，R1 与 R2 界面之间的地层。由浅地层剖面资料可知，B 层覆盖整个调查区，在浅地层剖面记录上，B 层反射强度较强，多为平行层理和斜层理。B 层的底界面为 R2 界面，该界面较为连续(在 KP16 附近浅层气聚集区无法识别)，R2 界面局部有一定的起伏。R2 界面的埋深为 6. 3～15. 5m。

路由区分布 3 条埋藏古河道(图 5-26)、浅层气[图 5-26(a)]、古滦河三角洲沉积[图 5-26(b)]以及 2 条断层(图 5-27)。

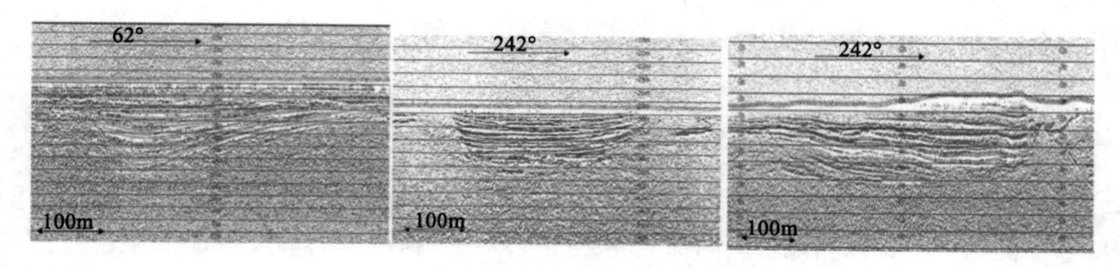

图 5-25 埋藏古河道 C1—C3 浅地层剖面图

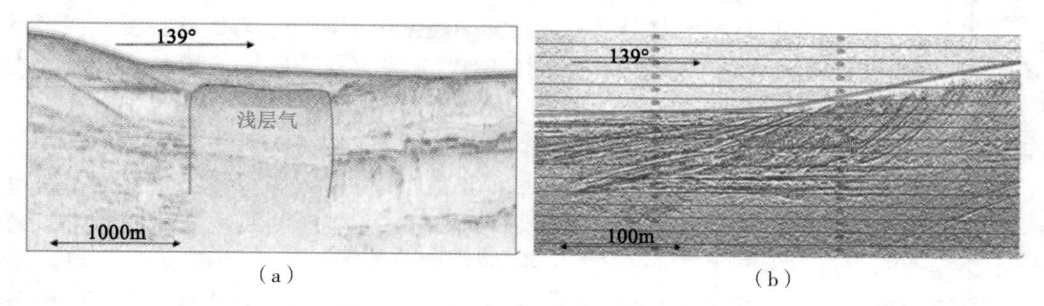

(a)　(b)

图 5-26 浅层气和古滦河三角洲浅地层剖面图

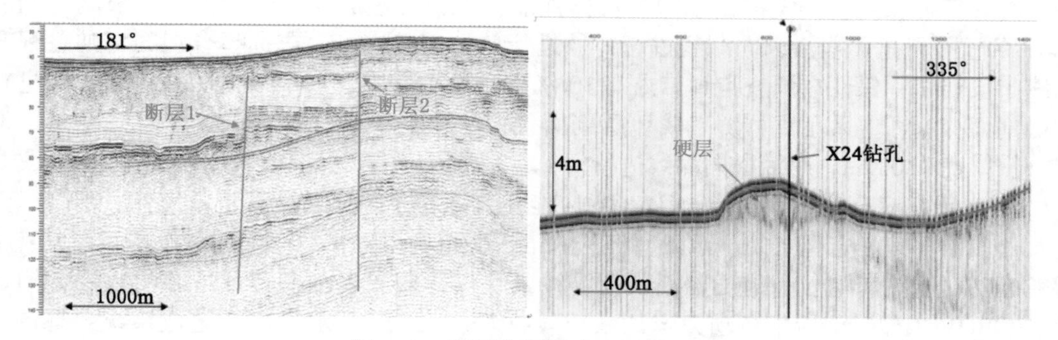

图 5-27 断层和硬层浅地层剖面图

埋藏古河道 C1 位于曹妃甸油田海上变电站东北 400m 处，走向为 NW 向。C1 顶部埋深在海底以下 4.5m，底部埋深在海底以下约 12.5m，宽 370m 左右。埋藏古河道 C1 通过路由中心线。埋藏古河道 C2 位于 KP36 附近，走向为 NW 向。C2 顶部埋深在海底以下 4.0m 左右，底部埋深在海底以下约 10.0m，宽 420m 左右。埋藏古河道 C2 通过路由中心线。埋藏古河道 C3 位于 KP33 附近，走向为 NW 向。C3 顶部埋深在海底以下 4.0m 左右，底部埋深在海底以下约 10.0m，宽 600m 左右。埋藏古河道 C3 通过路由中心线。

浅层气聚集区位于 KP16 处。浅层气顶部埋深在海底以下 8.0m 左右，宽 1200m 左右。路由中心线穿过浅层气聚集区。古滦河三角洲沉积位于 KP14 至 KP16+700 之间。古滦河三角洲沉积底埋深最深在海底以下 12.0m 左右，宽 2700m 左右。路由中心线穿过古滦河三角洲沉积。KP17 附近和 KP18+300 处有两条断层，从北往南依次命名为断层 1、断层 2，皆为近垂直方向，距海底分别约为 7.5m、4.0m。KP18+600 至 KP21 分布硬层，根据钻孔 XZ4 的柱状图，硬层为中密实到密实的褐黄色砂质粉土，埋深为 0.5~5m。

5.8 海底电缆管道铺设后调查

海底管道铺设后或重大地质灾害发生后应对管道的铺设状况进行调查。宜综合采用水深测量、侧扫声呐探测和地层剖向探测等工程地球物理探测方法。查明海底沟槽开挖与管道附近的海底面状况、管道的平面位置、埋设深度、悬跨高度、悬跨长度及管道保护层外观状况等。对于重要或复杂的海底管道工程，一般应同时采用 ROV 调查。

对于重要的或国际间海底光缆工程，选择其中施工工艺特殊、海底状况复杂或埋设效果不理想区段进行铺设后调查，调查一般采用 ROV 方法。复杂区域是指海底管道发生悬跨、有水泥盖垫或有砂石盖层的区段。

测图比例尺一般为 1∶2000~1∶5000，复杂区域为 1∶1000。

测线布设应符合下列要求：①纵向测线平行路由布设 3 条，其中一条测线应沿路由布置，其余测线布置在路由两侧，测线间距为 25~100m；②横向测线垂直路由布设，测线长度不小于 50m，间距为 50~250m，在复杂区域应适当加密。

工程物探测量应符合下列技术要求：①采用单波束测深系统进行水深测量，应配备涌浪补偿系统消除涌浪的影响，应进行系统时延校正，应沿横向测线进行；②采用多波束测深系统进行水深测量，应根据水深和仪器性能，选择合理的测线间距保证相邻测线间有 100%的重叠覆盖，应沿纵向测线进行；③进行侧扫声呐探测，应选择合理的声呐量程和测线布没间距，保证在调查走廊带内有 100%的重叠覆盖率，应沿纵向测线进行；④进行地层剖面探测，应采用高分辨率浅地层剖面仪探测，获得海底以下 10m 的穿透深度，地层分辨率优于 0.2m，应沿横向测线进行。

ROV 调查应符合下列要求：①ROV 应能在流速小于 2kn 条件下正常工作；配备运动传感器、水下声学定位系统、水下罗经、水下摄像机；可以搭载水深测量设备、高分辨率导航声呐、侧扫声呐、浅地层剖面仪、管线跟踪仪等调查设备；具行足够的数据传输通道。②ROV 工作母船应配备动力定位系统、DGNSS、罗经及水下声学定位系统；有良好的操作稳定性以及长时间保持低速(一般小于 1kn)航行的能力；有足够的甲板面积和吊装设备用于 ROV 的安装和调查过程中的收放。

ROV 调查应按下列技术要求实施：①各种调查设备进行校准、调试，直至达到正常工作状态，才能投入使用。②调查作业前，应进行 ROV 工作母船、导航定位系统与 ROV 等调查设备的联测，直至检测目标、ROV 工作母船、ROV 的相对位置在 ROV 控制室和调查船驾驶室有正确的显示。③当工作母船位于调查开始点附近时，将船艏向调整到最有利于工作母船就位和 ROV 进行收放作业的位置，吊放 ROV 设备。④ROV 作业的前进速度通常小于 2kn，根据水下能见度和设备采样率，调整前进速度达到最佳探测效果；进行海底电缆调查时，距离海底高度应不大于 0.2m；进行海底管道调查时，距离海底高度应不大于 1.0m。⑤在作业中 ROV 的所有仪器参数和视频信息都应传输到 ROV 控制室和工作母船驾驶室，并及时保存数据。⑥停止调查时，应提前通知工作母船驾驶室和 ROV 控制室关闭数据采集记录系统，并在结束点处作标记，同时将 ROV 收到甲板。⑦相邻区段调查的重叠范围不小于 50m。

资料处理应符合下列要求：①确定海底电缆或管道附近的障碍物和海底面状况。②对裸露的海底管道，应确定其位置、裸露高度、悬跨长度和偏离设计路由距离等参数；有管道沟槽时，还应确定沟槽的深度、宽度及海底管道与沟槽的接触关系。③对已掩埋的海底管道，应确定海底管道位置及掩埋深度。④对有水泥盖垫或有砂石盖层的区段，应确定海底管道位置及盖垫或盖层的厚度、覆盖范围等。⑤确定海底管道保护层外观状况。

成果图件包括：①海底电缆管道位置图；②调查区水深图；③调查区海底面状况图；④海底电缆管道横向剖面图；⑤海底电缆管道纵向剖面图。

成果报告应包含下列内容：①工程背景、任务由来和调查目的；②调查技术依据、ROV 工作母船和仪器设备；③调查方法和调查程序；④资料处理与解释方法；⑤海底管道裸露、悬跨或掩埋状况；⑥海底电缆管道附近海底障碍物和海底面状况；⑦海底电缆管道铺设状况综合评价。

以渤海某海底管道为例，介绍海底管道探测使用的技术方法和探测结果。

调查设备：定位使用 Navcom StarFire3050 星站差分 GNSS 及 Hydrins 姿态和罗经一体化惯性导航系统进行，动态定位精度为±0.3m。多波束测深使用 EM2040D 双换能器多波束测深系统，波束角为 0.4°×0.7°，发射频率为 400kHz，发射模式高密度模式。侧扫声呐使用 Klein 3000 双频侧扫声呐系统。浅地层剖面使用 SES2000 参量阵浅地层剖面仪，发射频率 12kHz，发射速率选择最大 30 次/s，显示模式选择原始数据模式。

测线布设：管道中轴线两侧各外延 100m，形成宽 200m 的范围，沿中轴线方向测线线距为 50m，共布设 3 条平行于管道走向的测线，垂直于管道走向每隔 20m 布设一条长 200m 的浅地层剖面测线。

调查结果：该海底管道共发现悬空处 3 段，悬空长度分别为 184m、26m 和 20m，总计 230m，占管线总长度的 2.9%。最大悬空高度为 1.86m(图 5-28)，悬空长度为 184m，该悬空段发现 5 个支撑桩(图 5-29)。

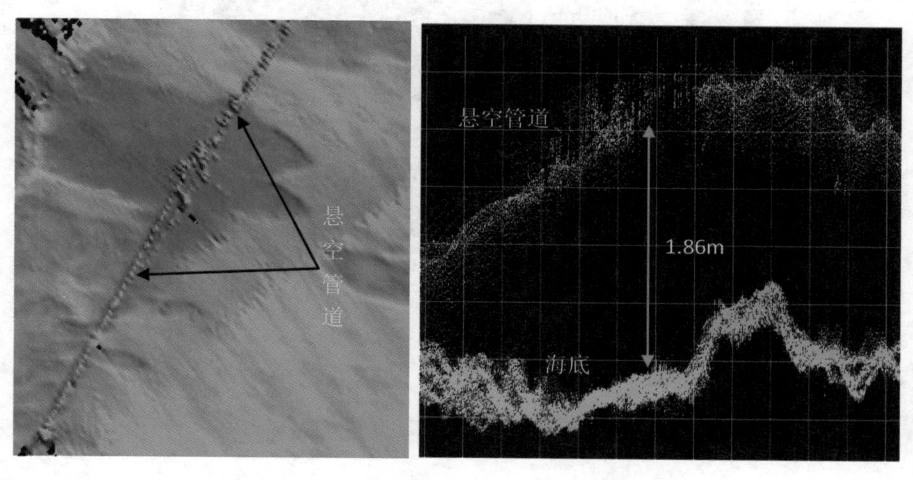

图 5-28 悬空管道处多波束测深彩色晕渲图和纵剖面点云图

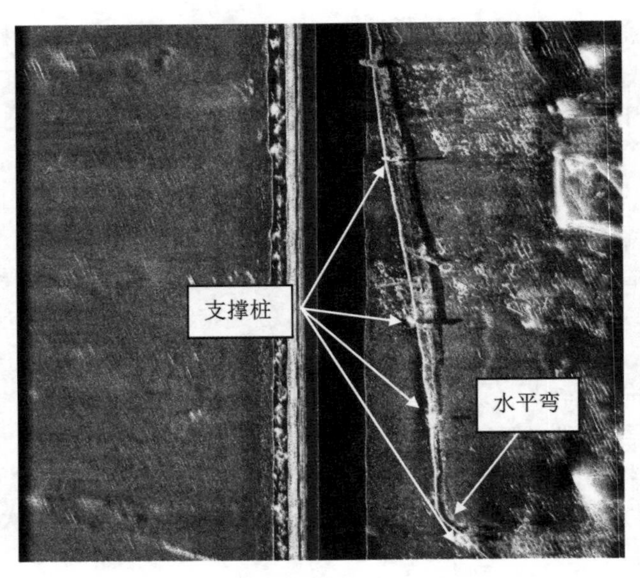

图 5-29　悬空管道声呐影像图

出露段共 15 处，最大出露长度为 464m，出露长度占管道总长度的 33. 9%。图 5-30 为局部管道所在位置处多波束测深彩色晕渲图，悬空和出露的海底管道形象直观。埋藏段共 14 处，占管道总长 63. 2%，埋深多小于 0. 5m(图 5-31)。

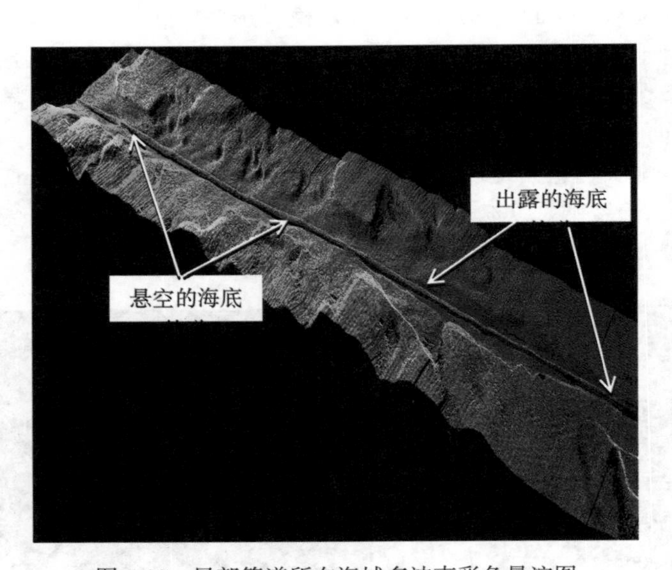

图 5-30　局部管道所在海域多波束彩色晕渲图

根据最终解释的海底管道的位置和状态，绘制海底管道平面状态分布图(图 5-32)和海底管道埋深剖面图(图 5-33)。

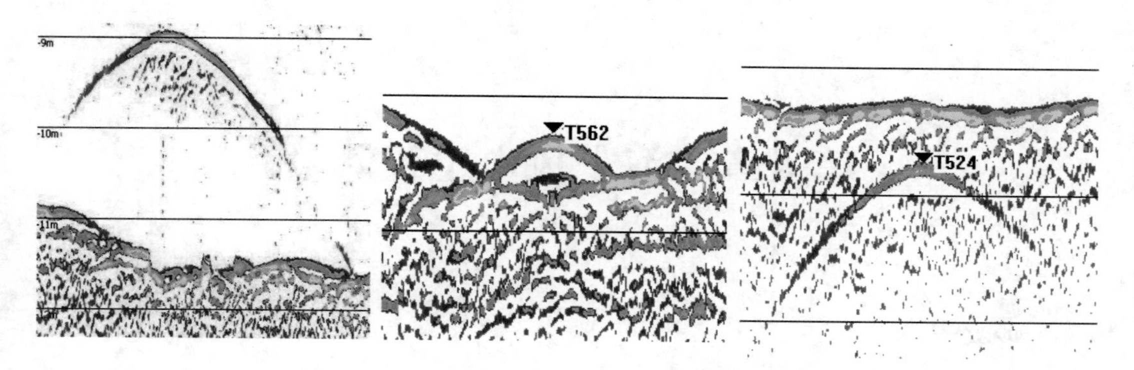

图 5-31 悬空、出露和埋藏海底管道浅地层剖面图谱

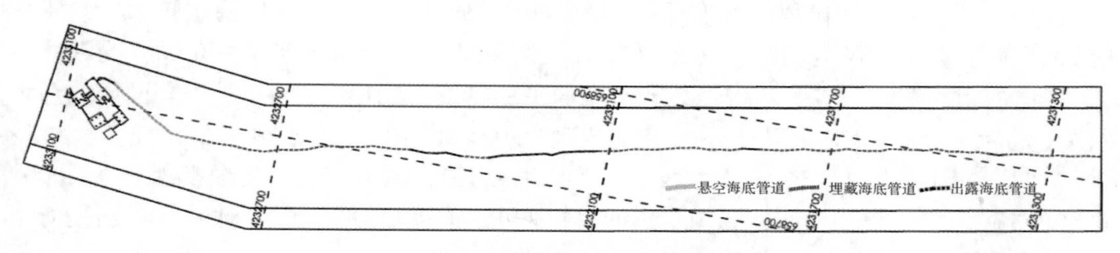

图 5-32 海底管道平面状态分布图(局部)

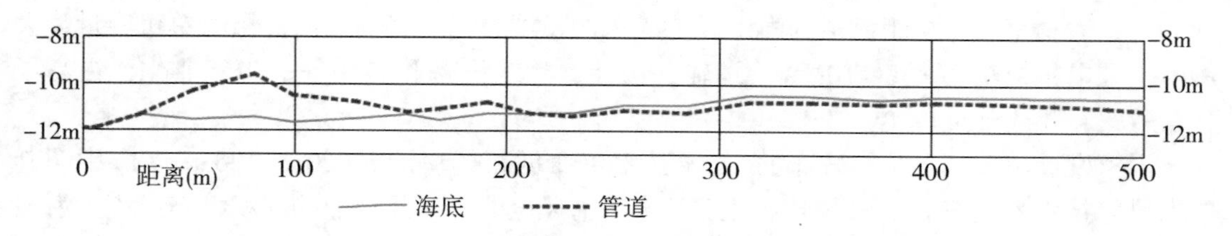

图 5-33 海底管道埋深剖面图(局部)

第6章　海上风电工程测量

6.1　概述

6.1.1　海上风电发展概况

2019年上半年，我国风电开发保持“稳中有进”的态势。产业规模稳步扩大，技术水平持续提高，分散式风电与海上风电开发有效拓宽了风电的利用空间，弃风状况继续好转，风电的市场竞争力进一步增强，产业全面平稳发展。2019年1—6月，全国风电新增并网容量为909×10^4kW，累计并网容量达到1.93×10^8kW；全国风电发电量为2145×10^8kW时，同比增长11.5%。从“十二五”到“十三五”，风电年新增规模都保持在2000×10^4kW左右。“十四五”期间，我国提出的“碳中和、碳达峰”的目标，对风电特别是海上风电提出了更大规模发展的规划目标。

我国风电成绩的取得、技术的进步，最大的基础和推动力就是平稳的市场规模。此外，产业结构调整成效显著。到2020年底，海上风电累计并网容量达到500×10^4kW。与此同时，大功率风电机组已成为海上风电未来的发展方向，目前国内发布的单机容量最大的海上风电机组功率为8～10MW。运输、吊装、运维设备和船舶进一步专业化，提高了建设效率，相应降低成本。

国家发展和改革委员会发布的《能源技术革命创新行动计划(2016—2030年)》中明确要求风电技术发展将“深海风能”提上日程。海上风电龙头开发企业均在积极布局深远海域的海上风电市场，为中期深远海域海上风电的发展奠定基础，并提供试验示范场址储备。例如，中国广核集团拟开发粤东海域300×10^4kW深水海上风电场址，采用深水海上风电技术，共建工程基地及研发中心等。受水下深度较深影响，深远海风能资源的开发主要通过漂浮式风电基础形式来实现。漂浮式风电机组开发也成为目前发展的方向。

6.1.2　海上风电建设的测量特点

根据建设阶段划分，海上风电建设工程测量分为前期、建设期、运维期等。前期测量工作包括场址选址的地形地貌测量，以及浅层地质测量、水文测量等，与其他工程测量基本一致，本章不再概述。建设期测量主要内容包括，打桩过程监测、导管架的安装测量、升压站安装测量等。风电运维期监测包括：风机及桩基础的运维检测、海底电缆路由检测、海上及陆上附属设施监测。运维期风机及桩基础的测量工作主要通过预埋各种传感器，进行长期数据采集，完成数据分析。

6.2 海上风电平台场址工程测量

海上平台场址工程测量是通过水深测量、侧扫声呐探测和浅地层剖面调查，查明平台场址调查范围内水深地形特征、海底面状况特征、潜在的灾害地质因素和不良地质现象，为平台设计、安装以及灾害地质因素的防治提供基础资料。

6.2.1 测量内容

(1)海底水深及地形特征。

(2)海底地貌特征及障碍物。

①海底地貌特征，如沙波、沙脊、裸露基岩、陡坎、硬质海底、生物礁、海底冲沟、海底峡谷、海底滑坡、海底底质变化等；

②海底障碍物，如海底电缆管道、海底光缆、沉船、人工遗弃物等；

(3)海底地层结构、潜在灾害地质及不良地质现象，主要包括：

①声学地层单元的划分及其厚度、埋深与空间分布和成因；

②浅层气、浅层水流、天然气水合物；

③不稳定海底(滑坡、塌陷、垮塌、滑移)、泥火山等；

④活动断层、浅埋基岩、埋藏古河道、埋藏沙丘、埋藏硬透镜体；

⑤松散的砂层、软弱夹层；

⑥重力流沉积，如浊流、碎屑流、泥石流等。

6.2.2 技术方法

(1)水深测量：水深小于5m的海域，可使用单波束测深或无人船载多波束测深系统；水深大于5m的海域，使用多波束测深系统。

(2)海底地貌调查：侧扫声呐系统。

(3)地层剖面探测：浅地层剖面仪和电火花地层剖面仪。

(4)多道数字地震调查：水深小于10m的区域，可不进行多道数字地震调查。

(5)海洋磁力调查：可根据工程需要进行。

海上风电平台场址工程地质勘察应在平台位置及其四周的一定范围(即平台场址)内进行。根据平台的类型、水深以及前期桌面研究成果确定，通常要求如下：风电平台场址的调查范围为0.5km×0.5km~2km×2km。风场场址调查范围根据申请范围适当扩大。

案例：某风电平台场址区海底地形平缓，水深为10.9~12.5m，平台场址北半部大多为11.0~12.0m，西南部为12.0~12.5m，拟建中心位置处水深为11.9m(图6-1)。

1. 地貌调查

场址区为沙纹冲刷地貌(图6-2)，发现多条拖痕，未见有海底障碍物。沙纹冲刷海底在侧扫声呐影像中呈现细密如发丝般的形态，呈NW—SE向均匀分布，密度较大，约5m一条纹理。拖痕分布在平台场址区北部，宽约3m，沟深小于1m，对平台就位及施工无影响(图6-3、图6-4)。

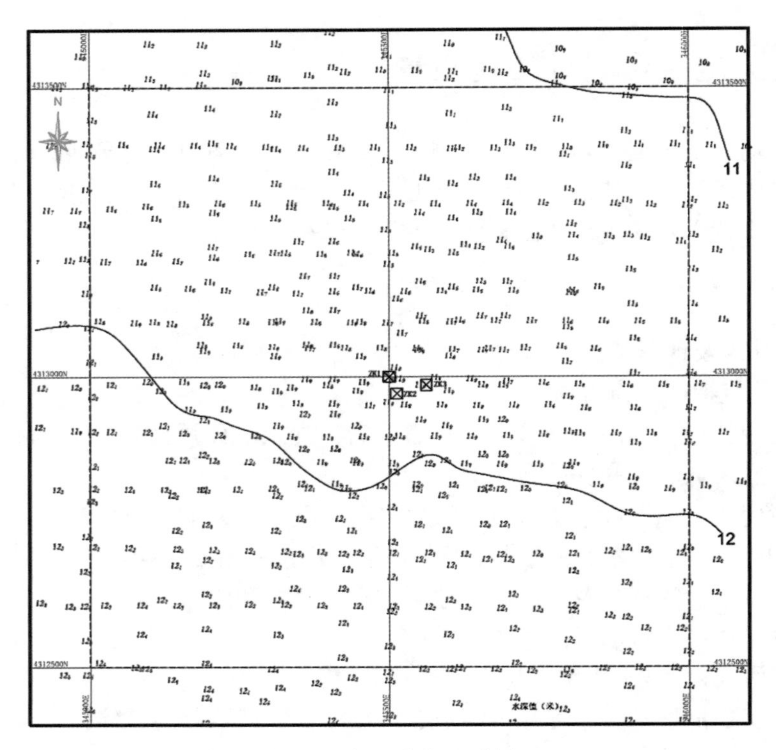

图 6-1　场址水深地形图

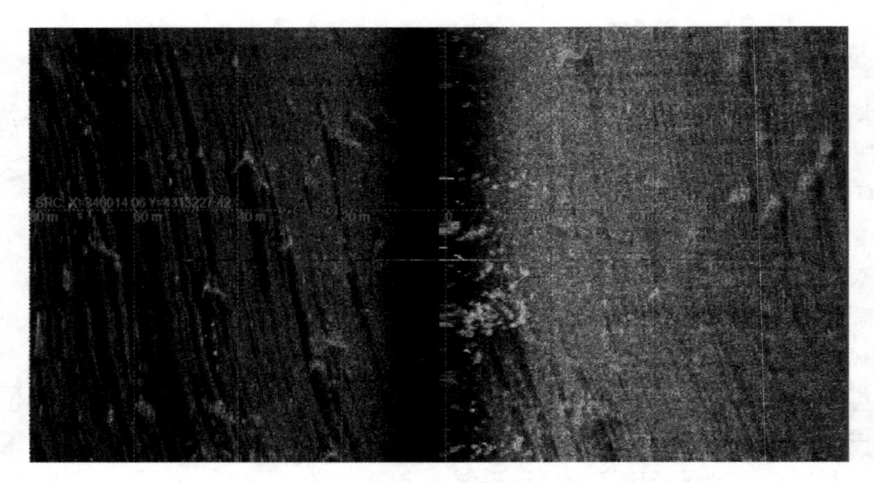

图 6-2　沙纹冲刷海底侧扫声呐影像

根据浅地层剖面和电火花地层剖面反射特征，海底以下共划分 5 个反射能量强、波组清晰稳定、特征明显并可进行连续追踪的反射界面，自上而下命名为 R1、R2、R3、R4 和 R5 界面，海底为 R0。海底与各阻抗界面之间共界定 5 套地层，由上而下命名为 A、B、C、D 和 E 层(图 6-5、图 6-6)。

图 6-3 场址区侧扫声呐影像镶嵌图

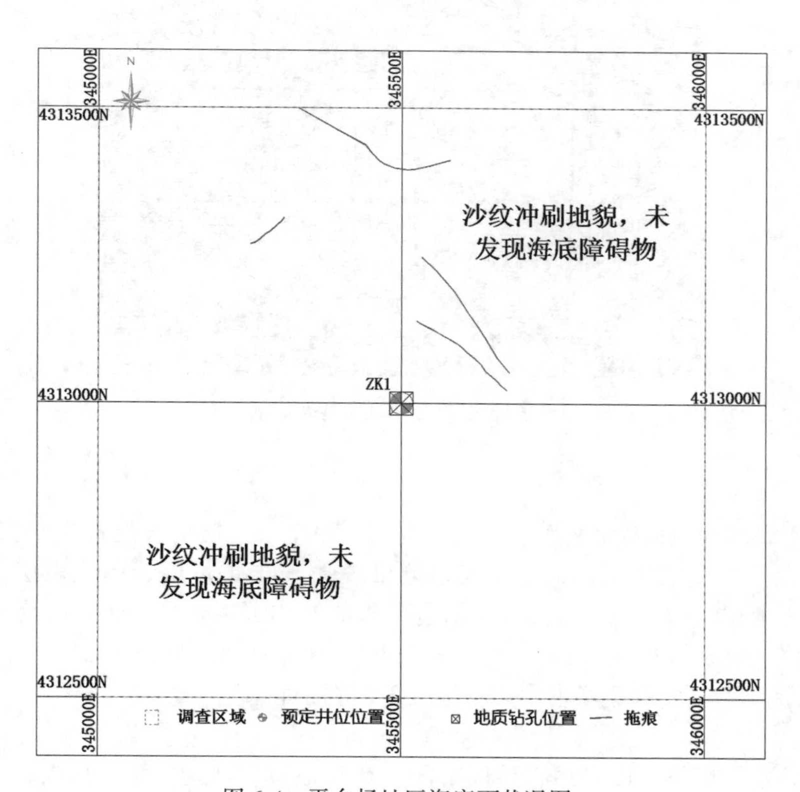

图 6-4 平台场址区海底面状况图

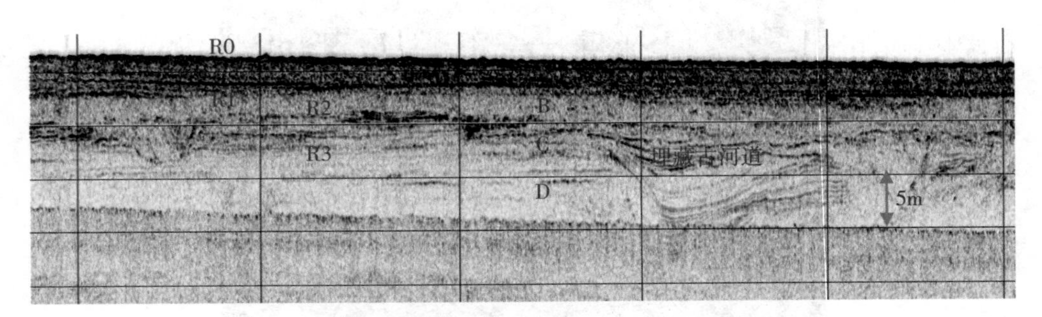

图 6-5　场址区南北中轴线浅地层剖面图谱

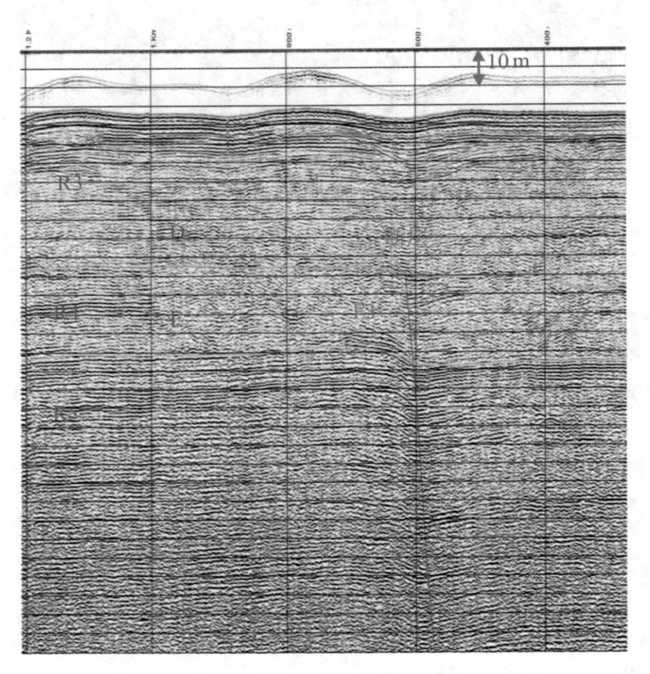

图 6-6　场址区南北中轴线电火花剖面图谱

1) A 层

A 层位于海底与 R1 界面之间。在地层剖面记录上，A 层上部层理为平行层理，近岸处 A 层表层以下发育前积层理，A 层反射能量较强。推测 A 层近岸处表层为海相沉积，中下部为前三角相沉积，向海方向为全新世以来的海相沉积。A 层底界面为 R1 界面，该界面较为平缓，反射强度中等，全区内连续分布。R1 界面的埋深为 3. 1～4. 4m，大多为 3～4m，局部为 4～5m。拟建场址中心位置处 R1 界面埋深为 3. 1m。

2) B 层

B 层位于 A 层以下，R1 与 R2 界面之间。在浅地层剖面记录上，B 层反射强度较弱，呈“声学透明层”。

B 层的底界面为 R2 界面，该界面较为连续，全区内能清晰地辨认该界面。R2 界面的埋深为 5.0~6.9m，拟建平台场址以北多为 5~6m，以南大多为 6~7m。拟建平台场址中心位置处 R2 界面埋深为 5.7m。

3) C 层

C 层位于 B 层以下，R2 与 R3 界面之间。在地层剖面记录上，C 层声学反射结构多为平行层理和斜层理，C 层内部发育埋藏古河道，多表现为叠瓦状前积层理和大角度斜层理。

C 层的底界面为 R3 界面，受埋藏古河道下蚀作用的影响，该界面在此处起伏较大。R3 界面的埋深 8.0~17.5m，埋藏古河道处 R3 界面的埋深由 9m 增加到 17.5m，平台场址其余区域为 8~9m，拟建场址中心位置处 R3 界面的埋深为 8.8m(图 6-7)。

C 层内埋藏古河道顶部深度约为 9m，底部深度为 14~17m；古河道走向为 NE—SW 向，河道宽度为 200~250m，下蚀深度为 5~8m。拟建部分位于埋藏古河道内。

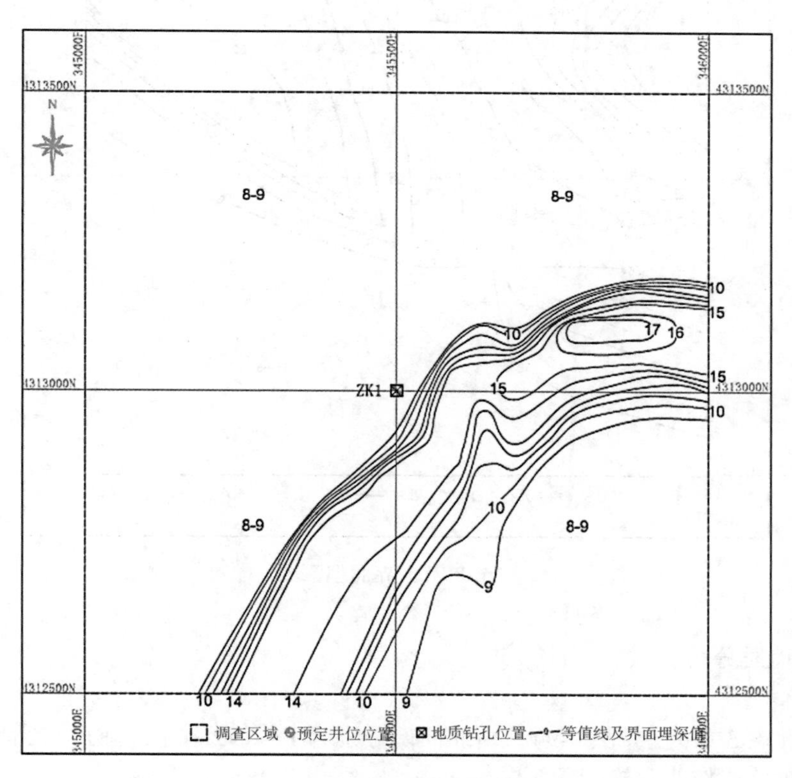

图 6-7 R3 界面埋深图

4) D 层

D 层位于 C 层以下，R3 与 R4 界面之间。在地层剖面记录上，D 层的声学反射结构主要为杂乱层理和波状层理，反射强度较弱，连续性较差。D 层的底界面为 R4 界面，该界面埋深为 38.1~43.9m。受断层影响，该界面埋深变化较复杂，断层附近该界面起伏小于 1m。拟建场址中心位置处 R4 界面埋深为 41.0m。

5) E 层

E 层位于 D 层以下，R4 与 R5 界面之间。在地层剖面记录上，E 层的声学反射结构主要为杂乱层理，剖面北端呈平行层理，反映该层物质横向上有一定的变化。

E 层的底界面为 R5 界面，界面埋深为 59.9～70.8m。受断层影响，该界面埋深变化较复杂，断层附近该界面起伏为 1m 左右。拟建场址井口中心位置处 R5 界面埋深为 61.5m(图 6-8)。

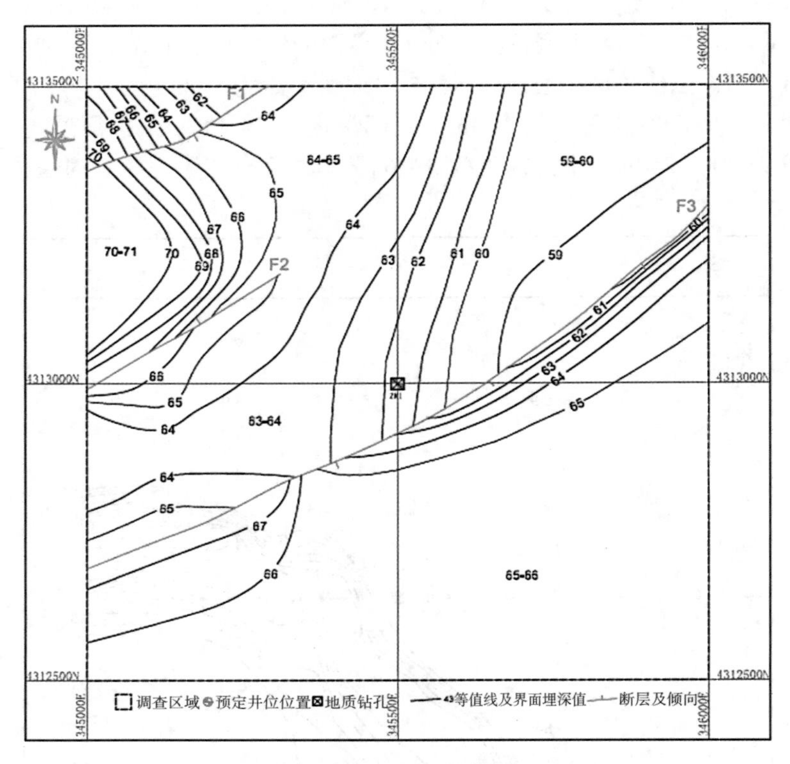

图 6-8　R5 界面埋深图

2. 灾害地质分析

1) 断层

场址区发现 3 条断层(图 6-9)，由北向南分别为 F1、F2 和 F3，F1、F2 距离平台中心位置较远，对就位作业及施工无影响。

F3 距中心最近约为 30m，顶部埋深为 40～41m，断距为 1m 左右。位于断层上升盘。由于断层的存在，使得断层所错断的地层强度降低，承载力受到影响，会对施工产生影响，在设计和施工时应充分考虑断层的影响。

2) 埋藏古河道

C 层内发现埋藏古河道，埋藏古河道顶部埋深为 6～7m，底部埋深为 14～17m；拟建部分位于古河道内，由于古河道埋藏较浅，对就位作业影响不大；如果插桩就位达到河道深度，可能会造成桩腿深度的差异，应采用谨慎试插方式。

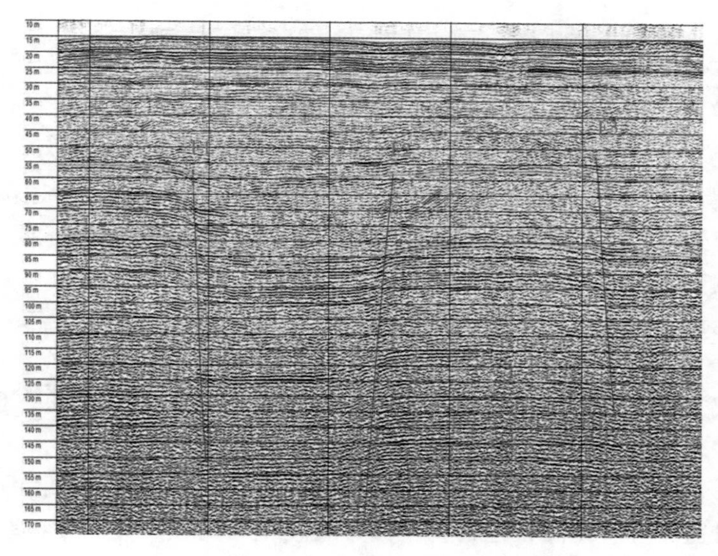

图 6-9 穿越 3 条断层的电火花剖面图谱

3. 结论

预定场址水深为 10.9~12.5m，海底地形平缓，未发现影响平台就位及施工的海底障碍物。由于部分位于埋藏古河道内，插桩就位如果达到河道深度需采用谨慎试插方式。距断层 F3 较近，设计和施工时应充分考虑其影响(图 6-10)。

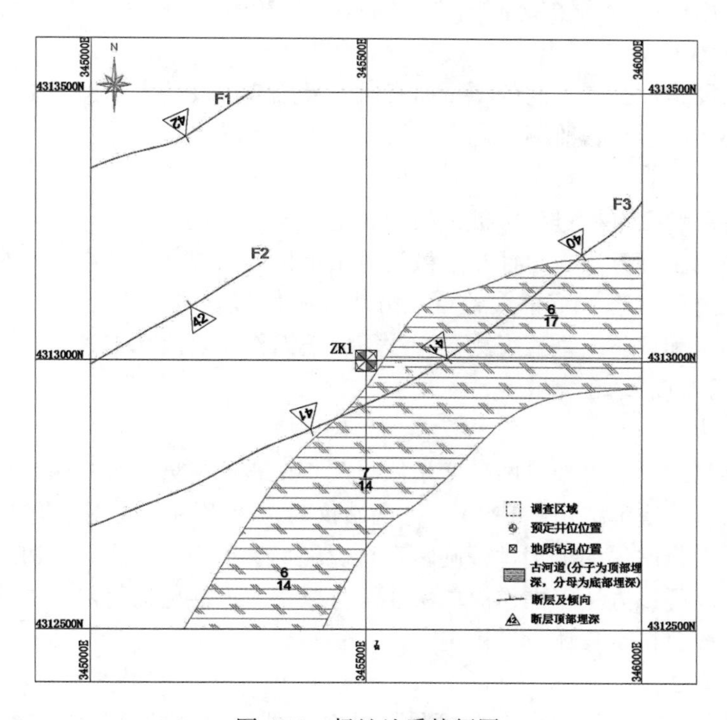

图 6-10 场址地质特征图

6.3　桩基运输及安装监测

海上风电桩基一般是圆形钢筒桩，分单桩和多桩。单桩直径一般为6~8m，多桩直径为4~6m。单桩是直接打在海底的单根桩，多桩一般由4根桩组成，打入海底，上部设有支撑平台或导管架结构。长度根据水深和场区浅层地质情况的不同而不同，对于目前的浅水地区，一般钢桩长度在70~110m不等。

钢桩在陆地预制场建造，建造完成后，为了后期安装监测需求，需要在钢桩上制作一定的标注，如母线、长度标尺、方位线等，或预埋一定的监测设备，或预留设备支架、卡槽等。建造完成并验收合格的钢桩需要由拖轮或浮船运送至作业现场。运送中有支架托着，保持水平状态，紧固，以防止运输中位移及本体变形。

运至现场后，由打桩船开展吊起和打桩作业。钢桩浮运过程中一般不需要测量工作，打桩中需要实时监测。监测内容包括：平面位置、绝对高程、倾斜度（垂直度）；对于多桩，还需要监测各桩之间的相对位置、方位、高程、高差等。

施工过程中的测量精度一般要求如下：

（1）钢桩垂直度，允许偏差≤3‰；

（2）钢桩平面位置，允许偏差≤100mm；

（3）钢桩朝向，允许偏差<±5°；

（4）桩顶标高，允许偏差≤100mm；

（5）对于多桩施工，4根桩之间的竖向偏差小于30mm，平面尺寸（任意两个桩顶之间的中心距）偏差≤40mm。

上述测量精度指标根据不同的项目而有所差异，或由设计方给出。桩基安装测量主要有两大项：打桩监测和高程监测。

1. 打桩监测

打桩监测主要包括沉桩过程中桩顶高程和垂直度等测量。

钢桩可以使用多种方法来定性和定量地测量钢桩的倾斜度，并进行实时监测，以准确地反映钢桩安装过程状态。沉桩大致可以分为三个阶段：自重入土、压锤入土、打桩阶段，经过不断测量和调整。垂直度测量方法需要根据作业阶段和现场具体情况，采用以下不同的方法或多种方法结合完成。

方法一：扫边法。

在导管架预制控制点上架设两台全站仪，并与正式桩尽量垂直，两台全站仪同时正交扫测钢桩直线段的边缘母线（图6-11）。将全站仪对中整平后，使用带有弯管目镜的全站仪，在视窗里观察全站仪的十字丝，旋转垂直螺旋，上下扫测正式桩的边缘母线，定性地描述钢桩倾斜程度。该方法，操作简单快速，可以快速定性地描述出钢桩的倾斜程度，适用于自重入土阶段，桩本身还没有稳定时。

方法二：母线法。

当钢桩比较稳定后，使用带有弯管目镜的全站仪，将全站仪架设在抱桩平台观测点

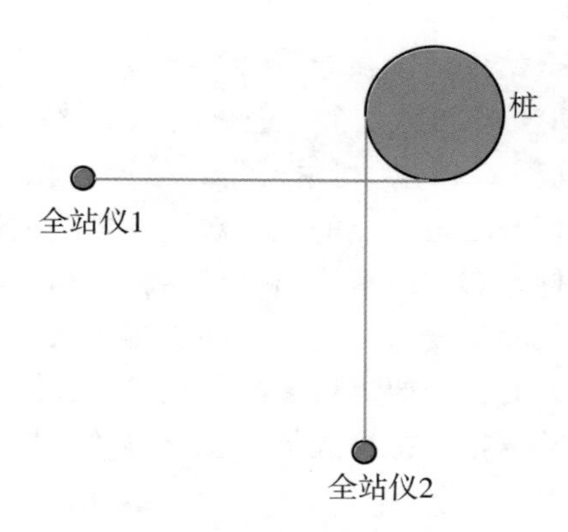

图 6-11 全站仪扫边法

上，对中整平仪器，观测钢桩直线段的母线，测量该母线上两个点的三维坐标，通过计算，得出母线的倾斜角度和倾斜方位，即钢桩的垂直度，避开钢桩变径管段。钢桩母线需在钢桩运达现场前，在制造厂绘制好，或现场使用全站仪，通过测量钢桩直线段边缘母线的左侧水平角和右侧水平角，然后将水平角放样至上述两个角的角平分线上，以确定母线的上端点；使用相同方法确定钢桩直线段母线的下端点；上、下端点的连线即为钢桩母线（图 6-12）。

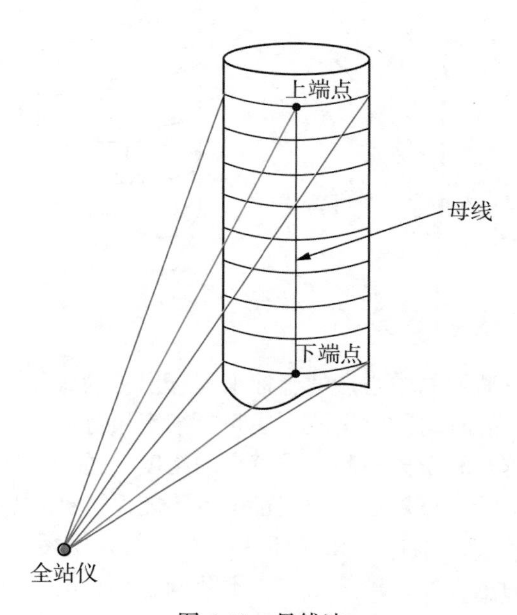

图 6-12 母线法

使用该种方法，由于打桩过程中导管架平台不完全静止，对全站仪测量边缘母线产生影响，进而造成全站仪确定出的母线有一定误差。若能在出厂时就绘制好，就可以避免现场测量误差和减少测量时间。

方法三：拟合法。

当钢桩比较稳定后，将全站仪架设在导管架平台观测点上，对中整平仪器，观测上、下两个横切面，每个横切面上选取 8～10 个点进行坐标测量数据采集，采集的数据实时发送到定位软件进行拟合处理(图 6-13)。利用最小二乘原理拟合该横切面，得到横切面中心的坐标及圆半径，剔除离拟合圆最远点的观测数据，再次拟合该横切面，得到横切面中心的坐标及圆半径，通过软件能够实时解算出钢桩倾斜度和倾斜方位。最后，将横切面圆半径与桩设计尺寸对比，如果满足要求，则认为此次测量结果有效。否则，重复以上测量操作直到满足要求为止。必要时，需要进行多次测量，比较测量结果的差异以保证测量质量。当钢桩出现倾斜时，将数值报给指挥人员，便于调整钢桩的倾斜状况(图 6-14)。

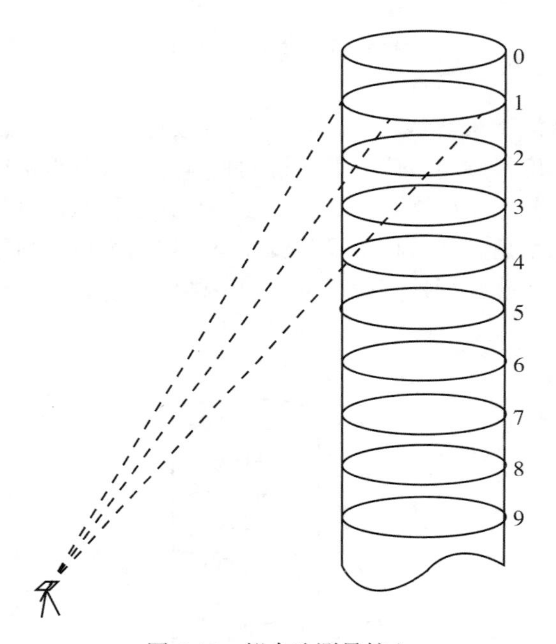

图 6-13　拟合法测量桩心

该方法，通过上、下截面的中心点的坐标来解算出桩的倾斜角和倾斜方位，测量一次垂直度，需要 10min 左右的时间；但是该方法测量精度相对较高，选取的上、下截面在竖直方向上的间距越大，越有利于提高测量垂直度的精度，适用于压锤入土、打桩阶段。

综上垂直度测量，由于在打桩过程中测量平台不能保持绝对稳定，对全站仪整平产生影响，而倾斜仪存在安装误差难校正和损坏的因素，因此使用多种测量相结合方法，定性、定量地测量出钢桩的垂直度，剔除粗差，不断调整垂直度，以达到设计指标。

2. 高程监测

在测量平台预制的控制点上，并利用 GNSS 方法测量出该点的位置和高程值。GNSS 测量可以采用 RTK 模式或星站差分模式完成，由 GNSS 测得的大地高，需要根据该地区的高程异常换算成 1985 国家高程基准高程。

打桩监测时，将全站仪架设在该控制点上，使用无棱镜模式，测量正式桩顶或桩上某

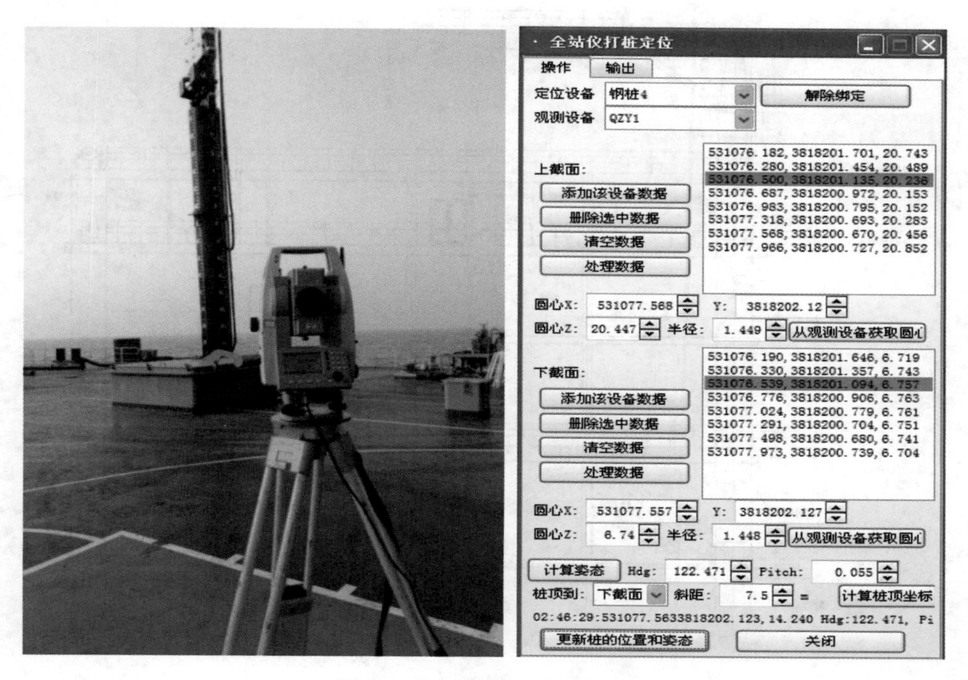

图 6-14　倾斜度测量示意图

刻度线的标高，直接或间接地推算测量出桩顶标高(图 6-15、图 6-16)。

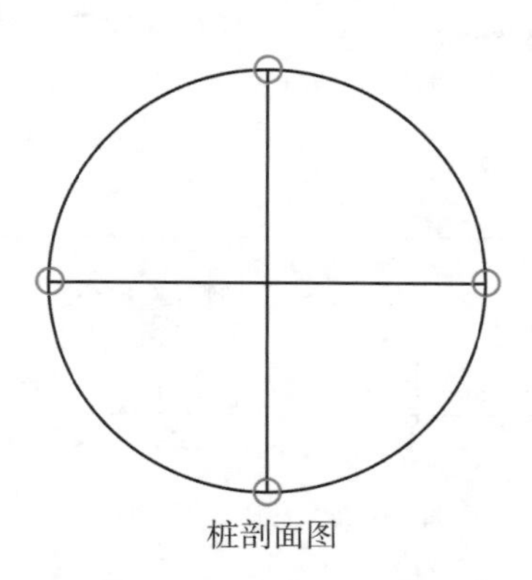

图 6-15　轴向刻度标记(红色为需要进行标记的位置)

由于全站仪架设在导管架预制控制点上，观测桩顶时，俯仰角过大，直接观测不到桩顶，因此打桩前需要在钢桩的适合高度处标出尺寸刻度，每整米做一个标记，沿桩轴线方向进行 4 个方向的标记，以保证沉桩过程中测量钢桩顶标高，将钢桩打到设计标高上。打桩前观测并记录钢桩初始高程值，通过测量钢桩的刻度值来计算钢桩贯入的高度(深度)，按照要求实时报送给打桩指挥人员。

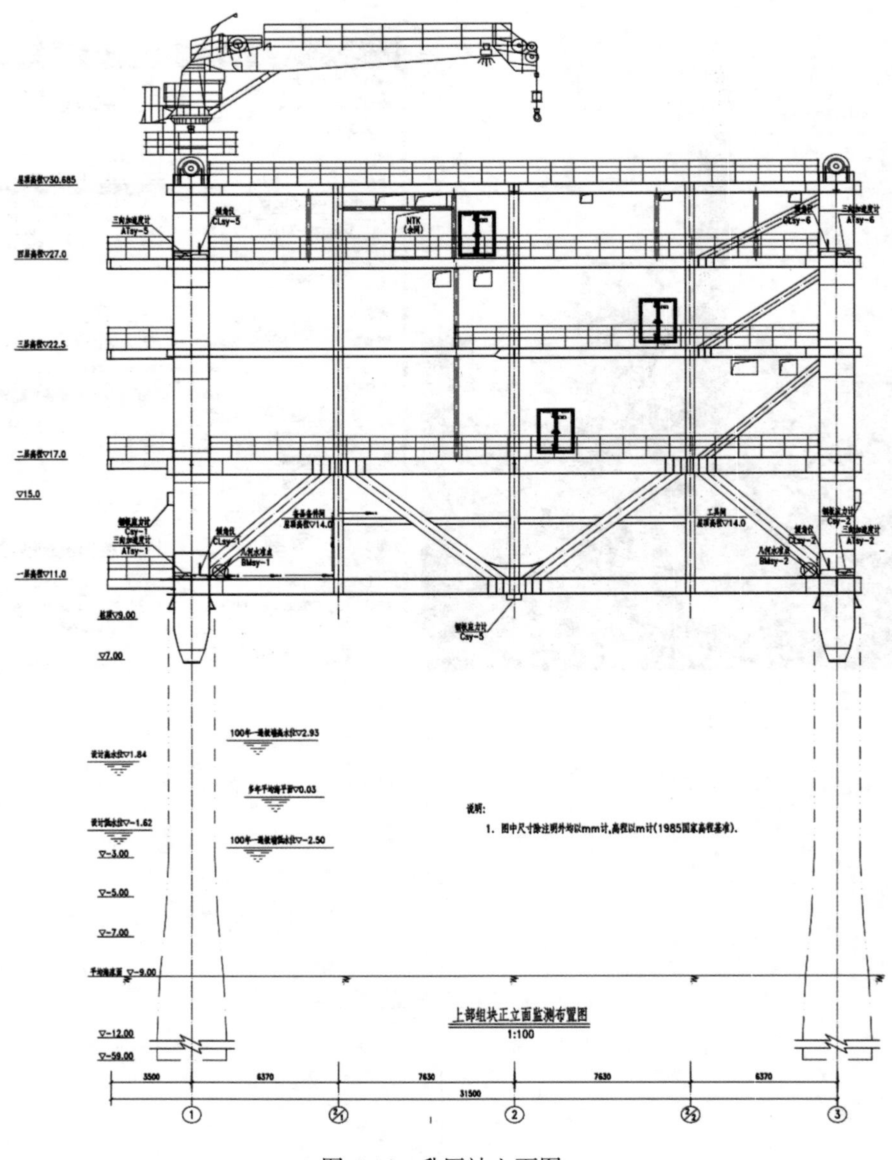

图 6-16　升压站立面图

6.4　升压站运输安装

一个区域性风电场，一般需要划分成若干分区，每个分区风电场一般配套建设一台220kV 海上升压站。陆上设立区域性集控中心和运维码头。风电机组发出电能通过多个回路 35kV 集电海底电缆接入海上升压站，升压后通过 2 回 220kV 海底电缆接入位于陆上的集控中心。从风电场集电线路角度考虑，海上升压站需布置在风电场中央以及靠近陆地地带，这样整个场区集电线路长度最短、线损最小。

升压站由导管架作为支撑，安装在导管架上方。导管架与水下的4个桩基础对接。

升压站、导管架都在预制场完成建造，然后由船只拖运至场址，由浮吊船进行安装（图6-16~图6-18）。

图6-17 升压站导管架三维模型图

图6-18 升压站导管架现场建造图

6.4.1　测量内容及要求

主要施工测量内容包括：作业各船舶导航定位（含抛锚就位、船位监控等）、导管架安装定位测量、导管架安装后水平度测量、沉桩监测、桩顶标高测量、升压站浮运及现场安装测量工作。各项测量一般工作要求如下。

1. 基本要求

平面坐标系统一般采用 CGCS 2000 大地坐标系，高程控制系统采用 1985 国家高程基准。所有 GNSS 高程测量需要通过高程异常转化为 1985 国家高程基准高程，且需要提供 3 个以上的控制点信息。

执行的有关国家技术规范和标准如下：

（1）《全球定位系统（GPS）测量规范》（GB/T 18314—2009）；

（2）《水运工程测量规范》（JTS 131—2012）；

（3）《精密工程测量规范》（GB/T 15314—1994）；

（4）工作任务单及相关技术要求。

2. 船舶定位

现场所有施工船舶的表面定位工作，主要包括升压站浮运导航、抛锚定位、施工就位、吊装导航定位等。其中主船抛锚就位，抛锚定位精度优于±3m。

3. 导管架安装定位测量

（1）导管架就位前，必须对设计就位参照点坐标进行测量，如与设计坐标不同，应立即停止作业，并通知建设设计单位、监理单位，协调解决；

（2）绝对位置允许偏差<500mm；

（3）导管架打桩前需进行调平，调平后导管架水平度（4 个套管的任意两个之间）偏差≤0.2%；

（4）导管架的沉放高程应预留沉桩过程中导管架的沉降，沉桩后导管架中心高程允许偏差≤300mm；

（5）沉桩过程中应随时监测并调整导管架的水平度，沉桩后导管架结构顶部水平度（4 个套管的任意两个之间）不超过 0.25%，验收高差不超过 0.5%；

（6）导管架各套管的方位误差不应超过设计方位±2.5°（以顺时针方向为正）。

4. 导管架沉桩监测

导管架沉桩监测主要包括钢桩垂直度和桩顶高程监测，以及导管架的水平度监测。精度要求如下：

（1）高程允许偏差<100mm；

（2）桩轴线倾斜度偏差≤5‰。

5. 升压站上部组块运输及海上安装施工测量

升压站在运输及吊装过程中，需实施 4 个桩腿底部及顶部的三向加速度及纵横向倾斜监测，上部组块安装后柱顶高程监测。一般要求如下：运输过程中，船舶升沉加速度不超过 0.2g；船舶横摇不超过 20°，10s；船舶纵摇不超过 10°，10s；船舶其余各项加速度不超过 1.0g；上部组块安装过程中，4 个柱底部的水平和竖向加速度不得大于 0.2g；上部组块海上安装完毕后，柱顶高差控制在100mm范围内。上述监测指标参数与升压站组块建造指标有关，或由制造和设计方给出。

6.4.2 测量定位作业方法

1. 准备工作

1)控制点复测

在业主移交控制点后，对移交的控制点进行复测。控制点复测采用CORS和星站差分GNSS相结合的方式。作业前应对所有投入使用的仪器设备进行校核，保证设备在检核的有效期内使用，并在作业期间按要求对设备进行检查和维护。根据控制点复测结果，检核业主提供的坐标转换参数正确性，并计算大地高改正数。开工前，项目中所有GNSS设备均应在控制点上进行校核。

2)导管架设备安装

正式施工前，应提前进场，在导管架上安装导管架定位定向及姿态监测设备，并通过全站仪精确测量，标定出定位定向设备与导管架各关键点(如导管架上部四桩口、下部四桩腿等)的相对位置。选择在通视良好且不易被破坏的位置建立两个全站仪观测的靶标点，精确测量两个靶标点的偏移，用于推算就位时导管架的实际位置。在导管架甲板面上，选取合理位置预制工程临时控制点，以进行后期沉桩监测等测量工作。最后结合设计图纸建立导管架三维模型，将导管架的形状、偏移等属性配置进入导航工程软件，用于后期导管架海上安装指导。

3)升压站设备安装

正式施工前，应提前进场，在升压站上部组块上安装升压站振动监测设备，以保证升压站整个码头吊装、海上浮运及升压站海上安装过程中的振动监测数据连续、完整。

2. 船舶定位

施工船舶定位采用DGNSS定位定向仪等设备，应用船舶定位软件，以图形化的方式实时显示船舶的位置和各种背景底图，可以接收多种设备的数据，采用网络的方式对数据进行集成和共享，实现多终端的界面显示(图6-19)。在导管架安装前，主作业船开始就位于设计位置附近，根据现场海流方向及风向情况，与船长、项目经理设计船平面位置和船艏向，进行锚位及船位设计。

在抛锚完毕后，通过主作业船上的定位系统指导船舶就位。按照设计要求，将主作业船上的工作点导航到预定位置，进行施工作业。作业过程中实时监控船舶位置情况，包括船位偏差及艏向偏差。

升压站吊装过程同样需要对施工船舶进行定位。在各施工船上安装定位定向仪，并通过无线网桥及软件实现数据的实时共享。在升压站顶层甲板安装定位定向仪，精确量取仪器设备在整个升压站的相对位置，在后续吊装过程中，通过软件实时计算并显示升压站的位置及艏向信息，为吊装作业提供技术指导。

3. 导管架安装定位

1)导管架安装导航定位

在导管架甲板层安装定位定向设备、姿态监测设备及无线传输设备，吊装前对设备进行通电检查。导管架起吊后，将位置和方位数据实时传输到吊装船吊装的控制中心，在导航定位软件上，动态实时显示导管架的实际位置以及设计位置，并以数值显示到设计位置的距离和方位，指导指挥人员将导管架放至设计位置，完成导管架水下安装作业，导航界面如图 6-20 所示。

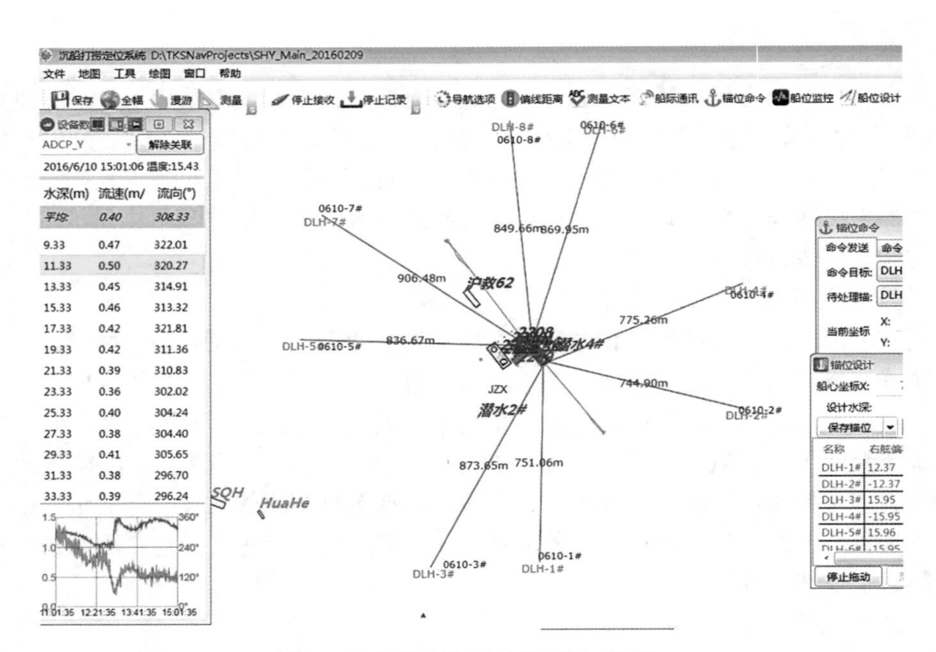

图 6-19　船舶定位导航界面图(案例)

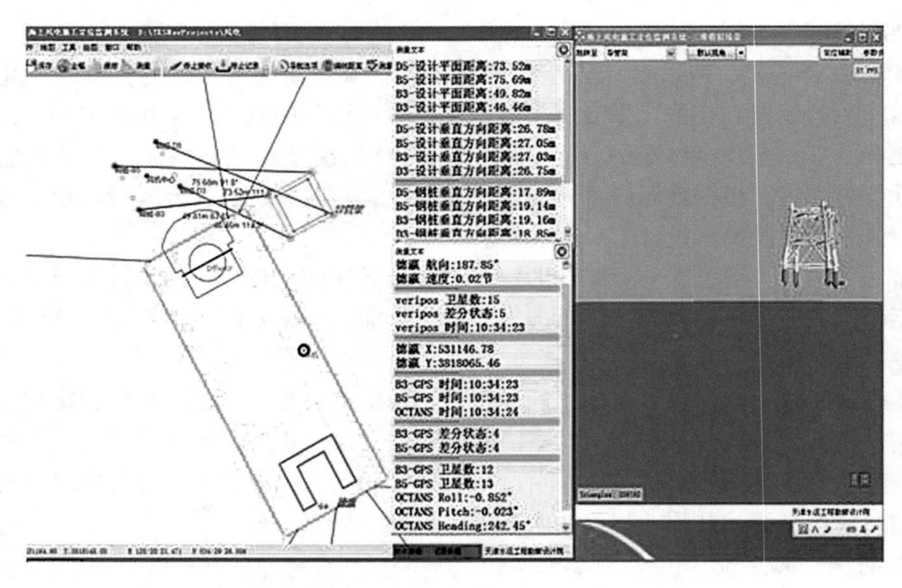

图 6-20　导管架导航定位界面示意图(案例)

2）导管架平整度测量

导管架安装完成后，对导管架进行平整度测量。采用水准仪对导管架的带缆走道甲板层进行水准测量，计算得出导管架带缆走道甲板平整度。若不满足设计要求，应对导管架水平度进行调整，直至满足设计要求后，方可进行后续沉桩作业。

3）法兰平整度测量

每个钢桩顶部设计有法兰与上部构件（升压站）对接，导管架安装完成后还要对法兰面进行平整度测量。平整度测量精度要求一般与钢桩倾斜度相当。平整度测量一般采用八方位法，在法兰面上周边以“平台北”为起点，划分 8 个方位线，用全站仪精确测定 8 个点的相对高程（图 6-21），获得相对方向上的平整度，其最大值代表法兰面平整度及倾斜方位。

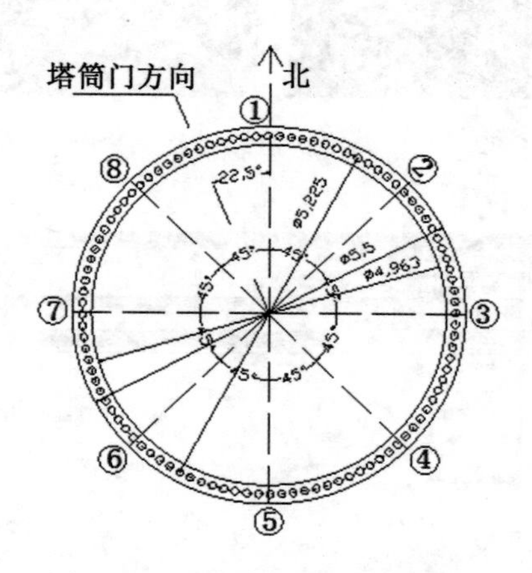

图 6-21　八方位法水平度测量点

4）导管架艏向测量

在正式打桩前，在预制的控制点上采用全站仪和定向设备对导管架位置及艏向进行复测。

4. 升压站组块姿态监测

1）设备安装

首先在 4 个桩腿上下两端共布设 8 个监测点（图 6-22），各安装 1 个三向加速度传感器和 1 个两向倾角传感器（共计 8 套），以监测各个桩腿位置在吊装、浮运及安装过程中的振动加速度和倾角（包括纵、横摇倾角）。加速度传感器 X 轴方向指向浮运艏向，Y 轴方向指向驳船右舷，Z 轴方向垂直向下，倾角传感器 X 轴方向指向浮运前进方向（俯仰角），Y 轴方向指向升压站右舷（横摇角）。

2）姿态监测作业

在正式吊装前，对各设备进行供电，设备即开始工作。在浮运、安装过程中，系统能够实时记录数据（图 6-23），方便在后期对数据进行整理分析，形成报表，为后期分析提供依据。

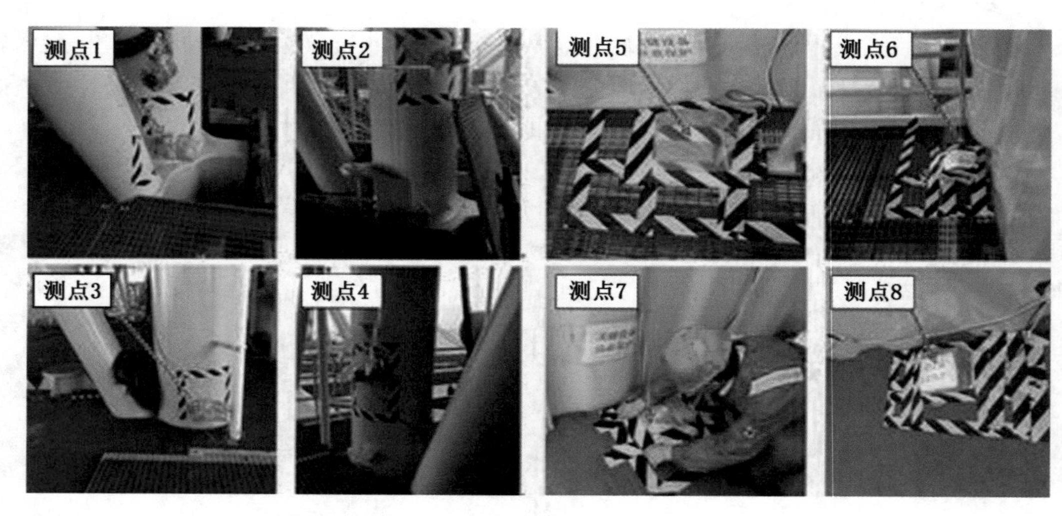

图 6-22　升压站组块监测设备安装图(案例)

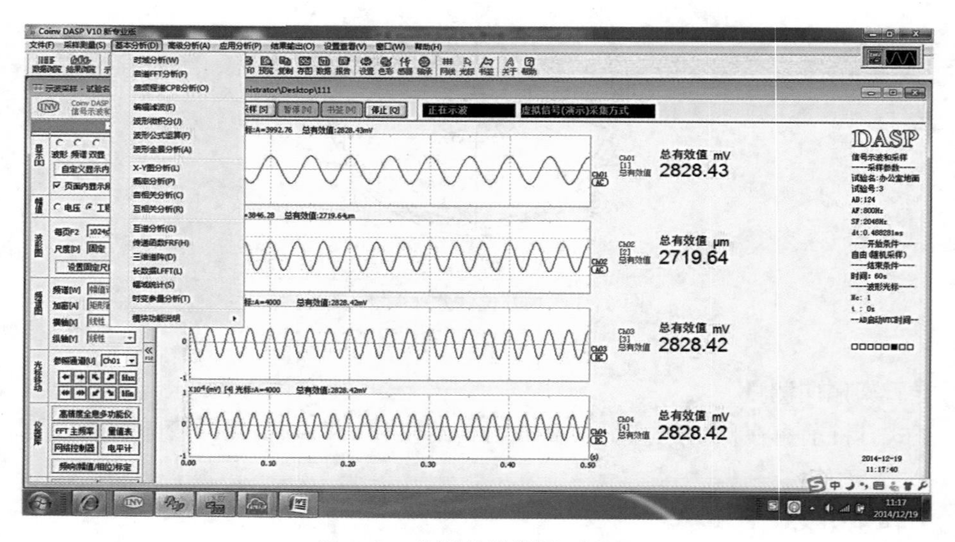

图 6-23　监测软件截图(案例)

3) 高差测量

在上部组块安装完毕后，利用全站仪在上部组块顶甲板中心位置架设全站仪，分别对 4 根立柱顶进行高程测量，计算得到任意两立柱顶标高差，确保高差在误差允许范围之内。

6.5　运维期监测

风电运维期监测包括以下几个部分：风机及桩基础的运维检测、海底电缆路由检测、海上及陆上附属设施监测。

风机及桩基础运维期监测主要包括：高桩混凝土承台监测、单桩基础监测、塔筒监测。监测项目主要有：基础不均匀沉降监测、塔筒形态监测、振动监测、结构应力监测、冰压力监测及钢管桩腐蚀监测。

海底电缆路由运维期监测/检测内容主机要包括：海底电缆状态、路由冲刷状态、障碍物及人为破坏的维护检测。海上及陆上附属设施监测内容不属于海洋工程测量范畴，本章不予阐述。

6.5.1 风机及桩基础监测方法

1. 海上升压站运维期监测

海上升压站基础为导管架式钢结构基础。升压站包括三部分：桩基础、导管架和上部组块。

根据海上升压站监测要求：海上升压站基础，在运输前即提前安装好钢板应力计、倾角仪、加速度计及不均匀沉降观测点(或静力水准仪)，对不均匀沉降观测点定期进行人工观测，采集数据和分析。

运维期间，上述预埋的传感器根据设定参数长期工作。将海上升压站所有监测传感器的信号电缆整理并归置到数据传输柜，进行调试，最终实现自动采集、监测的功能。完成数据长期监测传输、数据分析。海上升压站监测设备安装工作流程图如图 6-24 所示。

2. 基础、风机及其上部塔筒监测

钢桩、塔筒风机监测要求如下。

钢管桩生产现场进行加速度计支座和测斜管的安装，桩基施工完成后进行钢板应力计、加速度计、不均匀沉降观测点的安装，钢桩打桩时进行钢筋计、无应力计、混凝土应变计的埋设。

塔筒安装前提前焊接好加速度计、倾角计的安装支座，在塔筒安装结束后安装应变计、加速度计和倾角计，并将风机内所有监测传感器信号线整理并归置到数据传输柜。风机塔筒内设施安装完成后进行最终远程控制的调试工作。桩基础风机监测设备安装工作流程图如图 6-25 所示。

运维期需定期对不均匀沉降观测点进行观测、采集数据、分析，一般每月 1 次。

3. 自动化监测系统的建设和运行

海上升压站和所有风机内，根据监测仪器数量及类型分别布置监测自动化采集模块，采集模块利用光缆与陆上管理中心内的采集计算机进行通信以实现自动化监测功能。

风电场自动化监测系统一般包含以下功能。

1)数据采集

此功能是风电场监测系统的基本功能，主要由监测传感器和数据采集仪完成，负责采集倾斜、振动、应力、腐蚀等数据。

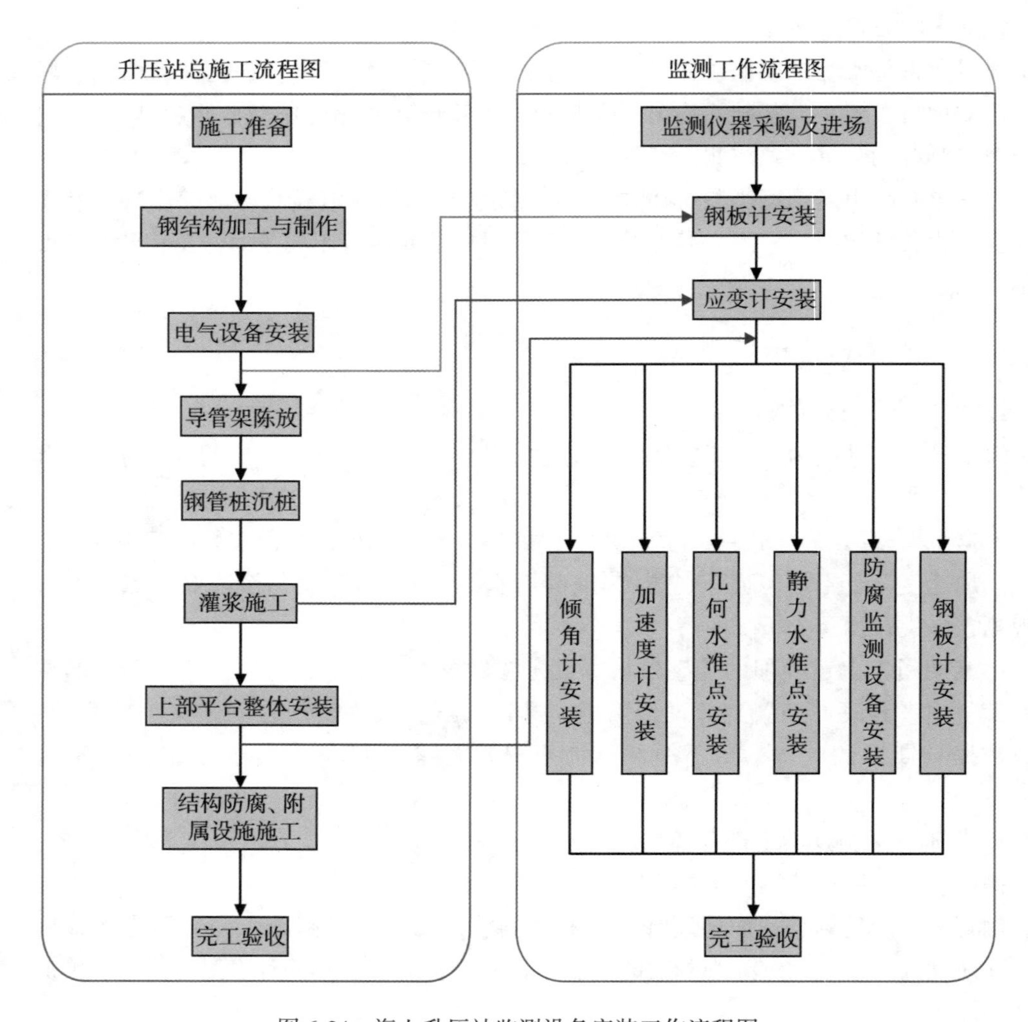

图 6-24　海上升压站监测设备安装工作流程图

2) 数据传输

此功能是风电场监测系统实现远程实时监测与控制的基础，主要由现场网络、光纤网络及相关设备完成，实现各监测终端之间的数据汇总和传输。

3) 数据存储

此功能包括应急存储、数据库实时存储和数据文件压缩存储三种方式。应急存储应用于监测中心断电等异常情况下实时数据的存储，并在系统正常时自动上传存储数据；数据库实时存储应用于系统正常运行时实时数据的存储，存储周期一般为 0~6 个月；数据文件压缩存储用来存储 6 个月之前的历史数据，通过对数据进行压缩，减小存储占用空间。

4) 数据监测

此功能提供系统终端的监测界面与分析计算手段以及远程用户 Web 访问、故障报警

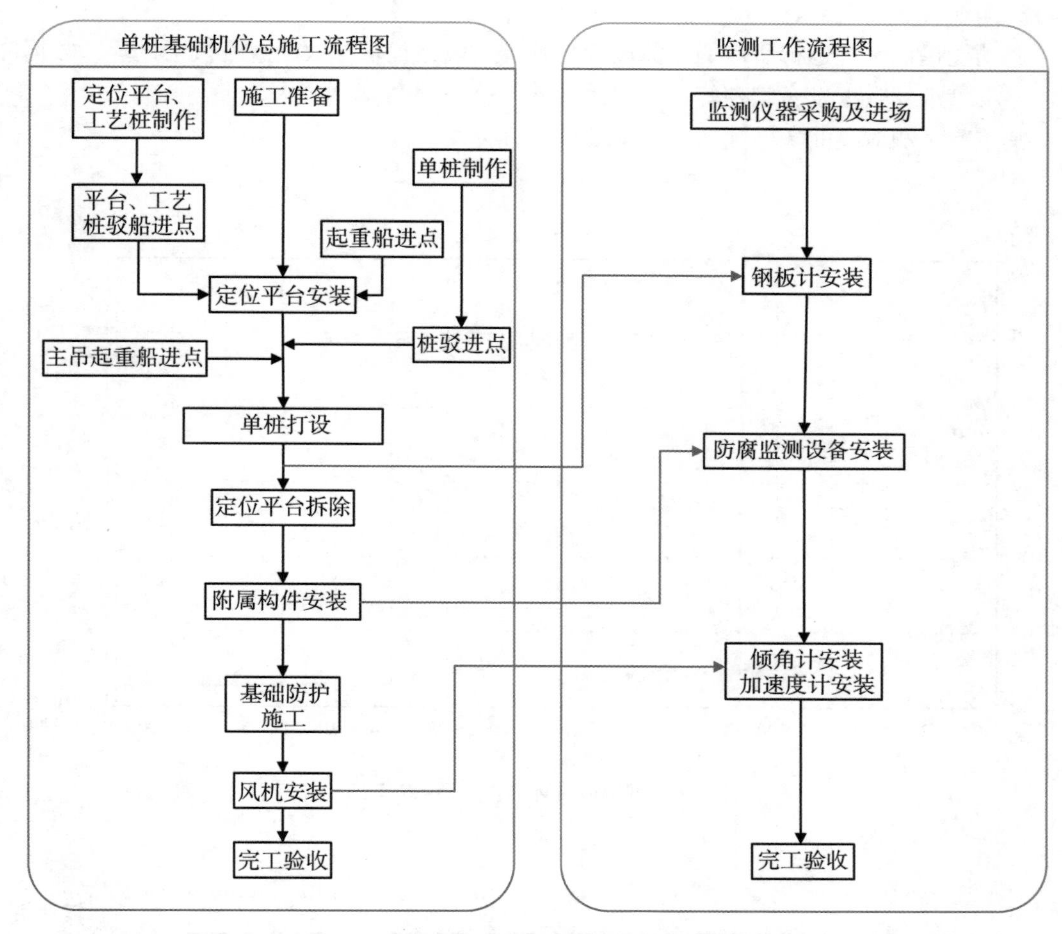

图 6-25 桩基础风机监测设备安装工作流程图

机制，包括面向各类终端用户的监测中心内部终端人机接口、远程终端人机接口以及监测报警人机接口等，实现对风电场状态的实时监测。

5) 数据处理

此功能主要包括风电场数据统计、报表、预测分析、性能评估等，如数据报表、趋势预测、功率曲线和实用性计算等功能，已实现监测数据分析。

6) 系统异常报警

此功能实现声音报警、画面报警、打印报警等，并提示系统异常的原因和异常设备的位置、类型、编号，开始时间等。

7) 系统安全日志功能

根据系统日志参数设置，任何用户的任何操作都将被记录，并且对于重要的运行操作日志信息，将通过网络通知到相应的监测终端。

8) 系统配置管理

此功能提供系统运行所需的相关配置与管理手段，包括参数配置、权限设置、数据加密、终端管理、数据发布管理等。

某工程监测成果曲线图如图 6-26～图 6-30 所示。

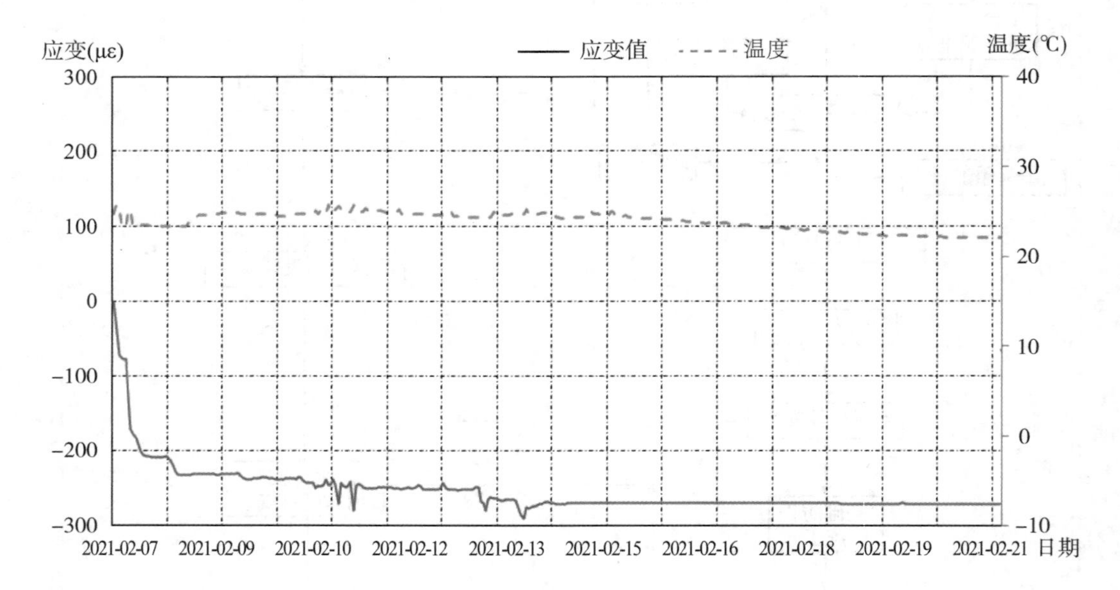

图 6-26　钢板应变计测值过程线(案例)

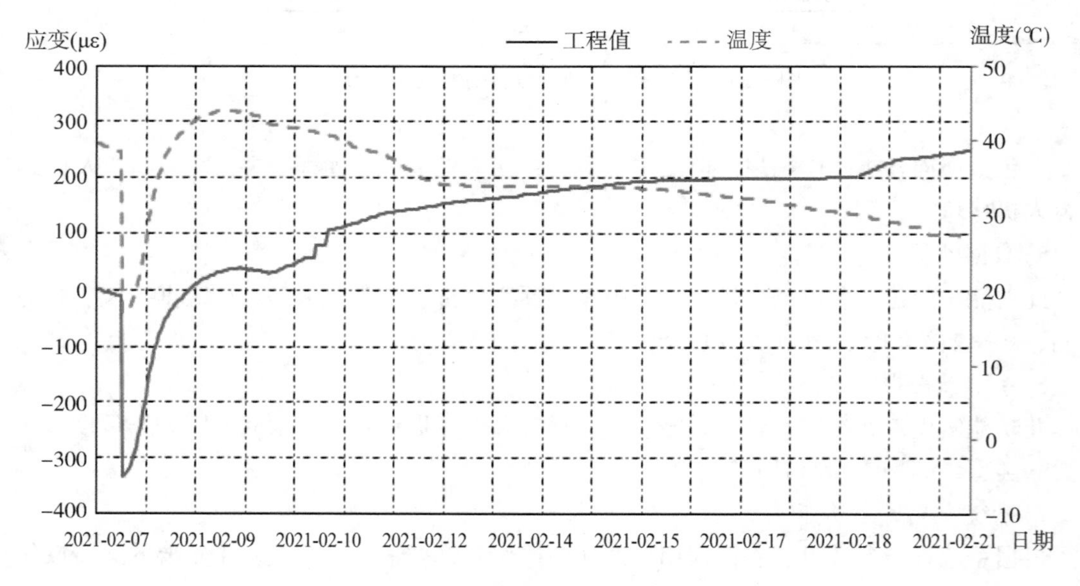

图 6-27　钢板应变计测值过程线(案例)

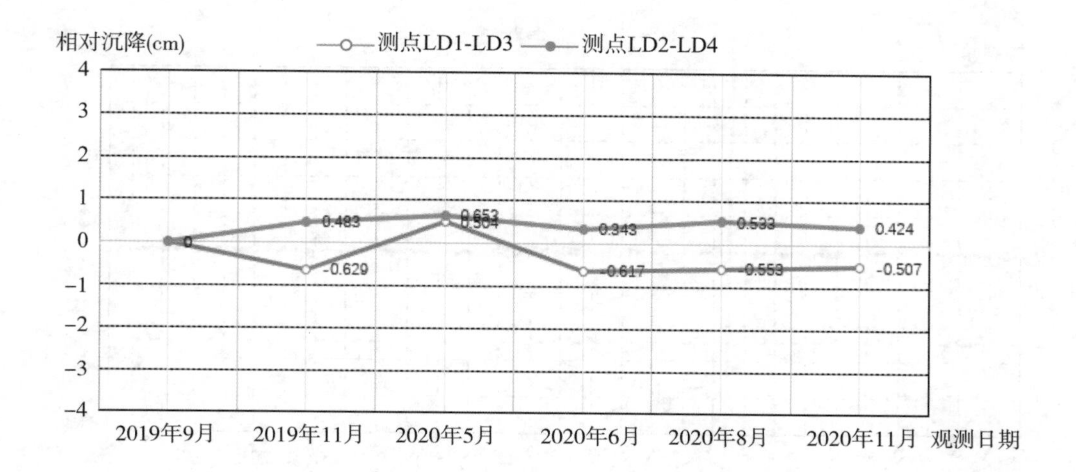

图 6-28 某承台各测点累计不均匀沉降变化曲线(案例)

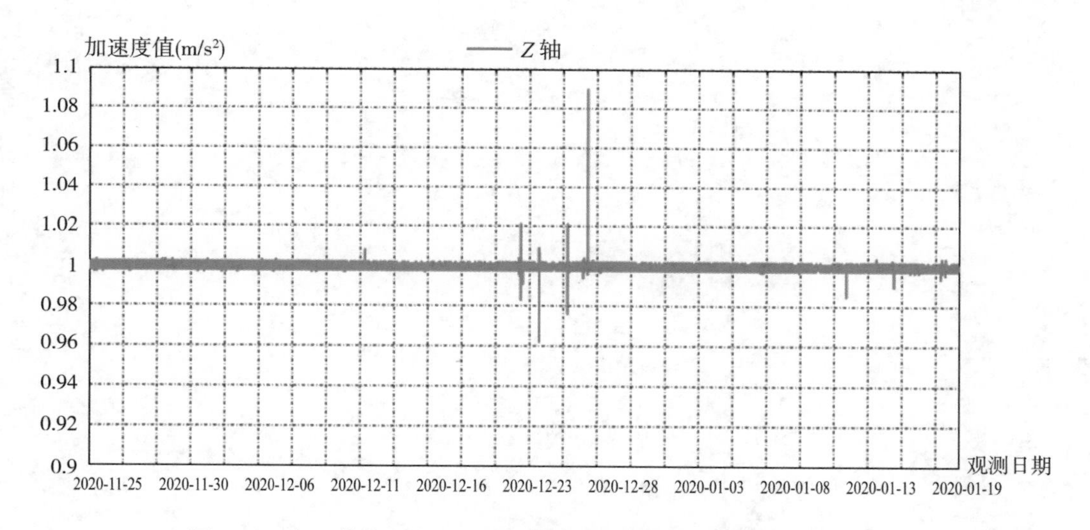

图 6-29 海上某升压站立柱 15m 高程处振动监测变化过程线(案例)

6.5.2 海底电缆、路由运维期监测/检测

海底电缆路由运维期监测/检测内容主要包括：海底电缆状态、路由冲刷状态、障碍物及人为破坏的维护检测。测量方法参见第 5 章。

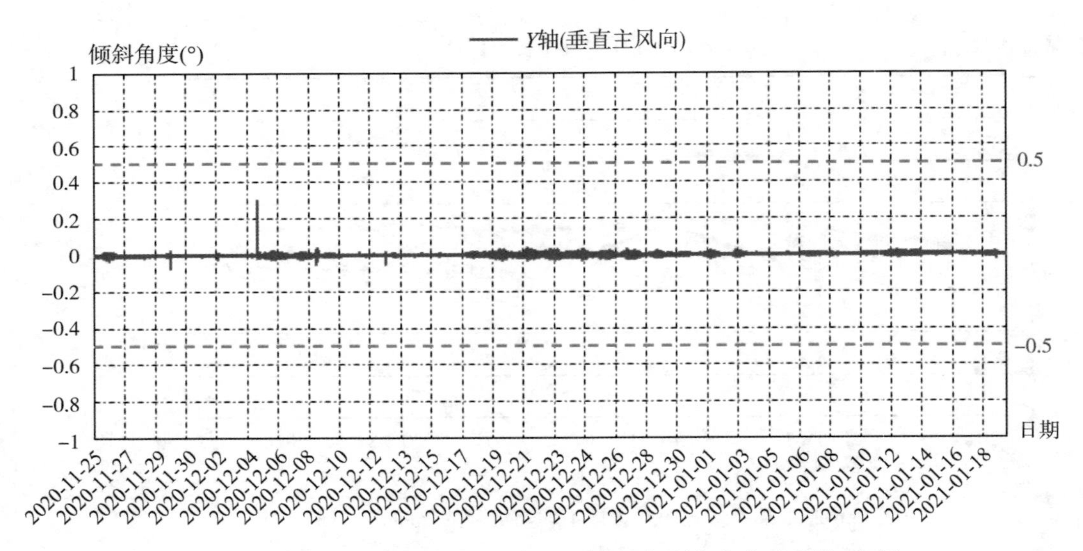

图 6-30　海上某升压站立柱 22m 高程倾斜角变化过程线(案例)

第 7 章　海上打捞施工测量

7.1　概述

海上救助打捞是国家应对海上重特大突发事件的中坚力量，是国家公益事业不可或缺的一部分，它为广大海上活动人员的生命和财产安全保驾护航，为国家综合运输体系建设提供可靠保障。近 10 年来，海上救助打捞共挽救 3 万多人命，使 1600 多艘中外籍船舶转危为安，使 100 多艘沉入海底的中外籍船舶重见天日，直接挽回财产总价值约 740 亿元。

2014 年，广东珠江口海域 57000t 级散货船“夏长轮”打捞出水，刷新了世界散货沉船整体打捞的吨位记录，成为迄今为止最大吨位散货沉船整体打捞工程。2015 年，上海打捞局企业联合体承担了韩国“世越号”邮轮的打捞任务，带动了我国打捞事业走出国门。

就世界范围看，西方发达国家沉船打捞技术正在向大吨位、大水深、智能化、快速化方向发展，他们依托先进的水下探测技术及设备，能够完成大吨位沉船的水底姿态探测和船体损伤检测，能够全面了解沉船的状态信息；依托先进的计算机辅助技术和监测设备，在打捞作业前能够对打捞过程进行分析和仿真；依托完善的一体化监控系统，能够通过一个显示终端实现对打捞作业过程的全面监测；依托先进的起重技术和装备，能够完成大吨位沉船的整体打捞；依托先进的水下切割技术和装备，完成高围压状态下切割和开孔作业。

近年来，我国各海上抢险打捞单位通过技术创新，已经在大型远程拖航技术，重、轻潜水技术和装备，5000t 沉箱整体预制和拉移，单点系泊安装，水下应急抽油，大型沉船整体打捞和特殊船舶抢险打捞等技术方面都上升到一个新的台阶。但从总体来看，现有的抢险打捞技术及装备仍有很长的路要走，与国际先进水平相比仍有较大差距。

7.1.1　沉船打捞工程的特点

沉船打捞工程除具有一般海洋工程所具有的通性外，还有着自身显著的特点。

1. 打捞对象的多样性

沉船打捞工程对象的多样性主要体现在以下几点。

(1)打捞目标多样性：打捞目标多样性是指打捞目标种类繁多，可以是各类沉没、搁浅船舶，也可能是失事飞机、落水车辆等，对象的多样性要求有针对性的打捞方案。

(2)对象状态多样性：对象状态多样性是指打捞对象沉没后的状况姿态不一性。如爆炸造成的打捞对象结构完全断裂、严重破损；碰撞造成的打捞对象局部破损、进水，进而沉没；抑或因操作不当，打捞对象依然完好但不能自行脱险等状况，和打捞对象最终稳定后的姿态，如纵倾、横倾、倾覆等。

(3)环境因素多样性：一是作业现场区域的水深、底质类型具有多样性；二是水文气象的影响，如潮汐、水流、风力、波浪等海洋水文气象具有显著多样性和多变性。

2. 所掌握信息的未确定性

在打捞工程中，打捞对象往往存在打捞的未知数需要确定，如沉船的水下状态、破损情况、燃油储量等，这些信息是制定打捞技术方案及施工的必要依据。建立在不准确的信息基础上的打捞方案和施工，必将给打捞工程带来风险。

3. 工程时间的紧迫性

造成沉船打捞工程时间紧迫性的主要原因有以下两方面。

(1)沉船事故的危害性。有些船舶沉没后可能对周围设施和环境造成危害，例如燃油溢出、扩散会污染水环境，沉船自身对过往船舶产生航向障碍或触碰危险，码头沉没的船舶会影响码头正常装卸货作业，如港池航道沉没的船舶会使整个船舶通行航线陷入瘫痪，产生巨大的经济损失，故打捞越早越好、越快越好。

(2)水文气象的多变性和季节性。有些海区，水文气象变化的季节性特别明显，适合打捞的时间窗口短，如果不抓紧就可能把工程拖到次年，从而造成人力、物力的大量浪费。同时，沉没船舶可能在风、浪、流的作用下，位置、状态发生变化，给通航造成隐患，甚至造成次生灾害。如 2017 年搁浅于新喀里多尼亚杜兰德礁的“Kea Trader”集装箱船，搁浅初期未能及时救援离礁，经过 4 个月的海浪、礁石冲击，最终断为两截，残片分布广泛，给后期打捞造成相当大的难度，见图 7-1。

(a) 搁浅初期

(b) 经历海浪后断为两截

图 7-1　触礁后的“Kea Trader”集装箱船

4. 施工质量的不稳定性

在沉船打捞过程中，大量的施工作业是由潜水员在水下完成的。潜水员水下作业处于高压黑暗的环境中，施工质量无法得到完全保证，从而给打捞工程带来风险。

在深水打捞作业中，水下机器人(ROV)作为一种高科技的救援装备，在搜索救援任务中具有无人员伤亡风险、作业深度大、搜索范围广、动力强、抗水流、速度快、持续工作能力强、操作灵活、声呐扫描不受能见度影响、实时水下视频回传功能、使用机械手执行多种操作等优势。但操作水下机器人需要专业的知识、丰富的操作经验以及现场的支持。

7.1.2 打捞工程测量需求

在沉船打捞过程中，主要存在以下测量需求。

1. 沉船姿态与残骸分布范围的确定

在实施沉船打捞之前，通常是采用侧扫声呐来寻找沉船并查看其周围海底地貌和残骸分布等信息，其对地貌特征的采集相比多波束测探系统来说要丰富一些，缺点是分辨能力不够精细，不能取得深度或高度信息，使沉船的细节特征难以辨识。

沉船姿态探测和损伤确定是水下救助打捞实施的前提，如何利用现代化测绘手段快速、准确地确定水下目标的位置、姿态及损伤分布范围是制定沉船打捞方案的重要依据。通过获取水下目标的空间三维数据，描绘沉船及周边地形地貌的精细特征，能够更有效地显示海底真实状态，在视觉效果和计算分析方面为打捞作业提供更加直观和全面的技术支持，可以大幅提高决策效率与打捞成功率。

实现沉船的三维姿态显现与船体表面的损伤描述，是沉船精细探测的主要任务。

2. 海洋环境监测和施工窗口期预报

在海上应急搜救中，风、浪、潮、流是对搜救影响最重要的海洋环境要素。如果对海难现场及其附近海域的海洋环境条件认识不足，不但会影响搜救方案的准确制定，更会增加搜救的风险。

目前，应对海难及救捞任务时，通常采用海洋环境预报部门的数值同化再分析结果和数值预报结果。然而，海难事故周遭水文气象条件复杂，这些数据只能在一定程度上反映海难(或救捞)现场及附近海域的海洋、气象环境信息，数据精准度有待考量，给准确的救援方案制定和实施带来诸多困难，同时影响救援安全。

为应对具体的施工过程，现场海洋环境监测不可或缺。

3. 基于网络化的施工过程定位服务

目前海上救捞施工已经过了靠经验指挥的时代，决策人员越来越依靠相关设备提供的数据信息来指挥施工，但设备种类多样、离散分布、自动化程度低等特点给决策带来了诸多不便，有时甚至会干扰决策人员的判断，给施工带来安全风险。

开展救捞施工现场船舶、传感器、人员等多个层次之间通畅的数字图文信息通信，结合以完善的电子海图作为背景，建立施工现场基于船舶位置的网络信息共享平台和远程监控系统，实现包括测量设备信息管理与远程监控、船舶作业状态管理、起抛锚状态管理、航线设计和管理、船舶信息管理、气象信息管理、航行轨迹管理等，对于完善救助打捞的决策通信指挥系统以及信息通信网络装备等建设项目，提高决策的效率和及时性是很有必要的。

沉船打捞施工定位技术，通过稳定可靠的数据传输、科学高效的数据处理分析、逼真形象的数据展现和完整实用的数据管理，保障救捞施工的顺利进行。

7.2　沉船精细探测

在海上救助打捞作业中，无论是复杂的大吨位船舶综合性打捞项目，还是简单的小型船舶清障打捞，都需要沉船的位置姿态数据、细部精细特征、残骸分布等，以及基本的海底地形地貌资料，如图 7-2 所示。

图 7-2　沉船姿态与残骸分布

对沉船的精细化探测过去主要依靠潜水员观察或水下摄像等手段解决，缺点是成本高、风险大，可利用的作业时间短、效率低下，成果形式的主观性较强、难以定量描述或进行图形反映。近年来，基于三维点云的多波束测深声呐、三维扫描声呐等技术手段逐步发展起来，也用到救助打捞领域，在大吨位沉船的精细化测量建模过程中，效率较高，方法可靠，成果质量优秀。

7.2.1　工作内容

基于三维点云的沉船精细化探测，其任务是对水下沉船表面结构的点云数据进行采集，并对点云进行曲面重建，生成物体的三维实体模型。基本流程如下：使用测量设备对水下沉船进行点云数据采集；然后对采集到的点云数据进行预处理，包括去噪点、站位拼接等；然后对所有方法采集到的点云数据进行融合，并转换到统一的地理信息坐标系，得到物体的点云模型；接着对空间点云进行网格化和优化，得到重建的网格模型；最后对网格进行纹理处理，得到物体的三维实体模型。针对点云模型和实体模型，都可提取沉船真实的特征数据，包括位置、姿态、明显损伤等。

1. 数据采集

数据采集是生成点云数据、构建三维模型、获取沉船姿态的首要步骤。根据当前的技术现状，主要有船载多波束声呐、潜载多波束声呐、坐底式三维扫描声呐 3 种点云数据采集方法。其中，船载多波束声呐技术最成熟、探测距离最远，是目前海洋探测包括沉船探测的主要方法；潜载多波束声呐和坐底式三维扫描声呐，可作为船载多波束声呐探测的补充。

由于沉船的大尺度、大范围特性，采用单一的船载多波束声呐测量方法可能无法覆盖沉船的全貌，它更适合探测沉船的上部结构，而坐底式三维扫描声呐更适合探测沉船的底部结构，二者采用不同的数据采集方法，对应的数据处理方法也截然不同。

2. 数据融合

数据融合又称点云配准、数据拼接，是将多个点云数据按正确的组合方式，拼合成一个完整的点云数据，不同测站声呐点云数据之间的拼接过程，实际上即是不同测站坐标系之间坐标转换的过程。目前最成熟的方法是采用ICP(Iterative Closest Points，最近点迭代)算法。ICP是点云配准的经典算法，通过从点云中提取共同特征点对相邻两站扫描点云求取坐标转换参数，将第2站转换到与第1站相同的坐标系中，进而完成两站数据的拼接。

3. 数据滤波

在获取三维点云数据时，由于受各因素的影响，获得的点云数据中会不可避免地出现一些噪声点。噪声分为大尺度和小尺度噪声两类，先采用统计滤波结合半径滤波将大尺度噪声去除；然后利用快速双边滤波对小尺度噪声进行平滑处理。分步处理的方法简单有效，既可以解决数据点光滑去噪的问题，又能有效地保持沉船的典型几何特征，为三维重建提供高精度、高效率的点云数据。

4. 数据渲染

针对完整的沉船点云数据，可以采用着色或渲染的方式实现数据的可视化和提高数据的表现力。相对来说，渲染对点云数据的展示效果更好。而对于渲染方法，能够很好地表现物体间的相互反射问题的全局光照算法是最接近真实效果的技术，实现的方法有辐射度、光线追踪(Raytrace)、环境光遮蔽(Ambient Occlusion)、光子贴图、Light Probe等。

5. 数据建模

数据建模，指对数据融合得到的沉船点云数据进行曲面重建，生成物体的三维实体模型。由于沉船表面凹凸不平、高矮不等，采用插值法和逼近法等自动曲面重建算法难以获得最优的三维网格，导致生成的三维模型不能反映沉船的真实特征和存在状态。为了实现快速、准确地建模，可采用基于影像式点云浏览的三维软件建模方法，通过人工交互，方便快速地对真实场景进行建模。

7.2.2 数据采集方法

一般采用水下声呐技术(包括多波束测深声呐、三维扫描声呐等)进行沉船数据的采集。其中多波束测深声呐采用动态方式，可选择船载(载人测量船、无人测量船)或潜载(ROV、AUV)方式；三维扫描声呐采用静态方式，可选择坐底式测量，完成一站测量后，移动到下一站继续测量。

图7-3中为常见的测量方式，其中(a)和(b)为船载，(c)和(d)为潜载，其主要区别在于载体和作业方式的区别。

实际测量中，可能存在如下问题：①声呐与沉船典型目标物之间有障碍物遮挡，造成部分数据缺失，需要另外设站补测；②沉船几何形态复杂，一次测量不能覆盖其全部几何

(a) 载人测量船　(b) 无人测量船　(c) ROV测量　(d) AUV测量　(e) 潜水员测量　(f) 坐底式测量

图 7-3　常见的测量方式

位置，需要进行多站、多角度的测量工作；③沉船体积庞大，受测量仪器量程限制，每次只能测量完成其中一部分面积，需要进行多站测量。

由于每一站点云数据都具各自的基准，为获得物体的全部特征，需要进行数据融合。

1. 多波束测深声呐

多波束测深声呐系统作为一种高精度全覆盖式测深系统，是目前获取沉船点云数据精细化信息的主要方法。在沉船所在区域水深较浅时，可以通过将多波束测深声呐搭载在作业船舶上，按照设计测线围绕沉船进行测量作业，航行过程中多波束测深声呐对沉船目标进行扫描，然后结合测量船的定位与姿态信息将得到的扫描数据重建形成沉船的三维点云数据。

20 世纪 70 年代出现的多波束测深声呐，是在回声测深仪的基础上发展起来的。多波束测深声呐在与航迹垂直的平面内一次能够给出几十个甚至上百个深度，获得一条一定宽度的全覆盖水深条带，能够精确、快速地测出沿航线一定宽度范围内水下目标的大小、形状和高低变化，从而比较可靠地描绘出海底地形地貌的精细特征，如图 7-4 所示。

图 7-4　多波束测深声呐测量方法

沉船的多波束搜寻探测，跟常规的水深测量类似，要求采用全覆盖测量，船速控制在 5kn 以内。这种作业方式，目的为找到沉船并获得沉船的位置、大小、高度等数据，对沉船的姿态、方位、结构、破损等细节没有硬性要求。对于小型沉船的打捞来说，这已满足相关设计要求；但对于大吨位沉船来说，为了获得沉船的精确姿态和结构细节数据，需要对常规作业方法做进一步的改进，包括采用高频测量、加快发射频率、放慢测量速度、减小扫测宽度、调整波束开角等。另外，可以从多波束声呐换能器安装的角度改进测量方法，提高设备的工作性能，如换能器倾斜安装、采用双换能器等。

下面依次介绍这些改进措施。

1）采用更高频、更小脚印测量

目前多波束测深声呐最常用的频率为 200～400kHz，变频多波束另具有在线连续调频的能力，可以在 200～400kHz 范围内实时选择更换；而 700kHz 作为超高分辨的频率，也已在多波束中得到应用。这种模式下，多波束声呐拥有更小的脚印（0.3°across track×0.6° along track）、更小的开角 60° swath（1.2x WD），因此在分辨率和测量精度上有更优秀的表现，如图 7-5 所示。

2）加快发射频率、放慢测量速度

对多波束测深声呐设备来说，其最快的发射频率是一定的，如 R2Sonic 2024 最大可达

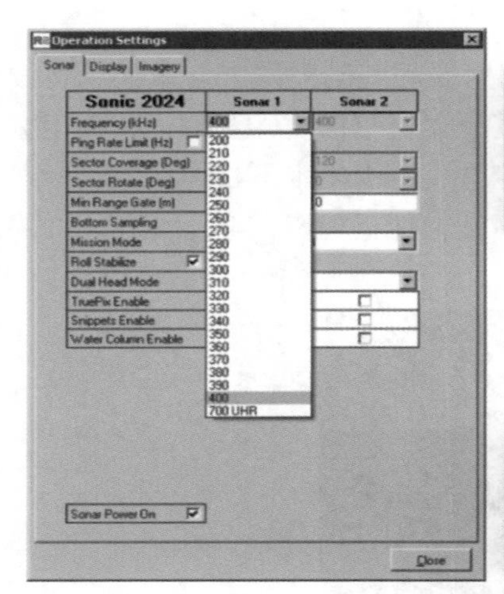

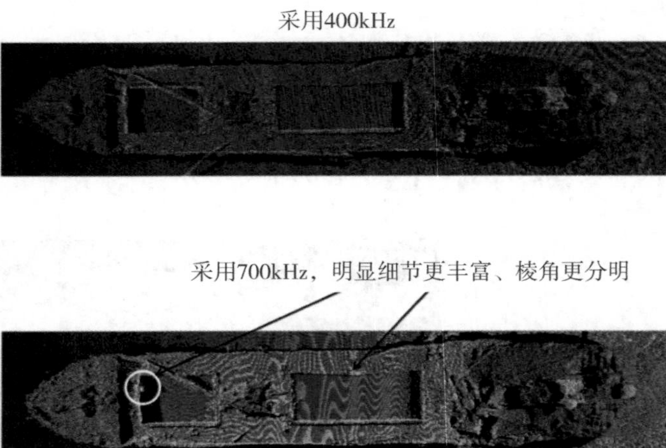

图 7-5　超高频与常规频率的对比

到 75Hz，其中水深越大，最大发射频率越低。除了加快发射频率，降低船速也是提高数据采集密度、捕捉沉船表面细节的一种简单方便的方法，如图 7-6 所示，左图船速较快、水下障碍物一带而过，而右图船速较慢、水下障碍物细节分明，更好反映沉船真实状态。为了获得较好的测量效果，建议采集数据时船速降至 1 ~2kn 以下。

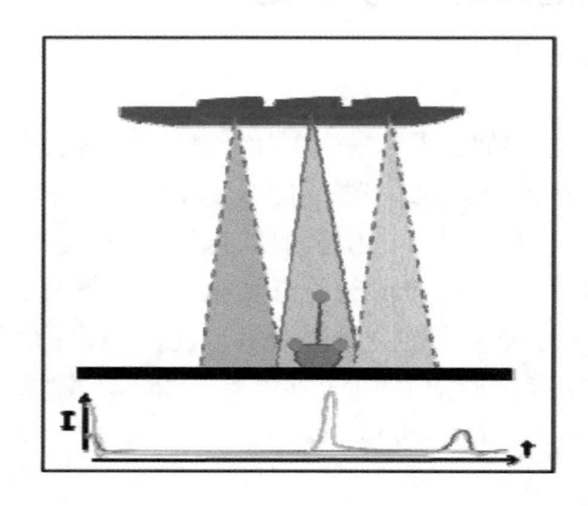
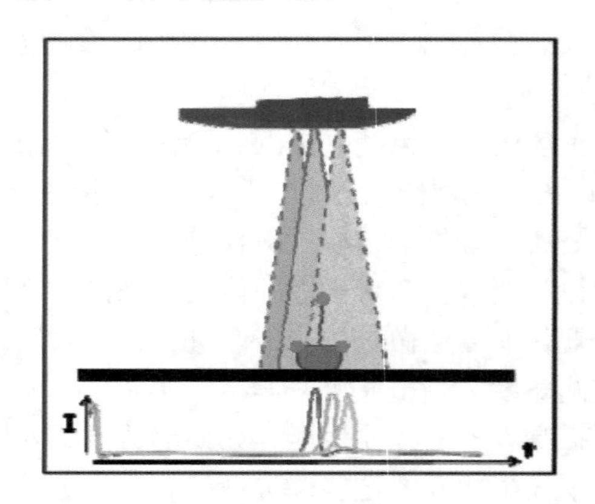

图 7-6　快速测量与慢速测量的对比

3) 调整波束开角，减小扫测宽度

变频多波束具有条带覆盖宽度在线实时设置的功能，在 10° ~ 160°范围内可以根据实际作业情况灵活选择合适的覆盖角度。另外，为了既保证整个覆盖的宽度，又不降低某个角度内数据的采集质量，将大多数声学水深点集中在指定的窄条带内以增加系统的分辨率，而将少数声学水深点分布在周围对分辨率要求较低的区域。这种宽条带扇区设置的功能通常用于沉船、码头、防波堤、大坝、桥桩等的检测。

4)换能器倾斜安装

在一般情况下，船载多波束测深声呐的换能器如图 7-7(a)所示进行安装，在测量过程中，测深波束对大吨位沉船底部和侧面存在扫描盲区，无法进行完整的沉船探测。而采用图 7-7(a)所示的带旋转云台或图 7-7(b)所示的带固定旋转法兰的换能器安装方式，可部分解决扫描盲区的问题，其中换能器可偏向左舷或右舷方向。

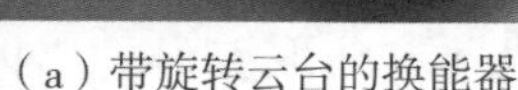

(a)带旋转云台的换能器　　(b)带固定旋转法兰的换能器

图 7-7　多波束测深声呐换能器倾斜安装方式

2. 三维扫描声呐

三维扫描声呐通过探头发射包含多个声学波束的高频脉冲信号，形成一个扇形扫描区域，这些声学波束以相同的角度间隔排列在垂直方向上，遇到障碍物后反射，系统接收到反射信号，结合波束形成、波束指向、振幅及相位检测等技术，得到每个回波信号的特征信息，获取该剖面的点位数据。完成一个剖面的测量后，探头就会围绕垂直轴以较小的角度旋转来进行下一个剖面的测量。这样重复进行扫描测量，连接多个剖面，最终构成 3D 图像，如图 7-8 所示。

常见的三维扫描声呐主要为 BlueView5000 系列三维成像声呐。其中水下三维全景成像声呐系统(BV5000—1350)进行水下扫描的原理为基本的声学测距原理，在 30m 检测范围内，长度误差在 4cm 之内，角度误差在 1°之内，能在含沙量大、能见度低、水下地形复杂的水域环境中工作。

为保证三维扫描声呐系统获得准确的探测数据、达到最佳的图像效果，在安装和使用过程中需注意以下事项。

(1)声呐固定。由于系统输出的是水下目标表面的相对坐标，因此在扫描时要确保声呐在水中不会因受水流或其他因素的影响而产生晃动或位移，从而避免因数据偏差而引起的图像变形。具体应用时应根据检测环境和检测对象，选择适当的固定方式。

(2)声速值测定。声呐系统成像的原理是利用声波来测量目标点到测站点的距离，因此首先要获取声波在水中的传播速度，声波的传播速度与水的温度、密度和压力等因素有

图7-8 三维扫描声呐测量方法

关，应根据声速剖面仪所测定的声速值进行设置。

一个完整的物体通常需要从不同的位置进行多次扫描才能获取完整的实体表面信息，为实现不同位置的多个扫描图像之间的精确合并，通常需要不同站点的扫描图像在交接处至少有15°的重叠，如图7-9所示。

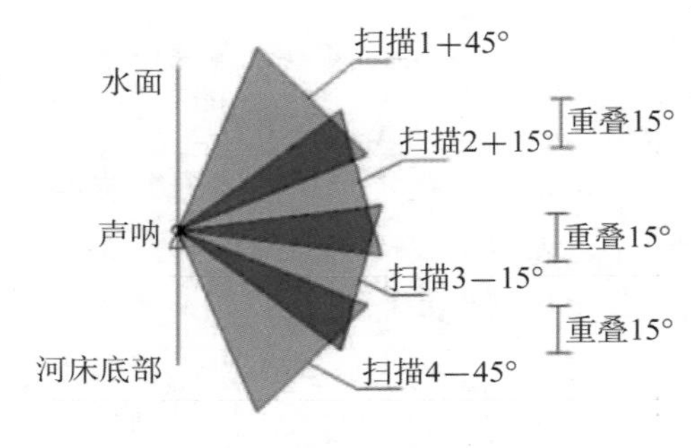

图7-9 球形扫描示意图

具体测量步骤如下。

(1)测站布置。三维扫描声呐系统有效探测范围只有30m，为获得结构物体或整个区域内的三维图像，通常需设立多个扫描测站，从不同的方位进行观测，获取若干幅扫描图像，然后经过拼接形成一个完整的目标物。一般根据检测目的、目标物形状、尺寸设置一个或多个测站，为完成图形的拼接，每个测站必须设置多个标靶，测站和标靶设置的原则是相邻两个测站，各自的扫描范围内均包含3个以上不共线的同名标靶，且相邻两个测站必须有不少于整个图像的10%扫描重叠部分。

(2)设置参数。参数的设置包括检测水域的声速值、扫描方式、声呐在水平方向上的旋转角度和旋转速度以及系统所输出文件的保存路径等。

(3)分站扫测。将三维扫描声呐搭载于水下载体上，水下载体航行至测量点时停留，利用三维扫描声呐对沉船进行扫测，扫测结束后再航行至下一个测量点进行测量，所有测量点都扫测完成后，将所有测量点上声呐数据进行拼接重构形成沉船的三维点云。

点云数据的拼接是数据处理的主要内容。由于三维扫描声呐探测量程仅有 30m 左右，每个测站得到的点云数据都是沉船的局部，特征点非常不明显，需要参照沉船的照片或设计图纸仔细识别。根据扫描站的顺序，使用相邻扫描站重叠区内的同名标志点，依次进行数据的拼接。

图 7-10 即为多个测站数据拼接后形成的点云图像。

图 7-10　三维扫描声呐测量效果图

7.2.3　数据融合和数据滤波方法

采集生成的点云数据或采用地理坐标系(船载多波束测深声呐)，或采用站点坐标系(三维扫描声呐)，每个站点具有各自的位置(X_0，Y_0，Z_0)参数和方位元素，即姿态(Pitch，Roll，Yaw)参数，必须对涉及的点云数据进行融合，并在此基础上继续进行整体滤波。

1. 数据融合

数据融合软件，可采用开源的 CloudCompare，也可以采用商业软件 Leica Cyclone、RIEGL-RiSCAN Pro、Trimble Realworks 等。

首先进行三维扫描声呐数据的拼接，分粗拼接、精拼接两个步骤，然后与多波束测深声呐数据进行拼接，如图 7-11 所示。

1)粗拼接

三维扫描声呐数据粗拼接采用基于图像特征的“三点定位法”。“三点定位法”，是利用物体本身强烈几何特征，找到至少 3 个对应点对，然后通过特定的算法计算求得坐标变换参数。对应特征点点对越多，拼接精度越高。

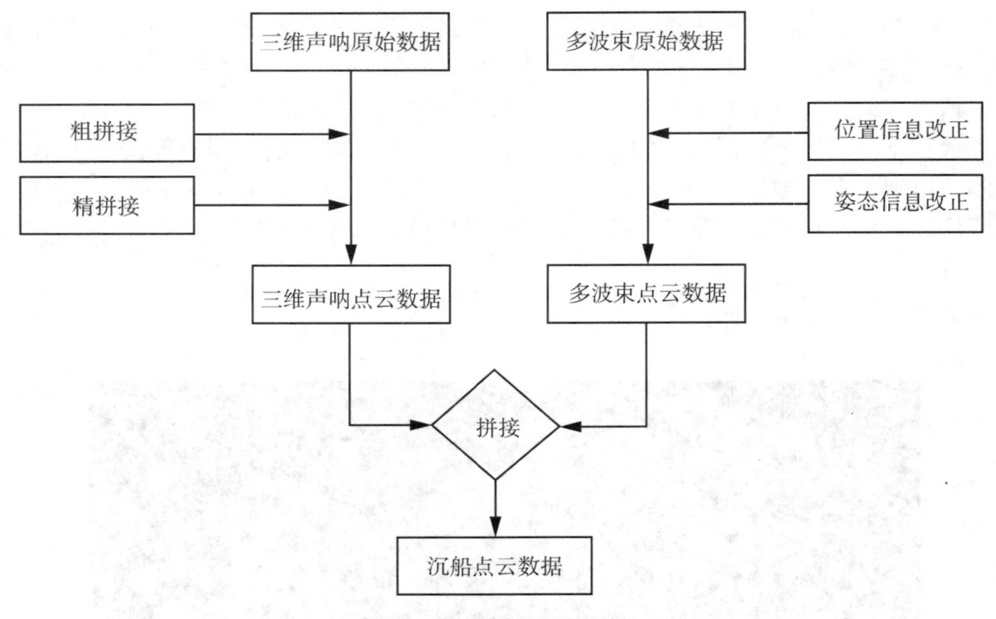

图 7-11　不同数据的拼接

一般用于拼接的几何特征点包括：

(1)物体边界点；

(2)物体三维结构的角点顶点端；

(3)规则的几何形状相关点；

(4)其他特殊结构点。

"三点定位法"拼接的过程为：首先在两幅点云图像中提取保持不变的特征点，得到两组特征点集，对这两个特征点集进行配对，生成一组对应特征点对集，然后利用多个特征对之间的相关关系，采用坐标转换算法进行计算，求解出全局变换参数。然后将第二幅图像中的所有点云坐标变换到第一幅图像的坐标下。

以某次沉船测量数据为例，采用"三点定位法"对 20 幅点云图像进行了两两拼接，统计拼接误差如表 7-1 所示。

表 7-1　**统计拼接误差列表**

拼接点云名称	拼接误差
ScanPos001-ScanPos002	0. 122
ScanPos003-ScanPos004	0. 246
ScanPos005-ScanPos006	0. 327
ScanPos007-ScanPos008	0. 261

续表

拼接点云名称	拼接误差
ScanPos009-ScanPos010	0.085
ScanPos011-ScanPos012	0.344
ScanPos013-ScanPos014	0.266
ScanPos015-ScanPos016	0.472
ScanPos017-ScanPos018	0.387
ScanPos019-ScanPos020	0.183

统计结果显示，粗拼接的精度可达分米级，粗拼接使用的对象是对应点对，点的选取受数据的信噪比和选取的主观误差影响较大，不能满足高精度的点云数据拼接要求。主要应用于对拼接误差要求不高的情况，或者为精细拼接提供初始参数。

2)精拼接

精拼接是从点云图像中提取出几何构造，进而进行精细配准的方法。它在粗拼接的基础上，进一步优化坐标变换参数，以达到更高的拼接精度。

可用于精细配准的几何构造一般包括以下三项。

(1)构造线。可以是物体的几何边界线、中心线、法线等，具有特定的几何意义，常由规则几何物体提取。

(2)平面构造。由物体各种平整的表面可以提取出几何平面，例如沉船甲板面、箱体的表面、部分防波堤的表面等。

(3)立体图形构造。对于图像清晰、物体信息完整的高质量点云数据，可以提取出更为复杂的立体构造，以达到最高的配准精度。立体构造包括立方体、球体、圆柱体等。

目前国内外最常用的精细拼接方法为 ICP 算法，即最近点迭代算法，它是 1992 年提出的一种通用的、与表示方式无关且能够解决 3D 点云数据配准问题的方法。设由两个点云图像获得的对应点集分别为 P 和 Q，其中对应点对的个数为 n。通过最小二乘法迭代计算最优坐标变换参数，即旋转矩阵 $\boldsymbol{R}$ 和平移矢量 $\boldsymbol{t}$，使得误差函数最小。

$$E(\boldsymbol{R}, \boldsymbol{t}) = \frac{1}{n}\sum_{k=1}^{n} \| q_k - (\boldsymbol{R}p_k + \boldsymbol{t}) \|^2 \tag{7.1}$$

首先对于一幅点云中的每个点，在另一幅点云中计算匹配点(最近点)。通过极小化匹配点间的匹配误差，计算位置姿态偏差，并将计算的结果作用于点云，重新计算匹配点。如此迭代，直到迭代次数达到阈值，或者最小能量函数变化量小于设定阈值，则计算结束。开始与下一组点云进行匹配。

ICP 算法简单准确，具有较好的精度，但是算法的运行速度和收敛性主要依靠初始位置估计，所以 ICP 算法的精度主要取决于是否能精准地确立初始参数。通过前述的粗拼接，已为 ICP 算法提供了最佳的初始参数。

继续以某次沉船测量数据为例，对完成粗拼接的 20 个站位扫描数据依次进行精拼接后，系统给出的平均统计精度为 0.06m。

2. 数据滤波

由于水声学设备的特性，数据中混杂了大量的噪声点、粗差点、冗余点，不但对沉船的真实形态造成干扰，而且增加了下一步数据处理的工作量，因此必须将其剔除。滤波的目标是在剔除噪声、重建光滑表面的同时，保持原有采样表面的拓扑特征及几何特征。这个过程中，应该参考沉船出事前的照片和设计图纸，以免重要的特征信息被无意中删掉。不同的元素应提取出来分别处理，如沉船主体、海床、残骸等。

(1)拼接前的滤波。

拼接前数据的滤波，主要是多波束水深数据和三维扫描声呐数据的分别滤波。这个阶段的滤波工作，主要是去除粗差点和噪声点。由于沉船的边界非常明显，远离沉船表面的飞点、孤立点可方便地剔除。这个过程主要采用手动删除，参考沉船的三维模型，避免删掉重要特征，如桅杆、吊机、螺旋桨等。

完成的沉船数据拼接完成前，不建议做非常精细的滤波工作。一方面，沉船的三维面貌还没有整体呈现，可能会出现误操作；另一方面，数据拼接后会出现大量的冗余点，可能会进行重复作业。

(2)拼接后的滤波。

拼接后数据的滤波，是在整个沉船数据基础上的滤波，这个过程主要是为了沉船数据的表面去噪，并去除冗余点，在有效去噪、光顺的同时需要保持沉船的典型几何特征，一般采用自动滤波器。

自动滤波器采用特定的算法，找出数据中误差偏大的单个数据，并采用数据滤波算法对点云数据进行解算，如果符合参数设置，则认为是数据中的粗差，将此点删除。滤波时，需要调整各个滤波参数以达到不同的处理效果，对于不同的数据，往往需要不断地调整参数，才能达到最佳效果。

噪声分为大尺度噪声和小尺度噪声，先采用统计滤波结合半径滤波将大尺度噪声去除；然后利用快速双边滤波对小尺度噪声进行平滑处理。通过对不同尺度的噪声分步处理，简单有效，既可解决数据点中包含大尺度噪声的问题，又能有效地保持三维点云数据模型的几何特征，而且在点云平滑的过程中，运算速度较传统双边滤波有了极大的提高，可为三维重建提供高精度、高效率的点云数据。

(1)大尺度噪声去除。

大尺度噪声主要包括偏离主体点云且悬浮在主体点云上方的稀疏点，和距离主体大片点云中心较远、小而密集的点云。

大尺度噪声去除，一般采用 S. O. R. 滤波器(Statistical Outlier Removal，统计滤波)，通过设置最近相邻点的半径和最大误差值，可以将点云中远离船体表面的大部分噪声点都滤除干净，但同时也会剔除有些有用的表面点。为了既能删除噪声点，又能保留表面细节，应采用较小的半径间隔和较高的相对误差多次试验，寻找最合适的参数。

S. O. R. 滤波器计算原理为对每个点的邻域进行一个统计分析，并修剪掉那些不符合一定标准的点。基于在输入数据中对点到临近点的距离分布的计算，计算每个点到其所有临近点的平均距离。假设得到的结果是一个高斯分布，其形状由均值和标准差决定，平均距离在标准范围(由全局距离平均值和方差定义)之外的点，可被定义为离群点并可从数据集中去除掉。

S. O. R. 滤波器共有 2 个计算参数，邻域点数 k 和最大距离因子 $n\sigma$。邻域点数 k 定义为参与计算某点平均邻域距离的邻域点数量，使用这些点计算得出平均邻域距离 $\bar{S}$ 和最大距离因子 $n\sigma$，用于确定邻域的大小，即确定最大搜索半径 S_{max}。

半径滤波(Radius Outlier Removal)是指在三维点云数据模型中，用户设定每个数据点在一定半径 r 范围内至少要有足够多的近邻 M，若不满足所设条件，则该点数据将被去除掉。

利用统计滤波对三维点云数据进行一次去噪，可以去除一部分大尺度噪声，然后再结合半径滤波进行二次去噪，这样不仅有利于剩下大尺度噪声的有效去除，而且也能对小尺度噪声有一定的平滑作用。

(2)小尺度噪声去除。

小尺度噪声是指那些和目标数据点混合在一起的噪声。这类噪声的出现会干扰三维模型重建的曲面光滑性，使重建的三维模型存在一定程度上的失真，需要对其进行滤波处理。

双边滤波(Bilateral Filter)方法是由 Tomasi 和 Manduchi 最早提出用于数字图像处理的一种既可以有效降低图像噪声，又能最大限度地保持边缘细节信息的算法。但因传统的双边滤波是非线性的，对于图像的线性卷积运算是难以实现的，使得双边滤波非常耗时。后来一些研究者对双边滤波算法进行了改进，Paris 和 Durand 提出了一种增维型(Bilateral Grid)快速双边滤波，改进的双边滤波器可以将图像的二维坐标与各坐标上像素点的灰度值作为三维空间，在空间域和灰度域使用下采样，并直接应用线性滤波方法实现加速算法。

7.2.4 数据展示和数据建模方法

经过数据融合、数据滤波后的点云只是三维空间坐标点，本身是无颜色、不可见的，缺省以白色显示，这样的数据显然缺乏立体感和对比效果。为了能看清沉船的结构，使测量结果看起来形象逼真，需要对点云进行可视化展示或根据点云进行建模处理，如图 7-12 所示。

1. 数据展示

点云的可视化展示方式，可分为渲染和着色两种方式。其中，着色作为一种实时显示方案，不经过复杂的数据计算，仅对三维点云根据一定的规律进行赋色，无法把显示出来的三维图形变成高质量的图像；渲染则是一种经过后期处理的显示方案，在图像中创建云彩图案、折射图案和模拟的光反射，并从灰度文件创建纹理填充以产生类似 3D 的光照效果，采用高质量的图像渲染工具，能使三维点云的显现近乎于照片。在点云渲染之后，仍可以进行着色操作。

1)点云着色

为达到理想的三维成图效果，可按照不同的色彩体系对点云图像赋色，一般采用颜色变化来丰富点云数据的细节层次、提高数据的表现力和信息量。常用的色彩体系有 RGB、

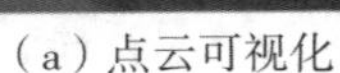

(a)点云可视化

(b)点云建模

图7-12　沉船三维展示示意图

Grey、HSV angle 等，赋色的方法主要有根据水深变化对点云自动着色、根据沉船姿态进行人工配色等。

(1)根据水深自动着色。经过数据融合后的沉船点云 *XYZ* 数据，每个点都带有真实的地理坐标和深度属性。根据水深变化对点云自动着色是多波束测深声呐进行地形探测后的主要方式，也可以应用到沉船点云。但是对于表面凹凸不平、高矮不等的沉船，这种着色方式很难体现出沉船的细节变化。

(2)根据数据人工赋色。*XYZ* 数据比较简单，不能表示强度、颜色、时间、类别、尺度、偏移等信息。为了更方便地设置点云的颜色，可将 *XYZ* 数据转换为 LAS 数据。在 LAS 格式下，可以对每一个 *XYZ* 数据单独赋色，实现层次丰富的展示效果。但要使三维点云的颜色更符合人类视觉感官，需要进行多次的人工编辑和调整。

2)点云渲染

三维点云渲染效果的真实感，在很大程度上取决于光照模型的物理真实度。早期的交互式渲染系统(局部光照，Local Illumination，LI)只考虑光源对物体的直接照射，得到的画面看起来十分平坦，缺乏层次感。随着技术的发展，出现了很多可以表现物体之间的相互光照影响的光照模型，统称为全局光照模型(Global Illumination，GI)。通过模拟光在虚拟场景中的传播方式，生成现实中的各种光影效果，从而合成照片级真实感的图像。实现的方法有辐射度、光线追踪(Ray Trace)、环境光遮蔽(Ambient Occlusion)、光子贴图、Light Probe 等，其中光线追踪效果最好，环境光遮蔽效率最佳。

环境光遮蔽的思想来源于遮蔽效应，通过计算周围的几何遮挡关系来计算出环境光影响，遍历场景几何数据，假设从每个顶点发射一定数量的射线，判断其是否与邻近几何面片相交，从而确定环境光照被遮挡的程度，见图7-13。通过多遍的迭代运算，可基本消除自遮挡阴影所造成的失真，使得最终的渲染效果接近于真实。

2. 数据建模

在扫测得到沉船的点云数据后，需要进一步构建其三维模型以精细表达沉船的空间位置和姿态，并在打捞设计和施工过程中进行应用。

1)建模软件及建模方式

基于点云数据的沉船建模，主要通过三维建模软件来实现。目前，在市场上有许多优

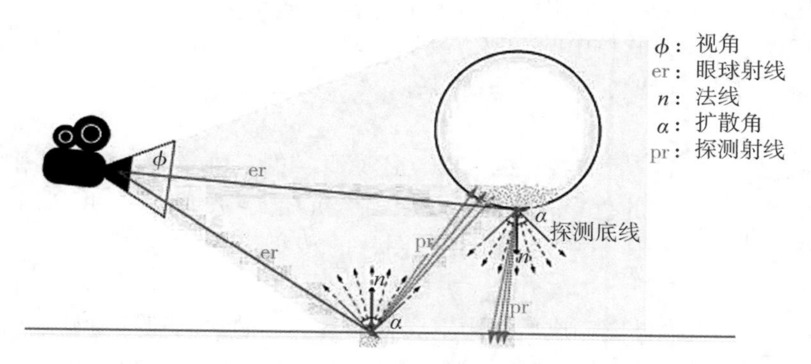

图 7-13 环境光遮蔽示意图

秀建模软件，比较知名的有 3DMax、SketchUp、Maya、MicroStation 以及 AutoCAD 等。它们的共同特点是利用一些基本的几何元素，如立方体、球体等，通过一系列几何操作，如平移、旋转、拉伸以及布尔运算等来构建复杂的几何场景。

船舶自身结构复杂，沉船在船体受损后，其外观更加不易描述，可综合运用多边形建模方式和 NURBS 建模方法相互配合来实现沉船模型建立；也可仅使用多边形建模方式完成。

多边形建模方式：多边形建模是目前三维软件两大流行建模方法之一，使一个对象转化为可编辑的多边形对象，然后通过对该多边形对象的各种子对象进行编辑和修改来实现建模过程，包含了 Vertex(节点)、Edge(边界)、Border(边界环)、Polygon(多边形面)、Element(元素)5 种子对象模式。多边形对象的面不只可以是三角形面和四边形面，可以是具有任何多个节点的多边形面。多边形从技术角度来讲比较容易掌握，在创建复杂表面时，细节部分可以任意加线，在结构穿插关系很复杂的模型中就能体现出它的优势。

NURBS 建模方式：NURBS 是非均匀有理 B 样条(Non-Uniform Rational B-Splines)的缩写，是专门做曲面物体的一种造型方法，由曲线和曲面来定义，分为三部分：Point(点式)、Curves(曲线)、Surfaces(曲面)，可以精确地表示二次规则曲线曲面，从而能用统一的数学形式表示规则曲面与自由曲面。NURBS 能够比传统的网格建模方式更好地控制物体表面的曲线度，从而能够创建出更逼真、生动的造型。

2)建模流程

(1)数据压缩：针对多站扫描数据拼接后存在的重复采样点等数据冗余问题，在不改变沉船表面特征、不影响后续建模质量的前提下，尽可能多地删除不必要的点云数据，用最少量的点云数据表示最多的目标物信息并且加快数据处理速度。

(2)特征提取：采用人机交互的方式，在压缩后的点云图像上提取特征点、线、面等轮廓信息，然后将这些特征信息准确的相对位置关系传输到建模软件，再在建模软件中进行建模、贴图、渲染等操作，以提升从庞大点云数据中提取沉船特征信息的效率，也可解决因数据量大、电脑配置不足而导致建模速度低下的问题。

(3)模型构建：以建模软件 SketchUp 为例，SketchUp 中有着丰富的组件资源，能让设计者更加直观地进行框架构思，操作风格简洁、命令简单易懂。根据传输到 SketchUp 中的轮廓特征信息，利用该软件中的推拉、复制、路径追随等命令和强大的插件扩展功能，可对沉船楼梯、门窗、船壁、甲板、螺旋桨以及其他复杂的几何体进行 1∶1 三维建模工作。

(4)纹理贴图：为了满足可视化的需要，还原真实的三维景观，还需要采用纹理贴图技术对三维模型添加真实的色彩。纹理的获取参考沉船实物的照片，并利用 Photoshop 等图像处理软件，实现由普通照片到可用纹理图片的转变，进而实现了沉船三维模型的可视化。

(5)模型渲染：纹理贴图完成后，为生成更加真实、贴切的三维模型效果图，可以对模型进行渲染，以建模软件 SketchUp 为例，可采用 V-Ray for SketchUp 渲染插件，该插件可以对 SketchUp 中的贴图材质进行编辑，通过调节材质的反射参数、贴图属性以及场景的物理相机、光源属性、环境设置等参数，对所需的三维视角画面进行渲染并输出。

7.3 海洋水文监测

及时准确的水文、气象数据对掌握区域水动力、气象环境特征、优化打捞施工方案、保障船舶施工安全、降低打捞风险、充分发挥打捞资源的效用有着重要的意义。施工船舶一般配备自动化的风速、风向观测系统，因此潮汐、海流、波浪监测是海上打捞工程水文测量的主要内容。

7.3.1 潮位测量方法

施工区域潮汐信息的获取主要集中在施工前设计的前期阶段，主要获取方式是自容式观测：数据采集时，设备自动存储相关信息，每间隔 1~2 个月，集中进行数据导出。该方法观测周期短，不具备长期性，且数据的获取具有一定的时间滞后性，无法满足实时数据需求的目的。尤其是需要乘高/低潮开展打捞作业的工程项目，潮位的实时监测显得尤为重要。

实时准确地获取施工相关水域潮位数据，快速对其进行深挖掘并分析其特性，将分析结果和结论等相关信息进行动态展示与共享应用，是优化打捞施工方案、保障船舶施工安全、降低打捞风险、充分发挥打捞资源的效用的有力工具，是促进测绘技术自动化、增强打捞施工技术现代化的必然要求。施工水域的潮位观测及实时数据共享的实现，可为打捞施工部门提供实时、可靠的潮位数据，确保打捞施工部门准确地利用乘潮水位、乘潮历时，为安全、合理地利用有效水深资源提供重要的技术支撑。

1. 观测方法

布设临时潮位站通常采用压力式潮位仪，压力式潮位仪是一种测量液位的压力传感器，其工作原理：压力式潮位仪采用静压测量原理，当水位计投入被测液体中某一深度时，传感器迎液面受到的压力的同时，通过导气不锈钢将液体的压力引入传感器的正压腔，再将液面上的大气压 P_0 与传感器的负压腔相连，以抵消传感器背面的 P_0，使传感器测得压力为 ρgH，通过测取压力 P，可以得到液位深度。其公式如下：

$$P = \rho g H + P_0 \tag{7.2}$$

式中，P 为传感器迎液面所受压力；ρ 为 海水密度；g 为当地重力加速度；P_0 为上大气压；H 为深度。

2. 近岸观测

近岸观测可以利用现有的码头、防波堤、栈桥等海上建筑物作为观测点，而且应避开冲刷、淤积、坍塌等使海岸变形迅速的地方。

潮位仪采集的数据通过数据传输单元 DTU(Data Transfer Unit)远程通信至数据终端，为打捞工程提供实时数据。

对于海上观测站实时向岸基中心传输观测数据而言，通信信号覆盖区域、传输稳定性、传输速度、数据安全、功耗、占用空间大小等参数均是重要技术指标。

(1)对数据进行编码传输。对数据进行编码的主要作用有：对数据编码具有加密效果，降低了明码传输被截获的概率；对数据编码可减小数据长度，更利于北斗卫星通信和水下声学通信这种宽带受限的通信方式使用；编码更利于数据校核检验，降低误码率。

(2)数据发送端重发机制。数据在发送过程中因干扰、信号丢失等情况造成的数据发送失败，可以将未发送成功的数据包进行重发，直至发送成功为止，设置最大发送次数阈值，防止在信号盲区时电能无意义损耗。

(3)数据接收端召回机制。当数据发送成果，但在传输丢失时，数据接收端检测到数据未收到时，启动数据召回，向采集器发送重发指令，将数据进行重新发送。

通过建立数据传输机制，可有效减弱信号干扰、信号微弱等因素引起的数据丢失问题，最大限度地保障数据传输的有效性和可靠性。

3. 远海观测

远海潮位站可将传感器布设在海底，利用水声通信或水下线缆通信将数据发送至水上，然后根据现场情况综合利用北斗卫星通信、无线电通信、WiFi 通信等，将数据实时发送至数据终端，其结构示意如图 7-14 所示。

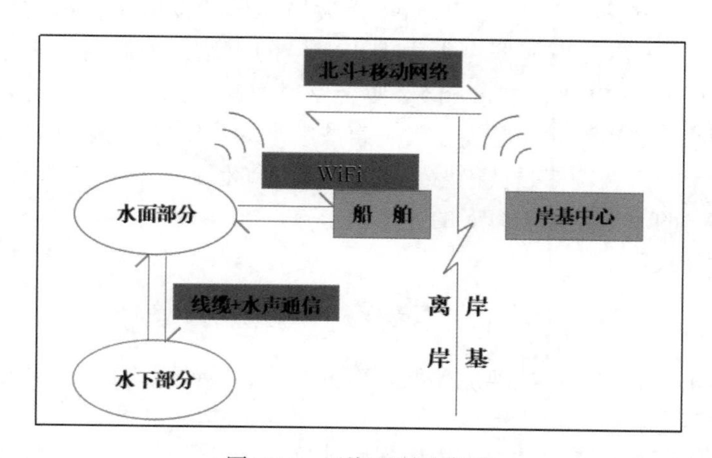

图 7-14 远海观测示意图

具体集成设计时，通信模块内置于一体化采集器内部，采用无线方式建立连接；北斗卫星通信是通过将北斗数传终端以线缆方式接入一体化采集器对应通信接口；水下声学通信是通过将声学通信接收机以线缆方式接入一体化采集器的 RS232/485 数据接口。

7.3.2　海流测量方法

掌握海水流动的规律非常重要，在沉船打捞过程中，大量的施工作业是由潜水员在水下完成的。潜水作业时，使用 SCUBA(Self-Contained Underwater Breathing Apparatus)潜水，水流速度应不大于 0.5m/s；使用水面供气式潜水装具潜水，水流速度应不大于 0.6m/s；使用开式潜水钟潜水，水流速度应不大于 0.75m/s。实时的流速监测，一方面可以为潜水作业安全提供保障，另一方面可以提高作业效率。此外，施工船舶的抛锚方案通常也应考虑海流的速度和方向。

海流的观测设备种类较多，包括机械旋桨式海流计、电磁海流计、声学多普勒海流计、光学式海流计、电阻式海流计、遮阻涡流式海流计等。沉船打捞工程海流监测的目的是获取水域内的垂向分层剖面流速流向(非定点流速流向)，因此对测流设备通常采用声学多普勒流速剖面仪(ADCP)。

目前业内常用的测流 ADCP 产品主要有美国 Teledyne 公司的 RDI ADCP、美国 RTI 公司的 RTI ADCP、美国 LinQuest 公司的 FlowQuest ADCP 以及挪威 Nortek 公司的阔龙系统 ADCP。

相对于传统的测流方法，ADCP 具有以下特点：

(1)测量速度快，可进行断面同步测量；

(2)能体现三维流速和流向的特性；

(3)能自动消除各种外界因素的影响，还具有对数据资料进行评判的能力；

(4)在测量中对流层无破坏作用；

(5)测量范围广，线性好。

ADCP 是利用多普勒原理对海流进行测速的。ADCP 仪器拥有 4 个声波换能器，声波换能器能够发射声波和接收声波，并且每个声波换能器的发射声线都与仪器底部成 60°，与仪器轴线成 30°。当声波换能器在水中发出固定的声波，声波遇到水中流动的散射体(假设散射体流动的速度和水流速度相等)便会反射回来。如果散射体是向 ADCP 仪器方向流动，则反射回来的声波频率是高于发射声波频率的；反之，散射体是背离 ADCP 仪器流动，则反射回来的声波频率是低于发射射波频率的。因此，根据多普勒频移公式则可计算出声线发射方向的水流相对于海底的速度。

多普勒频移公式：

$$f_d = \frac{f}{c} \cdot v \cdot \cos\theta \tag{7.3}$$

式中，f_d 为多普勒频移；f 为声波换能器发射声波频率；c 为声波在水介质中的传播速度，v 为声线方向水流速度。

因为水流速度远远小于声波在水中传播的速度，因此式中的 v 可以省略。每一个声波换能器都能够测量出该声波换能器声束方向的水流速度，任意三个声波换能器轴线都能够组成一个声束坐标空间，然后通过转换关系，将声束坐标转换成地理坐标，进而计算出地理坐标下水流的速度。4个声波换能器从对称的4个方向发射声波，有效地减小了船体的晃动造成的测量误差，其测量结果精度得到显著提高。

1. ADCP的使用

使用ADCP为海上打捞工程进行海流监测时，应根据所测断面的水深、流速和含沙量等情况选用合适频率的ADCP。因超声波频率越高，在水体中穿透性越差，而相对测量精度越高；反之，频率越低，穿透性越强，而相对测量精度就越低。因此，在选择ADCP时要考虑断面水深及泥沙含量等水文特性。目前常用的ADCP的频率有75K、150K、300K、600K和1200K型。当水体中泥沙含量导致施测不到深度时，建议选择频率更低的走航式声学多普勒流速剖面仪。

在使用时，是否正确安装ADCP直接影响到施测的质量及精度。ADCP一般可安装在船头、船舷的一侧或穿透船体的竖井内，并应符合下列规定。

(1)安装支架结构应牢固稳定，不因水流冲击或测船航行等原因导致倾斜和振动。垂直方向，应保证仪器纵轴垂直，呈自然悬垂状态；水平方向，应使仪器探头上的方向标识箭头与船体纵轴线平行。

(2)声学多普勒流速剖面仪安装位置离船舷的距离，木质测船宜>0.5m，铁磁质测船宜>1.0m。

(3)仪器探头的入水深度，应根据测船航行速度、水流速度、水面波浪大小、测船吃水深、船底形状等因素综合考虑，使探头在整个测验过程中始终不会露出水面。入水后，应保证船体不会妨碍信号的发射和接收。

(4)海上打捞工程船舶一般为铁质船舶，在船舷安装时，应外接罗经。

2. ADCP的数据传输

打捞工程施工一般为多条船舶分工实施，若每条施工船皆配备ADCP进行海流监测，将耗费大量的人力物力。因此选择一条船舶进行流速监测，然后将测得的数据实时传输给各条船舶或各个作业点，可以节省大量的成本。

ADCP采集软件(VmDAs)配备数据输出功能，可以通过串口或网口将测得的各层流速、流向数据输出。数据格式为ASCII码格式。

远程设备数据传输，需要稳定可靠的数据传输技术，相比较传统的串口数据传输，基于TCP/IP的网络数据传输技术，具有传输数据量大，时间延迟小等优点。无线Mesh网络是一种多跳、具有自组织和自愈特点的宽带无线网络结构，无线Mesh网络是一种由无线链路连接路由器和终端设备的静态无线网络，是一种高容量、高速率的多点对多点网络。可采用全向网桥搭建无线局域网，进行数据传输。该设备传输距离可达30km，传输速率高达300Mbps，具有性能可靠、兼容性强的优势。

7.3.3 波浪测量方法

风载荷，波浪载荷及流载荷三者当中，对海上打捞工程影响最大的是波浪载荷。在打捞作业中我们应当尽量地减小波浪的影响，因为波浪会对水面浮体及水下结构物产生作用，从而使两者产生较大的位移，这样会增加打捞作业的难度。因此，在实际的打捞作业中应当尽量快速结束作业，以避开波浪的影响。但是在实际海上施工过程，我们不能避免整船的打捞作业遭遇波浪影响。

当前阶段，打捞工程波浪观测设备通常以船只为承载工具或通过锚锭方式来开展工作，主要设备包括声学测波仪、重力式测波浮球、雷达测波仪等。

1. 声学测波

声学测波设备主要根据多普勒原理。采用矢量合成的方法对波浪进行测量。声学测波设备为坐底式观测，仪器通常固定在水底的安装支架上，这种安装方式能够很好地避免水面投放的各种风险，如恶劣天气、人为破坏和水面交通等。以 Nortek 声学波浪剖面流速仪 AWAC 为例，其布设在海床面，可以在有效规避水体滤波的情况下，在水深较大的海域开展观测工作(图 7-15)。

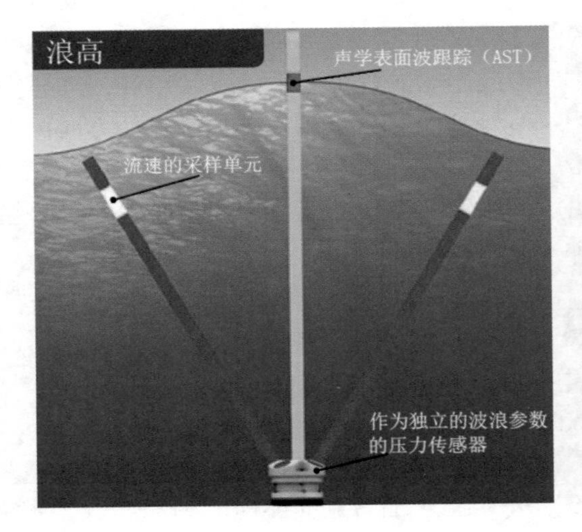

图 7-15　AWAC 观测波浪

AWAC 使用独特的声学表面波跟踪(AST)技术来测量波高和周期。AWAC 的垂直发射换能器向水面发送一个很短的声学脉冲，脉冲从发射到从水面反射回来的时间，生成一个水面高程的时间序列。AWAC 波向计算是结合 AST 数据和靠近水表的流速运动轨迹阵列，使用 MLMST 方法来处理四点阵列数据，生成精确的波向谱。安装在深水锚系浮标上的 AWAC，可使用 SUV 专利处理方法，得到类似的结果。

AWAC 可以安全地固定在水底，有自容式或在线两种工作方式。在自容模式，原始数据存储在内存中，仪器由外部电池包供电。AWAC 可以通过线缆或者数据猫将原始数据或者处理过的数据实时发送到岸上。数据可以通过 SeaState 软件显示，并且通过定制的网络服务实时公布数据。在线系统有一系列的通信方式可供选择，最普遍的方式是通过长的数据线(最长可达 5km)或者声学猫来通信(图 7-16)。

2. 重力式测波

波浪浮标采用重力加速度原理进行波浪测量，当波浪浮标随波面变化做升沉运动时，安装在浮标内的垂直加速度计输出一个反映波面升沉运动加速度的变化信号，对该信号做

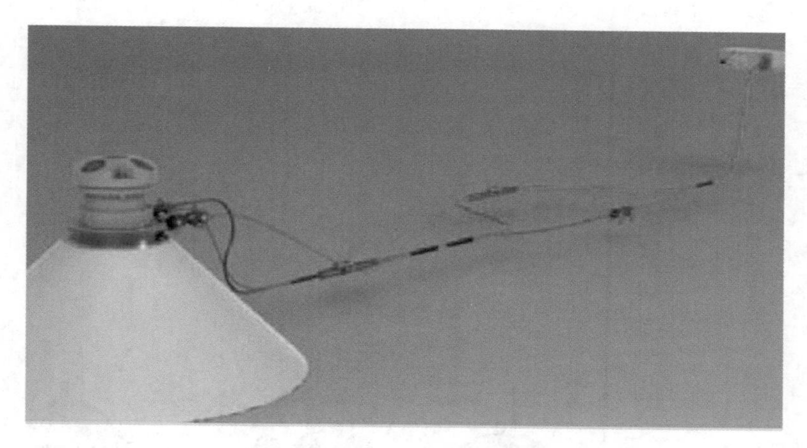

图 7-16 AWAC 在线观测系统

二次积分处理后，即可得到对应于波面升沉运动高度变化的电压信号，将该信号做模数转换和计算处理后可以得到波高的各种特征值及其对应的波周期。利用波高倾斜一体化传感器、方位传感器除可以测得波高的各种特征值和对应的波周期外，还可以测得浮标随波面纵倾、横倾和浮标方位的三组参数，通过计算处理，得到波浪的传播方向。浮标测得的波浪各特征值，由浮标上的通信机实现测量数据的发送传递，设在岸上或工程船上的接收机接收浮标发送的数据，并能对数据进行显示、打印和存储，并可以进行计算机网络通信传输。以 SZF 型波浪浮标为例，SZF 型波浪浮标(图 7-17)是一种能自动、定点、定时(或连续)地对波浪水文要素进行测量的小型浮标自动测量系统，能测量海浪的波高、周期、波向；可单独使用，也可作为海岸基/平台基海洋环境自动监测系统的基本设备。

图 7-17 SZF 型波浪浮球

SZF 型波浪浮球既可在离岸海区锚泊布放使用，也可随船系泊使用，锚泊布设可参考图 7-18 中示例。其工作方式有定时测量方式和连续测量方式，定时测量方式分为 3h 定时测量方式和 1h 定时测量方式；连续测量方式是浮标循环地进行“稳定 3 分、数据采集、发送”过程。采样间隔为 0. 5s 的数据采集时间为 17min，发射时间 1min，循环往复，传感器在每次通电后需稳定 3min，采样间隔为 0. 25s 时的数据采集时间为 8min32s。

SZF 型波浪浮球数据通信有 VHF 通信和 GSM(FM)短信通信两种方式，采用 VHF 通信时，当通信距离为 2~3km 时，接收机的接收天线应尽可能地架高；当通信距离为 5~6km 时，接收机应采用高增益 VHF 接收天线。采用 GSM(FM)短信通信时，由用户提供波浪浮标使用区域的 GSM 卡一对(发、收)。

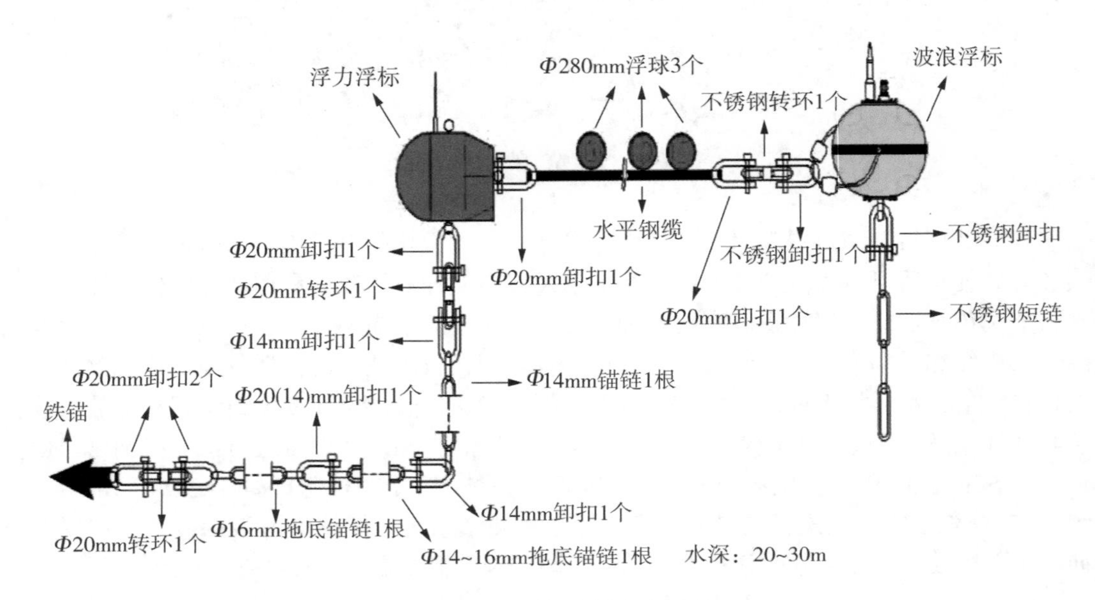

图 7-18　SZF 浮标布设方案示例

3. 雷达测波

雷达测波系统可获得实时海况，如波浪高度、波浪周期、波浪方向与表面海流速度，对于离岸海上活动(如海上打捞工程)具有十分重要的意义。以 OceanWaveS 公司的波浪和表流层监测系统(Wave and Surface Current Monitoring System)——WaMoS Ⅱ为例，是当前用于遥测海况和表面海流的最先进的仪器。可安装在施工船上用以测量波浪。其操作简单，并可以在极恶劣的环境条件下使用。WaMoS Ⅱ系统在高海况下可以获得连续的波浪数据，即使是在非常恶劣的天气或在能见度很差的晚上。

WaMoS Ⅱ系统(图 7-19)客观地测量海洋状态，通过分析海面雷达回波随时空的演变，系统获得准确的波浪信息。系统的测量是基于海面对雷达辐射微波的回波信号，也就是雷达测量的所谓的“海面杂波”。WaMoS Ⅱ系统测量包含 32 个雷达影像，这些影像由 WaMoS Ⅱ波浪分析软件按顺序排好。所有重要的海况参数，如有效波高、波浪周期、波浪长度、涌浪与表面海流(流速和流向)可以实时地从波浪谱中准确获得。

WaMoS Ⅱ测得的每一个测量的波浪和海流的数据可以作为文本输出(ASCII 数据文

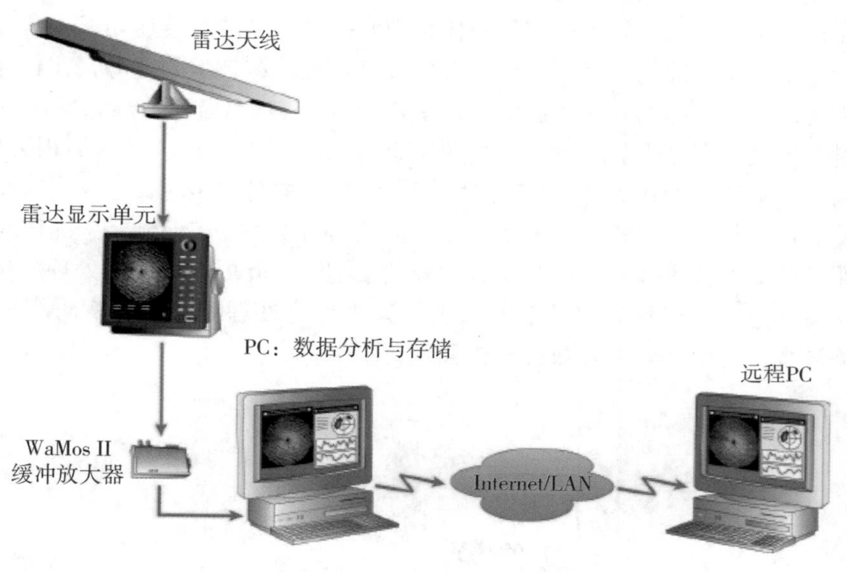

图 7-19 WaMoS Ⅱ系统组成

件)。通过 NMEA0183 字符串协议的数据都可以通过调制解调器或互联网，远程发送内联网的其他数据库或集成系统。

7.3.4 风、浪、流一体化监测

实时准确地获取施工相关水域数据，快速对其进行深挖掘并分析其特性，将分析结果和结论等相关信息进行动态展示与共享应用。施工水域的潮位，风浪、流一体化观测及实时数据共享的实现，可为打捞施工部门提供实时、可靠的潮流潮位数据，确保打捞施工部门准确地利用乘潮水位、乘潮历时、海流波浪数据，为安全、合理地利用有效水深资源和潮流特性提供重要的技术支撑。

利用无线网桥 WiFi 数据传输技术、北斗卫星通信技术、水下声学通信技术、数据库技术及集成技术等，通过 WiFi 局域通信、CDMA 移动通信或北斗卫星通信实现在线式数据传回，数据中心服务器自动接收传回数据，经统计、分析后并通过宽带网或手机移动网络分发至各个用户客户端。实现从数据采集到数据成果展示实时全自动化。

浮标观测站主要由浮标载体、锚系、数据采集器、传感器、水下观测平台、通信系统、浮标接收岸站等 10 个部分组成，实现潮位、潮流传感器的在线式数据采集，并通过北斗卫星通信实现现场观测数据的实时远程传输，通过因特网实现数据的共享与分发。

在风速、波浪、潮流观测技术的基础之上，进行一体化采集器的集成设计，主要功能包括多传感器支持、采集数据预处理与格式标准化、多通信渠道与数据实时分发、远程设置、历史数据召测等，实现在线式的数据格式转换、粗差过滤、数据传输。

1. 设备集成

构建先进的空间立体化的风、浪、流等海洋环境要素数据自动采集与实时传输一体化

技术体系。充分利用现有成熟、可行的技术成果，通过引入新技术、新方法、开发新功能不断升级完善，是打造形成更为先进的一体化观测技术体系的最佳途径。

以海上施工安全保障为出发点，充分发挥现有传统勘测技术的优势，在目标海域内依托平台，利用风浪流传感器、北斗通信、水下声学通信、计算机等设备建立海上风、潮、波、流实时遥报及数据动态共享系统，按照制定的时间间隔采集区域内的相关环境参数，采集的数据通过 GSM、WiFi、北斗等无线数据通信方式完成实时系统监控和数据传输，并根据相关数据进行统计分析，实现了潮流、波浪等环境数据全天候无人值守连续采集、实时稳定在线传输的技术体系。并基于潮汐和波浪理论，开展潮波数据处理分析，建立潮波数据智能化动态共享模型，实现潮波数据的人为事后处理到计算机实时智能处理的转变，提高潮波数据的处理效率和数据分析程度(图 7-20)。

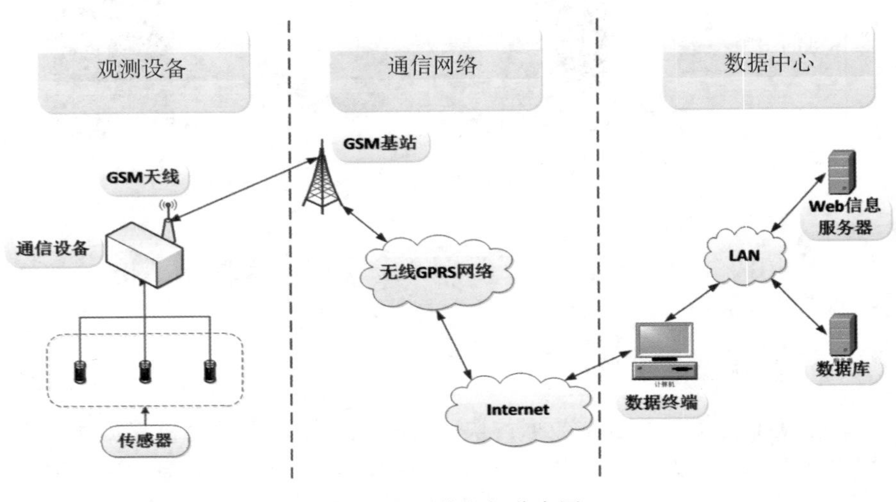

图 7-20　系统空间分布图

2. 水上、水下多通道综合通信

风、浪、流一体化观测设备集成，在数据通信传输方面主要涉及以下三类。①水上远程综合通信：主要实现海洋观测站(海面)向数据中心(岸基)的实时数据传输。②水上近程快速通信：主要实现日常维护设置、大量原始数据的非接触式无线传输。③水下通信：主要实现水下观测设备向海面的数据传输。

如仅实现现场观测数据的实时回传，现场至岸基的单向通信即可；为充分实现数据中心与现场传感器的交互式操作，则要求所有通信必须为双向通信。

1)水上远程综合通信

水上远程通信手段主要包括基于手机移动网络、北斗卫星、国外商业卫星与高功率数传电台的实时数据通信。

对于海上观测站实时向岸基中心传输观测数据而言，通信信号覆盖区域、传输稳定性、传输速度、数据安全、功耗、占用空间大小等参数均是重要技术指标。

对于水上数据远程通信的需求，构建手机移动网络、北斗卫星通信的双通道通信模式是最为成熟、先进的方式。在手机移动网络覆盖区域，传输信号稳定可靠、速度快、实时性强；在手机移动网络不能覆盖区域，以北斗卫星通信实现基本的观测数据传输。

2)水上近程快速通信

水上近程快速通信手段主要包括低功耗数传电台、蓝牙、WiFi 与红外数据通信。

通信的有效距离保障、传输速度、操作便携性、功耗设备占用空间大小等均是海上通信实际操作优越性的重要指标(海上近程通信，超出距离无法截取，因此传输安全性基本可以得到有效保障，不再纳入最重要的技术指标)。

3)水下通信

水下线缆通信鉴于使用安全，仅适合于有固定海上平台或离岸距离较短时使用，不再细叙(图 7-21)。

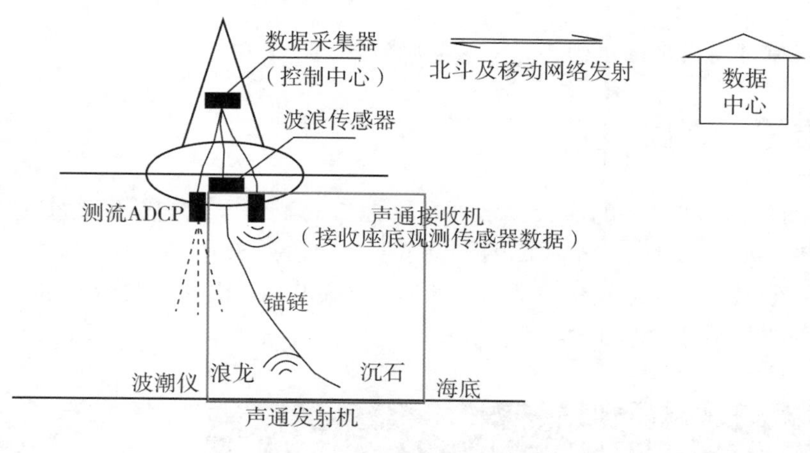

图 7-21　水下通信链接示意图

3. 一体化采集器的集成

一体化采集器是风浪流集成观测的核心部件，它担负着采集、保存、计算、发送、接收、遥控命令等一系列功能。

一体化采集器根据一定的时序控制主机及各类传感器的加断电，采集及处理各类传感器的信号，将处理后的数据通过通信传输系统发送到用户的接收站，将原始数据保存到存储器中，并随时响应用户发送的各类应答信号。

风、浪、流一体化观测结构示意如图 7-22 所示。

一体化采集器采用采集与通信分行的结构，即采集模块将外接仪器数字化成规范格式，通信模块采用总线方式与多个采集模块通信，获取数据并进行存储与数据发送等。该结构系统扩展性强，各采集模块工作运行独立，任务简单固定，运行可靠；当遇到新功能需要扩展时，只需开发单独采集模块就行，无需整体修改，加快了系统的开发进程，同时对海洋观测仪器具有良好的兼容性。一体化采集器能完全实现长时间水下 10m 耐压，水密性能满足海表工作的使用需求。

一体化采集器内置磁性开关，位于采集器盖板圆心位置，以强磁力触发开关启动与关

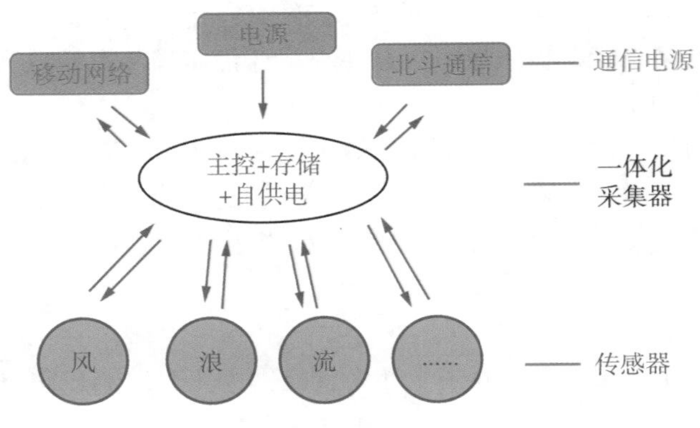

图 7-22　采集器功能结构示意图

机，减小了机械开关带来的水密、人为破坏风险。

7.4　打捞施工定位

随着技术的进步和发展的需求，水下打捞施工的工作方式和精度要求越来越高。例如，水下探摸、水下切割、水下攻泥的定位精度要求达到米级，而水下对接、水下安装等甚至要求达到分米级，姿态监测精度则要求达到 5‰以上。因此，精密的水上及水下定位是打捞作业期间必不可少的环节(图 7-23)。

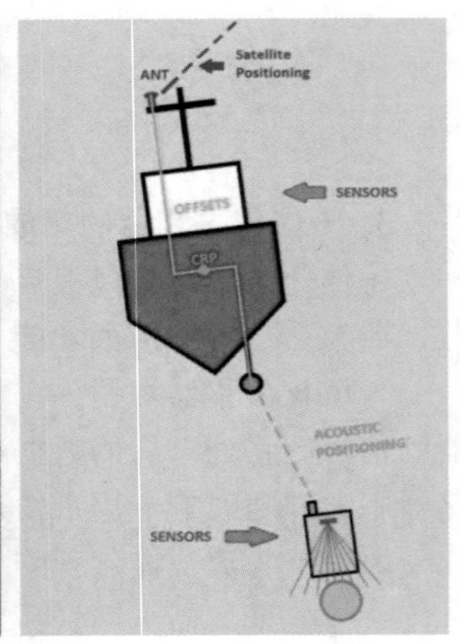

图 7-23　沉船打捞施工和定位示意图

在一般情况下，打捞现场作业船只需 2 ~3 条，最多时可以达到 20 多条。在网络通信不发达的时候，船舶之间只能通过数传电台单对单进行联系，无法在导航界面下实现多船通信和多船显示，增加了施工风险、降低了施工效率。近年来，随着无线网桥、卫星通信等技术的发展，基于网络化的海上打捞施工定位技术已经成为主流，而且实现了所有测量设备的数据共享，有力保障了打捞工程的顺利进行。

7.4.1 工作内容

基于网络化的海上打捞施工定位，通过对施工现场的水上和水下移动载体的位置、艏向及姿态进行统一管理和共享，辅助现场指挥作业。工作方法如下：使用卫星定位设备和电罗经对作业主船、拖轮等进行定位，使用超短基线定位系统对水下的潜水员、ROV、作业机具等进行定位，使用无线网桥等通信设备将所有载体的运动信息和传感器信息汇集到作业母船，并由作业母船发布到各个拖轮，实现船舶调度、数据共享、信息管理等功能。

1. 水上定位

作业船舶的水上定位是打捞施工中最基本的要求。由于越来越多的情况需要测量载体的三维位置、艏向、横摇、纵摇等6个自由度，除了卫星定位提供三维位置外，还需要电罗经提供艏向数据，姿态传感器提供横摇和纵摇数据。这3种设备互相不具有替代性，适合联合作业。在工程要求定位精度不高的情况下，仍可以只采用卫星定位系统进行作业。

2. 水下定位

水下定位主要用于确定ROV、潜水员及水下其他作业机具的精确位置。工作原理是在水下被定位的目标上安装声信标，水上的船体安装超短基线基阵并发出问询信号，水下的声信标返回应答信号，超短基线基阵接收到信号后测算出目标的方位及距离，进而得到目标位置。超短基线安装方便、应用灵活，可以长时间、长距离跟踪作业，是目前水下定位的主要方式。

3. 网络互联

通过无线通信技术组建海上无线局域网，实现多个载体位置的实时共享，进行载体设备之间的命令遥控和信息反馈。载体之间可采用数传电台、移动通信、网络通信、卫星通信、水声通信等技术，组成点对点、点对多点、多点到多点等传输模式，实现定位数据的实时共享和互联互通。载体之间通过发送定制的作业命令、登陆操作界面等方式，可对其他载体进行遥控操作，并接收反馈信息。

7.4.2 水上定位方法

一般采用卫星定位系统(包含信标差分、RTK差分、SBAS差分、星站差分等方式)实现船舶的位置测量，采用罗经(包含GNSS罗经、陀螺罗经、磁罗经等方式)实现船舶的艏向测量，采用姿态传感器(包含MEMS、光纤陀螺、激光陀螺等方式)实现船舶的横倾、纵倾测量。

图7-24中为常见的测量设备，其中(c)同时提供定位和定向功能，是水上定位设备的最佳选择。

1. 定位方式

1)技术介绍

(1)定位测量。

卫星导航定位(GNSS)技术目前已基本取代了无线电导航和天文测量导航定位技术，并推动了海洋测量与导航定位领域的全新发展。当今，GNSS系统不仅是国家安全和经济

（a）星站差分接收机

（b）近海RTK基站

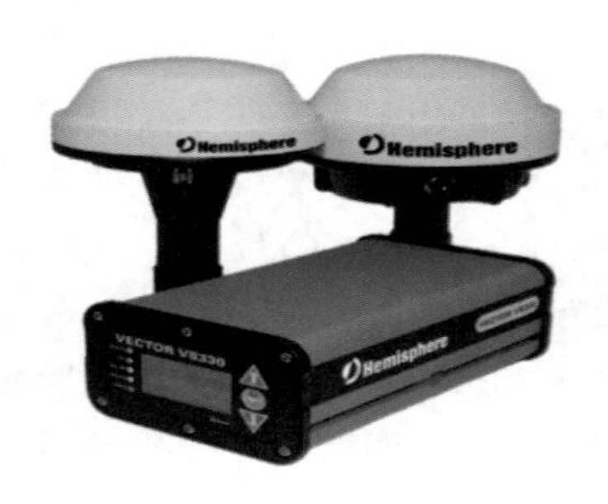

（c）GNSS罗经

（d）陀螺罗经

（e）MEMS姿态传感器

（f）光纤姿态传感器

图7-24　常用水上定位设备

的基础设施，也是体现现代化大国地位和国家综合国力的重要标志。目前已有美国GNSS、俄罗斯GLONASS、欧盟GALILEO和中国北斗卫星导航系统四大GNSS系统陆续建成或完成现代化改造。

为了提高卫星导航定位的精度，主要有地基差分和星基差分两大类别的增强系统(图7-25)。其中地基差分属于局域差分技术，星基差分属于广域差分技术。

信标差分和RTK差分，是目前常用的两种地基差分方式。信标差分是指交通运输部海事局在我国沿海建立的免费伪距差分信号发布系统，每个台站的覆盖范围是300km，在

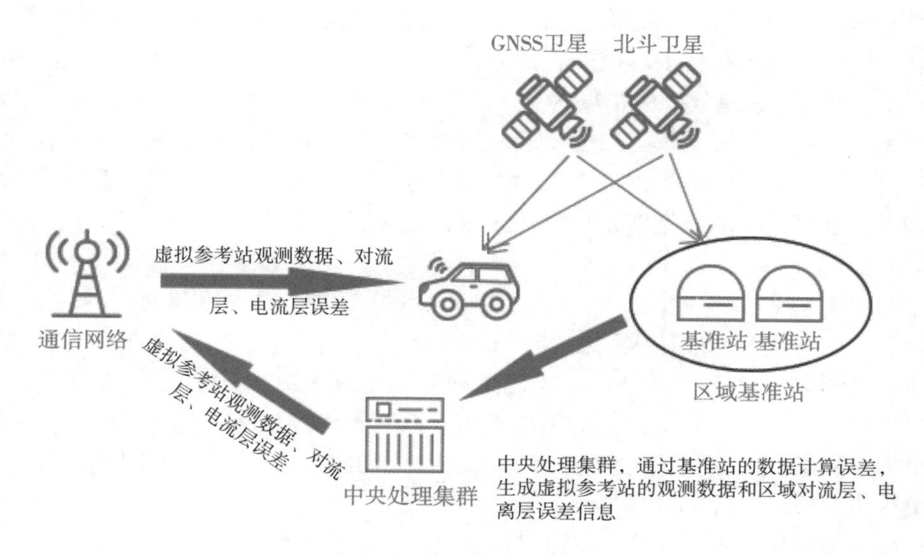

（a）地基增强系统

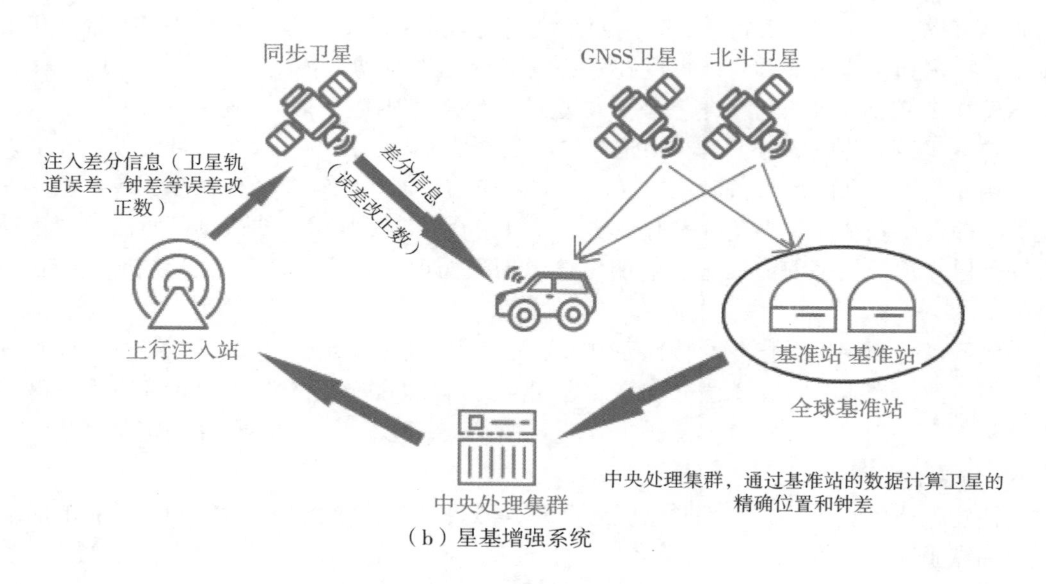

（b）星基增强系统

图 7-25 定位增强系统示意图

SBAS 差分和星站差分出现之前，它是海上定位使用的主要差分方式。RTK 差分，虽然定位精度达厘米级，但受限于网络通信范围的局限性，无法解决海上施工定位的高精度定位问题。

星基差分系统包括区域系统、增强系统（SBAS）和精密单点定位（PPP）三种。其中区域系统有日本的 QZSS 和印度的 IRNSS，增强系统有美国的 WAAS、日本的 MSAS、欧盟的 EGNOS、印度的 GAGAN 以及尼日利亚的 NIG-GOMSAT-1 等。精密单点定位（PPP）是目前精度最高的星基差分系统，俗称“星站差分”，通过接收地球同步卫星广播的差分信息，可实现亚分米级的平面和高程定位，而且能够覆盖地球上大部分海洋和陆地区域，是海洋、沙漠、航空等领域高精度定位的首选方式。

信标差分和SBAS差分标称精度为亚米级，星站差分标称精度优于0.1m，RTK差分标称精度为0.01m，可根据施工精度要求，选用不同的定位方式。如大多数近海50km以内工程测量，仍大量使用信标差分方式。岸滩工程、海岸工程则普遍使用RTK差分方式。在远离海岸、难以接收陆地基准站信号的区域，已大量采用星站差分和SBAS差分方式。

(2)艏向测量。

当船舶低速运动或静止状态下，为了准确表示船舶的位置，船艏向(Heading)必须被精确测量。船艏向是指船舶艏艉线在水平面内的投影正前方向，用从真北方向顺时针转至船舶正前方向的夹角表示(方位角)。当船艏向基于坐标北方向表示时，需要考虑子午线收敛角的影响。子午线收敛角即坐标纵线偏角，以真子午线为准，真子午线与坐标纵线之间的夹角。坐标纵线东偏为正，西偏为负。在投影带的中央经线以东的图幅均为东偏，以西的图幅均为西偏。

船艏向一般采用GNSS罗经、陀螺罗经、磁罗经等方式测量。

GNSS罗经技术是利用GNSS定位高精度、全天候、高效率、多功能、操作简便、数据质量可靠、应用广泛等特点，采用两个高精度GNSS天线作为卫星信号传感器，利用载波测量技术和快速求解整周模糊度技术，精确计算出运动载体的方位角。在1m基线下，可达到0.2°精度。此方位角基于坐标北方向，不受地理纬度和运动速度的影响。

陀螺罗经又称电罗经，是利用陀螺仪的定轴性和进动性，结合地球自转矢量和重力矢量，用控制设备和阻尼设备制成以提供真北艏向的仪器。陀螺罗经存在纬度误差、速度误差等。纬度误差和速度误差都是有规律的，可用查表法、移动基线或刻度盘法、力矩补偿法等予以修正。在平静海面上，船舶恒速恒向航行时，修正后的陀螺罗经的误差应不大于1°。

磁罗经是利用磁针指北的特性而制成。磁罗经受船磁影响、有磁差，是由于地磁极与地极不一致而产生。存在于磁北和真北之间的夹角，即磁偏角。海图上标注有本地磁差和年变化率，使用磁罗经时可据此修正读数。磁罗经一般不可用于高精度的定位测量。

(3)姿态测量。

在施工船座底作业、半潜驳座底起浮时，需要对船舶的姿态进行监测，即获取船舶的横倾和纵倾数据。姿态测量，可采用激光陀螺(RLG)、光纤陀螺(FOG)、微机电系统(MEMS)等。

激光陀螺和光纤陀螺都是利用光程相位差的原理来测量角速度，精度已达到0.0002°/h，可稳定生产的导航级产品多为0.01°/h；光纤陀螺与激光陀螺相比，具有高可靠性、长寿命、快速启动、耐冲击和振动、对重力不敏感、大动态范围等优点，是高精度姿态测量的主要方法。由于受到加工工艺、选材等因素的限制，MEMS在精度以及反应灵敏度等方面与RLG、FOG相比仍然存在较大差距，主要应用在低端和中端产品。

2)设备安装

(1)定位参考点的确定。

理论上，定位参考点可设置在船舶上任何固定点。但随着测量设备的数量越来越多，定位参考点宜不受设备安装位置的制约。不管设备数量、设备位置怎么变化，船形文件可一直保持不变。船艉中点位于中轴线上，位置明确，设为定位参考点可操作性强，也可保持船形文件设计的一致性。

当以惯性导航系统为主进行组合定位时，惯导系统可根据每个测量设备的偏移量实时计算其实际位置。将惯导中心设为定位参考点，也是常用的一种方法。

(2)设备安装要求。

卫星定位接收机的天线应安装在船舶顶部的开阔无遮挡区域。因为船上电磁场及金属构筑物与卫星天线的关系对定位及其精度影响甚大，为了保证接收机能够正常工作及观测成果的可靠性，应注意避开周围的电磁波干扰源。电罗经和姿态传感器一般安装在室内，安装方向宜与船舶的艏艉中心线一致，并保持水平状态。为能准确反映所在船舶的三维位置、艏向、横摇、纵倾等参数，要求卫星定位接收机、电罗经、姿态传感器稳固安装，并准确测量其与定位参考点之间的相对关系。当船舶很大时，偏移量不易准确测量，可放宽至图上1mm。若定位精度要求很高，建议采用全站仪进行准确测量。

3)设备校准

卫星定位接收机、姿态传感器的校准一般在陆地进行，电罗经的校准可分为陆地和海上两种。当各定位设备发生位置变动或更换设备后，应重新测定偏移量。

(1)陆地校准。

测量项目开始前，应进行卫星定位精度比对，宜在测区附近的控制点上进行，这样才能说明实际测量时的定位精度。校准结果应满足表7-2的要求。

表7-2 卫星定位接收机校准要求

测量方法	控制点等级	流动站与基准站之间距离(km)	测量时间(min)	平面点位中误差(m)
信标差分	一级及以上	≤100	60	±2.0
RTK差分	一级及以上	≤6	5	±0.05
SBAS差分	一级及以上	—	60	±2.0
星站差分	一级及以上	—	60	±0.20

注：星基差分方式下，定位精度与流动站到基准站距离无关。

采用全站仪对电罗经和姿态传感器进行校准前，需在码头布设控制点。使用2台全站仪，同时观测位于船上的2个棱镜，记录其三维位置(图7-26)。在全站仪测量的同时，需同时记录电罗经和姿态传感器的数据。在开始校准前，应确保时间一致，误差不应超过5s。

(2)海上校准。

采用太阳观测法获取电罗经的船艏向偏移量，是海上作业的常规方法之一。测量时间应选取日出后或日落前2小时内，太阳高度角应小于30°、最好小于15°。一般施工船作业前已锚泊固定或采用动力定位，船体平稳。在船上选择视野开阔处，将船体中轴线置为

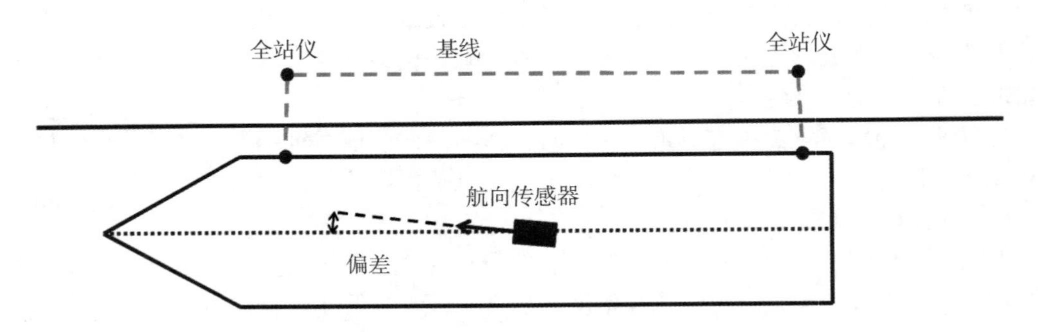

图 7-26　电罗经校准示意图

全站仪的零方位，测量太阳与船艏向的水平夹角。重新置零，重新测量，测量次数应不小于 10 次。测量过程中，记录测量时间和电罗经读数。通过 Sunshot 软件(图 7-27)，计算得到电罗经的船艏向偏移量。这种方式获取的数值基于真北方向，在使用时应考虑子午线收敛角的影响。

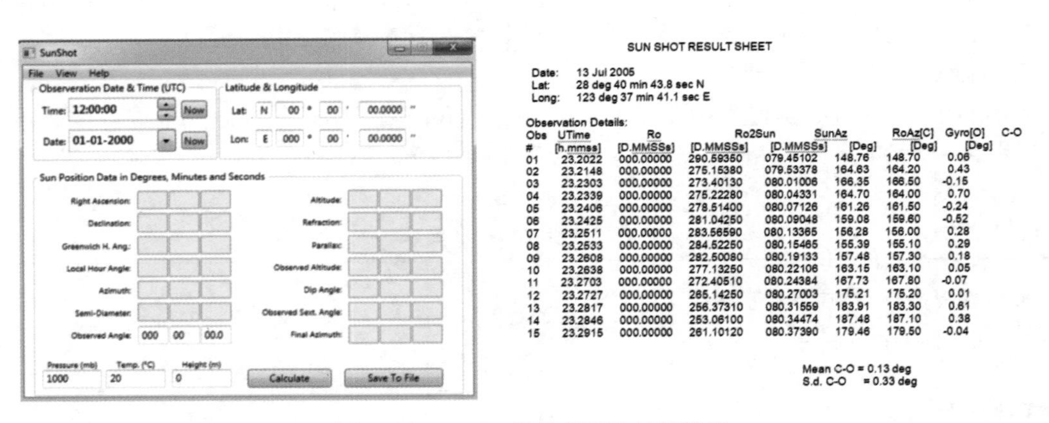

SUN SHOT RESULT SHEET

Date: 13 Jul 2005
Lat: 28 deg 40 min 43.8 sec N
Long: 123 deg 37 min 41.1 sec E

Observation Details:

Obs	UTime	Ro	Ro2Sun	SunAz	RoAz[C]	Gyro[O]	C-O	
#	[h.mmss]	[D.MMSSs]	[D.MMSSs]	[D.MMSSs]	[Deg]	[Deg]	[Deg]	
01	23.2022	000.00000	290.59350	079.45102	148.76	148.70	0.06	
02	23.2148	000.00000	275.15380	079.53378	164.63	164.20	0.43	
03	23.2303	000.00000	273.40130	080.01006	166.35	166.50	-0.15	
04	23.2339	000.00000	275.22280	080.04331	164.70	164.00	0.70	
05	23.2406	000.00000	278.51400	080.07126	161.26	161.50	-0.24	
06	23.2425	000.00000	281.04250	080.09048	159.08	159.60	-0.52	
07	23.2511	000.00000	283.56590	080.13365	156.28	156.00	0.28	
08	23.2533	000.00000	284.52250	080.15465	155.39	155.10	0.29	
09	23.2608	000.00000	282.50080	080.19133	157.48	157.30	0.18	
10	23.2638	000.00000	277.13250	080.22106	163.15	163.10	0.05	
11	23.2703	000.00000	272.40510	080.24384	167.73	167.80	-0.07	
12	23.2727	000.00000	265.14250	080.27003	175.21	175.20	0.01	
13	23.2817	000.00000	256.37310	080.31559	183.91	183.30	0.61	
14	23.2846	000.00000	253.06100	080.34474	187.48	187.10	0.38	
15	23.2915	000.00000	261.10120	080.37390	179.46	179.50	-0.04	

Mean C-O = 0.13 deg
S.d. C-O = 0.33 deg

图 7-27　Sunshot 软件界面和计算结果

2. 作业内容

打捞施工船在浅水区域，多采用锚泊定位方式；在深水区域，多采用动力定位方式。

1)锚泊定位

在打捞工程项目中，船舶起锚、抛锚作业可以通过多次拖带操作，协助船舶到达准确位置。同时可以大大降低船舶风险，保证施工过程高效、安全、优质。一般正常船舶起锚、抛锚作业海况要求涌浪在 2m 以下，风速在 6 级风以下，能见度在 500m 以上。对于施工船而言，天气因素对船舶起锚、抛锚作业条件具有直接的影响。因此，需要对气象情况进行严密观测。在恶劣天气来临之前，第一时间做出判断，并根据气象条件变化，对锚位进行调整。

每次抛锚作业前都需要与施工经理沟通，并依照审批通过的抛锚定位图，指导作业船舶就位。

为了保证打捞的正常进行和作业的安全，在设计锚位时，应综合考虑沉船安全、海底管缆安全、海流方向、风力、锚绳的拉力等作用，船舶距离沉船的位置根据施工作业的要求可以自由变更，但锚位点应严格按照抛锚定位图中的要求，远离管缆200m以上，定位误差控制在5m以内。

(1)布设锚位。

锚位相关数据由施工经理研究确定，并给出各工作锚的锚缆长度与相对于作业船艏的角度。锚的数量依船而定，一般至少为4个，多的可达到12个以上。抛锚参数输入定位/导航系统，定位可自动计算出该锚点的坐标。根据所显示的锚位及沉船和其他结构物的位置再进行相应的调整，令其远离沉船或其他结构物于安全距离以外。

(2)抛锚作业。

抛锚前，由施工船给抛锚船发布命令，指示抛锚船名称、锚的号码和抛锚位置。对应的抛锚船收到指令后，将对应的锚放到甲板上，如果跨越管缆，则应在跨过管缆后才能将锚放入水中。

抛锚过程中，主作业船和抛锚船将测量的位置和艏向数据，使用无线网桥实时共享，使施工船和抛锚船都能够实时看到抛锚位置和抛锚情况。定位过程中，屏幕上现场所有船舶的位置和船艏向、沉船的位置和走向、其他结构物的位置、计划锚位、实际锚位、锚缆长度等都能够实时显示。

当抛锚船到达指定地点后，由施工船下达抛锚命令。锚到达海底后，现场所有船舶都会收到锚的最终位置并在屏幕上更新显示。

(3)工程船就位。

抛锚结束后，根据屏幕上显示的施工船的位置和艏向、就位目标的位置和艏向，随时调整船位、船艏向、运动速度等，保证施工船平稳安全地到达作业地点。

2)动力定位

在一般情况下，在海上打捞施工作业过程中，需要等待合适的时间窗口才能正常施工作业(非作业时间窗口的海况恶劣，无法正常驳船施工作业)，因此作业时间十分宝贵；常规的施工船前往目的地后，需要停船进行抛锚定位(该作业过程在深水区域有时甚至需要数天)，然后在目标地完成工作后起锚前往下一目的地，再次抛锚，整个过程需要多次抛锚和起锚，浪费了大量宝贵的时间，降低了施工效率。

动力定位(Dynamic Positioning，DP)能够通过位置传感器、航向传感器、姿态传感器、风传感器、海流传感器等传感设备实时实地精确获取数据，并把这些数据信息及时传输给控制器，控制器再将其与设计的预定停泊位置资料对照，找出差别，继而向各推进器发出指令，调整其推力，实行差别修正，直至到达预定位置、停稳；其完美地实现了在无锚的情况下自主控制、保持船位和航向，包含保持固定船位、船舶精确操纵、航迹控制等功能，且不受水深限制，可适用于多种海域情况下，主要用于深水不宜抛锚的海域。

由于DP工程船可以根据实际海况、设计位置对船舶的船位和艏向进行自动控制，因此对定位人员来说只需要定时更新设计的目标船位即可。

步骤如下：定位人员向船载控制系统输入目标位置的经纬度坐标信息，船载控制系统将目标位置的经纬度坐标信息同步更新至DP控制系统中；DP控制系统关闭DP模块；船载控制系统启动船用推进器驱动施工船，前往至目标位置附近；DP 控制系统启动 DP 模块；DP 控制系统通过安装于施工船上的位置传感器、航向传感器、姿态传感器获取施工船的位置、航行方向和当前姿态信息，DP 控制系统通过风传感器、海流传感器获取施工船周围的风向、风速、海流流向和海流流速信息；DP 控制系统根据上述信息调整安装于施工船四周的 DP 模块的动力输出功率值和动力输出方向，将施工船稳定在目标位置。当有新的目标船位时，重复上述过程。

7.4.3　水下定位方法

由于电磁波在海水高导电介质中传播衰减非常大，限制了无线电导航、卫星导航和雷达等常规导航技术。而声信号在水中衰减就很小，可以穿过较深的水层。目前，声学导航方式主要包括长基线(Long Base Line，LBL)、短基线(Short Base Line，SBL)和超短基线(Ultra-Short Base Line，USBL)三种，通过声元基线长度来区分。在打捞施工中，经常采用的是超短基线方式。

1. 定位方式

1)技术介绍

超短基线(USBL)作为一种水下定位技术，已被普遍应用于海洋资源调查与开发、海洋打捞施工定位等海洋生产开发方面，主要用于确定 ROV、潜水员、拖曳体及水下其他仪器的精确位置。工作原理是在水下被定位的目标上安装声信标(应答器)，水上的船体安装超短基线基阵并发出问询信号，水下的声信标返回应答信号，超短基线基阵接收到信号后测算出目标的方位及距离，进而得到目标位置。USBL 安装方便、应用灵活，可以长时间、长距离跟踪作业，是目前水下定位的主要方式。

超短基线是一种相对测量设备，必须与水面的 GNSS、电罗经、姿态传感器相配合，才能组成一套完整的水下定位系统。水下定位系统主要涉及 3 个坐标系统，即基于 GNSS 的大地坐标系、基于超短基线的声基阵坐标系和基于船舶定位参考点的船坐标系(图 7-28)。通过超短基线基阵探头对水下声信标进行测量，获得声信标在声基阵坐标系下的坐标；通过对超短基线基阵探头进行安装校准，即进行平移和欧拉角旋转计算，获得基阵探头在船坐标系下的坐标；通过对 GNSS 天线相对船参考点的位置进行测量和接收同步的 GNSS 定位信息，获得船坐标系参考点在大地坐标系下的坐标。上述过程一整合，即可获得水下声信标在 GNSS 大地坐标系中的位置。

图 7-29 是常用的 USBL 基阵和声信标型号。

水下定位系统精度，主要受到以下四个方面的影响：①设备精度，即 USBL 系统本身精度和 GNSS、电罗经、姿态传感器等辅助设备的精度；②安装精度，即 USBL 基阵与水下声信标安装的稳定程度和偏移量测量精度；③声速精度，即声速剖面测量的精度和测量的及时性；④校准精度，即 USBL 换能器相对于 GNSS 的位置偏移量、相对于电罗经和姿态传感器的角度偏移量是否准确。

2)设备安装

超短基线定位系统安装时，应符合下列要求。

声学基阵应超过船底，并固定安装在噪声低且不容易产生气泡的位置，远离螺旋桨和

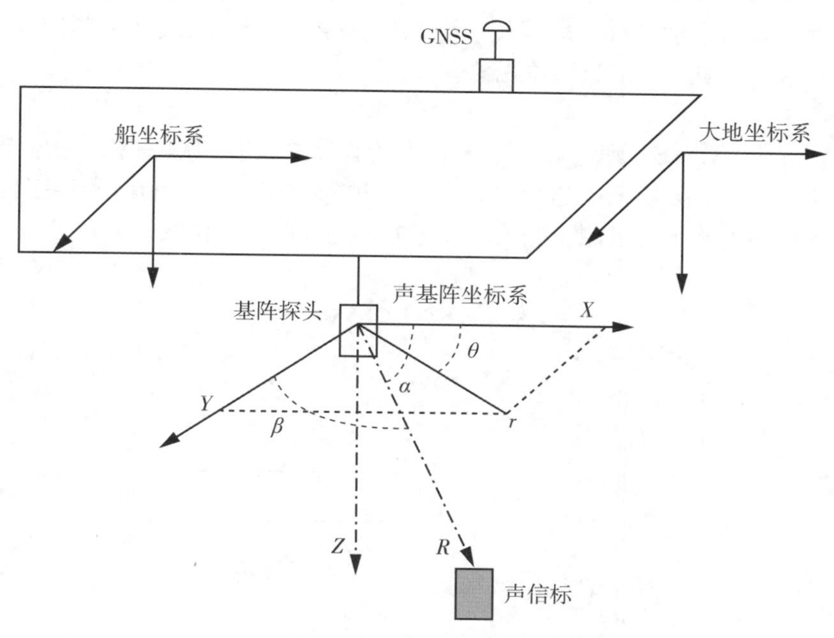

图 7-28　水下定位系统涉及的坐标系统

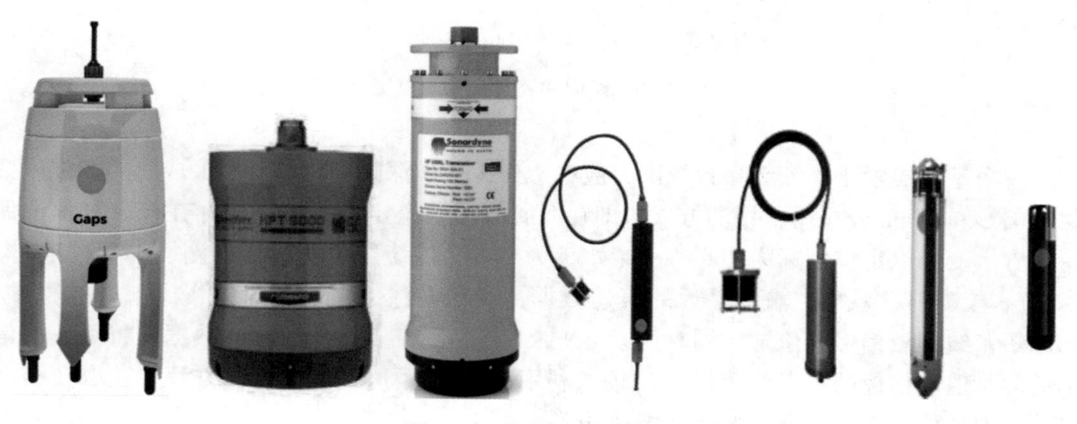

图 7-29　常用 USBL 设备

其他声呐；噪声、气泡、强反射面是水声系统工作时的主要干扰因素，作业时应尽量避免。

声学基阵的安装位置，应避开声速急剧变化的深度；温跃层导致水声定位时声线发生弯曲，会大大降低超短基线的定位能力。

姿态传感器安装位置应尽可能靠近声学基阵；因为船体在波浪中的姿态是很复杂的，每一点的起伏、横摇、纵摆都不一样，姿态传感器采集的数据也不一样，因此当利用这些波浪数据改正超短基线时，要求姿态传感器靠近声学基阵是比较合理的。

声学基阵相对于载体定位参考点的偏移量和高差均应准确测量。为保证位置角度相对关系的一致性，要求声学基阵、电罗经、姿态传感器、GNSS 天线必须紧固安装在船上，不应该在测量过程中发生松动或移位现象。

3)设备校准

大多数情况下，GNSS 天线、电罗经和姿态传感器并没有和超短基线声学基阵集成到一起，因而位置偏差和姿态偏差总会存在，图 7-30 描述了当存在艏向和姿态偏差时会导致的后果。这些偏差必须经过测量并校准，才能得到准确的定位结果。

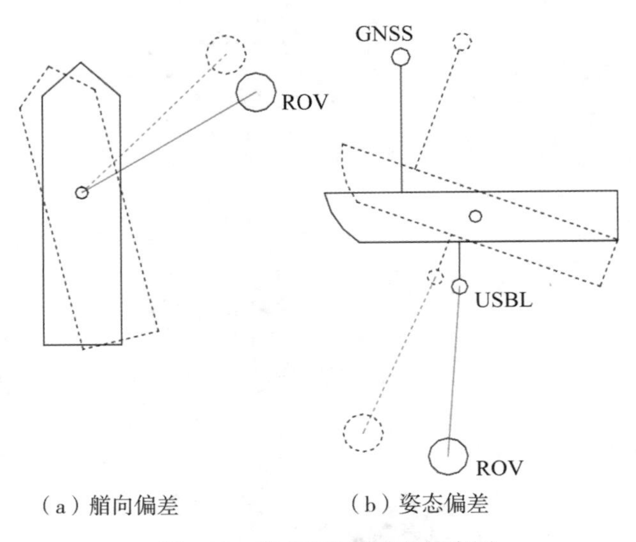

图 7-30　艏向和姿态偏差示意图

超短基线声学基阵安装参数校准，应在工作区域最深处进行。目前最成熟的校准方案为英国 Sonardyne 公司所采用的方式，即在海底放置一个定位信标，信标在校准过程中保持位置不变；以定位信标为圆心、一半水深为半径，围绕定位信标往返测线进行校准(图 7-31)。校准前，系统中输入最近的声速数据；测量时注意航速尽量要慢。航行过程中，用超短基线测量信标的位置，同时记录 GNSS、电罗经、姿态传感器的数据。将每一次信标的测量值与信标的参考位置进行比较。利用高斯-牛顿迭代法解观测方程，获取转换七参数，包括位置偏差、姿态偏差和声速偏差。

校准完成后，超短基线的定位精度应不低于±1%×斜距±0.5m。超短基线定位期间，除 GNSS 天线位置改变外，其他任何传感器位置发生变化或松动，均应重新进行设备安装参数校准。

但是，海上打捞的施工船以无动力的驳船为主，抛锚就位后无法像一般船舶那样按照设计测线前进、掉头等实现校准，因此需要采用更加合理的设备校准方法。目前，主要有两种解决方法。

(1)仅做艏向校准。

在浅水条件下，姿态偏差对定位精度的影响比艏向偏差要小得多。而且，许多 USBL

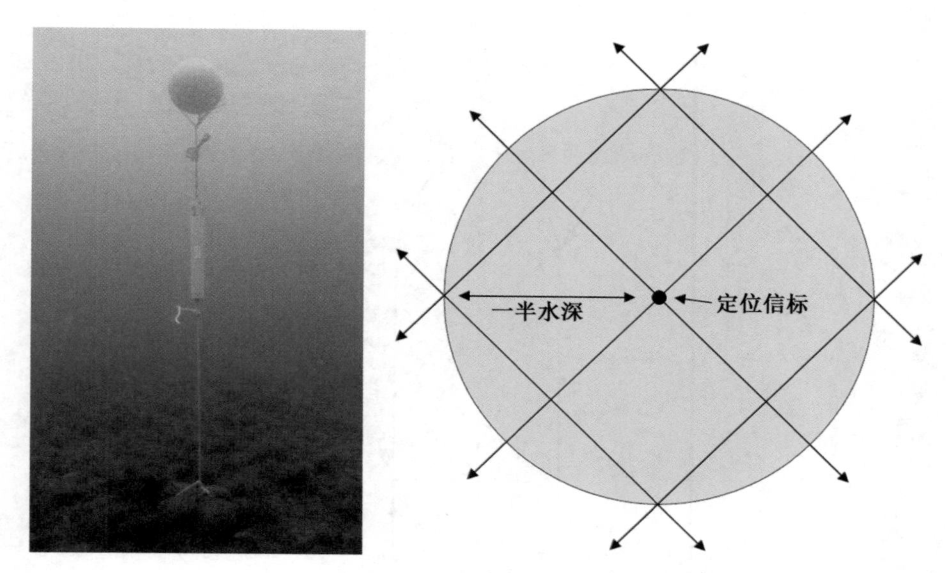

图 7-31 超短基线校准方法

设备已内置 MEMS 姿态传感器，可以实现较平稳环境下姿态的实时校正。因此，在定位精度不是太苛刻的作业时，如潜水员引导，可以仅对水下定位系统的艏向偏差进行测量。

在平潮或停潮期，在施工船上选取特定位置吊放水下声信标，与声基阵进行反复应、答测试。选择吊放信标的位置如图 7-32 所示。将计算得到的信标方位与实际方位相比较，计算平均值。

(2)采用免校准 USBL。

将 AHRS / INS 与 USBL 声基阵进行固定连接，并且在工厂进行预先校准，可以实现海上应用时的快速部署，而无需在施工现场进行 USBL 校准。这样可以大大节省施工船舶时间和作业成本。目前，常见的 IXBlue GAPS 和 Sonardyne GyroUSBL 都可以提供优于斜距范围 0.1%的精度。

2. 作业内容

打捞施工的水下作业内容，主要涉及水下探摸、水下安装、水下抽油、水下焊接、水下切割、穿引钢缆、水下视察等，需要进行潜水员水下定位、ROV 水下定位、攻泥器水下定位等测量服务。

在施工船上安装超短基线声基阵，在潜水员、ROV、攻泥器上安装定位信标。每次水下定位作业前均应在测区测定声速剖面。建议单个声速剖面控制范围不宜大于 5km，声速测量间隔应小于 6h。

1)潜水员水下定位

打捞过程中的大多数水下作业任务，都由潜水员完成。潜水员携带信标入水，导航软件中可以实时看到潜水员在水下的位置、运动方向和速度，以及潜水员与沉船的位置关系，并可辅助潜水员进行水下结构物的安装、引导结构物就位等。

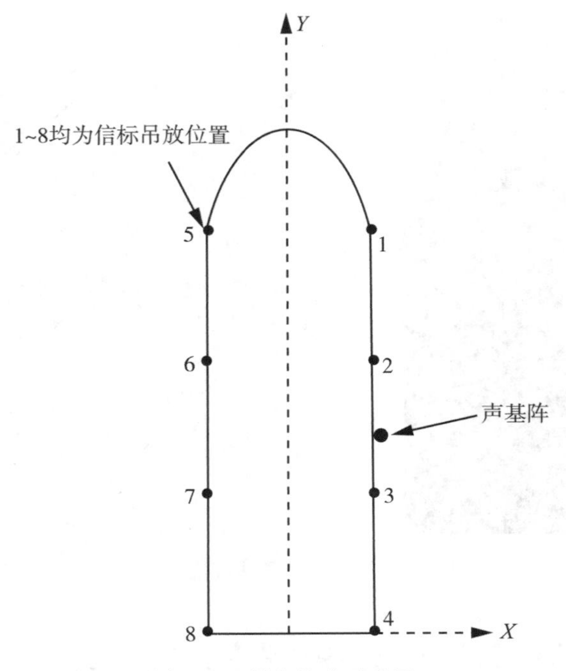

图 7-32　艏向校准示意图

根据施工安排，设计合理船位后，通过水下定位实时跟踪潜水员位置，在各个潜水点显示潜水员与沉船及作业船舶的相对关系，引导潜水员至指定作业区域(图 7-33)。

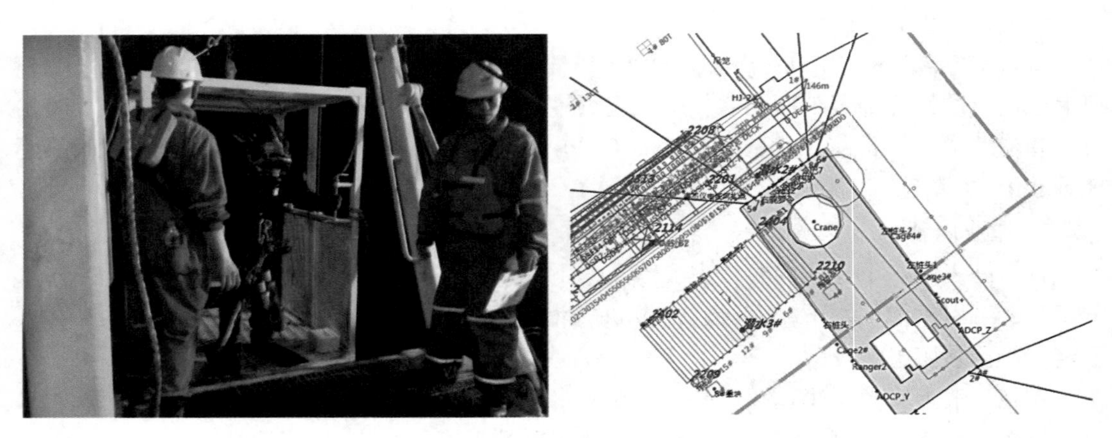

图 7-33　潜水员水下定位

为了提高水下定位的质量，在条件允许时，通过调整施工船位置，尽可能使超短基线换能器与潜水员保持较小夹角(信标在换能器正下方时效果最佳)。在需要获取水下固定目标精确位置时，为了减小水下噪声等因素带来的不利影响，在信标处于稳定状后采集 10 个左右的有效坐标，经过平均计算后得到固定目标的精确位置。

在潜水作业过程中，务必通过中控导航计算机中的导航软件监控施工船船位以保持船位稳定，防止船位因走锚、靠泊船舶影响及不当锚缆操作等原因出现异动而带来安全事故，影响水下潜水员安全作业。

2) ROV 水下定位

在打捞过程中，ROV 承担的任务以水下摄像为主。在实施沉船打捞之前，首要的任务是要确切定位水下目标、了解水下情况。对海底失事船艇及其他沉没物的水下定位是一项关键且高难度的作业，水下定位一般是在概位搜索的基础上，利用声呐扫测方法并经潜水员水下探摸确定沉船的具体位置。随着 ROV 技术的成熟，利用 ROV 进行水下定位作业也得到越来越广泛的应用。

在观测型 ROV 上的水下传感器组件中，主要部分是水下定位信标(图 7-34)；此外，还包括倾角传感器，可以测量 ROV 的横倾和纵倾；电子罗盘，用来测定 ROV 艏向角；压力传感器通过 ROV 所处位置的压力与水面压力差来确定其入水深度。

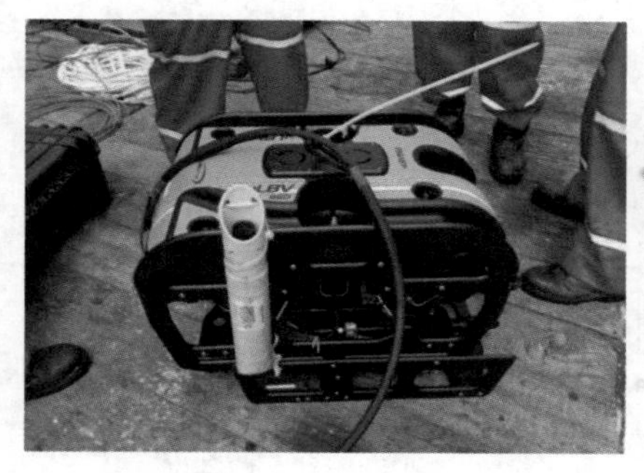

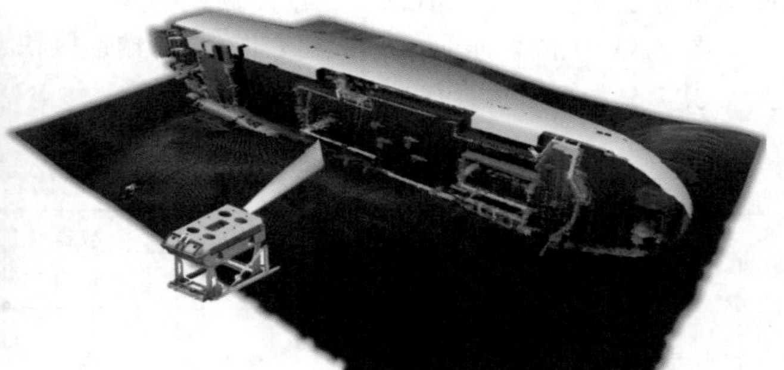

图 7-34　ROV 水下定位示意图

在导航软件中，建立引导测线，指导 ROV 实现水下导航、航线跟踪等功能。

3) 攻泥器水下定位

沉船打捞，其中的一项关键工序是水下攻打千斤在沉船底部清除出一条穿引抬船用钢缆的通道。目前攻打千斤普遍使用手动攻泥器，由潜水员手工操作，周期长、条件艰苦。针对这种情况，上海交通大学研制的水下导向攻泥器，集成位置和姿态检测传感器，头部装有力传感器，后部拖带一条由动力缆和承重缆组成的复合缆，可以在水下泥土环境中按预定轨迹从沉船底部一侧向另一侧蠕动爬行，并随时根据检测到的位置和力信息调整运动位置和运动姿态，最终完成穿引千斤的作业任务(图 7-35)。

在攻泥器上安装两个水下定位信标，据此实现攻泥器的水下位置及艏向测量；结合攻泥器控制系统输出的钻头相对位置和攻泥器自身实时位置推算出钻头的大地坐标或当地坐标；按照打捞技术方案的设计在导航软件中绘制钢丝穿引计划线，得到攻泥作业时的钢丝穿引导引信息；实时显示施工船、攻泥器、钻头的精确位置，将攻泥器当前所在真实位置与设计位置进行比较得到实时偏差，以供控制模块对此施予相应的调整策略，实现攻泥器水下作业施工辅助决策。

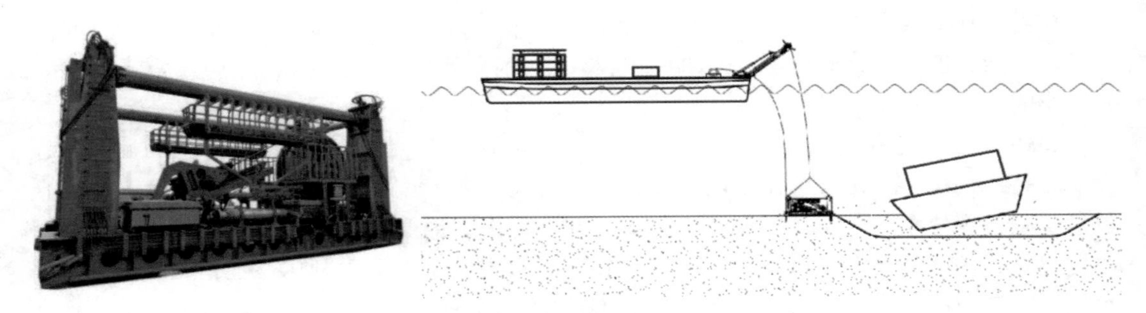

图 7-35　水下导向攻泥器作业示意图

7.4.4　网络互联方法

目前海上定位主要采用数传电台、无线网桥、移动通信 DTU、卫星通信终端、水声通信机等技术实现各种信息的远程传输，除移动通信 DTU 外均采用收发配对形式。

图 7-36 为常用的通信设备，其中(b)传输速度快、距离远，是海上数据传输的最佳选择。表 7-3 为各种通信方式的性能对比。

表 7-3　**各种通信方式对比表**

通信方式	信号覆盖区域	传输稳定性	传输速度	数据安全	功耗	占用空间	其他
数传电台	50km 半径	高	64Kbps	较高	高	较大(架设天线)	单向，一发多收
无线网桥	5km 半径	高	600Mbps	高	低	较大(架设天线)	双向，自动组网
2G 移动网络通信	近岸 20km	高	200Kbps	高	极低	小	收费，可与陆地通信
4G 移动网络通信	近岸 10km	高	20Mbps	高	极低	小	收费可与陆地通信
北斗卫星通信	亚太地区	高，极个别丢包	120b/min	高	较高	较小	收费，可与陆地通信
国外商业卫星通信	全球	高	2. 4Kbps	低	低	较小	收费，可与陆地通信
水声通信	2km 半径	较低	13. 9Kbps	高	高	大	只能传输水下数据

1. 实现方法

1)技术介绍

(1)数传电台(Radio Modem)，又可称为“无线数传电台”“无线数传模块”“无线数据

（a）数传电台　　（b）无线网桥

（c）2G移动通信DTU　　（d）4G移动通信DTU

（e）北斗卫星通信终端　　（f）水声通信机

图 7-36　常用通信设备

链路”“无线数据链”等。顾名思义，数传电台就是用于数据传输的电台，是指借助 DSP（数字信号处理）技术和软件无线电技术实现的高性能专业数据传输电台。数传电台直接通过串口 RS232 或者 RS485 进行连接，由于电台频率相同，多个电台同时发送数据会产生冲突。但是，一个电台发送数据，覆盖范围之内的所有同频率电台均可接收到数据。

（2）无线网桥，又称无线 Mesh，采用 WLAN（即 IEEE802.11n 标准 WiFi），是目前使用最广泛的无线局域网技术。无线网桥仅能接收 RJ45 接口的网络数据。RS232 或者 RS485 串口设备首先要通过串口服务器将数据转换为网络数据，方可接入无线网桥。

从传输速率方面，得益于 MIMO（多入多出）与 OFDM（正交频分复用）技术的结合，802.11n 可以提高到 300Mbps，甚至 600Mbps；从覆盖范围方面，802.11n 采用智能天线技术，通过多组独立天线组成的自组网阵列，可以将覆盖范围扩大到几十平方千米，使 WLAN 移动性极大提高。无线 Mesh 设备支持任意组网，自动形成自愈合网络。无线 Mesh 设备支持先进的天线分集技术，在存在建筑物等严重非视距情况下，表现出卓越的“绕射”与“穿透”能力。此外，无线 Mesh 设备支持 100km/h 以上的高速移动，在严重非视距下情况下覆盖 1~3km，在可视情况下可覆盖 10~30km。因此，无线 Mesh 网络可以广泛应用于港口码头、铁路网、轨道交通、应急通信、海上通信等应用场景，尤其是在可视无遮挡的海上更有广阔的应用前景。

(3)数据传输单元 DTU(Data Transfer Unit)是专门用于将串口数据转换为 IP 数据或将 IP 数据转换为串口数据，并通过移动通信网络进行传送的无线终端设备。要完成数据的传输需要一套完整的数据传输系统，这个系统中包括：客户设备、DTU、移动网络、后台中心。在前端，DTU 和客户的设备通过 RS232 或者 RS485 接口相连。在建立连接后，前端的设备和后台的中心就可以通过 DTU 进行无线数据传输，而且是双向的传输。

DTU 已经广泛应用于电力、环保、LED 信息发布、物流、水文、气象等行业领域。尽管应用的行业不同，但应用的原理是相同的。DTU 大多和行业设备相连，如 PLC、单片机等自动化产品的连接，然后和后台建立无线的通信连接。在互联网日益发展的今天，DTU 的使用也越来越广泛。它为各行业以及各行业之间的信息、产业融合提供了帮助，也逐步发展为物联网应用的核心技术。

(4)卫星通信，简单地说就是地球上(包括地面和低层大气中)的无线电通信站间利用卫星作为中继而进行的通信。卫星通信系统由卫星和地球站两部分组成。卫星通信的特点：通信范围大；只要在卫星发射的电波所覆盖的范围内，从任何两点之间都可进行通信；不易受陆地灾害的影响(可靠性高)；只要设置地球站电路即可开通(开通电路迅速)；同时可在多处接收，能经济地实现广播、多址通信(多址特点)；电路设置非常灵活，可随时分散过于集中的话务量；同一信道可用于不同方向或不同区间(多址联接)。

北斗卫星导航系统是中国正在实施的自主发展、独立运行的全球卫星导航系统。北斗短报文卫星通信是北航定位系统的特色功能，区别于世界上的其他几大导航定位系统(GNSS、GLONASS、Galileo)。简单来说，北斗短报文可以看作现在人们平时用的“短信息”，为双向通信。北斗短报文可以发布 120 字节的信息，既能够定位，又能显示发布者的位置。北斗的双向通信功能就是指用户与用户、用户与中心控制系统间可实现双向简短数字报文通信(GNSS 等是单向的)。但是北斗的主要任务是定位导航，通信的信道资源就很少，它无法完成实时的话音通信，只能完成数据量较少的短信功能。北斗卫星通信以其覆盖广、通信容量大、通信距离远、不受地理环境限制、质量优、经济效益高等优点迅速发展，成为我国当代远距离通信的支柱。

海事卫星通信系统 Inmarsat 是全球覆盖的移动卫星通信。全球目前共有 6 个跟踪遥测与控制站，它们分别位于加拿大、意大利以及中国北京，挪威和新西兰分别设立两个备用站点。Inmarsat 是利用同步卫星向航海、航空和海上工业提供遇险和安全通信服务及电话、电传、数据和传真。其覆盖面大，受地面无线电干扰小，接受速度快，自动化程度高，通信质量好，利用海事卫星系统可以有效地解决海上施工船舶的通信问题，无论从可靠性、经济性及实用性来看，都具有无可比拟的优越性。Inmarsat 正不停地更新改进其现有的通信卫星，以便为用户提供更多、更好的服务。随着 Inmarsat 业务的发展，它已成为世界上唯一的为海、陆、空用户提供通信服务的国际组织。

(5)水声通信：声波在水中的衰减最小，水声通信适用于中长距离的水下无线通信。虽然水声通信鉴于原理，也具有多路径效应严重、环境噪声影响大、通信速率低(短距离、无多径效应下的带宽很难超过 50kHz，即使采用 16-QAM 等多载波调制技术，通信速率只有 1~20Kbps)、受多普勒效应与起伏效应影响，但在目前及将来的一段时间内，水声通信是水下传感器网络当中主要的水下无线通信方式。

水声通信机与数传电台类似，直接通过串口 RS232 或者 RS485 进行连接。在多个水声通信机同时发送数据会产生冲突。但是，一个水声通信机发送数据，覆盖范围之内的所有同频率水声通信机均可接收到数据。

水声通信机采用半双工方式交换信息。当无信息传输时，水声通信机均处于静默状态，以降低能源消耗。每个水声通信机均可发起通信。

2)海上局域网构建

在所有施工船舶上安装具有 Mesh 功能的无线网桥，建立海上局域网，并将主作业船上或位于施工区域中心位置的船舶上的无线网桥设为中心站点，其余船舶均通过中心站点进行数据交换。主作业船在收到其他船的数据信息后，将所有数据进行集成整合，广播给施工现场的所有船舶，使得每一条船舶都可以掌握施工现场的所有信息，任何一条船都可以当作工程指挥部，指挥和监控施工顺利进行(图 7-37)。

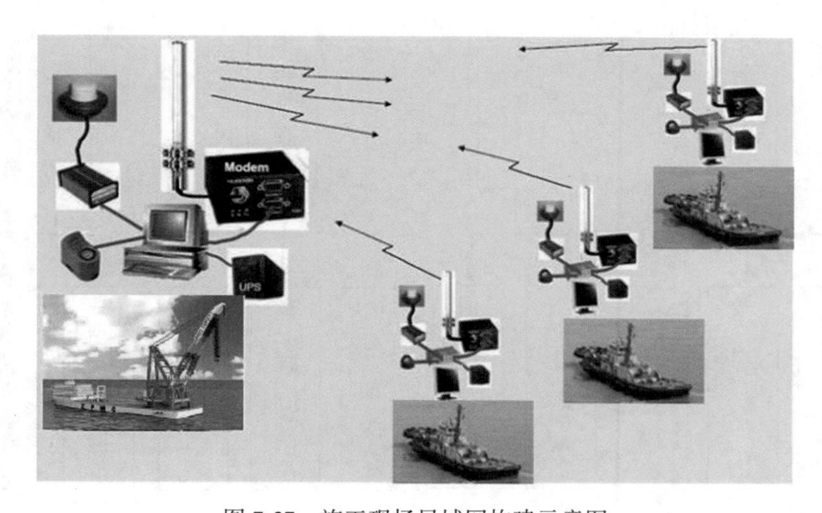

图 7-37　施工现场局域网构建示意图

2. 作业内容

海上局域网搭建完成后，可以实现施工现场的数据共享、船舶管理和遥控作业。

1)数据共享

每一条船内的局域网和施工现场多船之间的局域网均遵循相同的 TCP/IP 网络协议，因此两类局域网之间可以进行很好的融合，任意一条船上的一个终端电脑均可以访问其他船上任意一台终端电脑，每个终端都可以获得接入网络的设备的数据信息，极大地解决了多船、多传感器、多种施工的信息数据分布多样化和离散化的问题。

例如，船舶 A 上安装有一台多普勒流速剖面仪，船舶 B 上安装一台风速风向计，现场还有船舶 C、D、E，通过数据共享，可以实现在每条船舶上面的导航软件中都显示实测的风速、风向、流速剖面。

2)船舶管理

施工船舶管理系统融合导航定位、数传电台、移动通信、卫星通信、无线网桥等，建立无线局域网(船舶之间)、有线局域网(设备之间)的无缝对接，通过稳定可靠的数据传输、科学高效的数据处理分析、逼真形象的数据展现和完整实用的数据管理，在网络协同作业模式的基础上建立海上网络化施工指挥系统，可实现多层次网络、多节点分布、中枢管理、统计分析和远程监控的功能，使海上指挥部、操作船长、施工人员能及时沟通信息，确保工程作业顺利完成(图 7-38)。

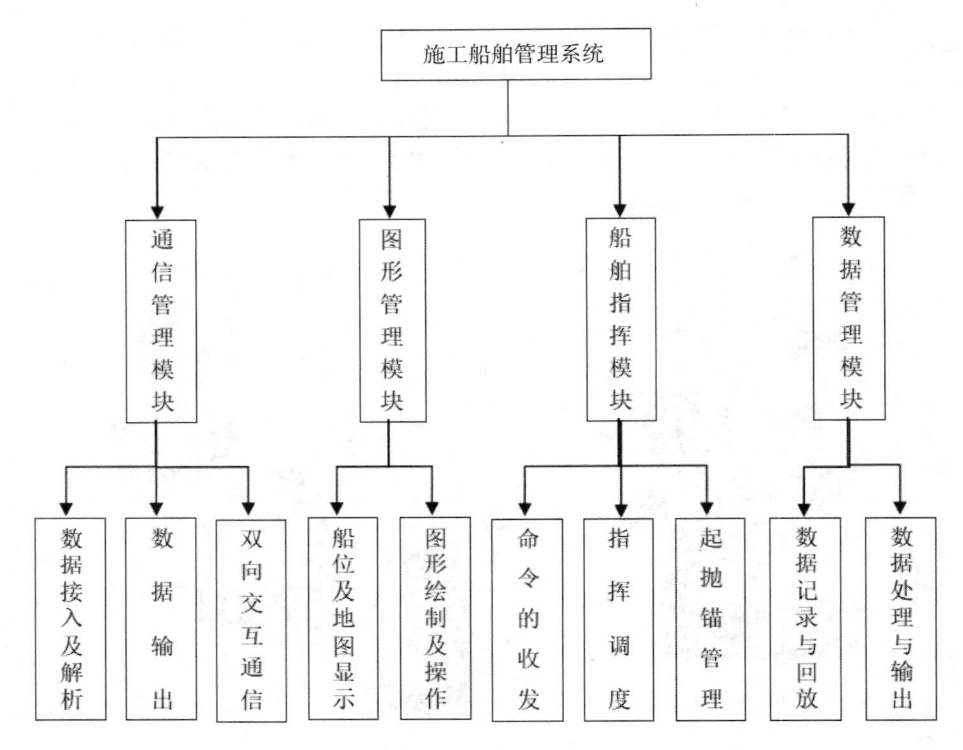

图 7-38 船舶管理系统结构

船舶管理系统的主要功能，包括命令收发、指挥调度、起抛锚管理三部分。

施工过程中主作业船给辅助船发送的命令一般是协助施工任务，通常都是某个时间到某个地点进行某项作业。命令接收方的船舶在收到此类消息时，自动提取命令内容并在屏幕上显示，将目标点位置在背景地图上显示，同时将命令内容保存至消息库文件。自动生成计划航线，即船位与目标点位置间显示一根连线，还显示至目标点的距离、高差和方位角等数据。

传统的指挥调度采用对讲机的方式，容易受到干扰导致命令无法传达，效率低、出错率高。根据船舶位置，实现最优调度，保密性强。辅船接到命令后会给主船自动回复，在完成命令要求的工作内容后同样反馈给主船，形成一种报告制度。

起抛锚管理是针对施工船起抛锚和移锚作业。根据就位位置和要求(锚孔位置、锚缆斜距或平距、锚缆与船艏向夹角或方位角)及对地物的容许距离(如沉船、管线)，生成设计锚位。抛锚作业时，按照船长指挥将某个锚位发送给某条船，该船收到信息后保存为计划锚位，锚落地后返回更新后的锚位，记录时间，系统中所有船将其保存为实际锚位，并生成主船锚孔到锚位之间的连线，根据抛锚船、抛锚时间和抛锚坐标自动更新起抛锚记录文件。

3)遥控作业

借助远程协助软件，在主作业船实现对辅助船上的导航软件的操控，可以减少值班人员数量，提高多船协同作业的自动化程度。

7.5 工程实例分析

2014年4月16日，韩国载有476人的客船"世越号"，在韩国西南部海域沉没。事发海域坐标(34.212°N，125.958°E)，水深约为44m。由上海打捞局承担打捞任务，方案为：保持沉船原有姿态，整体打捞出水。

在本次打捞任务中，实施了沉船精细探测、海洋环境监测、打捞施工定位等测量工作。

7.5.1 沉船精细探测技术的应用

本次测量将多波束测深声呐与三维扫描声呐结合在一起，清晰地观测到海底沉船的细微处，为打捞过程中分析沉船的水下姿态及损伤情况提供了最直观的参考依据。

1. 数据采集

在"世越号"沉船姿态探测中，如图7-39所示，采用了多波束测深声呐与三维扫描声呐相结合的作业方式，由多波束测深声呐完成沉船上部点云的采集，由三维扫描声呐完成沉船下部点云的采集。

(a)多波束测深声呐

(b)三维扫描声呐

图7-39 多波束测深声呐和三维扫描声呐的安装

多波束测深声呐采用大力号进行测量，换能器探头倾斜安装，通过绞锚完成全部测线，测量范围为 200m×60m，如图 7-40 所示。

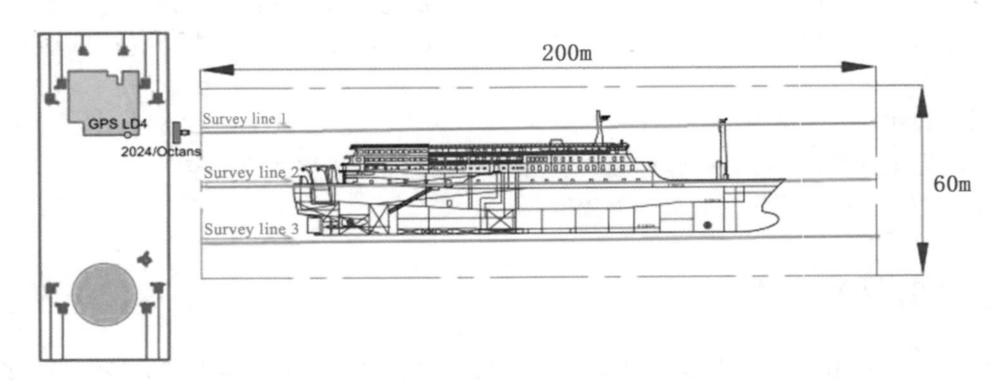

图 7-40　多波束精细扫测测线布设示意图

三维扫描声呐采用水下定点作业，为保证全覆盖，在沉船周围共布设 35 个测站，布设位置如图 7-41 所示。

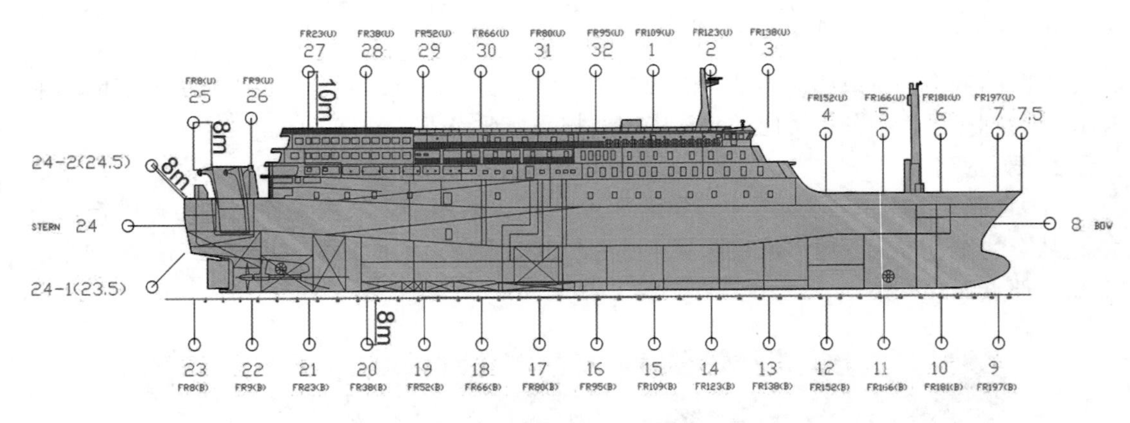

图 7-41　三维扫描声呐测站布设示意图

2. 数据融合

多波束测深声呐数据和三维扫描声呐数据，分别进行处理，然后进行拼接融合，在数据融合前和融合后，分别对数据进行滤波，滤波前参考沉船的设计图纸，避免删掉重要特征，获得最终的沉船点云数据，如图 7-42 所示。

3. 数据渲染

采用“环境光遮蔽”算法对沉船点云数据进行渲染着色，增强空间的层次感、真实感，丰富图像细节和三维场景的表现力，如图 7-43 所示。

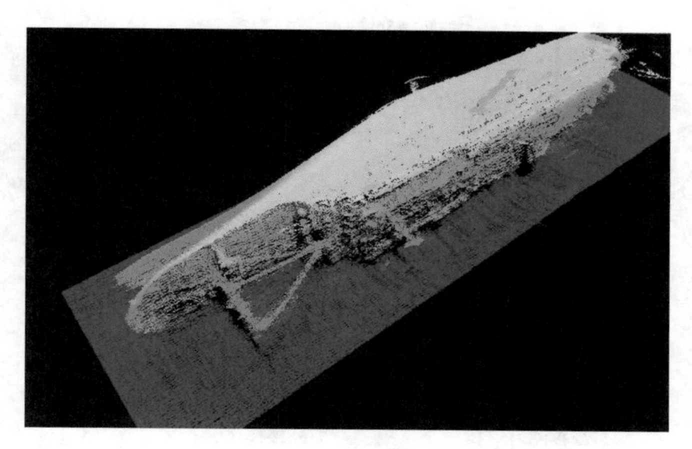

图 7-42　沉船点云图像

图 7-43　沉船渲染图像

4. 姿态获取

通过不同的切面视角，可以获取沉船在水下精确的艏向、纵倾角和横倾角(图 7-44)。从沉船的俯视图可以计算出，沉船的艏向为 52.6°；从沉船的侧视图计算出沉船的纵倾角为-0.27°；从沉船的前视图可以计算出，沉船的横倾角为 90°。

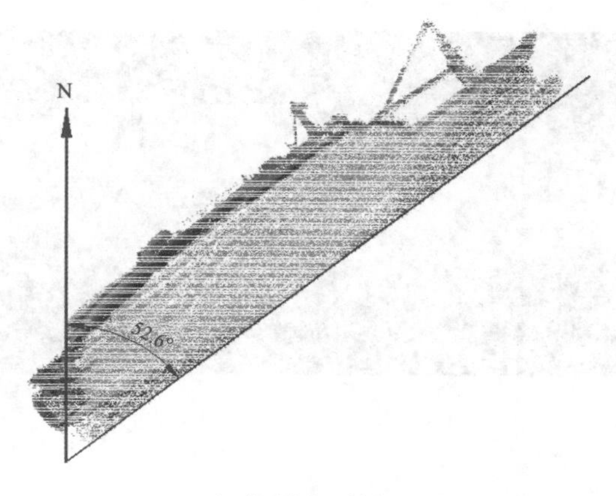

(a)沉船艏向(俯视图)

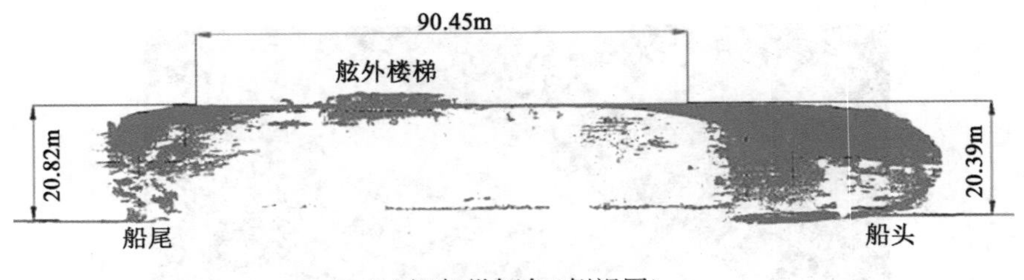

(b)沉船纵倾角(侧视图)

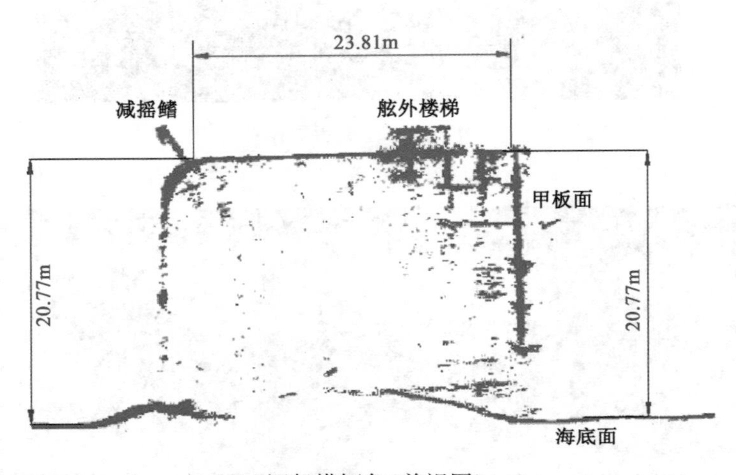

(c)沉船横倾角(前视图)

图 7-44　沉船姿态获取

5. 数据建模

借助 SketchUp 和 Trimble Scan Explorer Extension 插件，以点云数据为基础，加上人工交互，生成 skp 格式的沉船三维模型(图 7-45)，为施工决策和打捞过程提供服务(图 7-46)。

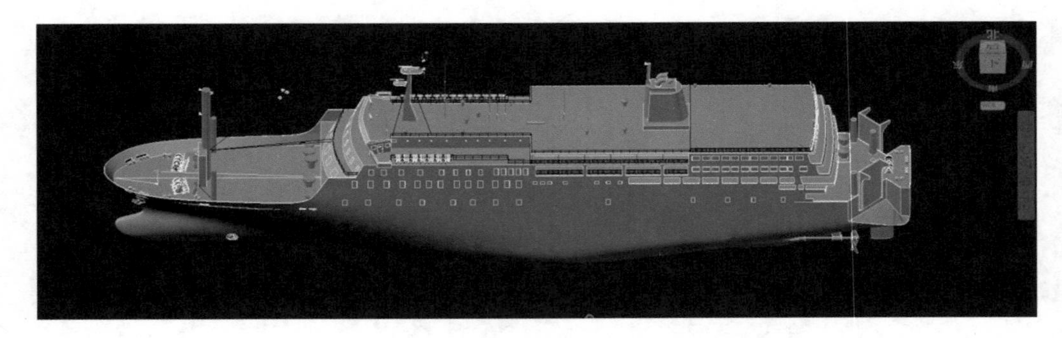

图 7-45　沉船三维模型

图 7-46 现场施工中的应用

7.5.2 海洋水文监测技术的应用

1. 基于 ADCP 的海流观测

设备探头安装于施工船大力号右舷，使用钢缆前后收紧固定杆使其固定不动，探头超出大力号船底 2m 以上，以避免声波反射的干扰，如图 7-47 所示。

图 7-47 设备安装

设备安装前利用 BBTALK 软件对 ADCP 进行自检，自检通过之后进行安装固定。

将 GNSS 数据接入流速采集软件中，利用 GNSS 时间同步采集电脑的时间。

将罗经数据接入流速采集软件中，量取探头与船艏向的夹角，以获取探头的真实方向，最终归算至真实流向(图 7-48)。量取得到夹角角度为-159.72°。

VmDas 软件通过局域网将 60s 长平均数据发送至导航软件，导航软件接收后将数据解析为可识别数据，显示于主界面上(图 7-49)。

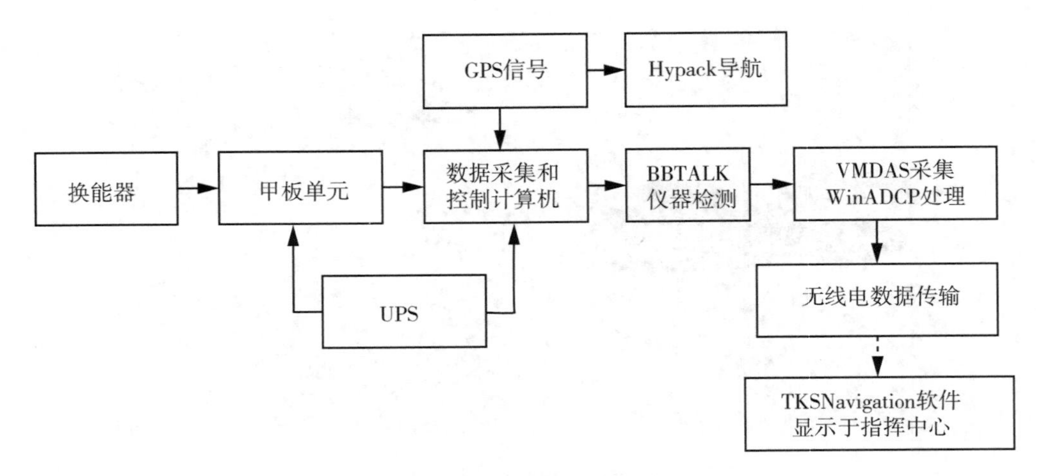

图 7-48　工作流程示意图

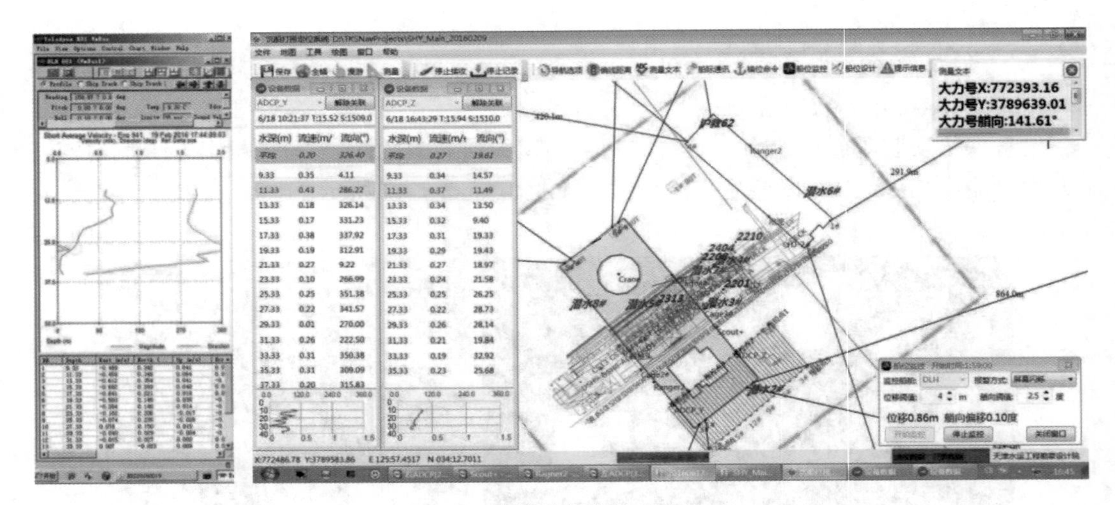

图 7-49　海流数据的接收和显示

水流速度对潜水作业有很大影响，水流速度太大会导致潜水员在水下行动不便，无法工作。同时，为了保证工程进度，必须充分利用满足施工要求的宝贵窗口期，使每个作业窗口的潜水作业时间最大化。为了给作业现场提供实时水文特征数据，项目使用了 ADCP (声学多普勒流速剖面仪)全天候不间断地监测工区流速流向数据，并通过将 ADCP 数据采集软件与导航软件集成在导航定位软件中显示最大可达 16 层的详细水流数据和实时的流速及流向曲线，通过该曲线直观判断流速小于 0.5m/s 的潜水窗口期，在潜水员作业时，也可以通过该实时流速线关注流速变化，当流速大于 0.5m/s 时终止潜水作业，从而为现场工科学决策提供依据。

2. 波浪浮标观测

波浪测量使用的是中国海洋大学开发的 SZF 波浪浮球，能通过无线电将数据传回施工船，见图 7-50。波浪的水文参数，包括波高、波浪周期、波向。

图 7-50　SZF 波浪球

为了获得能够代表测区真实海况的波浪变化，将波浪球绑定在大力号的 1#锚浮筒上，通过无线电数据链将 1h 间隔的波浪数据传回大力号。

图 7-51 为波球的布置与回收过程，及接收到的实时数据。

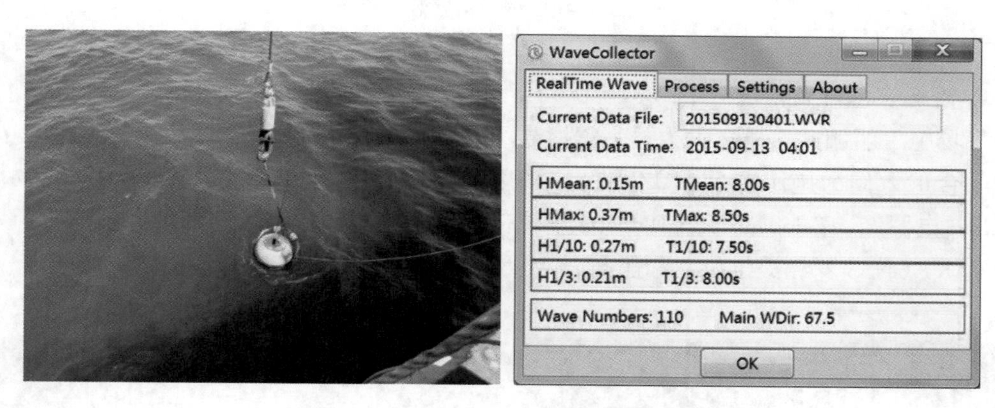

图 7-51　波浪球的海上布置与实时数据

7.5.3　打捞施工定位技术的应用

“世越号”沉船打捞过程中，为了最大限度地保护沉船，打捞采用托底钢梁的方式，钢梁在沉船下方穿过船体，与船体保持垂直，且根据船体形状定制相应的钢梁。

根据“世越号”整体打捞方案，难船起浮共有两个关键步骤。①插入托底钢梁阶段：抬吊船艏，使其上扬 5°，船艏离地约 10m 高度，在船身下插入托底钢组梁，放下船艏使沉船卧于钢组梁上。②整体起浮阶段：两艘抬浮驳平行于沉船两侧，使用钢绞线液压提升技术，共同提升托底钢梁，使沉船出水。

这里介绍一下插入托底钢组梁阶段的测量工作。图 7-52 为钢组梁安装示意图，需要大力号、深潜号、联合正力共三条施工船合作完成。由大力号提起难船船头，由深潜号和联合正力对向抽拉将钢组梁插入沉船下方。安装过程中，需要实时监测沉船的三维位置和姿态变化，实时显示沉船、钢梁、潜水员的三维相互关系，确保水下钢梁安装成功。

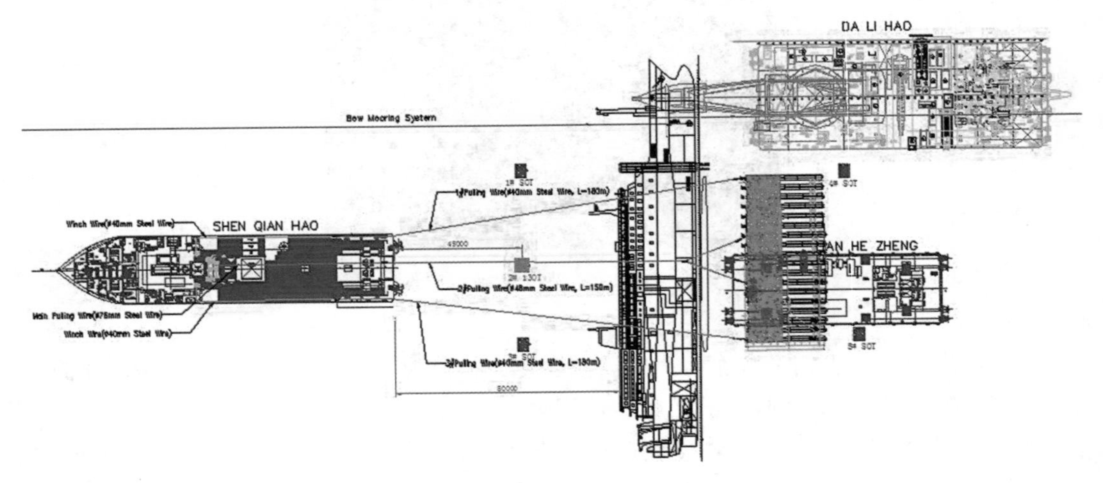

图 7-52 托底钢组梁安装示意图

1. 现场资源配置情况

现场施工船舶共 5 条：大力号、深潜号、联合正力、德海和华和。其中大力号、深潜号和联合正力作为施工驳船(图 7-53)，采用 Veripos LD3 星站差分 GNSS、Teledyne TSS Meridian 电罗经、Teledyne TSS DMS-05 姿态传感器；德海和华和作为辅助抛锚拖轮，采用中海达 K7 GNSS 罗经提供位置和艏向。

图 7-53 大力号和深潜号

用于钢组梁水下定位的超短基线设备有 2 套：一套 Sonardyne Ranger2 USBL 安装于联合正力右舷，另一套 Kongsberg Hipap351 USBL 安装于深潜号船底。

现场潜水点共 4 处：大力号 3 处，使用 Sonardyne Scout+ USBL 进行潜水员水下定位，位于大力号左舷。深潜号 1 处，使用 Kongsberg Hipap351 USBL 进行潜水员水下定位。

用于难船水下定位的超短基线设备 1 套：Sonardyne Ranger2 USBL 安装于大力号右舷。

用于接收难船姿态数据的 Benthos ATM925 水声通信机 1 套：安装于大力号右舷。

难船定位设备 1 套：水下定位姿态监测系统(UAMS)，由一套 IXBlue Octans3000 光纤罗经、一套 Teledyne TSS DMS-05 姿态传感器、一套 Sonardyne Compatt 6G 信标、一套 Sonardyne WMT 信标、一套 Benthos ATM925 水声通信机、两套 Moxa 5410 串口服务器、一套华为电力猫、一套华为光纤猫、一组 160AH 的锂电池组成，安装于难船顶部。通过一条数据及供电电缆引至大力号艉甲板；当电缆出现故障，可启用锂电池和水声通信机。

RDI 300kHz ADCP 流速剖面仪 2 套：大力号左舷安装 1 套，大力号右舷安装 1 套。

图 7-54 为大力号和深潜号上潜水点、USBL、ADCP 等的位置示意图。图 7-55 为船舶组网示意图和图 7-56 为 UAMS 箱体的安装。

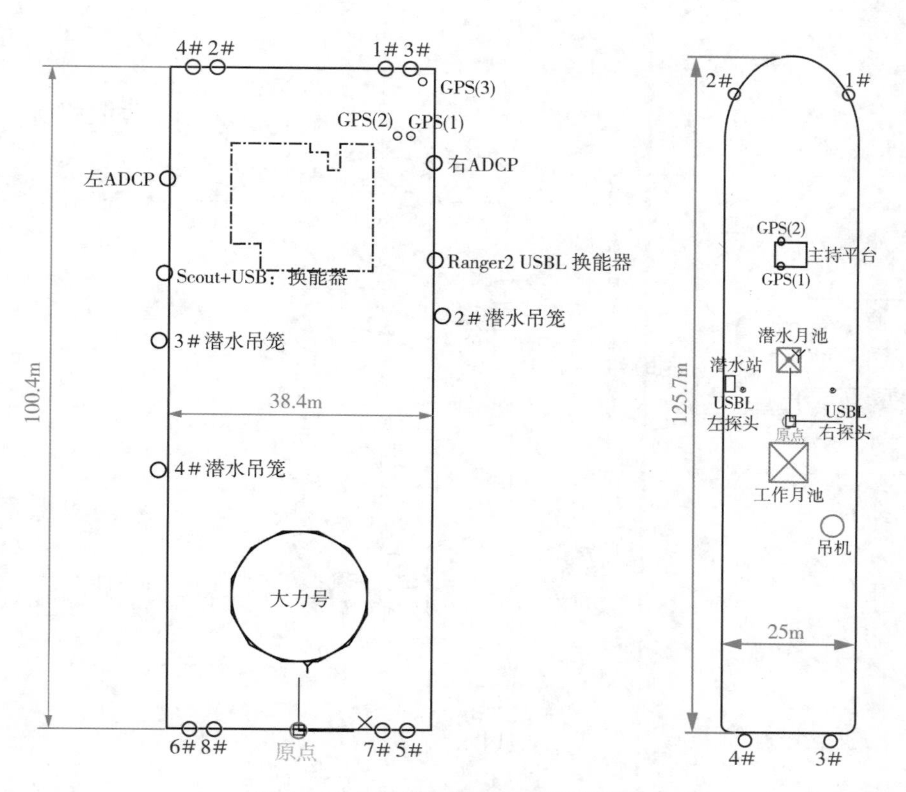

图 7-54　大力号和深潜号安装示意图

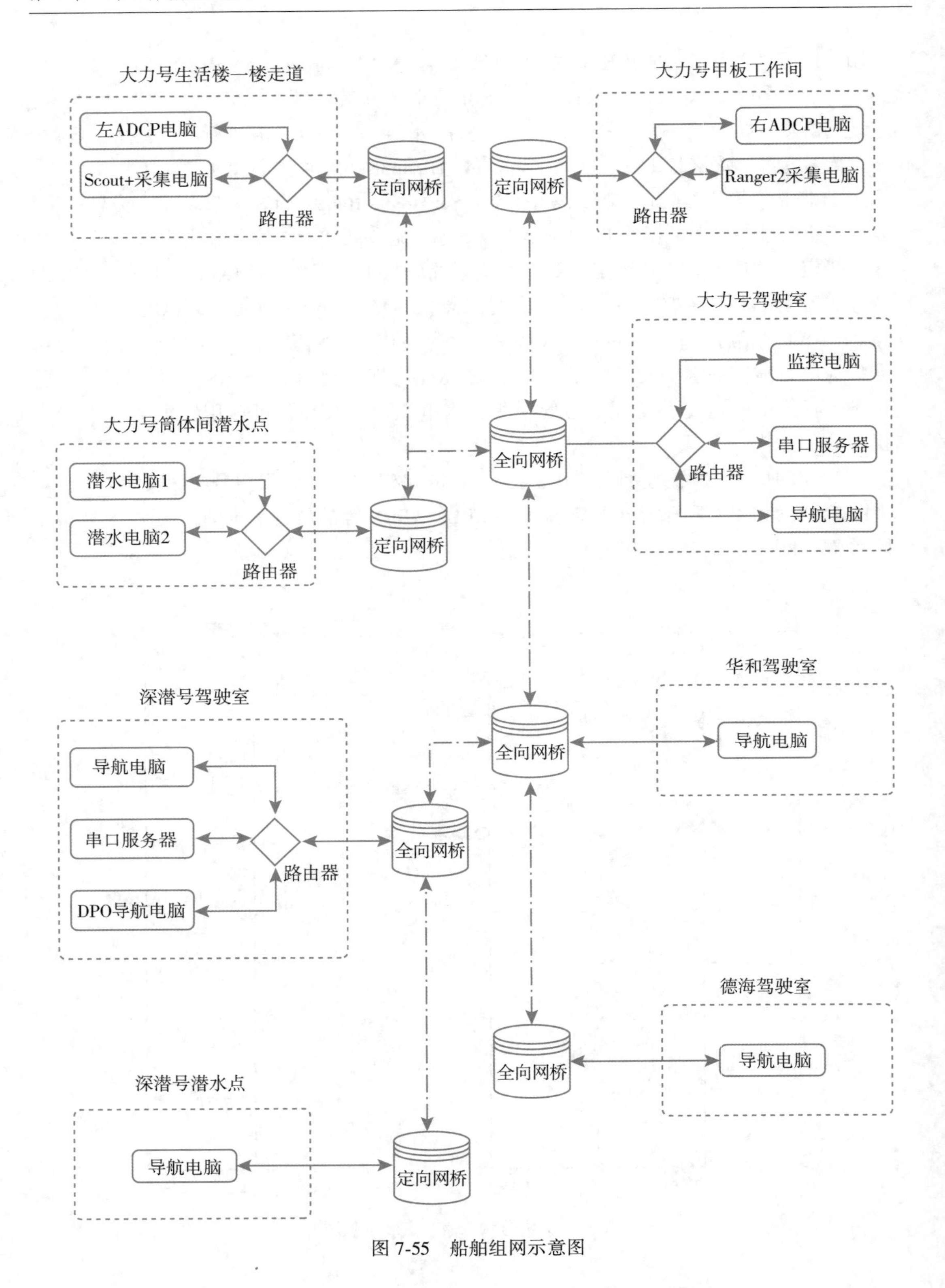

图 7-55　船舶组网示意图

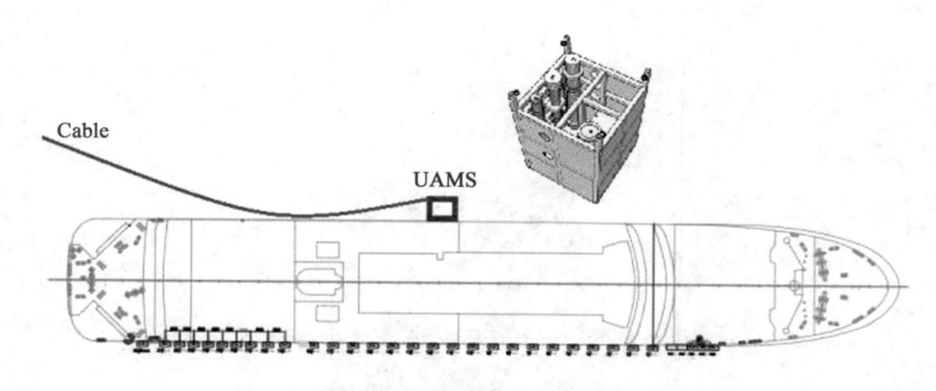

图 7-56 UAMS 箱体的安装

钢组梁定位设备 1 套：包含 4 个 Sonardyne WMT 信标，安装位置见图 7-57。钢组梁形状和信标偏移量用全站仪精确测量。安装钢组梁时，用联合正力和深潜号上的超短基线进行协同作业，同步跟踪信标，指导施工作业。

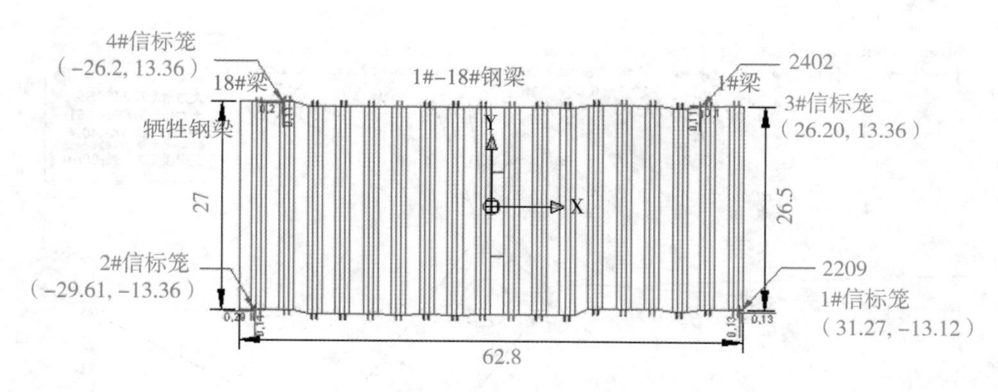

图 7-57 钢组梁信标安装位置图(m)

2. 钢组梁入水

2016 年 4 月 26 日，大力号将钢组梁吊起放入水中，超短基线系统测量 4 个信标的位置和深度，并将信标数据发送至导航软件。导航软件界面上显示钢组梁的位置、艏向、入水深度等信息，指导大力号将其放置于海底设计位置(图 7-58 为钢组梁放入海底、图 7-59 为钢组梁放入设计位置)。

3. 施工船抛锚就位

在施工船抛锚就位之前，上海打捞局项目工程师会提供锚位设计图(图 7-60)。定位工程师根据锚位设计图，将对应的坐标输入沉船打捞定位软件。由图 7-60 可以看到，大力号设计了 8 个锚位，深潜号作为 DP 船，只设计了 2 个锚位，联合正力设计了 6 个锚位。

图 7-58　钢组梁放入海底

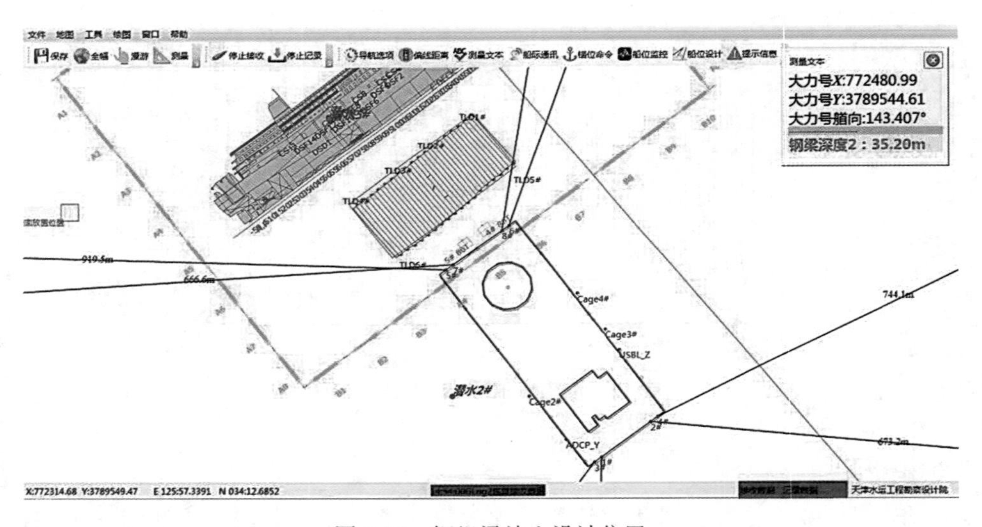

图 7-59　钢组梁放入设计位置

抛锚工作由德海和华和共同完成。在抛锚过程中，2 条拖轮上不需要定位人员。所有抛锚命令的发送和接收在施工船上完成。图 7-61 为抛锚过程中的软件界面，在施工船和拖轮上，其界面是完全一样的。根据实际情况，多条拖轮可以同时为一条施工船抛锚，也可以一条拖轮分别为多条施工船抛锚。在这样的工作界面中，可以很方便地进行设置和发送指令。

抛锚结束后，针对所有已抛锚的位置，定位软件能够快速地生成抛锚就位图（图 7-62）。

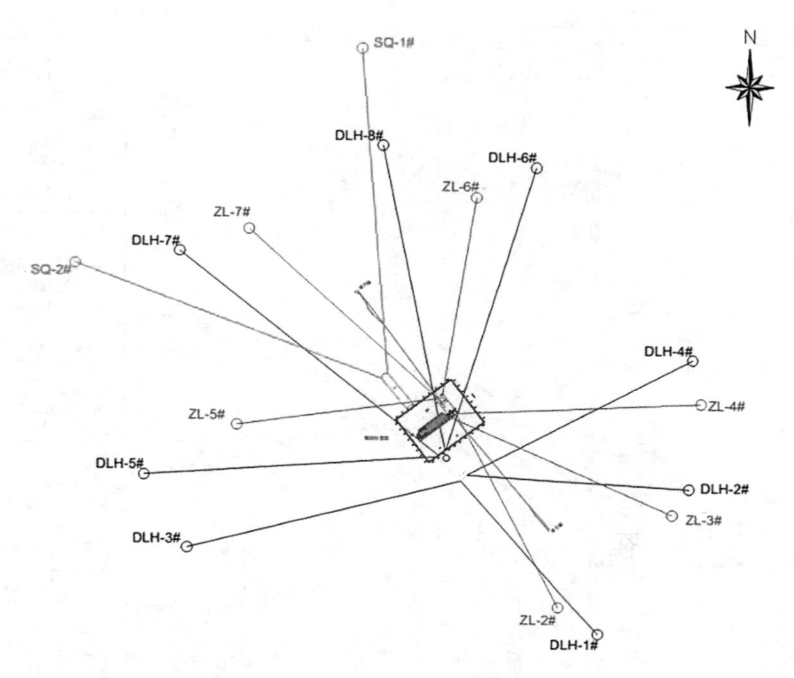

图 7-60 锚位设计图

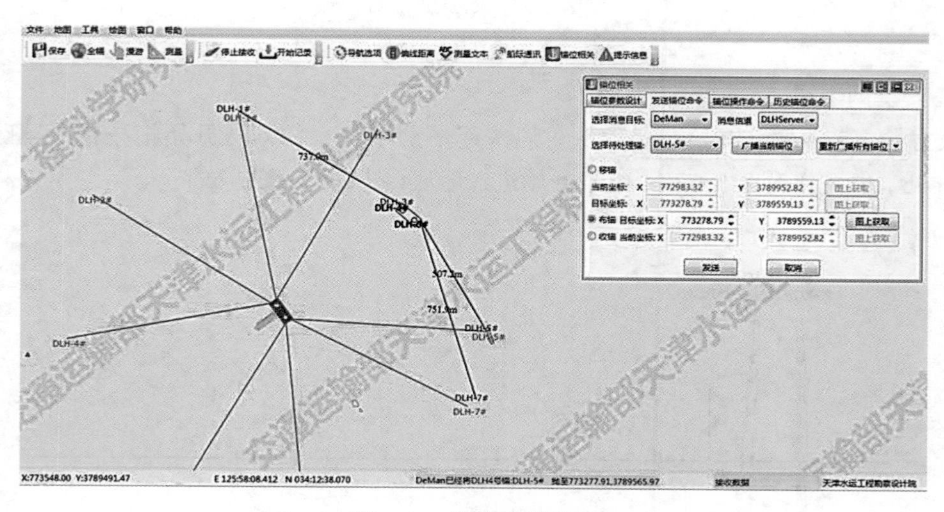

图 7-61 抛锚过程界面

大力号完成水下定位姿态监测系统(UAMS)安装工作后，就位于难船船头一侧。联合正力就位于难船北侧，协助大力号安装船头起吊钢丝的挂钩。联合正力起锚移场至难船南侧，与大力号并靠，连接钢梁尾端的拖拉钢丝。深潜号抛锚就位至难船北侧，连接钢梁首端的拖拉钢丝。

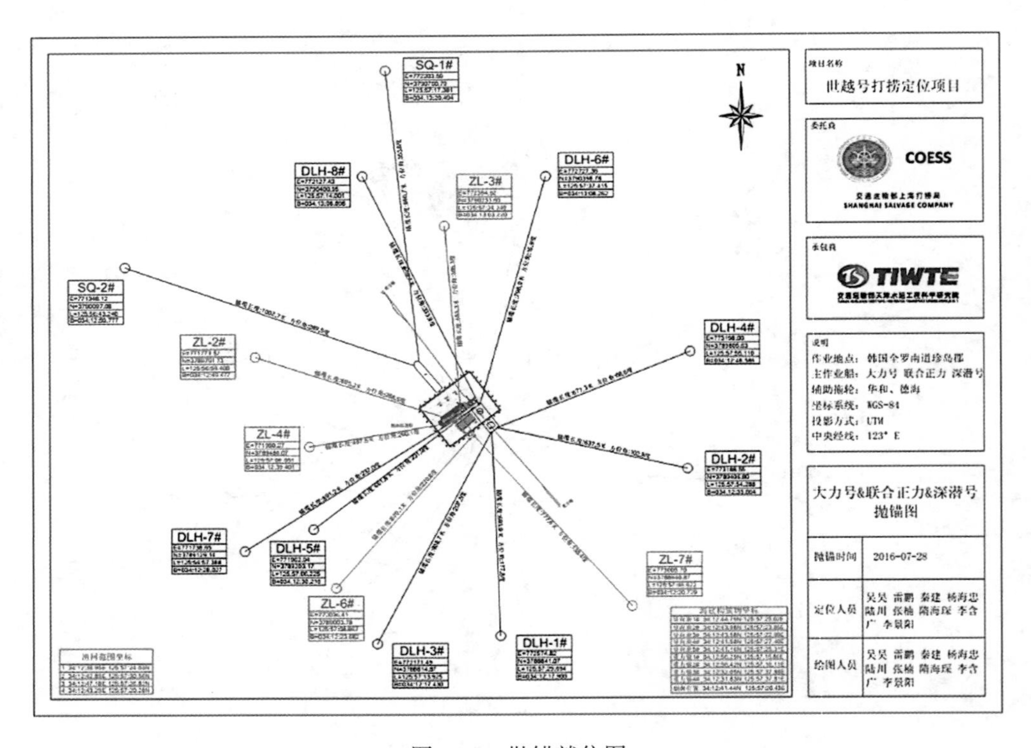

图 7-62　抛锚就位图

4. 安装钢组梁

大力号主钩收紧，开始起吊船头。船头起吊至 1. 5°，深潜号开始拖拉钢梁至距难船约 23m 处。船头提升至 3. 53°，组梁开始进入船底(图 7-63~图 7-65)。

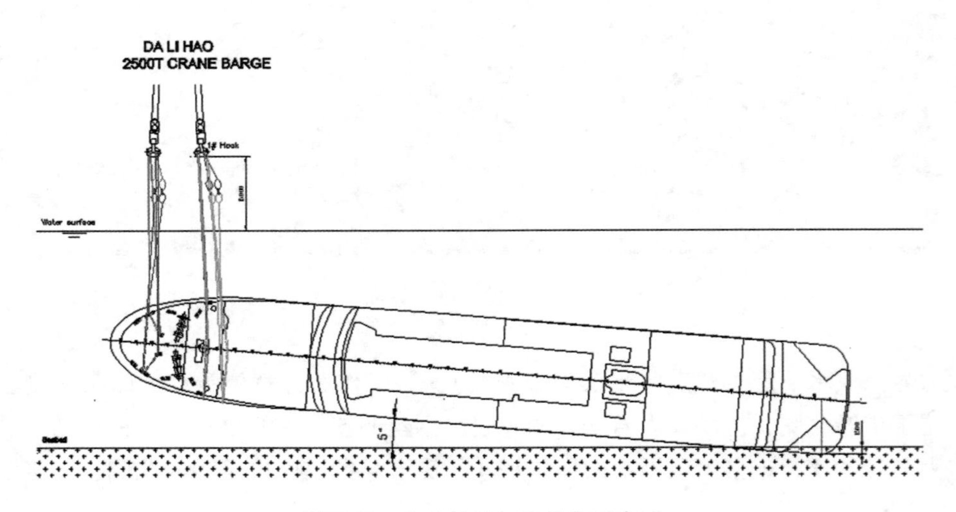

图 7-63　大力号将船头提起示意图

图 7-64 开始拖拉钢组梁

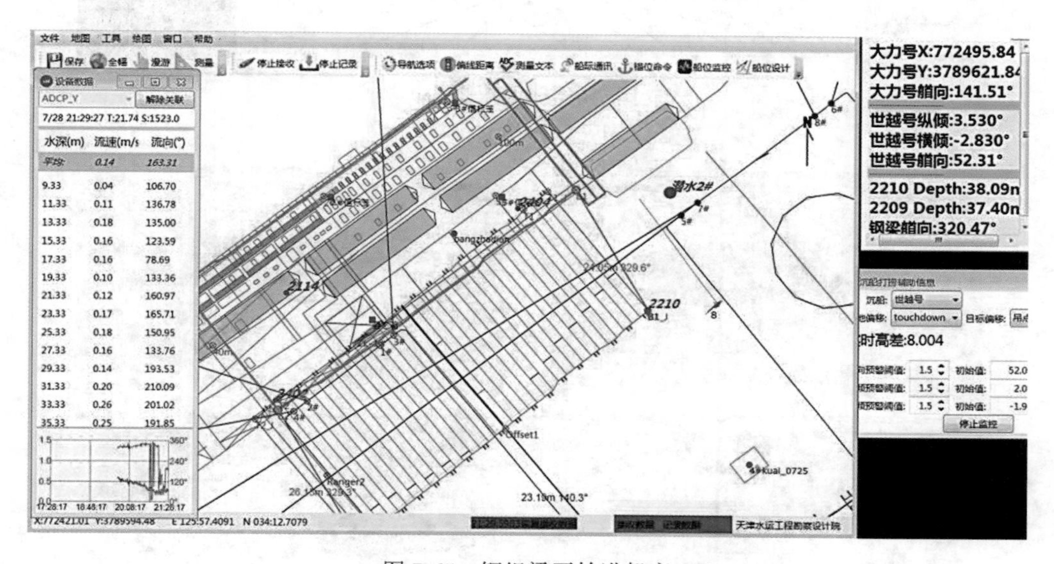

图 7-65 钢组梁开始进船底

船头提升至 4.9°，钢梁进入设计位置。开始调整钢梁位置，钢梁位置调整完毕，船头开始下放至 4.61°(图 7-66、图 7-67)。船头下放至 3.55°，深潜号起锚离场，船头下放至 2.5°。

船头下降至 1.6°，大力号解钩，钢组梁安装成功。

在钢组梁安装过程中，利用三维可视化技术，将定位系统中的沉船、驳船、潜水员、拖轮等三维模型以及海底地形等要素实时显示在三维场景中，直观展现各个要素之间的相对关系，解决打捞过程中无法直接观察水下作业的问题，真实反映打捞现场的实时作业态势，为现场打捞指挥人员提供辅助决策信息。

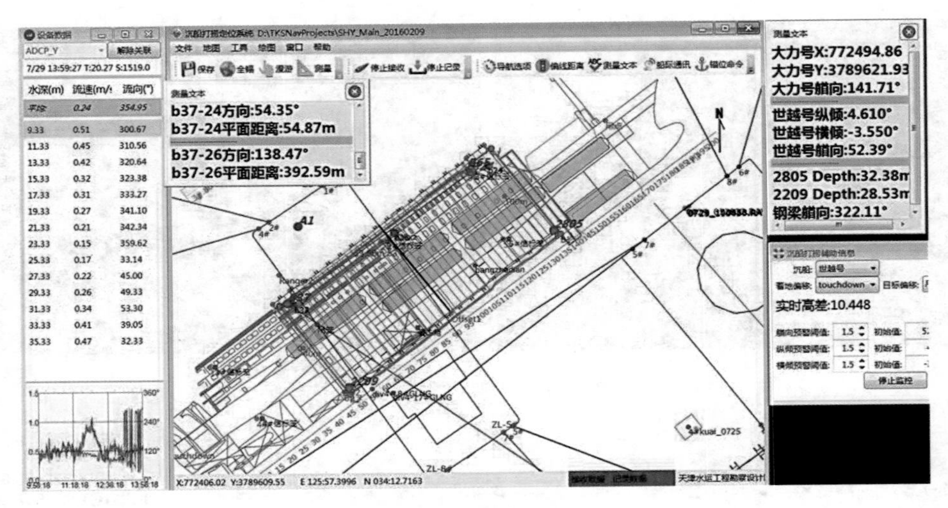

图 7-66　钢组梁就位

图 7-67　钢组梁就位

参考文献

[1]熊伟. 基于北斗卫星通讯的潮流潮位一体化观测及实时传输技术集成与实现[J]. 中国水运, 2017, 17(5): 89-91.

[2]孔令臣, 刘祥玉, 阚卫明, 等. 冰区长效灯浮标系统[J]. 中国港湾建设, 2014(7): 50-53.

[3]中华人民共和国交通部. JTS131-2012 水运工程测量规范[S]. 2012.

[4]庞启秀, 杨树森, 杨华, 等. 淤泥质港口适航水深技术研究与应用[J]. 水利水运工程学报, 2010(3): 33-39.

[5]沈小明, 裴文斌. 适航水深测量技术介绍与探讨[J]. 水道港口, 2003, 24(2): 94-96.

[6]曹祖德, 侯志强, 张书庄. 黄骅港航道整治与发展前景[J]. 水道港口, 2013, 34(1): 33-38.

[7]杨华. 黄骅港外航道泥沙问题的治理及其效果[J]. 水道港口, 2009, 30(4): 233-240.

[8]杨华, 侯志强. 黄骅港外航道泥沙淤积问题研究[J]. 水道港口, 2004, 25: 59-63.

[9]中华人民共和国国家质量监督检验检疫总局, 中国国家标准化管理委员会. GB/T 18314—2009 全球定位系统(GPS)测量规范[S]. 2009.

[10]万军. GNSS 在水运工程控制网中的应用研究[D]. 北京: 中国地质大学(北京), 2010.

[11]刘健, 曹冲. 全球卫星导航系统发展现状与趋势[J]. 导航定位学报, 2020(8): 1-8.

[12]上海达华测绘有限公司. 长江口航道 GNSS 控制网布设工程技术报告[R]. 2019.

[13]万军. 长江口航道 GNSS 控制网数据处理与应用分析[J]. 测绘信息与工程, 2008(33): 4-6.

[14]宋超智, 陈翰新, 温宗勇. 大国工程测量技术创新与发展[M]. 北京: 中国建筑工业出版社, 2019: 9.

[15]汤宇, 付桂, 刘俊延. GNSS 关键技术在长江口深水航道治理工程中的应用[J]. 水运工程, 2013(11): 38-42.

[16]沈清华, 赵薛强. 基于区域似大地水准面精化模型的远距离海岛高程传递方法研究[J]. 水利技术监督, 2019(5): 160-162.

[17]卢群, 邱卫宁, 范玉磊, 等. 长距离跨海高程传递测量方法研究与工程实践[J]. 测绘地理信息, 2016(41): 70-73.

[18]刘兆权. Leica GNSS 用于外海域跨海工程高程传递测量方法研究[J]. 测绘通报, 2017(5): 152-154.

[19]上海达华测绘有限公司. 长江口航道 GNSS 控制网布设工程技术报告[R]. 2019.

[20]上海达华测绘有限公司. 测绘新技术在大型圈围项目中的应用研究技术报告[R]. 2018.
[21]王俊，熊明，等. 水文监测体系创新及关键技术研究[M]. 北京：中国水利水电出版社，2015.
[22]薛元忠，何青，王元叶. OBS 浊度计测量泥沙浓度的方法与实践研究[J]. 泥沙研究，2004(4)：56-60.
[23]王珏，徐骏. OBS-3A 在悬移质含沙量测验中的应用研究[J]. 人民长江，2015，46(18)：56-58.
[24]陈述. 东海大桥桥墩基础冲刷防护方案研究[J]. 世界桥梁，2019，47(4)：17-21.
[25]应强，焦志斌. 根据淤泥的流变特性确定适航重度[C]//中国海洋工程学会. 第十七届中国海洋(岸)工程学术讨论会论文集(下). 中国海洋工程学会，2015：4.
[26]万军，李太春，张伟. 洋山深水港区进港外航道台风期适航水深研究[J]. 水运工程，2012(7)：156-160.
[27]陈功亮，赵峰. 跨海大桥的三种高程控制测量方法[J]. 测绘通报，2008(12)：42-44.
[28]焦永强，万军. SILAS 测量新技术在长江口深水航道工程中的应用[C]//江苏省测绘局. 第三届长三角科技论坛(测绘分论坛)暨 2006 江苏省测绘学术年会论文集. 江苏省测绘局：《现代测绘》编辑部，2006：3.
[29]牛桂芝，沈小明，裴文斌. SILAS 适航水深测量系统测试研究[J]. 海洋测绘，2003(5)：24-27.
[30]徐俊杰，何青，王元叶. 底边界层水沙观测系统和应用[J]. 海洋工程，2009，27(1)：55-61.
[31]赵志冲，尹学威. 水下三维声呐系统在海底天然气管线裸露悬空段调查中的应用[J]. 港口科技，2020(9)：43-47.
[32]张兴强，龙英胜，李有福. 侧扫声呐技术在海上风电场施工中的应用[J]. 港口科技，2020(1)：34-40.
[33]龙英胜，何双阳，赵志冲. Echoscope 水下三维声呐系统在码头连续墙检测中的应用[J]. 港口科技，2020(1)：28-33.
[34]走航式 ADCP 在洋山深水港区悬浮泥沙观测中的应用研究成果简介[J]. 华东科技，2014(12)：44-45.
[35]万军，张伟. 洋山深水港区进港外航道适航浮泥重度的确定[J]. 中国港湾建设，2012(2)：7-8，50.
[36]张志林. 走航式 ADCP 在洋山深水港区悬浮泥沙观测中的应用研究[R]. 上海：长江水利委员会水文局长江口水文水资源勘测局，2012.
[37]唐建华. 长江口及其邻近海域黏性细颗粒泥沙絮凝特性研究[D]. 上海：华东师范大学，2007.

附录 A　海面水准联测计算公式

A.1　一元回归分析法

用一个高程已知的验潮站(简称已知站)推算高程未知的验潮站(简称未知站)，其平均海面可以用一元线性回归方程(A.1)表示:

$$\hat{h}_x = \hat{a} + \hat{b}h_A \tag{A.1}$$

式中，$\hat{h}_x$ 为未知站平均海面高程(m)；$\hat{a}$，$\hat{b}$ 为待求系数，$\hat{a}$，$\hat{b}$ 可用最小二乘法求得；h_A 为已知站平均海面高程(m)。

$$\hat{b} = \frac{[(h_A - \bar{h}_A)(h_x - \bar{h}_x)]}{[(h_A - \bar{h}_A)^2]} \tag{A.2}$$

式中，$\bar{h}_A$，$\bar{h}_x$ 为对应 h_A 和 h_x 的均值。

$$\hat{a} = \bar{h}_x - \hat{b}\bar{h}_A \tag{A.3}$$

$$\bar{h}_A = \frac{[h_A]}{h} \tag{A.4}$$

$$\bar{h}_x = \frac{[h_x]}{h} \tag{A.5}$$

其中，误差 σ 可由下式估算:

$$\sigma = \sqrt{\frac{[VV]}{h - 2}} \tag{A.6}$$

$$V_i = h_{xi} - \hat{h}_{xi} \tag{A.7}$$

式中，V 为平均海面高程差，即平均海面高程 h_{xi} 与该点估计值 $\hat{h}_{xi}$ 之差。

平均海面 h_A 和 h_x 的相关系数 ρ 可按(A.8)式计算:

$$\rho = \frac{[(h_A - \bar{h}_A)(h_x - \bar{h}_x)]}{\sqrt{[(h_A - \bar{h}_A)^2][(h_x - \bar{h}_x)^2]}} \tag{A.8}$$

A.2　二元回归分析法

用两个已知站平均海面高程推算未知站平均海面高程，其线性回归方程为

$$\hat{h}_y = \hat{b}_0 + \hat{b}_1 h_{x1} + \hat{b}_2 h_{x2} \tag{A.9}$$

式中，$\hat{h}_y$ 为未知站平均海面高程(m)；h_{x1}、h_{x2} 分别为两个已知站的平均海面高程(m)；$\hat{b}_0$、$\hat{b}_1$、$\hat{b}_2$ 为回归方程系数。

用最小二乘法计算回归方程系数，并进行精确度分析和显著性检验。

附录B　水位观测良好日期的选择

B.1　一次24h水位观测良好日期的选择

1)半潮日海区良好日期选择

(1)良好日期一般选择大潮日期，大潮日期按公式(B.1)计算：

$$D_2 = d_2 + \tau_2 \tag{B.1}$$

式中，D_2 为大潮日期：d_2 为朔或望日期；τ_2 为半日潮龄。

(2) 良好日期选择还应满足日潮相角之差条件，按公式(B.2) 计算：

$$(d + g)_{O_1} - (d + g)_K \approx 0°(360°) \tag{B.2}$$

式中，g 为分潮迟角；d 为迟角订正；O_1，K 特指某种分潮类型。

2) 日潮海区良好日期选择

(1) 日潮海区，一般选择在回归潮日期，回归潮日期 D_1 按公式(B.3) 计算：

$$D_1 = d_1 + \tau_1 \tag{B.3}$$

式中，d_1 为月球赤纬最大日期；τ_1 为日潮龄。

(2) 良好日期选择还应满足日潮相角之差条件，按公式(B.4) 计算：

$$(d + g)_{M_2} - (d + g)_{S_2} \approx 0°(360°) \tag{B.4}$$

式中，M_2，S_2 为特指某种分潮类型。

此外，可根据《潮汐表》直接查取最大潮差日期。

B.2　三次24h水位观测良好日期的选择

(1) 正规半日潮海区，每两次主要半日分潮天文变量的差数之差应满足下列条件：

$$300° \geqslant (d_{M_2} - d_{S_2})_{I} - (d_{M_2} - d_{S_2})_{\mathrm{II}} \geqslant 60° \tag{B.5}$$

式中，d 为四个主要分潮的天文变量(根据日期查“天文变量表” 得)；I、Ⅱ 分别为第一次、第二次观测。

(2) 正规日潮海区，每两次主要分潮天文变量的差数之差应满足下列条件：

$$300° \geqslant (d_{O_2} - d_{K_2})_{I} - (d_{O_1} - d_{K_1})_{\mathrm{II}} \geqslant 60° \tag{B.6}$$

式中，O_1，K_1，K_2 特指某种分潮类型。

(3) 混合潮海区，应同时满足上述两个条件。

B.3 使用分带法或时差法进行水位改正良好日期的选择

凡使用分带法或时差法进行水位改正时，与其有关的验潮站，水位观测时间较测深时间应提前或延迟 1 ~ 2h。

附录 C　平均海面与深度基准面的确定

C.1　平均海面

(1)长期验潮站采用2年(含)以上连续水位观测数据，取其每小时的平均值求得平均海面。

(2)短期验潮站的平均海面，一般用邻近的两个长期验潮站的平均海面转测求得，转测误差≤10cm，转测方法如下。

几何水准测量法：按《国家三、四等水准测量规范》(GB/T 12898—2009)要求，直接联测水准点间的高差，进而求得短期站的平均海面。

同步改正法：采用30天(一个月)同步观测水位平均值，首先计算长期站的月平均海面与其多年平均海面的差值，即同步改正数，然后将短期站的月平均海面加上此同步改正数，即可求得短期站的平均海面。其计算方法，也可采用回归分析法。

(3)临时验潮站的平均海面，是与邻近的长期验潮站或短期验潮站以几何的水准法或同步改正法求得的。

(4)海上定点验潮站的日平均海面，是与邻近长期站或短期站以同步改正法求得的。

C.2　深度基准面

(1)长短期验潮站的深度基准面采用理论最低潮面，采用弗拉基米尔斯基算法，由S_a、S_{sa}、Q_1、O_1、P_1、K_1、N_2、M_2、S_2、K_2、M_4、MS_4、$M_6$13个分潮叠加计算在理论上可能的最低潮面，其计算公式为

$$
\begin{aligned}
L = {} & (fH)_{K_1}\cos\varphi_{K_1} + (fH)_{K_2}\cos(2\varphi_{K_1} + 2g_{K_1} - 180^\circ - g_{K_2}) \\
& - \{[(fH)_{M_2}]^2 + [(fH)_{O_1}]^2 + 2(fH)_{M_2}(fH)_{O_1}\cos[\varphi_{K_1} + (g_{K_1} + g_{O_1} - g_{M_2})]\}^{\frac{1}{2}} \\
& - \{[(fH)_{S_2}]^2 + [(fH)_{P_1}]^2 + 2(fH)_{S_2}(fH)_{P_1}\cos[\varphi_{K_1} + (g_{K_1} + g_{P_1} - g_{S_2})]\}^{\frac{1}{2}} \\
& - \{[(fH)_{N_2}]^2 + [(fH)_{Q_1}]^2 + 2(fH)_{N_2}(fH)_{Q_1}\cos[\varphi_{K_1} + (g_{K_1} + g_{Q_1} - g_{N_2})]\}^{\frac{1}{2}} \\
& + (fH)_{M_4}\cos\varphi_{M_4} + (fH)_{M_6}\cos\varphi_{M_6} + (fH)_{MS_4}\cos\varphi_{MS_4} + H_{S_a}\cos\varphi_{S_a} + H_{S_{Sa}}\cos\varphi_{S_{Sa}}
\end{aligned}
\tag{C.1}
$$

式中，L为深度基准面在平均海面下的高度(cm)；H、g和f为M_2、S_2、N_2、K_2、K_1、

O_1、P_1、Q_1、M_4、MS_4、M_6、S_a、S_{Sa}13个分潮的调和常数和节点因数；φ_{K_1} 为分潮 K_1 的相角，它的变化从0° ~ 360°，由此可求得 L 的最小值，相应的潮面称为理论最低潮面。

M_2、S_2、N_2、K_2、K_1、O_1、P_1、Q_1、M_4、MS_4、M_6 分潮的调和常数 H、g，由30d水位观测资料，用潮汐调和分析法求得。S_a、S_{Sa} 分潮的调和常数以一年的水位观测资料求得，对短期验潮站的 S_a、S_{Sa} 分潮的调和常数，可采用邻近长期验潮站 S_a、S_{Sa} 分潮的调和常数。

其中，

$$\varphi_{M_4} = 2\varphi_{M_2} + 2g_{M_2} - g_{M_4} \tag{C.2}$$

$$\varphi_{M_6} = 3\varphi_{M_2} + 3g_{M_2} - g_{M_6} \tag{C.3}$$

$$\varphi_{MS_4} = \varphi_{M_2} + \varphi_{S_2} + g_{M_2} + \varphi_{S_2} - g_{MS_4} \tag{C.4}$$

$$\varphi_{M_2} = \cot \frac{(fH)_{O_1}\sin(\varphi_{K_1} + g_{K_1} + g_{O_1} - g_{M_2})}{(fH)_{M_2} + (fH)_{O_1}\cos(\varphi_{K_1} + g_{K_1} + g_{O_1} - g_{M_2}) + \pi} \tag{C.5}$$

$$\varphi_{S_2} = \cot \frac{(fH)_{P_1}\sin(\varphi_{K_1} + g_{K_1} + g_{P_1} - g_{S_2})}{(fH)_{S_2} + (fH)_{P_1}\cos(\varphi_{K_1} + g_{K_1} + g_{P_1} - g_{S_2}) + \pi} \tag{C.6}$$

$$\varphi_{Sa} = \varphi_{K_1} - \frac{1}{2}\varepsilon_2 + g_{K_1} - \frac{1}{2}g_{S_2} - 180° - g_{Sa} \tag{C.7}$$

$$\varphi_{S_{Sa}} = 2\varphi_{K_1} - \varepsilon_2 + 2g_{K_1} - g_{S_2} - g_{S_{Sa}} \tag{C.8}$$

$$\varepsilon_2 = \varphi_{S_2} - 180° \tag{C.9}$$

（2）临时验潮站的深度基准面，根据邻近潮汐性质相同的两个长期验潮站或短期验潮站的深度准面，以内插法求得，计算公式为

$$L = \frac{D_A L_A + D_A L_B}{D_A + D_B} \tag{C.10}$$

式中，L 为临时验潮站深度基准面至其平均海面的高度(cm)；D_A、D_B 为在同一比例尺图上分别量取临时站 A、B 站的垂足间距离(cm)；L_A、L_B 分别为 A、B 验潮站深度基准面至其平均海面的高度(cm)。

（3）海上定点验潮站的深度基准面，根据海区潮波的传播过程，可选用下列方法求得。

① 根据一次或三次24h观测的水位资料，采用准调和分析法求得 M_2、S_2、K_1、O_1 分潮的调和常数，然后计算理论最低潮面。

② 根据15d水位观测资料，采用潮汐调和分析法求得 M_2、S_2、N_2、K_2、K_1、O_1、P_1、Q_1 分潮的调和常数，然后按附录A求出理论最低潮面，但此时不考虑浅海分潮和气象分潮改正。

③ 根据海上定点验潮四个主要分潮 M_2、S_2、K_1、O_1 的调和常数，按公式(C.11)计算其深度基准面。

$$L = \left[\frac{1}{n}\sum_{i=1}^{n} \frac{L_i}{(H_{M_2} + H_{S_2} + H_{K_1} + H_{O_1})_i}\right] \cdot (H_{M_2} + H_{S_2} + H_{K_1} + H_{O_1}) \tag{C.11}$$

式中，L 为定点站深度基准面至其平均海面的高度(cm)；n 为长期验潮站的个数；L_i 为 i 验潮站深度基准面至其平均海面的高度(cm)；$(H_{M_2}+H_{S_2}+H_{K_1}+H_{O_1})_i$ 为 i 验潮站的调和常数(cm)；$(H_{M_2}+H_{S_2}+H_{K_1}+H_{O_1})$ 为定点验潮站的调和常数(cm)。

(4) 测区的平均海面、深度基准面原则上采用已有的数据，只有在已有数据缺乏的情况下，才采用上述的方法求得。

附录 D　平均大潮高潮面的算法

在规则半日潮类型与不规则半日潮类型海域，平均大潮高潮面定义为平均大潮高高潮面；在不规则日潮类型与规则日潮类型海域，平均大潮高潮面定义为平均回归潮高高潮面。可采用潮汐调和常数计算法和水位数据统计法两种方法计算平均大潮高潮面在当地长期平均海面上的垂直距离。

D.1　潮汐调和常数计算法

按潮汐类型，选择对应的计算公式，由主要分潮的调和常数计算平均大潮高潮面或者平均回归潮高高潮面。公式中分潮的信息，以 M_2 分潮为例，其角速率、振幅与迟角分别以 σ_{M_2}、M_2、g_{M_2} 表示。

1）规则半日潮类型与不规则半日潮类型

平均大潮高潮面 MHWS 由下式计算：

$$\begin{aligned}\text{MHWS} = & 1.007(M_2+S_2)+0.025\frac{(K_1+O_1)^2}{M_2}-0.020\frac{(K_1+O_1)^2}{M_2}\cos(g_{K_1}+g_{O_1}-g_{M_2}) \\ & +M_4\left(1+2\frac{S_2}{M_2}\right)\cos(g_{M_4}-2g_{M_2})+M_6\left(1+3\frac{S_2}{M_2}\right)\cos(g_{M_6}-3g_{M_2})\end{aligned} \tag{D.1}$$

2）不规则日潮类型与规则日潮类型

设 B_{K_1}、B_{O_1} 分别为 K_1 分潮群和 O_1 分潮群的平均振幅，由下式计算：

$$\begin{aligned}B_{K_1} &= 1.035K_1 \\ B_{O_1} &= 1.019O_1\end{aligned} \tag{D.2}$$

设 A、B 分别为回归潮期间半日潮族与日潮族的平均振幅，由下式计算：

$$A = 0.89M_2 + 0.31\frac{S_2^2}{M_2} \tag{D.3}$$

$$B = B_{K_1} + B_{O_1} \tag{D.4}$$

设 C 为回归潮期间半日潮族与日潮族的平均振幅之比：

$$C = \frac{B}{A} \tag{D.5}$$

按潮汐类型以及 C 的量值，分为两种情况。

（1）不规则日潮类型、规则日潮类型中 $C \leqslant 4.0$。

引入 β 与 c_i，

$$\beta = \frac{1}{2}g_{M_2} - \frac{1}{2}(g_{K_1} + g_{O_1}) \tag{D.6}$$

$$c_i = \frac{\beta \cdot \pi}{180° - \frac{\pi}{2} \cdot i} \quad (i = 0,\ 1,\ 2,\ 3) \tag{D.7}$$

引入 ε_i，

$$\sin\varepsilon_i = -0.5C\sin\left(\frac{\varepsilon_i}{2} + c_i\right) \quad (i = 0,\ 1,\ 2,\ 3) \tag{D.8}$$

式(D.8)两侧都存在 ε_i，将 c_i 代入式中后，可采用试算的方法求得近似 ε_i：在 $\pm\pi/2$ 范围内，按极小间隔选取值，代入上式两端，两端差异的绝对值最小时的取值即为 ε_i 的近似值。

4个极值潮面的量值表达为

$$Z_i = (-1)^i\left[\cos\varepsilon_i + C\cos\left(\frac{\varepsilon_i}{2} + c_i\right)\right]A \quad (i = 0,\ 1,\ 2,\ 3) \tag{D.9}$$

式中，$i = 0$，2时，对应于高潮，取其中相对大的量值为平均大潮高潮面MHWS。

(2) 规则日潮类型中 $C > 4.0$。

引入 η，

$$\eta = g_{K_1} + g_{O_1} - g_{M_2} \tag{D.10}$$

引入 T_0，

$$\sin(\sigma_1 T_0)[4A\cos(\sigma_1 T_0 + \eta) + B] = -2A\sin\eta \tag{D.11}$$

式中，σ_1 为 K_1 与 O_1 角速率的平均值，即 $\sigma_1 = \frac{\sigma_{K_1} + \sigma_{O_1}}{2}$。

一般采用迭代方法计算 T_0，由于 T_0 是个小量，故可用式(D.11)推导出的式(D.12)作为迭代计算的初值 $T_0^{(0)}$：

$$\sin(\sigma_1 T_0^{(0)}) = \frac{-\sin\eta}{2\left[\frac{C}{4} + \cos\eta\right]} \tag{D.12}$$

然后采用式(D.11)推导出的式(D.13)进行迭代计算：

$$\sin(\sigma_1 T_0^{(n)}) = \frac{-\sin\eta}{2\left[\frac{C}{4} + \cos(\sigma_1 T_0^{(n-1)} + \eta)\right]} \tag{D.13}$$

当 $T_0^{(n)}$ 与 $T_0^{(n-1)}$ 的差异小于设定阈值时，结束迭代计算，T_0 取值 $T_0^{(n)}$。

MHWS由下式计算：

$$\text{MHWS} = A\cos(2\sigma_1 T_0 + \eta) + B\cos(\sigma_1 T_0) \tag{D.14}$$

D.2　水位数据统计法

基于长期实测水位数据或预报潮位，按潮差变化判断出每次朔望大潮或回归大潮，再取每次大潮前后共三天的高高潮，多年长期数据的平均值即为统计计算结果。

附录 E　海域垂直基准模型

海域垂直基准模型是描述平均海面、理论最低潮面、(似)大地水准面与参考椭球面等之间关系的系列模型，包括以下 4 种。

1)(似)大地水准面模型

以 CGCS 2000 椭球面为参考面，通过 1985 国家高程基准零点的(似)大地水准面分布模型，即(似)大地水准面的大地高模型。

2)平均海面高模型

以 CGCS 2000 椭球面为参考面的平均海面分布模型，即平均海面的大地高模型。

3)深度基准面模型

以平均海面为参考面的理论最低潮面分布模型，即深度基准面 L 值模型。

4)海面地形模型

以(似)大地水位面为参考面的平均海面分布模型，即平均海面从 1985 国家高程基准起算的高程模型。

各模型表现形式通常为适当分辨率的格网数据集，空间内插出指定坐标处的量值，依垂直基准面间的关系进行转换。

附录 F　GNSS 无验潮深度综合改正原理

由于 GNSS 所测得的高程是大地高，而每个测区的深度基准面都是由一个或多个当地的验潮站长期观测求得。

验潮站点处深度基准面大地高计算，由式(F.1) 求得：

$$H_0 = H - [\Delta h + h + (L - h_m)] \tag{F.1}$$

式中，H 为基准站天线的大地高；Δh 为 GNSS 天线至水准点垂直的距离；h 为验潮站水准点至高程基准面的高差；h_m 为多年平均海面至高程基准面的高差；L 为平均海平面至深度基准面的高差；L 一般为已知或联测求得。

验潮站水准点的大地高 H 采用与 GNSS 差分基准站联测的方法求得，差分基准站的大地高则可采用 PPP 或与高等级的 GNSS 控制点联测求得。海上定点验潮站处的深度基准面 L 值由潮汐调和分析计算求得，多年平均海面与岸边长期站同步联测获得，二者大地高差距由模型计算。

测点深度基准面大地高的计算，当测区深度基准面采用某一验潮站的深度基准面时，整个测区所有测点的深度基准面的大地高为同一值，由式(F.1) 直接计算。当测区深度基准面采用多个验潮站点的深度基准面控制时，此时应由式(F.1) 计算出每个验潮站点处深度基准面的大地高，然后再由(F.2) 式计算测点处深度基准面的大地高：

$$H_0^P = \frac{\sum_{i=1}^{n} \frac{H_0(i)}{S(i)}}{\sum_{i=1}^{n} \frac{1}{S(i)}} \tag{F.2}$$

式中，H_0^P 为测点 P 处深度基准面的大地高；n 为验潮站个数；$H_0(i)$ 为第 i 个站深度基准面的大地高；$S(i)$ 为测点 P 至第 i 个验潮站的距离。

可由式(F.3) 将测量水深 d 归算为以深度基准面起算的图载水深 D。

$$\begin{gathered} D = H_0^P - H_D \\ H_D = H - (h_a + d) \\ d = s - \text{测深仪设定的吃水} + \text{声速改正} + \text{测深仪偏差改正} \end{gathered} \tag{F.3}$$

式中，d 为换能器到海底的实际水深；s 为数据采集软件记录的原始水深；h_a 为经过姿态改正后的双频 GNSS 天线至换能器的垂直高度；H_D 为测点 P 海底的大地高；D 为深度基准面起算的图载水深。

附录 G　声速改正公式

声速计算公式：

$$V = 1449.2 + 4.6t - 0.055t^2 + 0.00029t^3 + (1.34 - 0.01t)(S - 3S) + 0.017Z \tag{G.1}$$

式中，V 为声速(m/s)；t 为温度(°)；S 为盐度；Z 为深度(m)。

计算时取平均值：

$$t_n = \frac{\sum_{t=1}^{n} P_i t_i}{\sum_{t=1}^{n} P_i} \tag{G.2}$$

式中，P_i 为各层厚度。

$$S_n = \frac{\sum_{t=1}^{n} P_i S_i}{\sum_{t=1}^{n} P_i} \tag{G.3}$$

$$Z_n = \frac{Z_i}{2} \tag{G.4}$$

式中，Z_i 为各层深度；Z_n 为平均深度。

声速改正公式：

$$\Delta Z_V = 2\left(\frac{V}{V_0} - 1\right) \tag{G.5}$$

式中，$V_0 = 1500\text{m/s}$。

附录 H　综合图样式

H.1　一般规定

(1)综合图应为沿路由方向的由不同条带组成的转平图。

(2)图件可采用自由分幅，以较少图幅覆盖整个测区为原则，相邻图幅之间和路由转向点两侧均应有 3cm 的图幅重叠。

(3)图幅尺寸采用标准 A_0、A_1、A_2 图幅。

(4)综合图应包括下列 5 个区块：

①航迹、水深、地形等要素；

②海底底质、地貌、障碍物等要素；

③地层剖面、岩土特性等要素；

④工程设计、施工等信息；

⑤图内各要素符号、制图参数、指引图、工程名称、编制单位、版本等信息。

H.2　综合图样式

综合图样式见图 H-1。

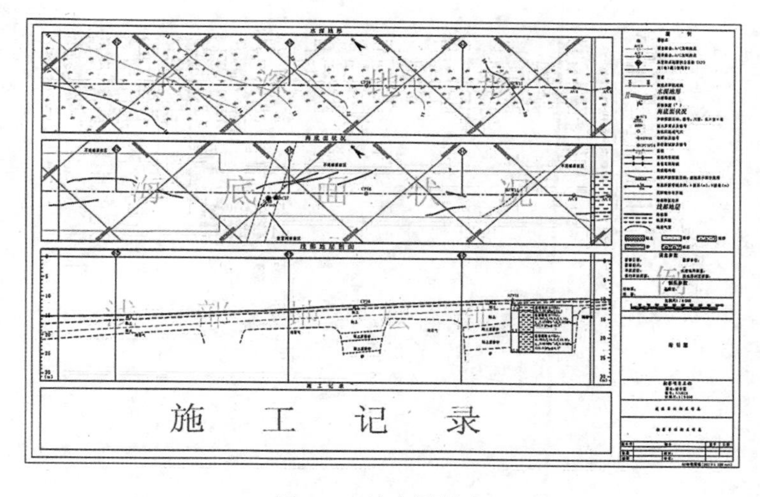

图 H-1　综合图样式